U0022697

深智數位
股份有限公司

深智數位
股份有限公司

在 IT 技術高速發展的今天，雲端運算、人工智慧、巨量資料和雲端原生應用等新興技術的發展為我們的生活帶來了翻天覆地的變化，也對軟體開發者提出了更高的要求，特別是在人工智慧開發領域，應運而生的新概念讓人目不暇接。

作為一個 .NET 開發者，在開發機器學習專案的過程中會遇到很多困難。主要原因之一是我們認為 C# 不是適合該工作的程式語言，Python 和 R 語言才是，而 C# 語言更適合用於機器學習的前期資料分析階段。

不知道各位有沒有思考一下為什麼微軟公司要在 .NET 平臺上引入機器學習，以及我們為什麼要探索機器學習。

一個原因是，機器學習技術正在跨越鴻溝。事實上，這個鴻溝是非常難以跨越的，之所以那麼多的高科技產品只在小眾範圍內流傳，而沒有被主流市場接受，是因為相關技術沒有跨越這個鴻溝。最早的機器學習演算法可以追溯到 20 世紀初，到今天為止，已經過去了 100 多年。從 1980 年機器學習技術成為一個獨立的方向開始算起，到現在已經過去了 40 多年。在這 100 多年中，經過一代又一代人的努力，近幾年機器學習技術終於跨越了鴻溝。跨越鴻溝表示機器學習技術正在從僅有少數人掌握的時代過渡到大多數人掌握的時代。微軟公司的 CEO 薩提亞·納德拉在他寫的《刷新未來：重新想像 AI+HI 智能革命下的商業與變革 (Hit Refresh: The Quest to Rediscover Microsoft's Soul and Imagine a Better Future for Everyone)》一書中提出「民主化」的人工智慧，ML.NET 正是要完成這項使命的載體之一。如何實現人工智慧「民主化」，讓它惠及每個人？如何讓每個人打造自己的人工智慧？在醫療、教育和零售機構中，打造一個相適應的人工智慧是非常重要的。當我們談人工智慧的時候，不能空談任何一個人工智慧公司，而要「民主化」人工智慧，讓人工智慧真正落實應用到個人。

我們應該探索機器學習的另一個原因是，作為人類，我們會產生大量資料，卻無法處理全部資料；從技術上講，我們面臨無法從資料中提取資訊的問題。此時，機器學習模型可以幫助我們處理巨量的資料。

在 .NET 生態上，人工智慧領域有一個開放原始碼團隊 SciSharp Stack，他們為 TensorFlow 提供了 .NET Standard Binding，旨在用 C# 實現完整的 TensorFlow API，允許 .NET 開發人員使用跨平臺的 .NET Standard 框架開發、訓練和部署機器學習模型。他們打造了一個完全屬於 .NET 開發人員自己的機器學習平臺——TensorFlow.NET，對 C# 開發人員來說，這是一個零學習成本的機器學習平臺，該平臺整合了大量的 API 和底層封裝，力圖使 TensorFlow 的 Python 程式風格和程式設計習慣無縫移植到 .NET 平臺上。

雖然有大量的 TensorFlow 文件可以參考，但是對初學者來說，其中涉及的知識難免晦澀，特別是對 .NET 的開發人員來說，缺少便於上手的指南及來自生產實踐的案例複習。因此，一本系統地介紹 TensorFlow.NET 的圖書是很有必要的，這樣可以讓更多的 .NET 開發人員把人工智慧應用於生產實踐之中。

這是本書的目的和價值。本書採用 .NET 5.0 進行實踐，可能在本書發佈的時候 .NET 6.0 已經發佈，程式從 .NET 5.0 升級到 .NET 6.0 是很平滑的，請務必一邊實際運行程式，一邊閱讀本書。

微軟 MVP、騰訊雲 TVP、華為雲 MVP 張善友

序一

幾年前一次偶然的機會接觸到機器學習領域,對我這樣習慣了十幾年強規則型機器程式開發的「老藍領程式設計師」來說,就像發現了一塊新大陸。我充滿了好奇,於是迫不及待地開啟了機器學習探索之旅。在經歷了滿世界找文件、看論文和研究演算法後,我漸漸地發現了自己力所能及並可能有所貢獻的機會。在網際網路上能找到的有關機器學習方面的範例中,幾乎 99% 的範例都是用 Python 寫的,剩下的是用 C/C++ 寫的,可以說是 Python「獨霸天下」的局面,讓人誤以為做機器學習專案就必須用 Python。這個情況讓我萌生了移植一些常用的機器學習庫到 .NET 生態的想法,最初的想法是透過遷移這些庫來加深對機器學習的掌握程度,揭開「時髦」詞彙人工智慧(AI)和機器學習(ML)背後的秘密。

目前機器學習流行的基礎函式庫 NumPy 是首先要進行移植的,於是產生了 NumSharp 這個張量計算函式庫,移植過程並不是很順利,因為張量計算對我來說是一個全新的概念。要實現一個和現有 NumPy 函式庫可以相互替換的 .NET 函式庫比想像中更難,最具有挑戰性的是它對函式性能的要求很高。最後的效果是只移植了表面上的介面和一小部分 API,滿足了少部分模型的計算要求,但性能較差,.NET 天生在這方面不能和 C/C++ 相提並論,雖然有 SIMD 的加持,但是實現起來仍然非常不方便。

隨著對機器學習的不斷深入了解,我逐步接觸了神經網路和深度學習知識。神經網路帶我進入了一個魔幻的世界,裡面充滿未知。當時 Google 的 TensorFlow 開放原始碼深度學習框架正火遍全球,同時期的 PyTorch 嶄露頭角,所以第一個進入目標移植深度學習庫的就是 TensorFlow 了,我稱之為 TensorFlow.NET。

移植工作從「Hello World!」開始，API 逐步增多，複雜性隨之增加，從靜態圖到動態圖，再到上層的 Keras，基本上都實現了。在程式撰寫的過程中，因為專案從一開始就是在 GitHub 上開放原始碼的，所以我不斷收到各種各樣的使用回饋。正因為有這樣的回饋互動，我才有了不斷完善這個專案的動力。在此過程中，我結識了仇華——在影像辨識領域深耕多年的朋友，並產生了應該撰寫一本關於如何使用 TensorFlow.NET 的書籍的想法，把現有的範例程式透過圖文講解的方式呈現給讀者，於是有了這本書。書中詳細介紹了從張量計算到神經網路模型的架設，從理論程式開發到工業場景重現的剖析，範例涵蓋線性回歸、邏輯回歸、全連接神經網路、文字分類、影像分類和遷移學習等，是幫助 .NET 開發者進入機器學習世界的寶貴資料。

最後要感謝在專案編碼和宣傳上給予過我幫助的人，特別是家人對我在開放原始碼專案方面的支持，因為做開放原始碼專案幾乎佔用了我所有的業餘時間和精力，照顧 3 個孩子的重任都由我太太承擔了。

SciSharp Stack 開放原始碼社區創辦者 陳海平

序二

　　我寫這本書的初衷原本是為 SciSharp Stack 開放原始碼社區貢獻一點自己的力量，為使用 C# 開發 TensorFlow 深度學習模型的朋友們提供一個快速入門的指南。寫著寫著，我發現很多語法和程式需要搭配理論知識才能更進一步地讀懂，因而逐漸增加了很多機器學習和深度學習的理論知識，包括在 TensorFlow 2.x 之後出現的一些新特性的專題說明，如 Eager Mode、AutoGraph 和 Keras 等。同時考慮到本書的定位，儘量避開了複雜數學公式的推導，而以 API 文件說明和實踐應用為主。作為市面上第一本，也是目前唯一的一本 TensorFlow.NET 開放原始碼庫官方出品的專門 .NET 開發者導向的 TensorFlow 中文開發書籍，很多社區的朋友和 .NET 開發者在本書的撰寫過程中提供了寶貴的建議，在大家的熱切推薦下，書中增加了大量的案例實踐，包括影像分類、物件辨識、自然語言、生成對抗等不同領域的應用。

　　2021 年年底，這本入門手冊終於接近完成。記得我是在 2019 年 11 月認識的陳海平先生，對我個人來說，他是我進入開放原始碼社區這個新世界的領路人。當時我在實際專案開發過程中遇到了一個比較困難的抉擇（後來發現幾乎所有 .NET 開發者在實際專案中應用深度學習框架都會遇到這個痛點），就是現有深度學習框架以 Python 語言開發為主和實際工業專案以 C# 語言開發為主之間的矛盾。網路上有很多的解決方案。大約花了 1 個月的時間，我對常見的各種解決方案進行了現場專案測試和多維度的比較，綜合考慮深度學習模型 GPU 訓練的必要性和在實際專案中部署的便利性後，選擇了 TensorFlow.NET 作為自己的專案開發框架。找對方向後，我深入學習和了解了這個框架，驚喜地發現這個框架的創立者陳海平先生是一名華人，並且幾乎憑一己之力建立了 TensorFlow.NET 這個超級龐大而複雜的專案，陳海平先生的開發能力和開放原始碼精神令我敬佩不已，他在我心中成為大神級的存在，本書中的案例程式幾乎都是他開發的。

從 2019 年加入 SciSharp Stack 開放原始碼社區起，在大約 1 年的時間裡，我陸續發表了一些 TensorFlow.NET 相關的技術部落格文章，並在一些大學校園和研究所裡給學校的老師和同學們宣導 TensorFlow.NET 在實際工業專案中的應用，也在微軟年度的 .NET 大會上給大家做了 TensorFlow.NET 的專題報告。作為 Google 蘇州 TensorFlow User Group 的創立者，我在每一次社區的技術公益活動中都會對 TensorFlow.NET 進行推廣和入門應用講解。期間，我也經常和海平聊起要給 TensorFlow.NET 出一個官方教學，並在 GitHub 上建立了庫進行教學的更新，斷斷續續地出了一些入門視訊教學和技術文章，但遲遲沒有系統地開展出書的工作。轉捩點大約在 2020 年的 12 月，F# 語言之父 Don Syme 大神加入了我們的 SciSharp Stack 開放原始碼社區，帶來了 F# 語言同好的開發團體。至此，C# 和 F# 這兩大 .NET 核心開發語言的開發者們都加入了我們的社區。隨著社區成員的壯大和熱度的提升，出書的任務迫在眉睫，官方教學的需求愈加熱烈，因此我們打算靜下心來快速地把這個教學製作完成。

出書比想像中要難，在差不多 1 年半的時間裡，這件事幾乎佔用了我所有的個人業餘時間，寫書過程中的點滴故事我至今記憶猶新。在每個夜深人靜的晚上，查詢資料、斟酌語詞、撰寫測試程式，為了確保這類技術書籍的準確性，書中的每個案例和程式都需要仔細地撰寫完，並在機器上實際跑一遍，不斷偵錯最佳化，確保讀者在實踐過程中沒有錯誤。可以說，這是我目前做過的單一工程量最大的事情，但是回首看，也收穫了很多，對於 TensorFlow 的整體框架有了更系統的認識，對機器學習和深度學習的發展歷史和理論結構也有了更深入的了解。為了講清楚 F# 的應用，我學習了一門新的語言，深深感受到了函式式程式設計的魅力所在。

IT 技術更新飛快，深度學習領域的各種創新是層出不窮的，在本書的撰寫過程中，TensorFlow 從 1.x 升級到了 2.x，新增了很多功能和特性，.NET 也推出了 .NET 5.0，.NET 6.0 的預覽版也發佈了，正式版不久也要面世。本書儘量做到與時俱進，書中的程式主要基於 TensorFlow 2.x 和 .NET 5.0，讀者可以根據時下最新的語言和框架版本進行升級應用。本書適用於有一些機器學習或深度學習基礎，希望在實際生產專案中應用 TensorFlow 的 .NET 開發者和工程師。在撰寫此書的過程中，由於個人能力有限，書中肯定有很多的不足和缺陷，也有很多案例沒有來得及開發完成，包括時序分析和時下比較熱門的 Transform 模型等，希望讀者們能提供寶貴的意見和想法，我們期望有機會在下一版本或英文版中得到完善。

本書的出版獲得了 SciSharp Stack 社區、微軟技術俱樂部、TensorFlow User Group 的多位朋友的幫助和支持，他們不但為本書的範例程式提供了建議和測試結果，而且提供了本書的方向和需求點，為本書的完成做出了重要貢獻。

本書中的案例程式主要來自 SciSharp Stack Examples，其中 C# 部分主要由陳海平提供，F# 部分主要由 Vianney P. 提供。生成對抗網路的案例程式由社區成員彭波提供，卷積神經網路視覺化的案例程式和張量檢視器由社區成員久永提供，煤礦礦區的時間序列預測應用案例程式由社區成員孫翔宇提供。在此特別表示感謝。

本書的出版過程獲得了微軟技術俱樂部的潘淳校長、盛派網路科技的蘇震巍主席、.NET 圈子知名的微軟 MVP 張善友隊長和資料工程暢銷書作者齊偉老師的共同指導和大力幫助。在此一併表示由衷的謝意。

衷心感謝電子工業出版社的符隆美編輯對本書的細緻編校及出版流程跟進。

感謝我的太太在我寫書過程中給予的關注和大力支持，因為寫書佔據了我太多的業餘時間和精力，家裡兩個孩子全交給太太照顧了。依稀記得，2019 年的大年夜晚上，在老家父母的家中，我剛剛完成了第 2 篇關於 TensorFlow.NET 的案例文章，並在筆記型電腦上使用 GPU 成功測試了程式，而窗外，我的太太正帶著兩個孩子在放煙火。也記得，不知多少個伏案疾書的夜晚，每當完成一個章節並提交到了 GitHub，我都會在寫書計畫表上劃去一項，並在心裡暗自慶祝進度又推進一格，在此真誠地感謝太太給我創造的專注的寫作環境。

最後，感謝所有支持並幫助我們社區的朋友。

SciSharp Stack 開放原始碼社區核心組成員 仇華（Henry）

目錄

第一部分 TensorFlow.NET API 入門

第二部分 .NET Keras 簡明教學

第三部分 生產應用與案例

第一部分

TensorFlow.NET API 入門

第 **1** 章

TensorFlow. NET 介紹

1.1 TensorFlow.NET 特性

TensorFlow.NET（TF.NET）是 SciSharp Stack 開放原始碼社區團隊的貢獻，它為 TensorFlow 提供了 .NET Standard Binding，旨在用 C# 實現完整的 TensorFlow API，允許 .NET 開發人員使用跨平臺的 .NET Standard 框架開發、訓練和部署機器學習模型。TensorFlow.NET 的使命是打造一個完全屬於 .NET 開發人員自己的機器學習平臺。對於 C# 開發人員來說，TensorFlow.NET 是一個零學習成本的機器學習平臺，該平臺整合了大量 API 和底層封裝，力圖使 TensorFlow 的 Python 程式風格和程式設計習慣無縫移植到 .NET 平臺。Python 程式風格和 TensorFlow.NET 程式風格如圖 1-1 所示。

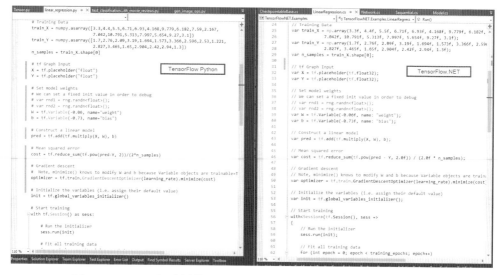

▲ 圖 1-1 Python 程式風格（左）和 TensorFlow.NET 程式風格（右）

1.2 TensorFlow.NET 開放原始碼函式庫結構

　　SciSharp Stack 的機器學習工具函式庫和微軟官方的函式庫最大的區別,是 SciSharp Stack 中所有函式庫的語法都最大限度地按照 Python 生態的習慣實現。有了 SciSharp Stack,相當於有了 Typed-Python(強類型 Python),這樣做的目的是讓 .NET 開發者花最小的成本去學習並運用機器學習知識。SciSharp Stack 目前包含幾個流行專案:BotSharp(AI 機器人平臺框架)、NumSharp(數值計算函式庫)、TensorFlow.NET(深度學習函式庫)、Pandas.NET(資料處理函式庫)、SharpCV(圖形影像處理函式庫),可以完全脫離 Python 環境使用,目前已經被微軟 ML.NET 官方的底層演算法整合,並被 Google 寫入 TensorFlow 官網教學推薦給全球開發者使用。TensorFlow.NET 深受廣大 .NET 深度學習開發者喜愛,截至 2020 年 12 月,GitHub 上的 SciSharp / TensorFlow.NET 專案 Star 超過 2000 個,NuGet 上的總下載量已突破 100 萬次。

1·SciSharp 產品結構

　　圖 1-2 所示為 SciSharp 產品結構,可以看到其涵蓋了大部分的機器學習領域,包括底層機器學習工具、圖形影像處理工具、自然語言語義和高層應用 API 等。

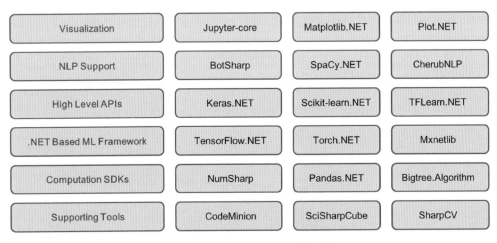

▲ 圖 1-2 SciSharp 產品結構

2・微軟 ML.NET 底層整合演算法

微軟自動機器學習雲端平臺 ML.NET 底層整合了 TensorFlow.NET，微軟 ML.NET 結構如圖 1-3 所示。

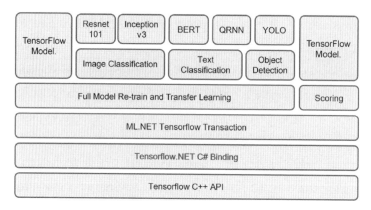

▲ 圖 1-3 微軟 ML.NET 結構

3・Google 官方推薦 .NET 開發者使用

Google 在其 TensorFlow 官網的 API 文件教學中推薦 C# 開發者使用 TensorFlow. NET 框架，如圖 1-4 所示。

▲ 圖 1-4 GoogleTensorFlow 官網 API 文件教學中推薦 C# 開發者使用 TensorFlow. NET 框架

4 · 微軟 F# 官方主推的巨量資料框架

作為最受 .NET 開發者歡迎的函式式語言，同時是 TensorFlow.NET 官方語言平臺之一，F# 在其官網中主推 TensorFlow.NET 作為其巨量資料框架，圖 1-5 所示為 F# 官網對 SciSharp Stack 開放原始碼生態的說明。

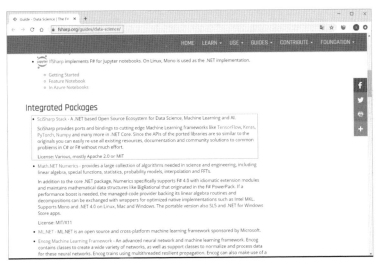

▲ 圖 1-5 F# 官網對 SciSharp Stack 開放原始碼生態的說明

圖 1-6 所示為 F# 官網對 SciSharp Stack 各核心引用函式庫的說明。

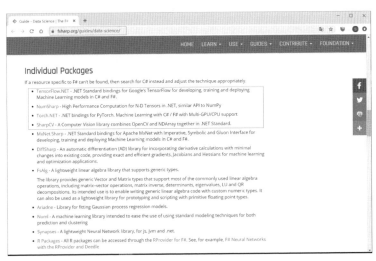

▲ 圖 1-6 F# 官網對 SciSharp Stack 各核心引用函式庫的說明

第 **2** 章
資料型態與張量詳解

2.1 資料型態

TensorFlow 本質上是一個深度學習的科學計算函式庫,這個函式庫的主要資料型態為張量,所有的運算都是以張量資料進行為基礎的操作,更複雜的網路模型也只是一些基礎運算的組合拼接,只有深入理解基本的張量運算,才能在各種深度學習的網路模型中遊刃有餘,開發出有價值、有創意的演算法模型。

TensorFlow 中基本的資料型態有數值類型、字串類型和布林類型。下面簡單舉例介紹。

(1)數數值型別:var x = tf.Variable(10, name: "x")。

(2)字串類型:var mammal1 = tf.Variable("Elephant", name: "var1", dtype: tf.@string)。

(3)布林類型:var bo = tf.Variable(true)。

具體資料型態如下。

```
public TF_DataType byte8 = TF_DataType.TF_UINT8;
public TF_DataType int8 = TF_DataType.TF_INT8;
public TF_DataType int16 = TF_DataType.TF_INT16;
public TF_DataType int32 = TF_DataType.TF_INT32;
public TF_DataType int64 = TF_DataType.TF_INT64;
public TF_DataType float16 = TF_DataType.TF_HALF;
public TF_DataType float32 = TF_DataType.TF_FLOAT;
public TF_DataType float64 = TF_DataType.TF_DOUBLE;
public TF_DataType @bool = TF_DataType.TF_BOOL;
public TF_DataType chars = TF_DataType.TF_STRING;
public TF_DataType @string = TF_DataType.TF_STRING;
```

2.2 張量詳解

類似於 NumPy 中的 N 維陣列物件 NDArray，TensorFlow 中資料的基本單位為張量（Tensor）。二者都是多維陣列的概念。我們可以使用張量表示純量（0 維陣列）、向量（1 維陣列）、矩陣（2 維陣列）。

張量的主要特性為形狀、類型和值，可以透過張量的屬性 shape、dtype 和方法 numpy() 來獲取特性。舉例如下。

1．形狀獲取

```
var x = tf.constant(new[,] { { 1, 2, 3, 4 }, { 5, 6, 7, 8 } });
Console.WriteLine(Enumerable.SequenceEqual(new[] { 2, 4 }, x.shape));
```

上述程式執行後傳回結果 true，張量的屬性 shape 透過傳回整數 1 維陣列的方式來顯示張量的形狀。

我們也可以直接透過 TensorFlow.Binding 封裝的 print() 方法輸出形狀。

```
var x = tf.constant(new[,] { { 1, 2, 3, 4 }, { 5, 6, 7, 8 } });
print(x.shape);
```

輸出如下。

```
[2, 4]
```

2．類型獲取

```
var x = tf.constant(new[,] { { 1, 2, 3, 4 }, { 5, 6, 7, 8 } });
print(x.dtype);
```

輸出如下。

```
TF_INT32
```

張量的屬性 dtype 傳回 TF_DataType 類型的列舉，可以很方便地透過 print() 方法進行輸出。

3 · 值獲取

```
var x = tf.constant(new[,] { { 1, 2, 3, 4 }, { 5, 6, 7, 8 } });
print(x.numpy());
```

輸出如下。

```
[[1, 2, 3, 4],
[5, 6, 7, 8]]
```

張量的 numpy() 方法傳回 NumSharp.NDArray 類型的值，內容為張量保存的值內容，可以很方便地透過 print() 方法進行輸出。

4 · 類型轉換

在 C# 中，可以快速對 0 維張量進行類型轉換，透過在變數前加 (type) 進行強制類型轉換，程式參考如下。

```
var t1 = tf.constant(1.0);
double a1 = (double)t1;
Console.WriteLine(a1);


var t2 = tf.Variable(2.0f);
float a2 = (float)t2.numpy();
Console.WriteLine(a2);
```

結果輸出如下。

```
1

2
```

透過上述結果可以看到，原來的張量類型被快速轉換成普通的數數值型別。

2.3 常數與變數

從行為特性來看，有常數 constant 和變數 Variable 兩種類型的張量。

常數在計算圖中不可以被重新賦值；變數在計算圖中可以用 assign 等運算元重新賦值。

1·常數

一般的常數類型如下。

```
// tf.bool 類型常數
var b = tf.constant(true);
// tf.byte8 類型常數
var b8 = tf.constant(1, dtype: tf.byte8);
// tf.int32 類型常數
var i = tf.constant(1d);
// tf.int64 類型常數
var l = tf.constant(1L);
//tf.float32 類型常數
var f = tf.constant(1.23f);
// tf.double 類型常數
var d = tf.constant(3.14);
// tf.string 類型常數
var s = tf.constant("hello world");

print(b);
print(b8);
print(i);
print(l);
print(f);
print(d);
print(s);
```

輸出如下。

```
tf.Tensor: shape=(), dtype=bool, numpy=True
tf.Tensor: shape=(), dtype=int32, numpy=1
tf.Tensor: shape=(), dtype=float64, numpy=1
```

```
tf.Tensor: shape=(), dtype=int64, numpy=1
tf.Tensor: shape=(), dtype=float32, numpy=1.23
tf.Tensor: shape=(), dtype=float64, numpy=3.14
tf.Tensor: shape=(), dtype=string, numpy='hello world'
```

我們來寫一個 4 維的常數，並透過 tf.rank 函式傳回張量的秩。

一般來說，純量為 0 維張量，向量為 1 維張量，矩陣為 2 維張量。

彩色影像有 r、g、b 三個通道，可以表示為 3 維張量。

視訊增加一個時間維，可表示為 4 維張量。

程式如下。

```
var tensor4 = tf.constant(np.array(new[, , ]{ { { { 1.0, 1.0 }, { 2.0, 2.0 } },{ { 3.0,
 3.0 },{4.0,4.0 } } }, { { {  5.0,5.0 },{6.0,6.0 } },{{7.0,7.0 }, {8.0,8.0 } } } }));
 // 4 維張量
print(tensor4);
print(tf.rank(tensor4));
```

程式執行後輸出結果如下。

```
tf.Tensor: shape=(2,2,2,2), dtype=TF_DOUBLE, numpy=[[[[1, 1],
[2, 2]],
[[3, 3],
[4, 4]]],
[[[5, 5],
[6, 6]],
[[7, 7],
[8, 8]]]]
tf.Tensor: shape=(), dtype=int32, numpy=4
```

2．變數

在深度學習模型中，一般被訓練的參數需要定義為變數，變數的值可以在模型訓練過程中被修改。

我們簡單測試一個 2 維陣列的變數，程式如下。

```
var v = tf.Variable(new[,] { { 1, 2 } }, name: "v");
print(v);
```

程式輸出如下。

```
tf.Variable: 'v:0' shape=(1, 2), dtype=int32, numpy=[[1, 2]]
```

接下來我們一起看下常數和變數的差別：常數的值可以參與運算，也可以被重新賦值，但是重新賦值或運算後的結果會開闢新的記憶體空間；變數的值可以透過 assign、assign_add 等運算元重新賦值。程式如下。

```
unsafe
{
    TypedReference r;
    long pointerToV;

    var V = tf.Variable(new[,] { { 1, 2 } });
    r = (__makeref(V));
    pointerToV = (long)*(IntPtr**)&r;
    print($"Value of the variable: {V}");
    Console.WriteLine($"Address of the variable: {pointerToV}");

    V.assign_add(tf.constant(new[,] { { 3, 4 } }));
    r = (__makeref(V));
    pointerToV = (long)*(IntPtr**)&r;
    print($"Value of the variable: {V}");
    Console.WriteLine($"Address of the variable: {pointerToV}");
}
```

輸出結果如下。

```
Value of the variable: tf.Variable: 'Variable:0' shape=(1, 2), dtype=int32,
numpy=[[1, 2]]
Address of the variable: 180185198040
Value of the variable: tf.Variable: 'Variable:0' shape=(1, 2), dtype=int32,
numpy=[[4, 6]]
Address of the variable: 180185198040
```

2.4 字串常見操作

TensorFlow.NET 中有專門的建立、轉換和截取等常見的字串操作。

1 · 透過 byte 陣列建立字串

傳入 Hex 十六進位的 byte 陣列,列印輸出對應的轉換後的字串,程式如下。

```
var tf_str = tf.constant(new byte[] { 0x41, 0x42, 0xd8, 0xff }, tf.@string);
print(tf_str);
```

輸出結果如下。

```
tf.Tensor: shape=(), dtype=string, numpy=AB\xd8\xff
```

也可以透過 ToString() 方法將張量整體轉換為字串進行輸出,程式如下。

```
var tf_str = tf.constant(new byte[] { 0x41, 0x42, 0xd8, 0xff }, tf.@string);
var str = tf_str.ToString();//byte 類型的張量轉換為字串
print(str);
```

輸出結果如下。

```
tf.Tensor: shape=(), dtype=string, numpy=AB\xd8\xff
```

2 · 透過 numpy() 方法轉換字串的值

numpy() 方法可以轉換字串的值,程式如下。

```
var tf_str = tf.constant(new byte[] { 0x41, 0x42, 0xd8, 0xff }, tf.@string);
var str = tf_str.numpy();// 傳回 NDArray 類型的字串值
print(str);
```

輸出結果如下。

```
[65, 66, 216, 255]
```

3．透過 tf.strings.substr() 方法截取字串

tf.strings.substr() 方法可以截取字串。下述程式演示字串的截取，並對截取後的字串進行比較，最後輸出張量的布林純量值。

```
var str1 = tf.constant("Hello1");
print("str1:" + str1);
var str2 = tf.constant("Hello2");
print("str2:" + str2);

var str_sub1 = tf.strings.substr(str1, 0, 5);
print("str_sub1:" + str_sub1);
var str_sub2 = tf.strings.substr(str2, 0, 5);
print("str_sub2:" + str_sub2);

var result = tf.equal(str_sub1, str_sub2);
print(result);
print(result.ToScalar<bool>());
```

輸出結果如下。

```
str1:tf.Tensor: shape=(), dtype=string, numpy=Hello1
str2:tf.Tensor: shape=(), dtype=string, numpy=Hello2
str_sub1:tf.Tensor: shape=(), dtype=string, numpy=Hello
str_sub2:tf.Tensor: shape=(), dtype=string, numpy=Hello
tf.Tensor: shape=(), dtype=bool, numpy=True
True
```

主要參數說明如下。

方法名稱：tf.strings.substr(Tensor input, int pos, int len, string name = null, string @uint = "BYTE")。

參數 1：input，類型為 Tensor，待截取的輸入字串。

參數 2：pos，類型為 int，起始位置。

參數 3：len，類型為 int，截取長度。

傳回值：類型為 Tensor，傳回截取後輸出的字串。

4 . 字串陣列張量的建立和轉換

下述程式演示了字串陣列張量的建立，並可以列印出張量的形狀和張量的內容。ToString() 方法可以將張量的完整內容轉換為 string；StringData() 方法可以提取出張量的值並轉換為 string[ ] 陣列類型。

```
var strings = new[] { "map_and_batch_fusion", "noop_elimination", "shuffle_and_
repeat_fusion" };
var tensor = tf.constant(strings, dtype: tf.@string, name: "optimizations");
print(tensor.shape[0]);
print(tensor);
print(tensor.ToString());
var stringData = tensor.StringData();// 傳回 string[] 陣列類型的值
print(stringData);
```

輸出結果如下。

```
3
tf.Tensor: shape=(3), dtype=string, numpy=['map_and_batch_fusion', 'noop_
elimination', 'shuffle_and_repeat_fusion']
tf.Tensor: shape=(3), dtype=string, numpy=['map_and_batch_fusion', 'noop_
elimination', 'shuffle_and_repeat_fusion']
[map_and_batch_fusion, noop_elimination, shuffle_and_repeat_fusion]
```

5 . 本地檔案（影像）讀取範例

我們可以透過 tf.io.read_file() 方法從本地讀取檔案（影像），並列印和測試該檔案（影像）的前 3 個 byte 資料，程式如下。

```
var contents = tf.io.read_file("shasta-daisy.jpg");
var substr = tf.strings.substr(contents, 0, 3);
print(substr);
var jpg = new byte[] { 0xff, 0xd8, 0xff };
var jpg_tensor = tf.constant(jpg, tf.@string);
print(jpg_tensor);
var result = math_ops.equal(substr, jpg_tensor);
print(result.ToScalar<bool>());
```

輸出結果如下。

```
tf.Tensor: shape=(), dtype=string, numpy=\xff\xd8\xff
tf.Tensor: shape=(), dtype=string, numpy=\xff\xd8\xff
True
```

2.5 基本張量操作

張量是 TensorFlow.NET 中常用的資料結構，TensorFlow.NET 中內建了大量的基礎張量操作方法，可以進行張量的建立、索引和修改等。

1 · tf.cast 改變張量的資料型態

下述例子演示的是將 int32 類型的值轉換為 float32 類型的值。

```
var h = tf.constant(new[] { 123, 456 }, dtype: tf.int32);
var f = tf.cast(h, tf.float32);
print(h);
print(f);
```

透過 tf.cast 將 int32 類型的值轉換為 float32 類型的值，輸出結果如下。

```
tf.Tensor: shape=(2), dtype=int32, numpy=[123, 456]
tf.Tensor: shape=(2), dtype=float32, numpy=[123, 456]
```

2 · tf.range 建立區間張量值

```
var b = tf.range(1, 10, delta: 2);
print(b);
```

常用參數說明如下。

參數 1：start，區間初值。

參數 2：limit，區間限定值，取值 <limit（不等於 limit）。

參數 3：delta，區間值遞增的差量。

輸出結果如下。

```
tf.Tensor: shape=(5), dtype=int32, numpy=[1, 3, 5, 7, 9]
```

3 · tf.zeros / tf.ones 建立 0 值和 1 值的張量

下述例子建立了一個 3×4 的 0 值張量和 4×5 的 1 值張量，一般可用於張量的初始化。

```
var zeros = tf.zeros((3, 4));
print(zeros);
var ones = tf.ones((4, 5));
print(ones);
var filled = tf.fill((2, 3), 6);
print(filled);
```

輸出結果如下。

```
tf.Tensor: shape=(3,4), dtype=float32, numpy=[[0, 0, 0, 0],
[0, 0, 0, 0],
[0, 0, 0, 0]]
tf.Tensor: shape=(4,5), dtype=float32, numpy=[[1, 1, 1, 1, 1],
[1, 1, 1, 1, 1],
[1, 1, 1, 1, 1],
[1, 1, 1, 1, 1]]
tf.Tensor: shape=(2, 3), dtype=float32, numpy=array([[6, 6, 6],
[6, 6, 6]])
```

4 · tf.random 生成隨機分佈張量

tf.random.normal 用於隨機生成正態分佈的張量；tf.random.truncated_normal 用於隨機生成正態分佈的張量，並剔除 2 倍方差以外的資料。

```
var normal1 = tf.random.normal((3, 4), mean: 100, stddev: 10.2f);
print(normal1);
var normal2 = tf.random.truncated_normal((3, 4), mean: 100, stddev: 10.2f);
print(normal2);
```

常用參數說明如下。

參數 1：shape，生成的正態分佈張量的形狀。

參數 2：mean，正態分佈的中心值。

參數 3：stddev，正態分佈的標準差。

輸出結果如下。

```
tf.Tensor: shape=(3,4), dtype=float32, numpy=[[115.2682, 102.2946, 108.8016, 105.1554],
[94.24945, 88.12776, 70.64314, 105.8668],
[115.6427, 92.41293, 106.8677, 84.75417]]
tf.Tensor: shape=(3,4), dtype=float32, numpy=[[99.32899, 101.9571, 87.46071, 101.9749],
[101.2237, 105.6187, 105.9899, 98.18528],
[86.55171, 91.12146, 101.8604, 98.7331]]
```

5．索引切片

可以透過張量的索引來讀取元素；對於變數，可以透過索引對部分元素進行修改。

下述為張量的索引功能的演示。

```
var t = tf.constant(np.array(new[,] {
{11,12,13,14,15 },{ 21,22,23,24,25},{ 31,32,33,34,35},
{ 41,42,43,44,45},{ 51,52,53,54,55},{ 61,62,63,64,65} }));
print(t);

// 取第 0 行
print(t[0]);

// 取最後 1 行
print(t[-1]);

// 取第 1 行和第 3 列
print(t[1, 3]);
print(t[1][3]);

// 根據索引從坐標軸取切片
var gathered = tf.gather(t, tf.constant(2));
print(gathered);
```

```
// 根據條件取 x 或 y 值
var filtered = tf.where(tf.constant(new[] { true, true, true, false, false, false }), t,
 t + 1);
print(filtered);
```

輸出結果如下。

```
tf.Tensor: shape=(6,5), dtype=int32, numpy=[[11, 12, 13, 14, 15],
[21, 22, 23, 24, 25],
[31, 32, 33, 34, 35],
[41, 42, 43, 44, 45],
[51, 52, 53, 54, 55],
[61, 62, 63, 64, 65]]
tf.Tensor: shape=(5), dtype=int32, numpy=[11, 12, 13, 14, 15]
tf.Tensor: shape=(5), dtype=int32, numpy=[61, 62, 63, 64, 65]
tf.Tensor: shape=(), dtype=int32, numpy=24
tf.Tensor: shape=(), dtype=int32, numpy=24
tf.Tensor: shape=(5,), dtype=int32, numpy=array([31, 32, 33, 34, 35])
tf.Tensor: shape=(6, 5), dtype=int32, numpy=array([[11, 12, 13, 14, 15],
[21, 22, 23, 24, 25],
[31, 32, 33, 34, 35],
[42, 43, 44, 45, 46],
[52, 53, 54, 55, 56],
[62, 63, 64, 65, 66]])
```

下述為張量的切片讀取功能的演示。

```
var t = tf.constant(np.array(new[,] {
{11,12,13,14,15 },{ 21,22,23,24,25},{ 31,32,33,34,35},
{ 41,42,43,44,45},{ 51,52,53,54,55},{ 61,62,63,64,65} }));
print(t);

// 取第 1 ～ 3 行
print(t[new Slice(1, 4)]);

// 取第 1 行至最後 1 行，第 0 列至最後 1 列，每隔 2 列取 1 列
print(t[new Slice(1, 6), new Slice(0, 5, 2)]);
print(t[new Slice(1), new Slice(step: 2)]);
```

輸出結果如下。

```
tf.Tensor: shape=(6,5), dtype=int32, numpy=[[11, 12, 13, 14, 15],
[21, 22, 23, 24, 25],
[31, 32, 33, 34, 35],
[41, 42, 43, 44, 45],
[51, 52, 53, 54, 55],
[61, 62, 63, 64, 65]]
tf.Tensor: shape=(3,5), dtype=int32, numpy=[[21, 22, 23, 24, 25],
[31, 32, 33, 34, 35],
[41, 42, 43, 44, 45]]
tf.Tensor: shape=(5,3), dtype=int32, numpy=[[21, 23, 25],
[31, 33, 35],
[41, 43, 45],
[51, 53, 55],
[61, 63, 65]]
tf.Tensor: shape=(5,3), dtype=int32, numpy=[[21, 23, 25],
[31, 33, 35],
[41, 43, 45],
[51, 53, 55],
[61, 63, 65]]
```

下述為張量的切片賦值功能的演示，透過 assign 運算元實現。

```
NDArray nd = new float[,]
{
    { 1, 2, 3 },
    { 4, 5, 6 },
    { 7, 8, 9 }
};
var x = tf.Variable(nd);
print(x);

// 獲取變數的切片
var sliced = x[":2", ":2"];

// 給變數中的切片賦值
sliced.assign(22 * tf.ones((2, 2)));
```

```
// 列印出賦值後的變數
print(x);
```

程式執行後,透過 assign 運算元對 [":2", ":2"] 的張量切片進行賦值,結果如下。

```
tf.Variable: ':0' shape=(3, 3), dtype=float32, numpy=[[1, 2, 3],
[4, 5, 6],
[7, 8, 9]]
tf.Variable: ':0' shape=(3, 3), dtype=float32, numpy=[[22, 22, 3],
[22, 22, 6],
[7, 8, 9]]
```

6 · 張量比較

tf.equal 可以比較兩個張量是否相同;ToScalar 可以獲取布林純量值。程式如下。

```
var str1 = tf.constant("Hello1");
var str2 = tf.constant("Hello2");
var result = tf.equal(str1, str2);
print(result.ToScalar<bool>());

var str3 = tf.constant("Hello1");
result = tf.equal(str1, str3);
print(result.ToScalar<bool>());
```

輸出結果如下。

```
False
True
```

2.6 維度變換

張量的維度變換操作主要是指改變張量的形狀,主要方法有 tf.reshape、tf.squeeze、tf.expand_dims 和 tf.transpose。

1・tf.reshape 改變張量的形狀

tf.reshape 主要改變張量的形狀,該操作不會改變張量在記憶體中的儲存順序,因此速度非常快,並且操作可逆。

```
var t = tf.constant(new[,] { { 1, 2, 3, 4, 5, 6 }, { 7, 8, 9, 10, 11, 12 } });
print(t);

var t_r = tf.reshape(t, new[] { 3, 4 });
print(t_r);

var t_r2 = tf.reshape(t, new[] { 1, 2, 3, 2 });
print(t_r2);
```

輸出結果如下。

```
tf.Tensor: shape=(2,6), dtype=int32, numpy=[[1, 2, 3, 4, 5, 6],
[7, 8, 9, 10, 11, 12]]
tf.Tensor: shape=(3,4), dtype=int32, numpy=[[1, 2, 3, 4],
[5, 6, 7, 8],
[9, 10, 11, 12]]
tf.Tensor: shape=(1,2,3,2), dtype=int32, numpy=[[[[1, 2],
[3, 4],
[5, 6]],
[[7, 8],
[9, 10],
[11, 12]]]]
```

2・tf.squeeze 維度壓縮簡化

tf.squeeze 可以消除張量中的單一元素的維度。和 tf.reshape 一樣,該操作不會改變張量在記憶體中的儲存順序。

```
var a = tf.constant(new NDArray(new[, ,] { { { 1 }, { 2 }, { 3 } }, { { 4 }, { 5 }, {
6 } } }));
print(a);

var b = tf.squeeze(a);
print(b);
```

輸出結果如下。

```
tf.Tensor: shape=(2,3,1), dtype=int32, numpy=[[[1],
[2],
[3]],
[[4],
[5],
[6]]]
tf.Tensor: shape=(2,3), dtype=int32, numpy=[[1, 2, 3],
[4, 5, 6]]
```

3 · tf.expand_dims 增加維度

tf.squeeze 的逆向操作為 tf.expand_dims，即往指定的維度中插入長度為 1 的維度。

```
var a = tf.constant(new[,] { { 1, 2, 3 }, { 4, 5, 6 } });
print(a);

// 往 0 維中插入長度為 1 的維度
var b = tf.expand_dims(a, 0);
print(b);
```

輸出結果如下。

```
tf.Tensor: shape=(2,3), dtype=int32, numpy=[[1, 2, 3],
[4, 5, 6]]
tf.Tensor: shape=(1,2,3), dtype=int32, numpy=[[[1, 2, 3],
[4, 5, 6]]]
```

4 · tf.transpose 維度交換

tf.transpose 可以交換張量的維度，與 tf.reshape 不同，它會改變張量在記憶體中的儲存順序。

```
var a = tf.constant(np.array(new[, , ,] { { { { 1, 11, 2, 22 } }, { { 3, 33, 4, 44 } }
},{ { { 5, 55, 6, 66 } }, { { 7, 77, 8, 88 } } } }));
print(a);

var b = tf.transpose(a, new[] { 3, 1, 2, 0 });
print(b);
```

輸出結果如下。

```
tf.Tensor: shape=(2,2,1,4), dtype=int32, numpy=[[[[1, 11, 2, 22]],
[[3, 33, 4, 44]]],
[[[5, 55, 6, 66]],
[[7, 77, 8, 88]]]]
tf.Tensor: shape=(4,2,1,2), dtype=int32, numpy=[[[[1, 5]],
[[3, 7]]],
[[[11, 55]],
[[33, 77]]],
[[[2, 6]],
[[4, 8]]],
[[[22, 66]],
[[44, 88]]]]
```

tf.transpose 維度交換過程示意圖如圖 2-1 所示。

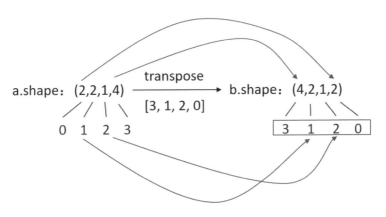

▲ 圖 2-1 tf.transpose 維度交換過程示意圖

2.7 合併分割

張量的合併分割和 NumPy 類似，其中合併有兩種不同的實現方式：
tf.concat 可以連接不同的張量，在同一設定的維度進行，不會增加維度；tf.stack
採用維度堆疊的方式，會增加維度。

1 · tf.concat

我們來測試一下使用 tf.concat 連接 3 個形狀為 [2,2] 的張量。concatValue1
透過在 axis:0 維度中的張量連接操作，將 3 個張量合併為 1 個形狀為 [6,2] 的新
張量；concatValue2 透過在 axis:-1 維度中的張量連接操作，將 3 個張量合併為 1
個形狀為 [2,6] 的新張量。

```
var a = tf.constant(new[,] { { 1, 2 }, { 3, 4 } });
var b = tf.constant(new[,] { { 5, 6 }, { 7, 8 } });
var c = tf.constant(new[,] { { 9, 10 }, { 11, 12 } });

var concatValue1 = tf.concat(new[] { a, b, c }, axis: 0);
print(concatValue1);

var concatValue2 = tf.concat(new[] { a, b, c }, axis: -1);
print(concatValue2);
```

輸出如下，正確地實現了張量的連接合併功能。

```
tf.Tensor: shape=(6,2), dtype=int32, numpy=[[1, 2],
[3, 4],
[5, 6],
[7, 8],
[9, 10],
[11, 12]]
tf.Tensor: shape=(2,6), dtype=int32, numpy=[[1, 2, 5, 6, 9, 10],
[3, 4, 7, 8, 11, 12]]
```

2 · tf.stack

同樣是上面的例子，我們將 tf.concat 替換為 tf.stack。可以看到，tf.stack 在指定的維度上建立了新的維度，並將輸入張量在新維度上進行堆疊操作。透過程式的執行，我們可以看到兩種方式的內部機制的差異。

```
var a = tf.constant(new[,] { { 1, 2 }, { 3, 4 } });
var b = tf.constant(new[,] { { 5, 6 }, { 7, 8 } });
var c = tf.constant(new[,] { { 9, 10 }, { 11, 12 } });

var concatValue1 = tf.stack(new[] { a, b, c }, axis: 0);
print(concatValue1);

var concatValue2 = tf.stack(new[] { a, b, c }, axis: -1);
print(concatValue2);
```

輸出結果如下。

```
tf.Tensor: shape=(3,2,2), dtype=int32, numpy=[[[1, 2],
[3, 4]],
[[5, 6],
[7, 8]],
[[9, 10],
[11, 12]]]
tf.Tensor: shape=(2,2,3), dtype=int32, numpy=[[[1, 5, 9],
[2, 6, 10]],
[[3, 7, 11],
[4, 8, 12]]]
```

上面兩個例子演示了張量的合併，接下來我們來測試張量的分割。張量的分割方法 tf.split 是 tf.concat 方法的逆操作，可以將張量平均分割或按照指定的形狀分割。

3 · tf.split

我們利用下述程式首先將 a、b、c 合併為 shape:[3,2,2] 的 concatValue，然後透過 tf.split 將 concatValue 的 0 維分割，還原為 3 個 shape:[2,2] 的張量陣列 splitValue。

```
var a = tf.constant(new[,] { { 1, 2 }, { 3, 4 } });
var b = tf.constant(new[,] { { 5, 6 }, { 7, 8 } });
var c = tf.constant(new[,] { { 9, 10 }, { 11, 12 } });
var concatValue = tf.concat(new[] { a, b, c }, axis: 0);

var splitValue = tf.split(concatValue, 3, axis: 0);
print(splitValue);
```

輸出結果如下。

```
[tf.Tensor: shape=(2,2), dtype=int32, numpy=[[1, 2],
[3, 4]], tf.Tensor: shape=(2,2), dtype=int32, numpy=[[5, 6],
[7, 8]], tf.Tensor: shape=(2,2), dtype=int32, numpy=[[9, 10],
[11, 12]]]
```

2.8 廣播機制

本節我們聊聊在 NumPy 和張量中都很常用並很重要的一個特性：Broadcasting，即廣播機制，又稱作自動擴充機制。廣播是一種十分輕量的張量複製操作，只會在邏輯上擴充張量的形狀，而不會直接執行實際儲存 I/O 的複製操作。經過廣播後的張量在視圖上會表現出複製後的形狀。

在進行實際資料運算的時候，廣播機制會透過深度學習框架的最佳化技術，避免實際複製資料而完成邏輯運算。對於使用者來說，廣播機制和 tf.tile 複製資料的最終實現效果是相同的，但是廣播機制節省了大量的運算資源並自動最佳化了運算速度。

但是，廣播機制並不是任何場合都適用的，下面我們來介紹廣播機制的使用規則和實現效果。

（1）如果張量的維度不同，則對維度較小的張量左側補齊進行擴充，直到兩個張量的維度相同。

（2）如果兩個張量在某個維度上的長度是相同的，或者其中一個張量在該維度上的長度為 1，則我們說這兩個張量在該維度上是相容的。

（3）如果兩個張量在所有維度上或透過上述（1）的過程擴充後都是相容的，則它們能使用廣播機制。這是廣播機制的核心思想——普適性。

（4）廣播之後，每個維度的長度取兩個張量在該維度長度上的較大值。

（5）在任何一個維度上，如果一個張量的長度為 1，另一個張量的長度大於 1，那麼在該維度上，就好像對第一個張量進行了複製。

我們透過圖解的方式進一步舉例說明。

首先來看可廣播的情形：張量 **B** 的形狀為 [w,1]，張量 **A** 的形狀為 [b,h,w,c]，不同維度的張量相加運算 **A**+**B** 是可以正常執行的，這就是廣播機制的作用，張量 **B** 透過廣播機制擴充為和 **A** 相同的形狀 [b,h,w,c]。正常的廣播擴充過程如圖 2-2 所示，分為 3 步。

axis:	0	1	2	3
A	b	h	w	c
B			w	1

第 1 步 - 對齊
將 **B** 靠右對齊

axis:	0	1	2	3
A	b	h	w	c
B	1	1	w	1

第 2 步 - 填充
在 **B** 中填充新維度

axis:	0	1	2	3
A	b	h	w	c
B	b	h	w	c

第 3 步 - 擴充
擴充為相同長度

▲ 圖 2-2 正常的廣播擴充過程

然後來看不可廣播的情形:同樣是上面這個例子,如果張量 **B** 的形狀為 [*w*,2],同時張量 **A** 的形狀為 [*b*,*h*,*w*,*c*],其中 $c \neq 2$,則這兩個張量不符合普適性原則,無法應用廣播機制,執行張量相加操作 **A**+**B** 會觸發顯示出錯機制。無法應用廣播機制的內部原理如圖 2-3 所示。

廣播機制的實現有兩種方式。

1·隱式自動呼叫

在進行不同形狀的張量運算時,隱式地自動呼叫廣播機制,如用「+、-、*、/」等運算,先將參與運算的張量廣播成統一的形狀,再進行對應的運算。

axis:	0	1	2	3
A	b	h	w	c
B			w	2

○ 第 1 步 - 對齊
將 **B** 靠右對齊

axis:	0	1	2	3
A	b	h	w	c
B	1	1	w	2

○ 第 2 步 - 填充
在 **B** 中填充新維度

axis:	0	1	2	3
A	b	h	w	c
B	b	h	w	2

✕ 第 3 步 - 擴充
擴充為相同長度

▲ 圖 2-3 無法應用廣播機制的內部原理

```
var a1 = tf.constant(new int[] { 1, 2, 3 });
var b1 = tf.constant(new int[,] { { 0, 0, 0 }, { 1, 1, 1 }, { 2, 2, 2 } });
var c1 = b1 + a1; // 和 b + tf.broadcast_to(a,b.shape) 一樣
print(c1);

var a2 = tf.constant(new int[] { 1, 2, 3 });
var b2 = tf.constant(new int[,] { { 1 }, { 2 }, { 3 } });
```

```
var c2 = b2 + a2; // 和 tf.broadcast_to(c,[3,3]) + tf.broadcast_to(d,[3,3]) 一樣
print(c2);
```

執行結果如下。

```
tf.Tensor: shape=(3,3), dtype=int32, numpy=[[1, 2, 3],
[2, 3, 4],
[3, 4, 5]]
tf.Tensor: shape=(3,3), dtype=int32, numpy=[[2, 3, 4],
[3, 4, 5],
[4, 5, 6]]
```

2．顯性廣播方法

使用 tf.broadcast_to 顯性地呼叫廣播方法，將指定的張量廣播至指定的形狀。

```
var a1 = tf.constant(new int[] { 1, 2, 3 });
var b1 = tf.constant(new int[,] { { 0, 0, 0 }, { 1, 1, 1 }, { 2, 2, 2 } });
var c1 = tf.broadcast_to(a1, b1.shape);
print(c1);

var a2 = tf.constant(new int[,] { { 1 }, { 2 }, { 3 } });
var c2 = tf.broadcast_to(a2, new[] { 3, 3 });
print(c2);
```

執行結果如下。

```
tf.Tensor: shape=(3,3), dtype=int32, numpy=[[1, 2, 3],
[1, 2, 3],
[1, 2, 3]]
tf.Tensor: shape=(3,3), dtype=int32, numpy=[[1, 1, 1],
[2, 2, 2],
[3, 3, 3]]
```

第 **3** 章
Eager Mode
詳解

3.1 Eager Mode 說明

Eager Mode 也叫作動態圖模式，是 TensorFlow 1.4 之後的版本中重要的新特徵之一，也是 TensorFlow 2.0 的主流寫法。Eager Mode 是一個兼具命令式（Imperative）和執行定義式特點的程式設計形式，操作一旦從程式中呼叫便立即得以執行，而不像之前那樣，生成一個張量，透過 sess.run() 才能得到值，這使得 TensorFlow 的入門使用、研究和開發更為直觀。

TensorFlow 2.x 中的 Eager Mode 是優先模式，預設為開啟狀態，在計算時可以同時獲得計算圖和數值計算的結果，可以在偵錯的過程中即時列印出資料。當 TensorFlow 2.0 版本發佈時，Eager Mode 的主要特性說明如圖 3-1 所示。

```
[TestMethod]
public void Accumuletion()
{
    var x = tf.Variable(10,nare: "x");
    for (int i=0; i<5; i++)
        x=x+1;

    Assert.AreEqual(15,(int)x.numpy());
}
```

Eager Execution Runtime : Different Experience in .NET / C#

Powered by TensorFlow.NET

▲ 圖 3-1 Eager Mode 的主要特性說明

3.2 Eager Mode 比較

下面透過 TensorFlow.NET 的程式對比，幫助讀者直觀了解 TensorFlow 1.4 之前的 Eager Mode 和 TensorFlow 2.0 的 Eager Mode 的差異點。

首先，我們在 TensorFlow 1.x 下實現 2.0 + 3.0 的簡單加法運算。

（1）建立計算圖。

建立計算圖僅僅使用各變數名稱建立出「 a + b 」加法的計算規則，記錄下該公式的計算步驟，並沒有傳入具體的值和執行具體的計算。

（2）賦值並執行計算圖。

透過開啟階段 Session，執行公式（靜態計算圖）中的節點「 c 」，並複製 a = 2.0，b = 3.0 來獲得 c 的數值計算結果。

完整程式如下。

```
using System;
using Tensorflow;
using static Tensorflow.Binding;

namespace TF_Test
{
    class Program
    {
        // 用 TensorFlow.NET 1.x 實現 2.0+3.0 的基本操作
        static void Main(string[] args)
        {
            // 建立計算圖
            // 建立兩個輸入端子，指定類型和名稱
            var a = tf.placeholder(tf.float32, name: "variable_a");
            var b = tf.placeholder(tf.float32, name: "variable_b");
            // 建立輸出端子的計算操作，並命名
            var c = tf.add(a, b, name: "variable_c");

            // 賦值並執行計算圖
            // 初始化執行環境，開啟階段 Session
            var init = tf.global_variables_initializer();
            using (var sess = tf.Session())
            {
                sess.run(init);// 執行初始化操作，完成初始化
                // 給輸入端子賦值
```

```
            var feed_dict = new FeedItem[]
            {
                new FeedItem(a, 2),
                new FeedItem(b, 3)
            };
            // 執行輸出端子
            var c_numpy = sess.run(c, feed_dict);
            // 執行輸出端子後，得到數數值型別的 c_numpy
            Console.WriteLine($"Addition with variables: {c_numpy}");
        }

        Console.Read();
    }
}
}
```

可以看到，在 TensorFlow.NET 1.x 中完成簡單的 2.0 + 3.0 計算的過程十分煩瑣，後面架設複製的神經網路模型亦是如此，這種先建立靜態計算圖再賦值執行的方式叫作符號式程式設計。

接下來，我們來看在 TensorFlow.NET 2.0 中完成 2.0 + 3.0 計算的程式。

注意

TensorFlow.NET 支持使用「+、-、*、/」等運算子直接進行運算。

```
using System;
using Tensorflow;
using static Tensorflow.Binding;

namespace TF_Test
{
    class Program
    {
        // 用 TensorFlow.NET 2.0 實現 2.0+3.0 的基本操作
        static void Main(string[] args)
        {
            // 建立輸入張量
```

```
        var a = tf.constant(2);
        var b = tf.constant(3);

        // 直接列印結果（也支持用「+、-、*、/」等運算子直接進行運算）
        var c = tf.add(a, b);
        print($"Addition with variables: {c.numpy()}");
    }
  }
}
```

這種在計算時同時建立計算圖和輸出計算結果的方式叫作命令式程式設計。TensorFlow 2.0 和 PyTorch 都是採用這種方式開發的，這種方式開發效率高，偵錯方便，所見即所得，但是執行效率不如符號式程式設計（後面我們會介紹如何使用 tf.function 來提高執行效率）。

上述兩種程式設計方式，都可以得到正確的結果「Addition with variables: 5」，如圖 3-2 所示。

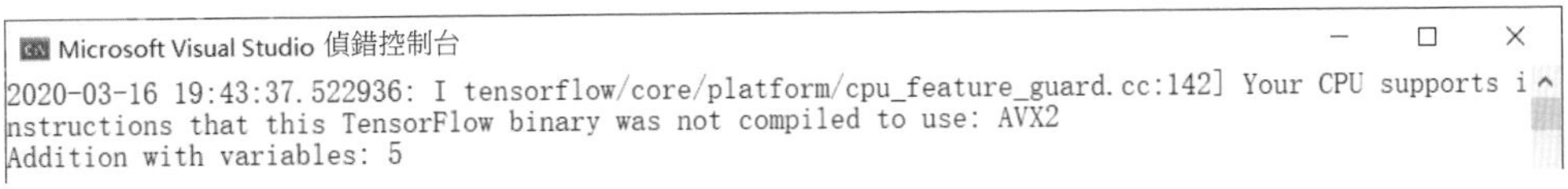

```
Microsoft Visual Studio 偵錯控制台                          —   □   ×
2020-03-16 19:43:37.522936: I tensorflow/core/platform/cpu_feature_guard.cc:142] Your CPU supports i
nstructions that this TensorFlow binary was not compiled to use: AVX2
Addition with variables: 5
```

▲ 圖 3-2 Eager Mode 下加法運算的輸出結果

3.3 Eager Mode 數值運算

現在，我們來演示 Eager Mode 下常見的加、減、乘、除數值運算。我們可以透過 tf 函式「add、subtract、multiply、divide」進行直接的數值運算，也可以透過運算子「+、-、*、/」進行相同的數值操作。

常用的運算操作程式如下。

```
using System;
using Tensorflow;
using static Tensorflow.Binding;
```

```
namespace TF_Test
{
    class Program
    {
        // 加、減、乘、除基本操作
        static void Main(string[] args)
        {
            // 定義張量常數類型的數值
            var a = tf.constant(2);
            var b = tf.constant(3);

            // 張量運算操作
            var add = tf.add(a, b);
            var sub = tf.subtract(a, b);
            var mul = tf.multiply(a, b);
            var div = tf.divide(a, b);

            // 存取運算結果並輸出
            print("add =", add.numpy());// 加
            print("sub =", sub.numpy());// 減
            print("mul =", mul.numpy());// 乘
            print("div =", div.numpy());// 除
        }
    }
}
```

程式的執行結果如下，從圖 3-3 中我們可以看到 TensorFlow.NET 正確地執行並輸出了運算後的數值。

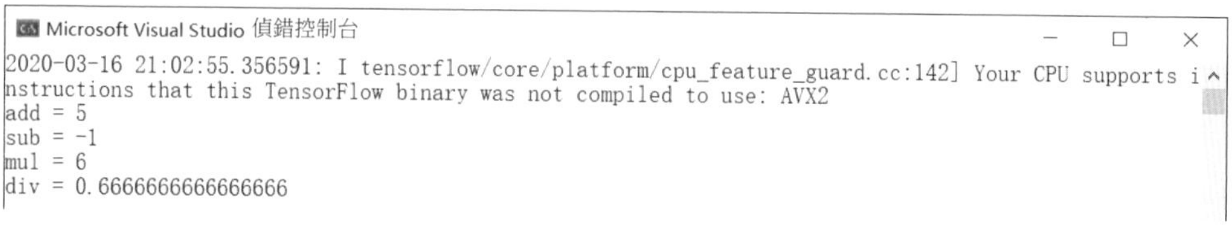

```
Microsoft Visual Studio 偵錯控制台                                        —    □    ×
2020-03-16 21:02:55.356591: I tensorflow/core/platform/cpu_feature_guard.cc:142] Your CPU supports i
nstructions that this TensorFlow binary was not compiled to use: AVX2
add = 5
sub = -1
mul = 6
div = 0.6666666666666666
```

▲ 圖 3-3 Eager Mode 下 4 種基本數值運算的結果

3.4 Eager Mode 張量降維運算

下面，我們來演示 Eager Mode 下的張量降維運算。

首先介紹模型訓練過程中計算損失時常用的 reduce_mean 和 reduce_sum 函式。從函式名稱上可以看出，這兩個函式有兩個功能：降維和求平均值（求累加和）。我們來分別講解兩個函式的定義。

reduce_mean：用於計算張量在指定的數軸（張量的某一維度）上的平均值，主要用於降維或計算張量（影像）的平均值。

```
public Tensor reduce_mean(
    Tensor[] input_tensors,
    int? axis = null,
    bool keepdims = false,
    string name = null)
```

參數如下。

- input_tensors：輸入的待降維的張量。
- axis：指定的數軸，如果不指定，則計算所有元素的平均值。
- keepdims：是否降維，預設為 false。若設定為 true，則輸出結果保持輸入張量的維度；若設定為 false，則輸出結果會降維。
- name：操作的名稱。

reduce_sum：用於計算張量沿著指定的數軸（張量的某一維度）上的累加和，主要用於降維或計算張量（影像）的累加和。

```
public Tensor reduce_sum(
    Tensor[] input_tensors,
    int? axis = null,
    bool keepdims = false,
    string name = null)
```

參數如下。

- input_tensors：輸入的待降維的張量。
- axis：指定的數軸，如果不指定，則計算所有元素的累加和。
- keepdims：是否降維，預設為 false。若設定為 true，則輸出結果保持輸入張量的維度；若設定為 false，則輸出結果會降維。
- name：操作的名稱。

除此之外，還有一些常用的函式，如 reduce_any、reduce_all、reduce_prod、reduce_max、reduce_min，這些都實現了降維和統計運算的功能。

這些函式的參數清單是大致相同的。其中，第一項 input_tensors 為待運算和待降維的輸入張量；第二項 axis 為降維的數軸，即需要對其進行降維的數軸；第三項 keepdims 設定輸出張量的維度是否和輸入張量保持一致，一般預設為 false 以實現降維的效果，如果有特殊需要，則在輸出維度保持不變的情況下，可以設定為 true；最後一項 name 定義操作的名稱。

在上述的參數列表中，第二項 axis 可能需要解釋一下，特別是維度超過 2 維的情況。當 axis = 0 時，表示縱向對矩陣求和，原來矩陣有幾列，最後就得到幾個值；相似地，當 axis = 1 時，表示橫向對矩陣求和，原來矩陣有幾行，最後就得到幾個值；當省略 axis 參數時，預設對矩陣所有元素求和，最後得到一個值。張量降維運算過程如圖 3-4 所示。

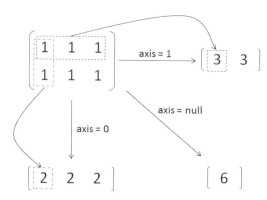

▲ 圖 3-4 張量降維運算過程

　　對於一個多維的陣列，最外層的括號裡的元素的 axis 為 0，每減一層括號，axis 就加 1，直到最後的元素為單一數字。我們按照 3 維的情況進行舉例說明，如 matrix = [[[1,2],[3,4]], [[5,6],[7,8]]]。

- 當 axis=0 時，所包含的元素：[[1, 2],[3, 4]]、[[5, 6],[7, 8]]。
- 當 axis=1 時，所包含的元素：[1, 2]、[3, 4]、[5, 6]、[7, 8]。
- 當 axis=2 時，所包含的元素：1、2、3、4、5、6、7、8。

　　當 axis = 0 時，reduce_sum 得到的結果應為 [[6,8], [10,12]]，即把兩個矩陣對應位置元素相加；當 axis = 1 時，reduce_sum 得到的結果應為 [[4,6], [12,14]]，即把陣列對應位置元素相加。一句話總結就是，對哪一維進行操作，計算完後哪一維外面的括號就被去掉，相當於降維。

　　TensorFlow.NET 的 tf.reduce_mean 和 tf.reduce_sum 程式測試如下。

```
using NumSharp;
using System;
using Tensorflow;
using static Tensorflow.Binding;

namespace TF_Test
{
    class Program
    {
        // 基本操作：tf.reduce_mean 和 tf.reduce_sum
        static void Main(string[] args)
        {
            // 定義張量常數
            var a = tf.constant(2);
            var b = tf.constant(3);
            var c = tf.constant(5);

            // tf.reduce_mean 和 tf.reduce_sum 運算
            var mean = tf.reduce_mean(new[] { a, b, c });
            var sum = tf.reduce_sum(new[] { a, b, c });

            // 存取運算結果並輸出
            print("mean =", mean.numpy());
```

```
            print("sum =", sum.numpy());
        }
    }
}
```

執行後，程式正確地輸出了張量求平均值與累加和的結果 3 與 10，如圖 3-5 所示。

```
■ Microsoft Visual Studio偵錯控制台                                    ─ □  X
2020-03-17 16:41:31.264360: I tensorflow/core/platform/cpu_feature_guard.cc:142] Your CPU supports i
nstructions that this TensorFlow binary was not compiled to use: AVX2
2020-03-17 16:41:31.408567: W tensorflow/core/framework/op_kernel.cc:1651] OP_REQUIRES failed at red
uction_ops_common.h:155 : Invalid argument: Invalid reduction dimension (0 for input with 0 dimensio
n(s)
Invalid reduction dimension (0 for input with 0 dimension(s)
2020-03-17 16:41:31.479571: W tensorflow/core/framework/op_kernel.cc:1651] OP_REQUIRES failed at red
uction_ops_common.h:155 : Invalid argument: Invalid reduction dimension (0 for input with 0 dimensio
n(s)
Invalid reduction dimension (0 for input with 0 dimension(s)
mean = 3
sum = 10
```

▲ 圖 3-5 張量求平均值與累加和的結果

3.5 Eager Mode 矩陣運算

本節簡單介紹一下 Eager Mode 下的矩陣運算。矩陣運算有 tf.diag()、tf.matmul()、tf.batch_matmul() 等，這裡主要說明矩陣乘法 tf.matmul()。

矩陣乘法的運算公式是這樣的：設 A 為 $m \times p$ 的矩陣，B 為 $p \times n$ 的矩陣，那麼稱 $m \times n$ 的矩陣 C 為矩陣 A 與 B 的乘積，記作 $C = AB$，其中矩陣 C 中的第 i 行第 j 列元素可以表示為

$$C_{ij} = (AB)_{ij} = \sum_{k=1}^{p} a_{ik}b_{kj} = a_{i1}b_{1j} + a_{i2}b_{2j} + \cdots + a_{ip}b_{pj}$$

設 $m=2$，$p=3$，$n=2$，運算過程如下所示。

$$A = \begin{bmatrix} a_{1,1} & a_{1,2} & a_{1,3} \\ a_{2,1} & a_{2,2} & a_{2,3} \end{bmatrix}$$

$$B = \begin{bmatrix} b_{1,1} & b_{1,2} \\ b_{2,1} & b_{2,2} \\ b_{3,1} & b_{3,2} \end{bmatrix}$$

$$C = AB = \begin{bmatrix} a_{1,1}b_{1,1} + a_{1,2}b_{2,1} + a_{1,3}b_{3,1}, & a_{1,1}b_{1,2} + a_{1,2}b_{2,2} + a_{1,3}b_{3,2} \\ a_{2,1}b_{1,1} + a_{2,2}b_{2,1} + a_{2,3}b_{3,1}, & a_{2,1}b_{1,2} + a_{2,2}b_{2,2} + a_{2,3}b_{3,2} \end{bmatrix}$$

簡單地說，矩陣乘法就是矩陣 A 和矩陣 B 的行列交叉相乘並累加求和，求和的結果是生成新的矩陣，如圖 3-6 所示。

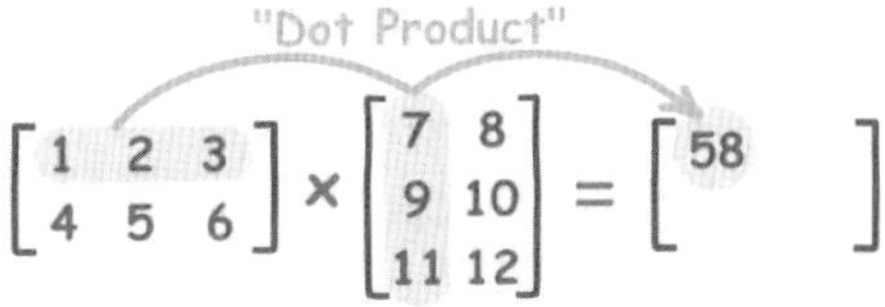

▲ 圖 3-6 矩陣乘法過程演示

下面我們透過實際案例來說明兩個 2×2 矩陣的乘法，我們首先看公式。

$$C = AB$$

$$\begin{bmatrix} C_0 & C_1 \\ C_2 & C_3 \end{bmatrix} = \begin{bmatrix} A_0 & A_1 \\ A_2 & A_3 \end{bmatrix} \times \begin{bmatrix} B_0 & B_1 \\ B_2 & B_3 \end{bmatrix}$$

$$C_0 = A_0 \times B_0 + A_1 \times B_2$$
$$C_1 = A_0 \times B_1 + A_1 \times B_3$$
$$C_2 = A_2 \times B_0 + A_3 \times B_2$$
$$C_3 = A_2 \times B_1 + A_3 \times B_3$$

然後我們透過程式實現兩個 2×2 矩陣的乘法，程式如下。

```
using NumSharp;
using System;
using Tensorflow;
using static Tensorflow.Binding;

namespace TF.Test
{
    class Program
    {
```

```
static void Main(string[] args)
{
    // 矩陣乘法
    var matrix1 = tf.constant(np.array(new float[,] { { 1, 2 }, { 3, 4 } }));
    var matrix2 = tf.constant(np.array(new float[,] { { 5, 6 }, { 7, 8 } }));
    var product = tf.matmul(matrix1, matrix2);
    // 類型轉換：張量轉換成 numpy
    print("product =", product.numpy());
}
```

透過程式偵錯，我們可以看到 product 是一個形狀為 [2,2] 的張量。矩陣相乘過程中各張量的形狀如圖 3-7 所示。

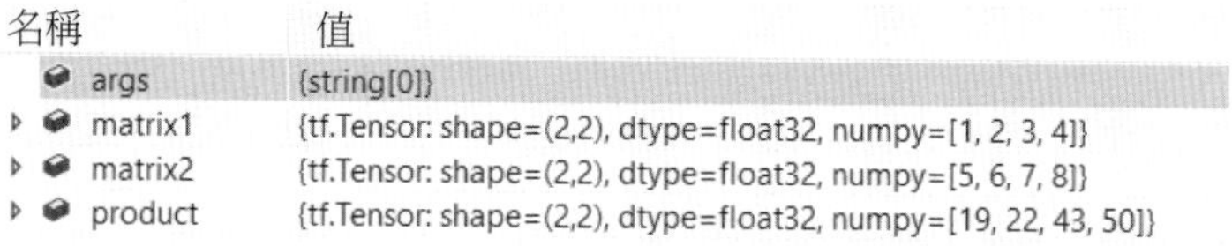

名稱	值
🔷 args	{string[0]}
▷ 🔷 matrix1	{tf.Tensor: shape=(2,2), dtype=float32, numpy=[1, 2, 3, 4]}
▷ 🔷 matrix2	{tf.Tensor: shape=(2,2), dtype=float32, numpy=[5, 6, 7, 8]}
▷ 🔷 product	{tf.Tensor: shape=(2,2), dtype=float32, numpy=[19, 22, 43, 50]}

▲ 圖 3-7 矩陣相乘過程中各張量的形狀

程式執行後正確地輸出了矩陣相乘結果轉換成的 numpy 類型數值：[19, 22, 43, 50]，如圖 3-8 所示。

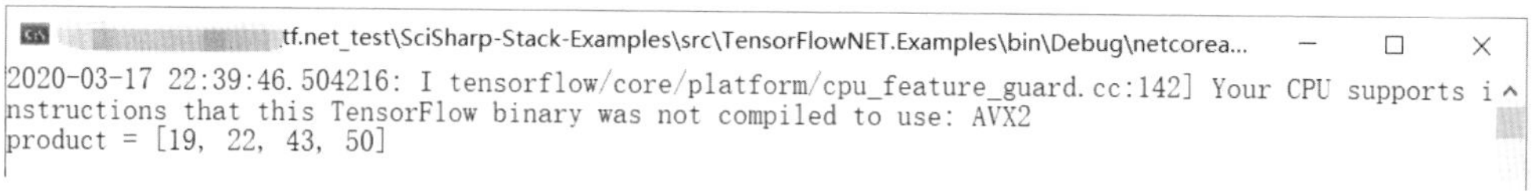

```
tf.net_test\SciSharp-Stack-Examples\src\TensorFlowNET.Examples\bin\Debug\netcorea...   —   □   ×
2020-03-17 22:39:46.504216: I tensorflow/core/platform/cpu_feature_guard.cc:142] Your CPU supports i
nstructions that this TensorFlow binary was not compiled to use: AVX2
product = [19, 22, 43, 50]
```

▲ 圖 3-8 矩陣相乘的輸出結果

3.6 print 與 tf.print 特性對比

參考 TensorFlow 官網文件的解釋，我們知道 tf.print 函式主要用於偵錯。

在 TensorFlow 早期的版本中，由於採用的是靜態圖，所以在偵錯的時候比較麻煩，這時我們可以使用 TensorFlow 附帶的偵錯器 tf.Print() 函式。需要注意的是，tf.Print() 只會建構一個 OP 運算元，需要 sess.run 之後才會列印；而在較新版本中，tf.Print() 已經逐漸被廢棄，官方推薦用 tf.print() 進行替代，tf.print() 不需要在 Session 階段裡面執行，支援在 Eager Mode 下直接輸出。

那麼，tf.print 和 print 這兩個函式在用法和原理上有什麼差異呢？print 和 tf.print 原理對比如圖 3-9 所示。

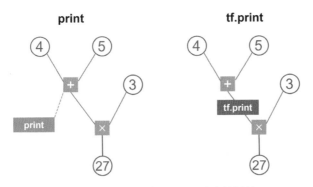

▲ 圖 3-9 print 和 tf.print 原理對比

透過圖 3-9 我們可以看到：左邊是普通的 print 函式，print 函式只輸出了 TensorFlow 的某個操作，得到的結果是這個操作的相關描述，同時 print 函式並未包含到 TensorFlow 圖中，只是演算法之外的一個輔助函式；而 tf.print 函式作為 TensorFlow 圖中的運算節點的一部分，參與了圖運算的過程，在圖執行的過程中進行偵錯內容的輸出，因此可以被用在很多普通 print 函式無法使用的場景中。

接下來，我們透過幾個程式範例來演示 print 函式和 tf.print 函式在用法上的差異。

1・輸出內容上的差異

我們簡單地列印一個字串類型的張量,來看下採用兩種函式的差異。範例程式如下。

```
var str = tf.constant("test 1#");
print(str);
tf.print(str);
```

輸出結果如下。

```
tf.Tensor: shape=(), dtype=string, numpy='test 1#'
"test 1#"
```

比較發現,在 Eager Mode 下,print 函式直接輸出了 str 張量的完整結構和內容;而 tf.print 函式對 str 張量執行存取節點操作,輸出內部的實際值。

2・Function 方法裡的使用

上面是 Eager Mode 下的例子,接下來,我們看下靜態圖裡面如果出現 print 或 tf.print 會有怎樣的結果。

有兩種方式可以演示這種情況:透過 AutoGraph 機制裡面的函式轉換為靜態圖的方式;或者使用 dataset 的 map 方法作為參數傳播的委託者。二者內部都是透過靜態圖轉換的原理來提高程式的執行效率的。

我們以 map 方法為例來演示 print 一個普通字串的情況,在這個例子中,我們使用 map 方法將 dataset 中的每個元素進行疊加 1 次的加法運算,範例程式如下。

```
public void run()
{
    var dataset = tf.data.Dataset.range(1, 6);
    dataset = dataset.map(add);
    foreach (var item in dataset)
    {
        print(item);
    }
```

```
}
Func<Tensors, Tensors> add = x =>
{
    print("test 2#");
    return x[0] + x[0];
};
```

輸出結果如下。

```
test 2#
(tf.Tensor: shape=(), dtype=int64, numpy=2, )
(tf.Tensor: shape=(), dtype=int64, numpy=4, )
(tf.Tensor: shape=(), dtype=int64, numpy=6, )
(tf.Tensor: shape=(), dtype=int64, numpy=8, )
(tf.Tensor: shape=(), dtype=int64, numpy=10, )
```

我們看到，程式正常地輸出了 add 方法運算的結果。但是我們注意到，「test 2#」這個字串只在最初的時候輸出了 1 次，並沒有和靜態圖一起被執行 5 次。這是因為 print 函式並非 TensorFlow 內建的 OP 運算元，當程式執行到 dataset.map(add) 時，會自動掃描 add 函式本體以生成一個靜態圖，在這個過程中，函式本體內部的程式會被完整執行一次，這時主控台便輸出了 print 語句的字串。而在後面的 foreach 遍歷的時候，靜態圖被呼叫反覆執行，這時候的靜態圖裡並沒有包含這個非原生的 print 語句，因此不再執行 print 語句。

如果希望在圖執行的過程中對狀態進行輸出，那麼我們需要使用 tf.print 函式進行替代，範例程式如下。

```
public void run()
{
    var dataset = tf.data.Dataset.range(1, 6);
    dataset = dataset.map(add);
    foreach (var item in dataset)
    {
        print(item);
    }
}
Func<Tensors, Tensors> add = x =>
{
```

```
        tf.print(tf.constant("test 2#", TF_DataType.TF_STRING));
        return x[0] + x[0];
};
```

輸出結果如下。

```
"test 2#"
(tf.Tensor: shape=(), dtype=int64, numpy=2, )
"test 2#"
(tf.Tensor: shape=(), dtype=int64, numpy=4, )
"test 2#"
(tf.Tensor: shape=(), dtype=int64, numpy=6, )
"test 2#"
(tf.Tensor: shape=(), dtype=int64, numpy=8, )
"test 2#"
(tf.Tensor: shape=(), dtype=int64, numpy=10, )
```

　　這時候，tf.print 語句就加入靜態圖中成為其中一個 OP 節點，在每次執行圖的時候都會被執行到。而且我們觀察到，「test 2#」和加法運算結果一樣，輸出了 5 次，說明在第一次掃描函式本體生成靜態圖的過程中，該語句只被掃描到並加入靜態圖中，並未像外部函式 print 那樣會被執行 1 次。

　　為了更深入地理解靜態圖轉換的過程，我們來做個小的修改，將上面的第一個 print 範例裡面的普通字串替換為張量字串，觀察程式會有怎樣的結果，範例程式如下。

```
public void run()
{
    var dataset = tf.data.Dataset.range(1, 6);
    dataset = dataset.map(add);
    foreach (var item in dataset)
    {
        print(item);
    }
}
Func<Tensors, Tensors> add = x =>
{
    print(tf.constant("test 2#", TF_DataType.TF_STRING));
```

```
        return x[0] + x[0];
};
```

程式執行後，輸出結果如下。

```
tf.Tensor 'Const:0' shape=() dtype=string
(tf.Tensor: shape=(), dtype=int64, numpy=2, )
(tf.Tensor: shape=(), dtype=int64, numpy=4, )
(tf.Tensor: shape=(), dtype=int64, numpy=6, )
(tf.Tensor: shape=(), dtype=int64, numpy=8, )
(tf.Tensor: shape=(), dtype=int64, numpy=10, )
```

透過上面的結果，我們可以看到，print 函式並沒有像在 Eager Mode 下一樣直接輸出張量的內容，而只輸出了張量的結構，這是因為在靜態圖的生成過程中，並沒有進行即時的張量運算。

在實際使用場景中，我們一般會在圖運算的過程中輸出一些張量的中間運算結果，於是我們將範例程式改寫如下。

```
public void run()
{
    var dataset = tf.data.Dataset.range(1, 6);
    dataset = dataset.map(add);
    foreach (var item in dataset)
    {
        print(item);
    }
}
Func<Tensors, Tensors> add = x =>
{
    tf.print(x);
    return x[0] + x[0];
};
```

輸出結果如下。

```
1
(tf.Tensor: shape=(), dtype=int64, numpy=2, )
2
(tf.Tensor: shape=(), dtype=int64, numpy=4, )
```

```
3
(tf.Tensor: shape=(), dtype=int64, numpy=6, )
4
(tf.Tensor: shape=(), dtype=int64, numpy=8, )
5
(tf.Tensor: shape=(), dtype=int64, numpy=10, )
```

我們欣喜地看到，程式正確地輸出了我們需要的圖執行中間階段的張量值。

而如果將 tf.print 函式改成 print 函式，如下所示。

```
public void run()
{
    var dataset = tf.data.Dataset.range(1, 6);
    dataset = dataset.map(add);
    foreach (var item in dataset)
    {
        print(item);
    }
}
Func<Tensors, Tensors> add = x =>
{
    print(x);
    return x[0] + x[0];
};
```

程式只能輸出一個張量的結構，並不能得到我們想要的結果，如下所示。

```
tf.Tensor 'arg:0' shape=() dtype=int64
(tf.Tensor: shape=(), dtype=int64, numpy=2, )
(tf.Tensor: shape=(), dtype=int64, numpy=4, )
(tf.Tensor: shape=(), dtype=int64, numpy=6, )
(tf.Tensor: shape=(), dtype=int64, numpy=8, )
(tf.Tensor: shape=(), dtype=int64, numpy=10, )
```

透過上面的一些例子，相信大家對 print 函式和 tf.print 函式的使用場景已經有所了解。綜合來說，如果需要在靜態圖執行過程中輸出一些偵錯資訊，那麼我們建議大家使用 tf.print 函式。如果只需要在 Eager Mode 下動態地即時輸出一些張量的內容，則兩種函式皆可。

第 **4** 章
自動求導原理與應用

4.1 機器學習中的求導

隨機梯度下降法（SGD）是訓練深度學習模型常用的最佳化方法，透過梯度的定義我們可以發現，梯度的求解其實就是求函式偏導的問題，導數在非嚴格意義上來說就是一元的「偏導」。

常用的求導方式一般有兩種：數值微分（Numerical Differentiation）和符號微分（Symbolic Differentiation）。其中，數值微分包括前向模式（Forward Mode）和反向模式（Reverse Mode）。目前的深度學習框架大都實現了自動求梯度的功能，大家只需要關注模型架構的設計，不必關注模型背後的梯度是如何計算的。

TensorFlow 的自動求導（Automatic Gradient / Automatic Differentiation）就是以反向模式數值微分為基礎的，就是我們常說的 BP 演算法，其原理是鏈式法則。實現的方式是利用反向傳播與鏈式法則建立一張對應原計算圖的梯度圖，導數只是另外一張計算圖，可以再次進行反向傳遞，對導數進行再求導以得到更高階的導數。透過這種方式，我們僅需要一個前向過程和反向過程就可以計算所有參數的導數或梯度，這特別適合擁有大量訓練參數的神經網路模型梯度的計算。

圖 4-1 和圖 4-2 分別展示了普通函式的自動求導過程和神經網路的自動求導過程。

接下來，我們透過程式演示一下 TensorFlow 2.0 中的自動求導機制。

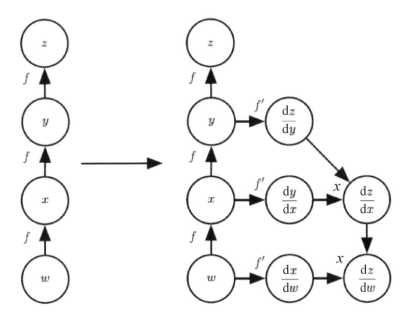

▲ 圖 4-1 普通函式的自動求導過程

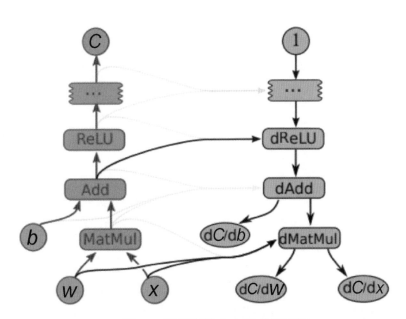

▲ 圖 4-2 神經網路的自動求導過程

4.2 簡單函式求導

在即時執行模式下，TensorFlow 引入了 tf.GradientTape() 這個「求導記錄器」來實現自動求導。以下程式展示了如何使用 tf.GradientTape() 計算函式 $y(x)$ = x^2+6x 在 x=5 處的導數。

```
using NumSharp;
using System;
using Tensorflow;
using Tensorflow.Gradients;
using static Tensorflow.Binding;

namespace TF.NET_Test_Core
{
    class Program
    {
        static void Main(string[] args)
        {
            var x = tf.Variable(5.0, dtype: TF_DataType.TF_FLOAT);
            using var tape = tf.GradientTape();// 在 using var tape = tf.GradientTape()
後面區域的所有計算步驟都會被記錄以用於求導
            var y = tf.square(x) + tf.multiply(x, 6.0f); // y = x*x + 6*x
            var y_grad = tape.gradient(y, x);// 計算 y 關於 x 的導數 y'=2*x+6
            print(y);
            print(y_grad);

            Console.ReadKey();
        }
    }
}
```

> **注意**
>
> 版本需要 C# 8.0 及以上，.NET Core 3.0 及以上，目標平臺為 x64。

輸出結果如下。

```
tf.Tensor: shape=(), dtype=float32, numpy=55
tf.Tensor: shape=(), dtype=float32, numpy=16
```

這裡，x 是一個初值為 5 的變數（Variable），使用 tf.Variable() 宣告。變數與普通張量的一個重要區別是，變數預設能夠被 TensorFlow 的自動求導機制求導，因此往往被用於定義機器學習模型的參數。

tf.GradientTape() 是一個自動求導的記錄器。只要進入了 using var tape = tf.GradientTape(); 的上下文環境，則在該環境中的計算步驟都會被自動記錄。在上面的範例中，計算步驟 var y = tf.square(x)+tf.multiply(x,6.0f); 即被自動記錄了。離開上下文環境後，記錄將停止，但記錄器 tape 依然可用，因此可以透過 var y_grad = tape.gradient(y, x); 求張量 y 對變數 x 的導數。

最後，程式正確輸出了函式 $y=x^2+6x$ 在 $x=5$ 時的結果 $5^2+6\times5=55$，同時輸出了函式 $y=x^2+6x$ 對 x 的導數 $y'=2x+6$ 在 $x=5$ 時的結果 $2\times5+6=16$。

4.3 複雜函式求偏導

接下來，我們求解機器學習中比較常見的多元函式的偏導數，以及對向量或矩陣進行求導。以下程式展示了如何使用 tf.GradientTape() 計算函式 $L(\boldsymbol{w},b) = \|\boldsymbol{Xw} + b - \boldsymbol{y}\|^2$ 在 $\boldsymbol{w} = (1,2)^\mathrm{T}$，$b = 1$ 時分別對 $\boldsymbol{w}$、b 的偏導數。其中，$\boldsymbol{X} = \begin{bmatrix} 1 & 2 \\ 3 & 4 \end{bmatrix}$，$\boldsymbol{y} = \begin{bmatrix} 1 \\ 2 \end{bmatrix}$。

程式如下。

```
using NumSharp;
using System;
using Tensorflow;
using Tensorflow.Gradients;
using static Tensorflow.Binding;

namespace Test_Core
{
```

```
class Program
{
    static void Main(string[] args)
    {
        var X = tf.constant(new[,] { { 1.0f, 2.0f }, { 3.0f, 4.0f } });
        var y = tf.constant(new[,] { { 1.0f }, { 2.0f } });
        var w = tf.Variable(new[,] { { 1.0f }, { 2.0f } });
        var b = tf.Variable(1.0f);
        using var tape = tf.GradientTape();
        var L = tf.reduce_sum(tf.square(tf.matmul(X, w) + b - y));
        var (w_grad, b_grad) = tape.gradient(L, (w, b));
        print($"{L}\r\n{w_grad}\r\n{b_grad}");

        Console.ReadKey();
    }
}
```

> **注意**
>
> 版本需要 C# 8.0 及以上，.NET Core 3.0 及以上，目標平臺為 x64。

輸出結果如下。

```
tf.Tensor: shape=(), dtype=float32, numpy=125
tf.Tensor: shape=(2,1), dtype=float32, numpy=[[70], [100]]
tf.Tensor: shape=(), dtype=float32, numpy=30
```

這裡，tf.square() 操作代表對輸入張量的每一個元素求平方，不改變張量形狀；tf.reduce_sum() 操作代表對輸入張量的所有元素求和，輸出一個形狀為空的純量張量（可以透過 axis 參數來指定求和的維度，若不指定，則預設對所有元素求和）。

從輸出結果可見，TensorFlow 幫助我們計算出了下述的結果。

$$L\left((1,2)^{\mathrm{T}},1\right)=125$$

$$\frac{\partial L\left(\boldsymbol{w},b\right)}{\partial \boldsymbol{w}}\Big|_{\boldsymbol{w}=(1,2)^{\mathrm{T}},b=1}=\begin{bmatrix}70\\100\end{bmatrix}$$

$$\frac{\partial L\left(\boldsymbol{w},b\right)}{\partial b}\Big|_{\boldsymbol{w}=(1,2)^{\mathrm{T}},b=1}=30$$

第 5 章
線性迴歸實作

5.1 線性迴歸問題

5.1.1 問題描述

　　線性迴歸（Linear Regression）是迴歸問題中的一種。線性迴歸假設目標值與特徵之間線性相關，即滿足一個多元一次方程，透過建構損失函式，來求解損失函式最小時的參數 W 和 b。通常我們可以表達成下式：

$$\hat{y} = Wx + b$$

　　式中，$\hat{y}$ 為預測值；引數 x 和因變數 y 是已知的。我們想實現的是預測新增一個 x，其對應的 y 是多少。因此，為了建構這個函式關係，目標是透過已知資料點，求解線性模型中 W 和 b 兩個參數。

　　圖 5-1 所示為線性函式和實際值偏差示意圖，其中偏離直線的點為引數 x 和因變數 y 的實際值，這些點到直線 y 方向的距離線段為誤差值。

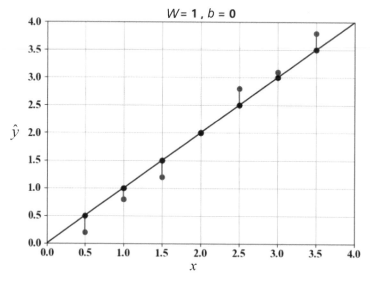

▲ 圖 5-1 線性函式和實際值偏差示意圖

5.1.2 問題解析

求解最佳參數，需要一個標準來對結果進行衡量，為此我們需要定量化一個目標函式式，以便電腦在求解過程中不斷地最佳化。

針對任何模型求解問題，最終都可以得到一組預測值 $\hat{y}$，對比已有的真實值 y，資料行數 n，可以將損失函式定義如下。

$$L = \frac{1}{n}\sum_{i=1}^{n}(\hat{y}_i - y_i)^2$$

即預測值與真實值之間的平均的平方距離，在統計學中一般稱其為均方誤差（Mean squAre Error，MAE）。把之前的函式式代入損失函式，並且將需要求解的參數 W 和 b 看作函式 L 的引數，可得

$$L(W,b) = \frac{1}{n}\sum_{i=1}^{n}(Wx_i + b - y_i)^2$$

現在的任務是求解當 L 最小時 W 和 b 的值，即核心目標最佳化式為

$$(W^*, b^*) = \arg\min_{(W,b)}\sum_{i=1}^{n}(Wx_i + b - y_i)^2$$

5.1.3 解決方案

在深度學習中，一般採用梯度下降（Gradient Descent）法求解線性迴歸問題。梯度下降法的核心內容是對引數進行不斷的更新（對 W 和 b 求偏導數），使得目標函式不斷逼近最小值，其中，α 是深度學習裡面的學習率。

$$W \leftarrow W - \alpha\frac{\partial L}{\partial W}$$

$$b \leftarrow b - \alpha\frac{\partial L}{\partial b}$$

使用梯度下降法，我們可以對凸問題求得全域最優解；對於非凸問題，則可以求得局部最優解。梯度下降法的演算法原理如圖 5-2 所示，局部最優解和全域最優解如圖 5-3 所示。

　　關於梯度下降法的求解過程，這裡不再詳細說明。接下來，我們透過 TensorFlow 的程式來實現一個簡單的線性迴歸。

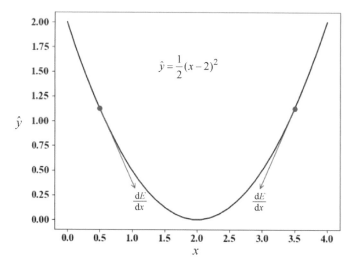

$$\hat{y} = \frac{1}{2}(x-2)^2$$

▲ 圖 5-2　梯度下降法的演算法原理

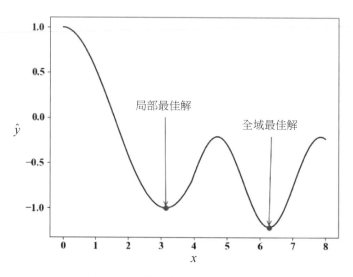

▲ 圖 5-3　局部最優解和全域最優解

5.2 TensorFlow 下的線性迴歸

線性迴歸是機器學習基礎入門的例子，我們可以透過其最最佳化過程更快、更簡潔地理解機器學習中梯度下降的含義。

線性迴歸的訓練資料如表 5-1 所示。

➔ 表 5-1 線性迴歸的訓練資料

序號	train_X	train_Y
1	3.3	1.7
2	4.4	2.76
3	5.5	2.09
4	6.71	3.19
5	6.93	1.694
6	4.168	1.573
7	9.779	3.366
8	6.182	2.596
9	7.59	2.53
10	2.167	1.221
11	7.042	2.827
12	10.791	3.465
13	5.313	1.65
14	7.997	2.904
15	5.654	2.42
16	9.27	2.94
17	3.1	1.3

現在，我們希望透過對上述資料進行線性迴歸，即使用線性模型 $Y = WX + b$ 來擬合上述資料，此處 W 和 b 是待求的參數。

　　首先，我們使用 NDArray 接收輸入資料，如有需要可以進行資料的歸一化前置處理。

　　然後，我們使用梯度下降法來求線性模型中的兩個參數 W 和 b 的值。

　　在 TensorFlow 中，我們建立梯度記錄器 g = tf.GradientTape()，使用 g.gradient (loss, (W, b)) 自動計算梯度，並透過最佳化器 optimizer.apply_gradients(zip (gradients, (W, b))) 自動更新模型參數 W 和 b。

　　我們來看下完整程式。

```
// 準備資料
NDArray train_X = np.array(3.3f, 4.4f, 5.5f, 6.71f, 6.93f, 4.168f, 9.779f, 6.182f,
 7.59f, 2.167f, 7.042f, 10.791f, 5.313f, 7.997f, 5.654f, 9.27f, 3.1f);
NDArray train_Y = np.array(1.7f, 2.76f, 2.09f, 3.19f, 1.694f, 1.573f, 3.366f, 2.596f,
2.53f, 1.221f, 2.827f, 3.465f, 1.65f, 2.904f, 2.42f, 2.94f, 1.3f);
int n_samples = train_X.shape[0];

// 初始化權重和偏置項
var W = tf.Variable(0f, name: "weight");
var b = tf.Variable(0f, name: "bias");
float learning_rate = 0.01f;
var optimizer = tf.optimizers.SGD(learning_rate);

// 執行最佳化器進行權重和偏置項更新
int training_steps = 1000;
int display_step = 50;
foreach (var step in range(1, training_steps + 1))
{
    using var g = tf.GradientTape();
    // 線性迴歸模型 (W*X + b)
    var pred = W * train_X + b;
    // MSE:Mean square error
    var loss = tf.reduce_sum(tf.pow(pred - train_Y, 2)) / n_samples;
    var gradients = g.gradient(loss, (W, b));

    // 應用梯度下降最佳化器更新 W 和 b
     optimizer.apply_gradients(zip(gradients, (W, b)));
```

```
    if (step % display_step == 0)
    {
        pred = W * train_X + b;
        loss = tf.reduce_sum(tf.pow(pred - train_Y, 2)) / n_samples;
        print($"step: {step}, loss: {loss.numpy()}, W: {W.numpy()}, b: {b.numpy()}");
    }
}
```

在這裡，我們計算了損失函式關於參數的偏導數，同時使用 optimizer = tf.optimizers. SGD(learning_rate) 宣告了一個梯度下降最佳化器，其學習率為 0.01。該最佳化器可以幫助我們根據計算出的求導結果更新模型參數，從而最小化某個特定的損失函式，具體使用方式是呼叫 apply_gradients() 方法。

在使用 apply_gradients() 方法的時候，需要傳入參數 grad_sand_vars，這是一個串列，清單中的每個元素是一個 (變數的偏導數 , 變數)，即 [(grad_W, W), (grad_b, b)]。程式中的 var gradients = g.gradient(loss, (W, b)) 接收到的傳回值是一個 [grad_W,grad_b]，這裡透過 zip() 方法將變數的偏導數和變數進行拼裝，組合成需要的參數類型。

執行程式可以輸出正確的梯度下降和線性迴歸的運算過程。

```
step: 50, loss: 0.20823787, W: 0.3451206, b: 0.13602997
step: 100, loss: 0.19650392, W: 0.33442247, b: 0.2118748
step: 150, loss: 0.18730186, W: 0.3249486, b: 0.2790402
step: 200, loss: 0.18008542, W: 0.31655893, b: 0.33851948
step: 250, loss: 0.17442611, W: 0.30912927, b: 0.39119223
step: 300, loss: 0.16998795, W: 0.30254984, b: 0.43783733
step: 350, loss: 0.1665074, W: 0.29672337, b: 0.47914445
step: 400, loss: 0.16377792, W: 0.29156363, b: 0.51572484
step: 450, loss: 0.16163734, W: 0.28699434, b: 0.54811907
step: 500, loss: 0.15995868, W: 0.28294793, b: 0.57680625
step: 550, loss: 0.1586422, W: 0.2793646, b: 0.6022105
step: 600, loss: 0.15760982, W: 0.2761913, b: 0.6247077
step: 650, loss: 0.15680023, W: 0.27338117, b: 0.6446302
step: 700, loss: 0.15616529, W: 0.27089265, b: 0.6622727
step: 750, loss: 0.15566738, W: 0.26868886, b: 0.6778966
step: 800, loss: 0.15527686, W: 0.26673728, b: 0.69173247
```

```
step: 850, loss: 0.15497065, W: 0.26500902, b: 0.70398504
step: 900, loss: 0.15473045, W: 0.26347852, b: 0.7148355
step: 950, loss: 0.15454216, W: 0.2621232, b: 0.72444427
step: 1000, loss: 0.15439445, W: 0.26092294, b: 0.7329534
```

對應的線性迴歸擬合線如圖 5-4 所示。

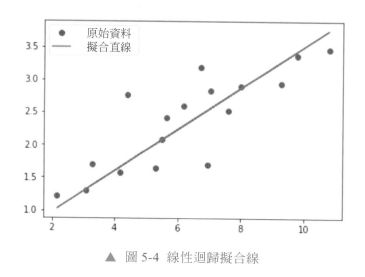

▲ 圖 5-4 線性迴歸擬合線

5.3 C# 和 Python 的性能比較

透過一個相同資料集的 1000 輪的線性迴歸的例子，我們對比 C# 和 Python 的執行速度和記憶體使用，發現 C# 執行的速度大約是 Python 的 2 倍，而對於記憶體的使用，C# 使用的記憶體空間只占到 Python 的 1/4，可以說 TensorFlow 的 C# 版本在執行速度和性能上同時超過了 Python 版本，因此在工業現場或實際應用時，TensorFlow.NET 除部署上的便利外，更有性能上的傑出優勢。

圖 5-5 所示為 C# 和 Python 執行性能（記憶體和執行時間）對比示意圖。

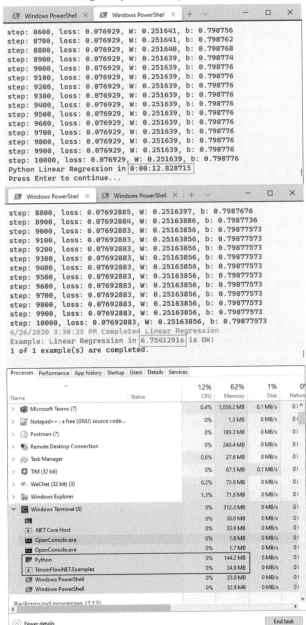

10,000 training steps for Linear Regression in Eager mode.

TensorFlow.NET is 2x faster than Python and uses 1/4 memory.

▲ 圖 5-5 C# 和 Python 執行性能（記憶體和執行時間）對比示意圖

圖 5-6 所示為 C# 和 Python 實際程式執行速度對比示意圖。

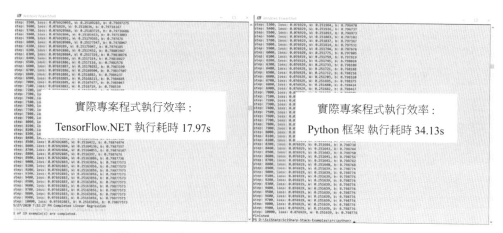

實際專案程式執行效率：

TensorFlow.NET 執行耗時 17.97s

實際專案程式執行效率：

Python 框架 執行耗時 34.13s

▲ 圖 5-6　C# 和 Python 實際程式執行速度對比示意圖

第**6**章

MNIST 手寫數字分類邏輯迴歸

6.1 經典的 MNIST 手寫數字分類問題

本節我們來學習深度學習世界的「Hello World」，即經典的 MNIST 手寫數字分類。我們一起簡單了解下 MNIST 資料集的結構和邏輯迴歸過程，之後進入程式實作。

6.1.1 MNIST

MNIST 是一個手寫體數字的圖片資料集，內容為手寫體的數字 0~9，總共 10 種，該資料集最早來自美國國家標準與技術研究所（National Institute of Standards and Technology，NIST），一共統計了來自 250 個不同的人的手寫數位圖片，其中 50% 是高中生，50% 是人口普查局的工作人員。該資料集的主要目的是透過演算法實現對手寫數字的自動辨識。

MNIST 主要分為訓練集、訓練集標籤、測試集和測試集標籤，由 60000 個訓練樣本和 10000 個測試樣本組成，每個樣本都是一張 28 像素 ×28 像素的灰階手寫數字圖片。MNIST 資料集的結構如表 6-1 所示。

➡ 表 6-1 MNIST 資料集的結構

分　類	形　狀	樣本數 / 個
訓練集	(60000,28,28)	60000
訓練集標籤	(60000,1)	60000
測試集	(10000,28,28)	10000
測試集標籤	(10000,1)	10000

在有些情況下，訓練集可以分割成 55000 個訓練集和 5000 個驗證集，方便在訓練過程中使用驗證集進行即時的訓練準確率評估。

MNIST 資料集概覽如圖 6-1 所示。

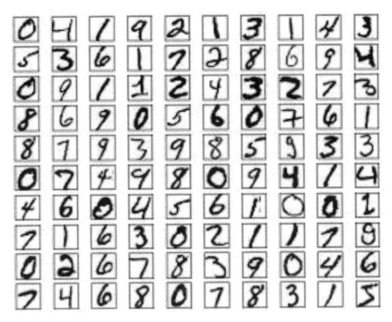

▲ 圖 6-1 MNIST 資料集概覽

影像的尺寸為 28 像素 ×28 像素，每個像素的值為 0~255 的灰階值；標籤為手寫數字的分類值，0~9 總共 10 種類型的標籤，如圖 6-2 所示。

我們可以直接列印看下 MNIST 訓練集前 20 張樣本圖片，可以看到手寫的字型樣式是比較多樣的，如圖 6-3 所示。

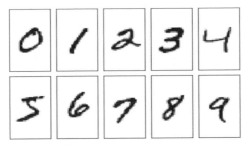

▲ 圖 6-2 MNIST 10 種類型的標籤

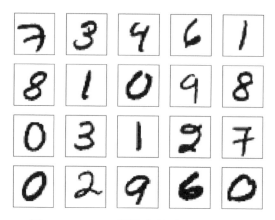

▲ 圖 6-3 MNIST 訓練集的前 20 張樣本圖片

針對 MNIST 訓練集和測試集，一般的處理流程如下。

（1）資料展平至長度為 784 的向量（784=28×28，為展平後的資料長度）。

（2）資料標準歸一化，[0, 255] → [0, 1]。

訓練集標籤和測試集標籤在有些情況下，會進行 One-Hot 編碼轉換，這裡簡單介紹下 One-Hot 編碼。

One-Hot 編碼向量表示為一項屬性的特徵向量，也就是同一時間只有一個啟動點（不為 0），這個向量只有一個特徵值是不為 0 的，其他的特徵值都是 0，因此特別稀疏，這個稀疏向量一般用來組成一個多特徵值的訓練集樣本。

例如，MNIST 的 0~9 總共 10 個數字，可用長度為 10 的向量表示，0 表示為 {1,0,0,0,0,0,0,0,0,0}，1 表示為 {0,1,0,0,0,0,0,0,0,0}，……。該方式的優勢在於，在計算歐氏距離時，One-Hot 編碼可保證每個特徵值的比重一致。

在 MNIST 中採用 One-Hot 編碼方式，可以保證不同數值標籤之間差異的標準化，不受實際數字大小的影響。例如，我們考慮標籤 1、2、3，若不使用 One-Hot 編碼，則其表示分別是 $x_1 =(1), x_2 =(2), x_3 =(3)$。每兩個值之間的距離：$d(x_1, x_3) = 1$，$d(x_2, x_3) = 1$，$d(x_1, x_3) = 2$。那麼如果不考慮數值的大小（因為此處是區分字元，並非比較數值大小差異），x_1 和 x_3 這兩個標籤不相似嗎？顯然根據這樣的表示法，計算出來的特徵值之間的距離是不合理的；若使用 One-Hot 編碼，則得到 $x_1 = (1, 0, 0)$，$x_2 = (0, 1, 0)$，$x_3 = (0, 0, 1)$，那麼每兩個標籤之間的距離就都是 sqrt(2)，即每兩個標籤之間的距離是一樣的，這樣更合理。

6.1.2 邏輯迴歸

機器學習中的預測一般有兩種類型：數值預測和分類預測。數值預測一般是預測連續數值的，採用迴歸模型；分類預測一般是預測離散的分類標籤的，方法很多，如決策樹、KNN、支持向量機、單純貝氏等。但整體來說，兩種預測的整體流程是一樣的，都是先架設模型，訓練已知資料，再預測未知資料。

邏輯迴歸（Logistic Regression）是一種比較特殊的演算法。邏輯迴歸模型是一種採用迴歸的思路解決標準分類問題的模型。

對於邏輯迴歸模型，一般會將離散的資料轉換為連續的機率分佈資料。二分類一般採用 Sigmoid（也可以採用 Softmax）迴歸方式，多分類一般採用 Softmax 迴歸方式。這裡我們首先採用 Softmax 迴歸方式將資料處理為機率分佈資料，然後採用交叉熵作為損失函式，最後使用梯度下降的方式進行模型參數的最佳化，最終最佳化的結果透過 Argmax 函式進行輸出精度的評價。接下來，我們說說這個流程中的幾個重要的概念。

1 · Softmax

Softmax 函式的作用是將一組資料轉換為機率的形式，函式運算式如下。

$$\text{Softmax}(x_j) = \frac{\exp(x_j)}{\sum_j \exp(x_j)}$$

圖 6-4 來自李宏毅老師的《一天搞懂深度學習》，可以幫助大家理解 Softmax 函式。

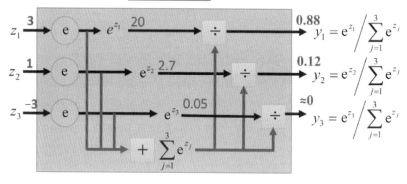

▲ 圖 6-4 Softmax 函式原理

例如，模型原來的輸出可能是 $(1,2,3,\cdots)$ 這樣的資料，可能來自中間層或尾端層，這樣的資料無法使用交叉熵評價損失，而且資料的大小無法直觀地表現實際預測的分佈機率，也可能存在正負值或極大極小值，所以需要進行資料的機率化處理，一個向量 $(1,2,3)$ 經過 Softmax 迴歸之後就是 $\left(\dfrac{e^1}{e^1+e^2+e^3}, \dfrac{e^2}{e^1+e^2+e^3}, \dfrac{e^3}{e^1+e^2+e^3} \right)$，這樣輸出就轉換為一個機率分佈資料，方便後續的交叉熵計算。

建構 Softmax 函式需要滿足下述條件。

- Soft 特性，所有標籤都有機率值，即所有分類都存在被考慮的「可能性」。

- 函式必須是連續可導的，不存在反趨點。

- Max 特性，透過指數的使用，拉大不同類型的差異，使大的更大，小的更小。

- 所有輸出機率的總和始終確保為 1。

- 盡可能地方便後續的交叉熵損失函式的求導計算（後面可以看到詳細的推導，Softmax 函式大大簡化了導數的計算和梯度更新過程）。

上面 5 點即 Softmax 函式的構造原理和主要特徵。

2・交叉熵

交叉熵（Cross Entropy）是資訊理論中的一個重要概念，主要用來度量兩個機率分佈間的差異。總結來說，在深度學習中可以使用交叉熵來「量化」真實資料分佈機率和預測資料分佈機率之間的差異，進而可以確定後續的梯度更新的數值和方向。

接下來我們詳細說說交叉熵損失函式的「前世今生」（儘量不涉及太多推導公式，讀者可以跳過下面這段直接看剛才的總結，並不影響後續的程式理解）。

首先我們來看看什麼是資訊量。資訊學奠基人香農（Shannon）認為「資訊是用來消除隨機不確定性的東西」，也就是說，衡量資訊量的大小需要看這個資訊消除不確定性的程度。對於越確定的事情，描述該事情的狀態的資訊量越少。例如，你對朋友說：「太陽明天會從東方升起！」，這個資訊並沒有減少不確定性，因為太陽肯定是從東方升起的，這是一句廢話，資訊量為 0（同時你的朋友聽到這個訊息只會無動於衷）；但是如果你對朋友說：「台灣足球隊剛剛贏得了世界盃的冠軍！」，這句話就具有很大的資訊量，因為台灣隊贏得世界盃的不確定性非常大，而這句話消除了贏得世界盃的不確定性，所以按照定義，這句話的資訊量很大（同時你的朋友可能會吃驚地跳了起來）。

根據上述，可總結如下：資訊量的大小與資訊發生的機率成反比。機率越大，資訊量越小；機率越小，資訊量越大。公式如下。

資訊量 $I(x) = -\ln(P(x))$， $P(x)$ 為事件發生的機率

了解了資訊量，我們來學習資訊熵。

資訊熵主要用來表示所有資訊量的期望，期望是試驗中每次可能結果的機率乘以其結果的總和。公式如下。

$$H(X) = -\sum_{i=1} P(x_i) \ln\left(P(x_i)\right), \quad X = x_1, x_2, x_3, \ldots, x_n$$

深度學習主要關注分佈機率之間（預測分佈機率和實際分佈機率）的差異，這裡有個概念為相對熵（KL 散度），相對熵主要用來衡量兩個分佈機率之間的差異。公式如下。

$$D_{KL}(p \parallel q) = \sum_{i=1}^{n} p(x_i) \ln\left(\frac{p(x_i)}{q(x_i)}\right)$$

那麼，為什麼我們要選擇交叉熵來表示預測分佈機率和實際分佈機率的差異呢？

將相對熵公式拆開為

$$
\begin{aligned}
D_{KL}(p \parallel q) &= \sum_{i=1}^{n} p(x_i) \ln\left(\frac{p(x_i)}{q(x_i)}\right) \\
&= \sum_{i=1}^{n} p(x_i) \ln(p(x_i)) - \sum_{i=1}^{n} p(x_i) \ln(q(x_i)) \\
&= -H(p(x)) + \left[-\sum_{i=1}^{n} p(x_i) \ln(q(x_i))\right]
\end{aligned}
$$

而交叉熵公式為

$$H(p,q) = -\sum_{i=1}^{n} p(x_i) \ln(q(x_i))$$

$H(p(x))$ 表示資訊熵。從上述公式可以看出，相對熵 = 交叉熵 - 資訊熵。

當採用機器學習演算法訓練網路時，輸入資料與標籤一般已經確定，那麼真實分佈機率 $p(x)$ 也確定了，所以資訊熵在這裡就是一個常數。由於相對熵表示真實分佈機率 $p(x)$ 與預測分佈機率 $q(x)$ 之間的差異，值越小表示預測的結果越好，所以需要最小化相對熵，而交叉熵等於相對熵加上一個常數（資訊熵），且公式相比相對熵更加容易計算，所以在機器學習中常常使用交叉熵來計算損失。

使用交叉熵有一個前提，即分佈機率 $p(X=x)$ 必須要滿足下述公式。

$$\forall x, \; p(X=x) \in [0,1], \quad \sum p(X=x) = 1$$

我們結合 Softmax 公式來看下交叉熵損失的完整求導。

交叉熵損失（C）對於神經元的輸出（z_i）的梯度為 $\dfrac{\partial C}{\partial z_i}$，根據複合函式的鏈式求導法則得

$$\frac{\partial C}{\partial z_i} = \frac{\partial C}{\partial a_j} \frac{\partial a_j}{\partial z_i} \; （鏈式求導公式）$$

這裡之所以是 a_j 而非 a_i，是因為 Softmax 公式的特性，它的分母包含了所有神經元的輸出，所以在不等於 i 的其他輸出裡面，也包含 z_i，所有的 a 都要納入計算範圍中。因此，後面的計算需要分為 $i=j$ 和 $i \neq j$ 兩種情況進行求導。

下面我們分別進行推導，我們將交叉熵損失 C 代入鏈式求導公式右側的第 1 個偏導數計算式，推導如下。

$$\frac{\partial C}{\partial a_j} = \frac{\partial \left(-\sum\limits_j y_j \ln a_j \right)}{\partial a_j} = -\sum_j y_j \frac{1}{a_j}$$

鏈式求導公式右側的第兩個偏導數計算式推導如下。

（1）$i = j$ 的情況。

$$\frac{\partial a_i}{\partial z_i} = \frac{\partial \left(\dfrac{e^{z_i}}{\sum\limits_k e^{z_k}} \right)}{\partial z_i} = \left(e^{z_i} \frac{1}{\sum\limits_k e^{z_k}} \right) - \frac{\left(e^{z_i} \right)^2}{\left(\sum\limits_k e^{z_k} \right)^2} = \left(\frac{e^{z_i}}{\sum\limits_k e^{z_k}} \right) \left(1 - \frac{e^{z_i}}{\sum\limits_k e^{z_k}} \right) = a_i(1 - a_i)$$

（2）$i \neq j$ 的情況。

$$\frac{\partial a_j}{\partial z_j} = \frac{\partial \left(\dfrac{e^{z_i}}{\sum\limits_k e^{z_k}} \right)}{\partial z_i} = -e^{z_j} \left(\frac{1}{\sum\limits_k e^{z_k}} \right)^2 e^{z_i} = -a_i a_j$$

接下來，我們將上面的公式進行組合。

$$\frac{\partial C}{\partial z_i} = \left(-\sum_j y_j \frac{1}{a_j}\right)\frac{\partial a_j}{\partial z_i} = -\frac{y_i}{a_i}a_i(1-a_i) + \sum_{j\neq i}\frac{y_i}{a_j}a_i a_j$$

$$= -y_i + y_i a_i + \sum_{j\neq i} y_j a_i$$

$$= -y_i + a_i \sum_j y_j$$

最後，針對分類問題，我們給定的結果 y_i 最終只會有一個類別是 1，其他類別都是 0。因此，對於分類問題，這個梯度等於

$$\frac{\partial C}{\partial z_i} = a_i - y_i = a_i - 1$$

求導公式一下子看起來十分簡潔，我們算得的梯度就是神經元的輸出 -1，我們只需要正向求出 Y 的預測值，將結果減 1 就是反向更新的梯度，導數的計算由此變得非常簡單。

這就是我們使用 Softmax 迴歸對輸出的資料先進行處理的原因。本來模型對於一張圖片的輸出是不符合機率分佈的，經過 Softmax 迴歸轉化之後，就可以使用交叉熵來衡量了，同時損失的求導公式被大大簡化。

看完交叉熵的選擇過程，我們來舉個簡單的例子，如下。

在 MNIST 中，某一張圖片的真實標籤是這樣的形式（One-Hot）：(1, 0, 0, …)，對於這張圖片，我們的模型的輸出可能是 (0.5, 0.3, 0.2) 這樣的形式，那麼計算交叉熵就是 $-[1\times \ln(0.5)+ 0\times \ln(0.3)+0\times \ln(0.2)]$，這樣就量化地計算出了預測分佈機率和實際分佈機率之間的差異。

這裡用到了一個函式：Clip_by_value。這個函式可以將陣列中的值限定在一個範圍內，定義如下。

```
Clip_by_value<T1,T2>(Tensor t, T1 clip_value_min, T2 clip_value_max, string name =
"ClipByValue")
```

參數 1：Tensor t，輸入的待運算張量。

參數 2：T1 clip_value_min，最小取值。

參數 3：T2 clip_value_max，最大取值。

透過這個函式，小於 clip_value_min 的數值會被替換為 clip_value_min；大於 clip_value_max 的數值會被替換為 clip_value_max，這樣在交叉熵中就保證了計算的合法性。

經過上述的一系列流程，我們對損失函式（交叉熵）進行最佳化，交叉熵越小，說明模型預測的輸出越接近實際的結果。接下來使用梯度下降法不斷更新參數，找到最小的損失值，就是最優的模型參數了。

6.2 邏輯迴歸程式實作

我們先透過圖 6-5 快速回顧一下 MNIST 邏輯迴歸的流程。

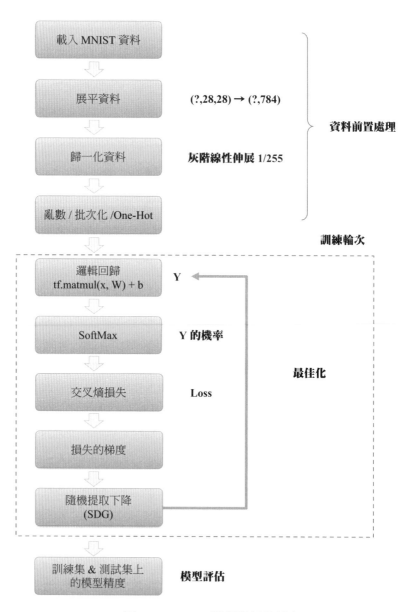

▲ 圖 6-5 MNIST 邏輯迴歸的流程

按照圖 6-5，我們來逐步講解程式。

1．建立專案

打開 Visual Studio 2019，建立新專案，如圖 6-6 和圖 6-7 所示。

▲ 圖 6-6 IDE 工具採用 Visual Studio 2019

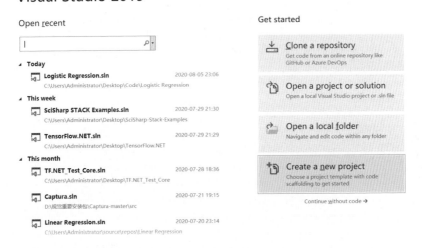

▲ 圖 6-7 建立新專案頁面

選擇 .NET Core，輸入專案名稱 LogisticRegression，點擊 Create 按鈕進行建立，如圖 6-8 和圖 6-9 所示。

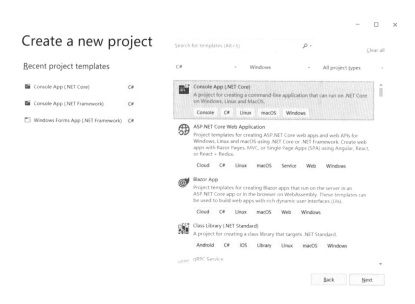

▲ 圖 6-8　建立 C# 專案

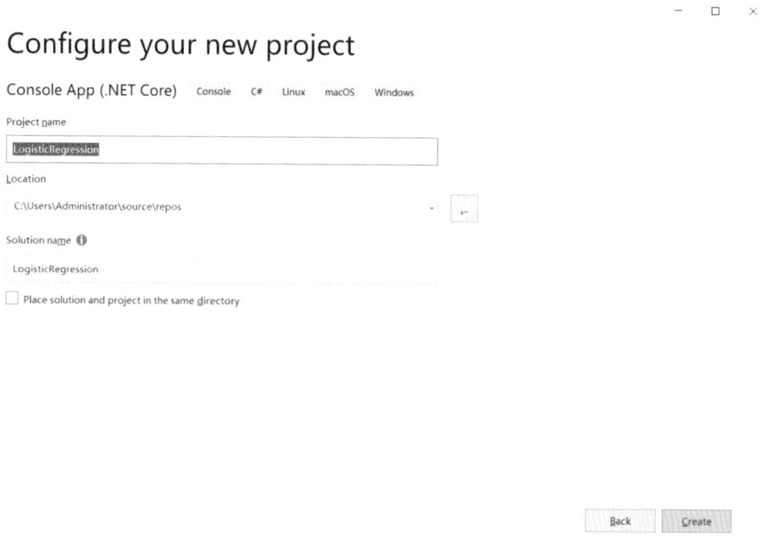

▲ 圖 6-9　輸入專案名稱

設定專案屬性，目標框架為 .NET Core 3.1（以 .NET Standard 框架開發為基礎，因此 .NET Framework 4.7.2 以上也支援），目標平臺為 x64，C# 需要 8.0 或以上版本，如圖 6-10 和圖 6-11 所示。

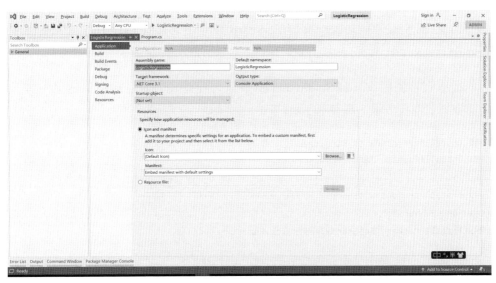

▲ 圖 6-10 目標框架設定頁面

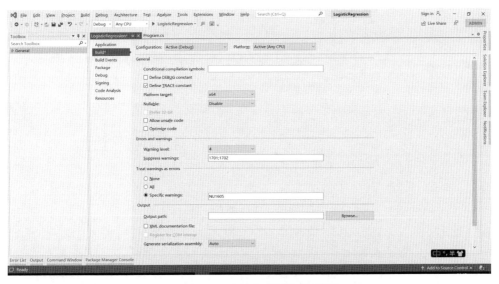

▲ 圖 6-11 目標平臺設定頁面

2 · Nuget 安裝必要的類別庫

透過 Nuget 安裝 TensorFlow.NET 0.20.0 及以上版本和 SciSharp.TensorFlow. Redist 2.3.0 及以上版本。

如果需要使用 GPU，請將 SciSharp.TensorFlow.Redist 替換為 SciSharp. TensorFlow.Redist-Windows-GPU。

推薦直接使用 Visual Studio 的 Nuget 圖形化管理工具，也可以透過主控台 的命令方式進行安裝，範例程式如下。

```
### install tensorflow C# binding
PM> Install-Package TensorFlow.NET

### Install tensorflow binary
### For CPU version
PM> Install-Package SciSharp.TensorFlow.Redist

### For GPU version (CUDA and cuDNN are required)
PM> Install-Package SciSharp.TensorFlow.Redist-Windows-GPU
```

圖 6-12 所示為 Nuget 設定位置。圖 6-13 所示為必要的相依函式庫。

▲ 圖 6-12 Nuget 設定位置

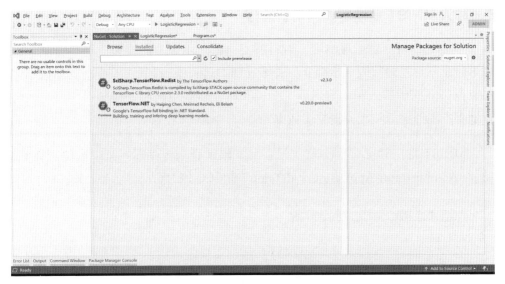

▲ 圖 6-13 必要的相依函式庫

3 · 引用類別庫

引用 TensorFlow 和 TensorFlow.Binding，程式如下。

```
using System;
using Tensorflow;
using static Tensorflow.Binding;
```

4 · 宣告並初始化各變數和超參數

範例程式如下。

```
int training_epochs = 1000;
int? train_size = null;
int validation_size = 5000;
int? test_size = null;
int batch_size = 256;
int num_classes = 10;
int num_features = 784;
float learning_rate = 0.01f;
int display_step = 50;
float accuracy = 0f;
```

5 · 載入 MNIST 並進行資料前置處理

主要的資料前置處理步驟：資料展平→歸一化→資料複製→資料打亂→生成 Batch →預先讀取取。後面 4 步直接操作 Dataset 資料型態，會在訓練過程中自動進行非同步載入和前置處理，訓練和載入資料這兩個過程透過佇列方式自動地平行處理處理，大大提高了效率。

MNIST 會自動從官網下載並保存到本機硬碟的暫存檔案夾中，位址為 C:\Users\Administrator\AppData\Local\Temp，如圖 6-14 所示。

C:\Users\Administrator\AppData\Local\Temp			
名稱 ^	修改日期	类型	大小
mnist.npz	2020-07-30 23:19	NPZ 文件	11,222 KB

▲ 圖 6-14 MNIST 下載後的本地快取檔案

程式如下。

```
Datasets<MnistDataSet> mnist;

// 準備 MNIST 資料
var ((x_train, y_train), (x_test, y_test)) = tf.keras.datasets.mnist. load_data();
// 將影像展平成長度為 784 的 1 維向量 (784 = 28×28)
(x_train, x_test) = (x_train.reshape((-1, num_features)), x_test.reshape ((-1, num_
features)));
// 將影像的灰階值範圍從 [0, 255] 歸一化至 [0, 1]
(x_train, x_test) = (x_train / 255f, x_test / 255f);

// 使用 tf.data API 打亂資料和生成批次資料
var train_data = tf.data.Dataset.from_tensor_slices(x_train, y_train);
train_data = train_data.repeat().shuffle(5000).batch(batch_size).prefetch(1);
```

6 · 初始化參數 W 和 b

這裡，輸出 x 的形狀為 (60000,784)，輸出 One-Hot 標籤 y 的形狀為 (60000,10)，因此初始化權重 W 的形狀為 (784,10)，偏置項 b 的形狀為 (10)。

```
// 權重 W 的形狀為 (784, 10)，其中 784 表示 28×28 展平後的資料長度，10 表示所有的標籤種類數量
```

```
 var W = tf.Variable(tf.ones((num_features, num_classes)), name: "weight");
// 偏置項 b 的形狀為 (10)，10 表示所有的標籤種類數量
 var b = tf.Variable(tf.zeros(num_classes), name: "bias");
```

7 · 建構邏輯迴歸函式、交叉熵損失函式、預測準確率函式和最佳化器

- 邏輯迴歸函式 Logistic Regression。

$$y = W \cdot x + b$$

- 交叉熵損失函式 Cross Entropy（這裡使用了 Clip_by_value 函式，防止出現 ln(0) 的異常情況）。

$$H(p,q) = -\sum_{i=1}^{n} p(x_i) \ln\left(q(x_i)\right)$$

- 預測準確率函式 Accuracy。

Softmax 預測輸出的機率向量先透過 Argmax 函式找出最大機率對應的標籤，再和正確的標籤進行比較得到預測準確率。

- SGD（隨機梯度下降）最佳化器 Optimizer。

小批次 SGD 演算法每次只隨機選擇一個 Batch 來更新模型參數，因此每次的學習是非常快速的，既照顧了速度，又降低了收斂波動性，即降低了參數更新的方差，更新更加穩定。

```
Func<Tensor, Tensor> logistic_regression = x
    => tf.nn.softmax(tf.matmul(x, W) + b);

Func<Tensor, Tensor, Tensor> cross_entropy = (y_pred, y_true) =>
{
    y_true = tf.cast(y_true, TF_DataType.TF_UINT8);
    // 將標籤編碼為 One-Hot 向量格式
     y_true = tf.one_hot(y_true, depth: num_classes);
    // 限制預測值的範圍，以防止 ln(0) 錯誤
    y_pred = tf.clip_by_value(y_pred, 1e-9f, 1.0f);
    // 計算交叉熵
    return tf.reduce_mean(-tf.reduce_sum(y_true * tf.math.log(y_pred), 1));
};
```

```
Func<Tensor, Tensor, Tensor> Accuracy = (y_pred, y_true) =>
{
    // 預測類別是預測向量中得分最高的指數（Argmax）
    var correct_prediction = tf.equal(tf.argmax(y_pred, 1), tf.cast(y_true,
tf.int64));
    return tf.reduce_mean(tf.cast(correct_prediction, tf.float32));
};


// SGD Optimizer 為隨機梯度下降最佳化器
var optimizer = tf.optimizers.SGD(learning_rate);


Action<Tensor, Tensor> run_optimization = (x, y) =>
{
    // 將計算包裝在 GradientTape 中，實現自動微分
    using var g = tf.GradientTape();
    var pred = logistic_regression(x);
    var loss = cross_entropy(pred, y);

    // 計算梯度
    var gradients = g.gradient(loss, (W, b));

    // 按照梯度更新 W 和 b
    optimizer.apply_gradients(zip(gradients, (W, b)));
};
```

8 · 載入資料並進行訓練

按照 Batch 方式載入資料並執行最佳化器開始訓練，每間隔 50 次學習，輸出 1 次訓練的準確率，這樣方便觀察梯度下降過程。

```
train_data = train_data.take(training_epochs);
// 按照給定的步驟進行訓練
foreach (var (step, (batch_x, batch_y)) in enumerate(train_data, 1))
{
    // 執行最佳化器以更新 W 和 b
    run_optimization(batch_x, batch_y);

    if (step % display_step == 0)
    {
        var pred = logistic_regression(batch_x);
```

```
        var loss = cross_entropy(pred, batch_y);
        var acc = Accuracy(pred, batch_y);
        print($"step: {step}, loss: {(float)loss}, accuracy: {(float)acc}");
        accuracy = acc.numpy();
    }
}
```

9 · 訓練完成，在測試集上評估模型的準確率

測試集是從原始資料集中單獨拆分出來的，不參與訓練過程，這樣可以提高評估結果的真實性和準確性。

```
// 在驗證集上測試模型
{
    var pred = logistic_regression(x_test);
    print($"Test Accuracy: {(float)Accuracy(pred, y_test)}");
}
```

以上就是 MNIST 邏輯迴歸的程式說明。完整程式如下。

```
using System;
using Tensorflow;
using static Tensorflow.Binding;


namespace LogisticRegression
{
    class Program
    {
        static void Main(string[] args)
        {
            int training_epochs = 1000;
            int? train_size = null;
            int validation_size = 5000;
            int? test_size = null;
            int batch_size = 256;
            int num_classes = 10;
            int num_features = 784;
            float learning_rate = 0.01f;
            int display_step = 50;
```

```
        float accuracy = 0f;

        Datasets<MnistDataSet> mnist;

        // 準備 MNIST 資料
        var ((x_train, y_train), (x_test, y_test)) = tf.keras.datasets. mnist.
load_data();
        // 將影像展平成長度為 784 的 1 維向量 (784 = 28×28)
        (x_train, x_test) = (x_train.reshape((-1, num_features)), x_test.
reshape((-1, num_features)));
        // 將影像的灰階值範圍從 [0, 255] 歸一化至 [0, 1]
        (x_train, x_test) = (x_train / 255f, x_test / 255f);

        // 使用 tf.data API 打亂資料和生成批次資料
        var train_data = tf.data.Dataset.from_tensor_slices(x_train, y_train);
        train_data = train_data.repeat().shuffle(5000).batch(batch_size).
prefetch(1);

        // 權重 W 的形狀為 (784, 10)，其中 784 表示 28×28 展平後的資料長度，10 表示所有的
標籤種類數量
        var W = tf.Variable(tf.ones((num_features, num_classes)), name: "weight");
        // 偏置項 b 的形狀為 (10)，10 表示所有的標籤種類數量
        var b = tf.Variable(tf.zeros(num_classes), name: "bias");

        Func<Tensor, Tensor> logistic_regression = x
        => tf.nn.softmax(tf.matmul(x, W) + b);

        Func<Tensor, Tensor, Tensor> cross_entropy = (y_pred, y_true) =>
        {
            y_true = tf.cast(y_true, TF_DataType.TF_UINT8);
            // 將標籤編碼為 One-Hot 向量格式
            y_true = tf.one_hot(y_true, depth: num_classes);
            // 限制預測值的範圍，以防止 ln(0) 錯誤
            y_pred = tf.clip_by_value(y_pred, 1e-9f, 1.0f);
            // 計算交叉熵
            return tf.reduce_mean(-tf.reduce_sum(y_true * tf.math. log(y_pred),
1));
        };

        Func<Tensor, Tensor, Tensor> Accuracy = (y_pred, y_true) =>
```

```
        {
            // 預測類別是預測向量中得分最高的指數（Argmax）
            var correct_prediction = tf.equal(tf.argmax(y_pred, 1), tf.cast(y_
true, tf.int64));
            return tf.reduce_mean(tf.cast(correct_prediction, tf.float32));
        };

        // SGD 最佳化器為隨機梯度下降最佳化器
        var optimizer = tf.optimizers.SGD(learning_rate);

        Action<Tensor, Tensor> run_optimization = (x, y) =>
        {
            // 將計算包裝在 GradientTape 中，實現自動微分
            using var g = tf.GradientTape();
            var pred = logistic_regression(x);
            var loss = cross_entropy(pred, y);

            // 計算梯度
            var gradients = g.gradient(loss, (W, b));

            // 按照梯度更新 W 和 b
            optimizer.apply_gradients(zip(gradients, (W, b)));
        };

        train_data = train_data.take(training_epochs);
        // 按照給定的步驟進行訓練
        foreach (var (step, (batch_x, batch_y)) in enumerate(train_data, 1))
        {
            // 執行最佳化器以更新 W 和 b
            run_optimization(batch_x, batch_y);

            if (step % display_step == 0)
            {
                var pred = logistic_regression(batch_x);
                var loss = cross_entropy(pred, batch_y);
                var acc = Accuracy(pred, batch_y);
                print($"step: {step}, loss: {(float)loss}, accuracy: {(float)
acc}");

                accuracy = acc.numpy();
            }
```

```
        }

        // 在驗證集上測試模型
        {
            var pred = logistic_regression(x_test);
            print($"Test Accuracy: {(float)Accuracy(pred, y_test)}");
        }
    }
  }
}
```

執行程式後，可以得到訓練過程中的準確率和最終測試準確率 0.8705，如下。

```
step: 50, loss: 1.8277006, accuracy: 0.765625
step: 100, loss: 1.5701814, accuracy: 0.76171875
step: 150, loss: 1.3460401, accuracy: 0.7890625
step: 200, loss: 1.1219568, accuracy: 0.84765625
step: 250, loss: 1.068185, accuracy: 0.82421875
step: 300, loss: 0.9891944, accuracy: 0.8359375
step: 350, loss: 0.95458114, accuracy: 0.8203125
step: 400, loss: 0.90177447, accuracy: 0.83203125
step: 450, loss: 0.76447237, accuracy: 0.90234375
step: 500, loss: 0.7681235, accuracy: 0.85546875
step: 550, loss: 0.77639115, accuracy: 0.83984375
step: 600, loss: 0.686398, accuracy: 0.87890625
step: 650, loss: 0.72847867, accuracy: 0.84765625
step: 700, loss: 0.6082872, accuracy: 0.91015625
step: 750, loss: 0.67221904, accuracy: 0.86328125
step: 800, loss: 0.6744563, accuracy: 0.8515625
step: 850, loss: 0.7164457, accuracy: 0.83203125
step: 900, loss: 0.65362364, accuracy: 0.83203125
step: 950, loss: 0.5537889, accuracy: 0.90625
step: 1000, loss: 0.5606159, accuracy: 0.87109375
Test Accuracy: 0.8705
```

第 7 章

tf.data 資料集
建立與前置處理

7.1 tf.data 介紹

在工業現場的深度學習專案的開發過程中，我們一般會使用自己的資料集進行模型訓練。但是，不同來源和不同格式的原始資料檔案的類型十分複雜，有影像的、文字的、音訊的、視訊的，甚至 3D 點雲的，對這些檔案進行讀取和前置處理的過程十分煩瑣，有時比模型的設計還要耗費精力。

例如，為了讀取一批影像檔，我們可能會先糾結於 Python 的各種影像處理類別庫，如 Pillow、OpenCV，再建立自己的輸入佇列，接著自己設計 Batch 的生成方式，最後執行的效率可能仍然不盡如人意。

TensorFlow 一直有實用的非同步佇列機制和多執行緒的能力，可以提高檔案讀取的效率，早期 TensorFlow 1.x 版本的佇列方式一般有 4 種：FIFOQueue、PaddingFIFOQueue、PriorityQueue 和 RandomShuffleQueue。 自 從 TensorFlow 1.4 發佈之後，Datasets 就成為了新的給 TensorFlow 模型建立輸入管道（Input Pipelines）的方法。這個 API 比 feed_dict（可能是最慢的一種資料載入方法）或 queue-based pipelines 性能更好，也更易用。

為此，從 TensorFlow 2.x 開始，TensorFlow 對各資料登錄模組進行了整合，提供了 tf.data 這一模組並大力推薦開發者使用，其包括一整套靈活的資料集建構 API，同時整合了 Map、Reduce、Batch、Shuffle 等資料前置處理功能，能夠幫助我們快速、高效率地建構資料登錄的管線，尤其適用於資料量巨大的場景。

圖 7-1 所示為 Google 高科技巨量資料中心週邊動力管路，其結構類似深度學習中的大量資料在管道中流動交織的場景。

▲ 圖 7-1　Google 高科技巨量資料中心週邊動力管路

7.2 tf.data 資料集建立

tf.data 的核心是 tf.data.Dataset 類別，提供了對資料集的高層封裝能力。tf.data.Dataset 由一系列的可迭代存取的元素（Element）組成，每個元素包含一個或多個張量。例如，對於一個由圖片組成的資料集，每個元素可以是一個形狀為長 × 寬 × 通道數的圖片張量，也可以是由圖片張量和圖片標籤張量組成的元組（Tuple）。

資料集的建立主要有以下 5 種方式。

- tf.data.Dataset.from_tensor_slices：最基礎的資料集建立方式，也是最常用和推薦的方式，適用於資料集不是特別巨大，可以完整載入記憶體（PC 記憶體、非 GPU 記憶體）中的資料的場景。

- tf.data.Dataset.from_generator：使用生成器來初始化資料集，可以靈活地處理長度不同的元素（如序列）。

- tf.data.TFRecordDataset：這是一種從 TFRecord 檔案中讀取資料的介面。TFRecord 是 TensorFlow 推薦的資料存取方式，裡面每一個元素都是一個 tf.train.Example，一般需要先解碼才可以使用。對於特別巨大而無法完整載入記憶體的資料集，我們可以先將資料集處理為 TFRecord 格式，再使用 tf.data.TFRocordDataset 進行載入。

- tf.data.TextLineDataset：適用於文字資料登錄的場景。

- tf.data.experimental.makecsvdataset：適用於 CSV 格式資料登錄的場景。

以上 5 種方式是筆者撰寫本節時，TensorFlow 2.3 推出的資料集處理 API，後續可能會有新的模組推出，或者對現有模組進行整合最佳化，因此，讀者詳見 TensorFlow 官網 API 文件中的說明。

接下來，我們來詳細說明最基礎的資料集建立方式：tf.data.Dataset.from_tensor_slices。如果資料集的所有元素可以組成 1 個大的張量，張量的第 0 維為元素的數量，那麼我們輸入這樣的 1 個張量，或者多個張量（資料、標籤），即可透過 from_tensor_slices 方法建立資料集，該資料集可按照 0 維進行迭代操作。

若從張量開始建立，則程式如下。

```
var X = tf.constant(new[] { 2013, 2014, 2015, 2016, 2017 });
var Y = tf.constant(new[] { 12000, 14000, 15000, 16500, 17500 });

var dataset = tf.data.Dataset.from_tensor_slices(X, Y);

foreach (var (item_x, item_y) in dataset)
{
    print($"x:{item_x.numpy()},y:{item_y.numpy()}");
}
```

輸出如下。

```
x:2013,y:12000
x:2014,y:14000
x:2015,y:15000
x:2016,y:16500
x:2017,y:17500
```

若從 NumPy 陣列開始建立，則程式如下。

```
var X = np.array(new[] { 2013, 2014, 2015, 2016, 2017 });
var Y = np.array(new[] { 12000, 14000, 15000, 16500, 17500 });

var dataset = tf.data.Dataset.from_tensor_slices(X, Y);

foreach (var (item_x, item_y) in dataset)
{
    print($"x:{item_x.numpy()},y:{item_y.numpy()}");
}
```

和從張量開始建立的方式一樣，輸出如下。

```
x:2013,y:12000
x:2014,y:14000
x:2015,y:15000
x:2016,y:16500
x:2017,y:17500
```

注意

當輸入多個張量時，張量的第 0 維大小必須相同。

類似地，我們可以載入 MNIST 資料集，程式如下（我們使用 SciSharp 的 SharpCV 進行影像的顯示，MNIST 資料集從網路上自動下載並臨時快取到下述路徑：C:\Users\Administrator\ AppData\Local\Temp）。

```csharp
using NumSharp;
using System;
using static Tensorflow.Binding;
using static Tensorflow.KerasApi;
using static SharpCV.Binding;

namespace TF.NET_Test_Core
{
    class Program
    {
        static void Main(string[] args)
        {
            var ((x_train, y_train), (_, _)) = keras.datasets.mnist. load_data();
            x_train = x_train.astype(NPTypeCode.Double);
            var mnist_dataset = tf.data.Dataset.from_tensor_slices(x_train, y_train);

            mnist_dataset = mnist_dataset.take(1);
            foreach (var (image, label) in mnist_dataset)
            {
                cv2.imshow(label.ToString(), image.numpy());
                cv2.waitKey(0);
            }
            Console.ReadKey();
        }
    }
}
```

輸出結果如圖 7-2 所示（MNIST 資料集的第一個資料是手寫數字 5）。

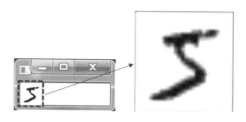

▲ 圖 7-2 輸出結果

7.3 tf.data 資料前置處理

tf.data.Dataset 類別提供了很多資料前置處理和資料提取的方法，我們來介紹常用的幾種資料前置處理方法。

1．Dataset.batch() 資料分批

使用 Dataset.batch() 方法可以將資料劃分為固定大小的批次，方便模型訓練過程中資料集採用 Batch 的方式計算梯度和更新參數。

我們嘗試生成大小為 4 的批次，並取 1 個批次顯示效果，程式如下。

```
var ((x_train, y_train), (_, _)) = tf.keras.datasets.mnist.load_data();
x_train = np.expand_dims(x_train / 255f, -1);
var mnist_dataset = tf.data.Dataset.from_tensor_slices(x_train, y_train);
mnist_dataset = mnist_dataset.batch(4);
mnist_dataset = mnist_dataset.take(1);
foreach (var (image, label) in mnist_dataset)
{
    print(image.shape);
    print(label.shape);
    // 使用 SharpCV 顯示批次的影像
}
```

輸出結果如下。

```
[4, 28, 28, 1]
[4]
```

可以看到，MNIST 資料集的每個元素轉變成了大小為 4 的 Batch。可以用同樣的方法使用 SciSharp 的 SharpCV 進行影像的顯示，預期結果如圖 7-3 所示。

▲ 圖 7-3 預期結果

2 · Dataset.shuffle() 資料亂數

使用 Dataset.shuffle() 方法可以將資料的順序隨機打亂，可以同時組合 Dataset.batch() 方法，將資料亂數後設定批次，這樣可以消除資料間的順序連結，在訓練時非常常用。

Dataset.shuffle() 方法的主要參數為 buffer_size，我們透過一組圖示來看下這個參數的含義。我們假設 buffer_size 參數賦值為 6。

（1）取所有資料的前 buffer_size 個資料，填充至 Buffer，如圖 7-4 所示。

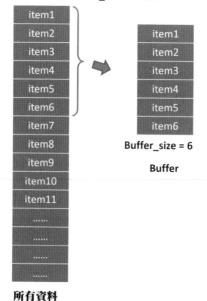

▲ 圖 7-4 取出 buffer_size 個資料

（2）從 Buffer 資料區域隨機取出 1 筆資料進行輸出，如這裡隨機選擇 item4，並從串列中輸出該資料，如圖 7-5 所示。

（3）從原來的所有資料中按照順序選擇最新的下一筆資料（這裡是 item7），填充至 Buffer 中第（2）步輸出的那筆資料的位置（這裡是 item4），如圖 7-6 所示。

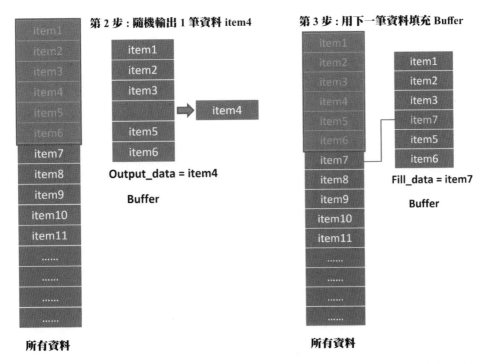

▲ 圖 7-5 隨機取出 1 筆資料　　　　▲ 圖 7-6 填充隨機取出後的 1 筆資料空位

　　一直按照順序循環執行上述的第（2）步和第（3）步，就可以實現資料的不斷輸出，期間，Buffer 的大小一直保持 buffer_size （或 buffer_size-1）。

> 這裡的 Item 資料，不一定為單筆資料。如果組合 Dataset. batch() 方法，則取出的 1 筆 Item 中包含了 batch_size 筆真實的資料。

　　接下來，我們透過程式來看下資料亂數的效果。我們將快取大小設定為 10000，批次大小設定為 4。

```
var ((x_train, y_train), (_, _)) = tf.keras.datasets.mnist.load_data();
x_train = np.expand_dims(x_train / 255f, -1);
var mnist_dataset = tf.data.Dataset.from_tensor_slices(x_train, y_train);
mnist_dataset = mnist_dataset.shuffle(10000).batch(4);
mnist_dataset = mnist_dataset.take(1);
```

```
foreach (var (image, label) in mnist_dataset)
{
    cv2.imshow(label.ToString(), image.numpy());
}
```

多次執行這個程式，可以看到，每次的輸出資料都是隨機打亂的，如圖 7-7 所示。

▲ 圖 7-7 資料隨機打亂的效果

3 · Dataset.repeat() 資料複製

使用 Dataset.repeat() 方法可以對資料進行複製，它的參數 count 表示複製的倍數，預設 count= -1 為無限倍數的複製。我們使用 count = 2 來複製資料集為原來的 2 倍進行測試，程式如下。

```
var ((x_train, y_train), (_, _)) = tf.keras.datasets.mnist.load_data();
x_train = np.expand_dims(x_train / 255f, -1);
var mnist_dataset = tf.data.Dataset.from_tensor_slices(x_train, y_train);
int n = 0;
foreach (var (image, label) in mnist_dataset)
{
    n += 1;
}
print(n);

mnist_dataset = mnist_dataset.repeat(2);
n = 0;
foreach (var (image, label) in mnist_dataset)
{
```

```
    n += 1;
}
print(n);
```

　　執行上述程式，可以看到資料集的數量從 60000 個增加為 120000 個，增加為原來的 2 倍，輸出結果如下。

```
60001
120001
```

4 · Dataset.prefetch() 資料預先存取出（平行處理化策略）

　　使用 Dataset.prefetch() 方法可以進行平行處理化的資料讀取，充分利用運算資源，減少 CPU 資料載入和 GPU 資料訓練之間的切換空載時間。我們用圖 7-8 和圖 7-9 演示 Dataset.prefetch() 使用與否的效果對比，透過這個方法，資料集在訓練的時候可以預先取出若干個元素，使得 GPU 訓練的同時 CPU 可以平行處理地準備資料，從而提升訓練的效率。

　　圖 7-8 所示為普通模式的資料讀取。

▲ 圖 7-8 普通模式的資料讀取

　　圖 7-9 所示為平行處理模式的資料讀取。

▲ 圖 7-9 平行處理模式的資料讀取

Dataset.prefetch() 方法的主要參數為 buffer_size，表示將被加入緩衝器的元素的最大數量，這個參數會告訴 TensorFlow，讓其建立一個至少容納 buffer_size 個元素的 Buffer 區域，透過後台執行緒在後台平行處理地填充 Buffer，從而提高運算性能。

我們來一起看下 Dataset.prefetch() 方法的範例程式。

```
var ((x_train, y_train), (_, _)) = tf.keras.datasets.mnist.load_data();
x_train = np.expand_dims(x_train / 255f, -1);
var mnist_dataset = tf.data.Dataset.from_tensor_slices(x_train, y_train);
mnist_dataset = mnist_dataset.prefetch(1);
foreach (var (image, label) in mnist_dataset)
{
    // 此處可以加入使用者自訂的操作步驟
}
```

5 · Dataset.map()

Dataset.map(f) 對資料集中的每個元素應用函式 f（自訂函式 Function 或 Lambda 運算式），得到一個新的資料集。這一功能在資料前置處理中修改資料集中的元素是很實用的，往往結合 tf.io 進行讀寫和解碼檔案，或者結合 tf.image 進行影像處理。

Dataset.map() 方法的主參數為 map_func（回呼方法），map_func 的參數和傳回值均必須對應資料集中的元素類型。

接下來，我們透過幾個範例進行演示。

範例 1：傳自訂函式的方式，我們使用 Dataset.map() 方法對資料集中的元素進行類型轉換。

首先我們自訂類型轉換的函式，程式如下。

```
static Tensor change_dtype(Tensor t)
{
    return tf.cast(t, dtype: TF_DataType.TF_INT32);
}
```

然後我們透過 Dataset.map() 方法，對一個資料集中的每個元素進行自訂函式 change_dtype 的應用，程式如下。

```
var dataset = tf.data.Dataset.range(0, 3);
print("dataset:");
foreach (var item in dataset)
{
    print(item);
}

var dataset_map = dataset.map(change_dtype);
print("\r\ndataset_map:");
foreach (var item in dataset_map)
{
    print(item);
}
```

執行上述程式，我們可以得到正確的資料型態轉換（int64 → int32）的結果。

```
dataset:
(tf.Tensor: shape=(), dtype=int64, numpy=0, )
(tf.Tensor: shape=(), dtype=int64, numpy=1, )
(tf.Tensor: shape=(), dtype=int64, numpy=2, )

dataset_map:
(tf.Tensor: shape=(), dtype=int32, numpy=0, )
(tf.Tensor: shape=(), dtype=int32, numpy=1, )
(tf.Tensor: shape=(), dtype=int32, numpy=2, )
```

範例 2：傳 Lambda 運算式的方式，我們使用 Dataset.map() 方法對資料集中的元素進行數值運算。

下述程式透過 Dataset.map() 方法，對一個資料集中的每個元素進行 Lambda 運算式（x = x + 10）的操作。

```
var dataset = tf.data.Dataset.range(0, 3);
print("dataset:");
foreach (var item in dataset)
{
```

```
    print(item);
}

var dataset_map = dataset.map(x => x + 10);
print("\r\ndataset_map:");
foreach (var item in dataset_map)
{
    print(item);
}
```

執行上述程式，我們可以得到正確的數值運算（ x = x + 10 ）的結果。

```
dataset:
(tf.Tensor: shape=(), dtype=int64, numpy=0, )
(tf.Tensor: shape=(), dtype=int64, numpy=1, )
(tf.Tensor: shape=(), dtype=int64, numpy=2, )

dataset_map:
(tf.Tensor: shape=(), dtype=int64, numpy=10, )
(tf.Tensor: shape=(), dtype=int64, numpy=11, )
(tf.Tensor: shape=(), dtype=int64, numpy=12, )
```

對於 tuple 類型的元素處理，首先我們可以如下定義 map_func。

```
static Tensors change_value(Tensors a)
{
    return (Tensors[0] / 10, tf.cast(Tensors[1], dtype: tf.int) * (-1));
}
```

然後我們透過 Dataset.map() 方法，對一個資料集中的每個元素進行自訂函式 change_dtype 的應用。

```
// map 的元組的遍歷
var X = tf.constant(new[] { 2013, 2014, 2015, 2016, 2017 });
var Y = tf.constant(new[] { 12000, 14000, 15000, 16500, 17500 });
var dataset = tf.data.Dataset.from_tensor_slices(X, Y);
print("dataset:");
foreach (var item in dataset)
{
    print(item);
```

```
}

var dataset_map = dataset.map(change_value);
print("\r\ndataset_map:");
foreach (var item in dataset_map)
{
    print(item);
}
```

執行上述程式，我們可以得到正確的數值運算的結果。

範例 3：使用 Dataset.map() 方法將所有 MNIST 圖片旋轉 90°。

範例程式片段如下。

```
mnist_dataset = mnist_dataset.map(x => tf.image.rot90(x));
foreach(var (image, label) in mnist_dataset)
{
    cv2.imshow(image[":, :, 0"]);
}
```

和 Dataset.prefetch() 方法類似，Dataset.map() 也可以利用 GPU 的性能平行處理地對資料進行處理，提高效率。透過設定 Dataset.map() 的 useinterop_parallelism（預設為 true 開啟），實現資料處理的平行處理化。普通模式和平行處理模式的比較如圖 7-10 所示。

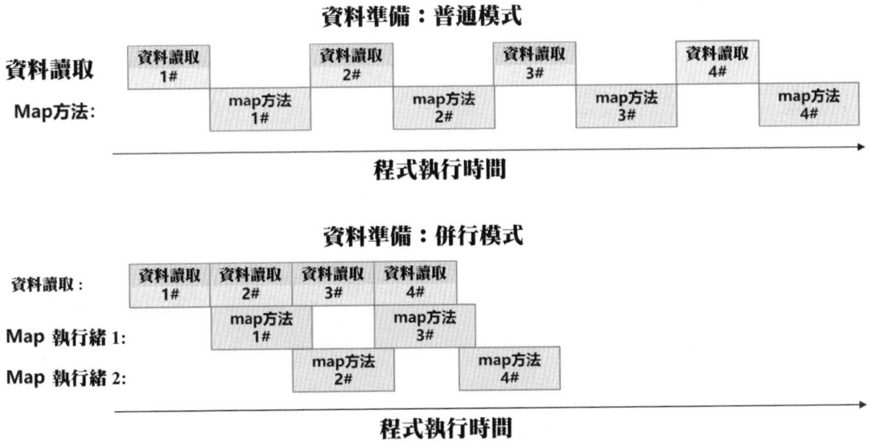

▲ 圖 7-10 普通模式和平行處理模式的比較

6．組合使用

上述 tf.data 的資料前置處理方法，可以進行任意的組合使用，在範例程式 MNIST 的邏輯迴歸中，我們組合了資料複製 Dataset.repeat()、資料亂數 Dataset.shuffle(5000)、資料分批 Dataset. batch(256) 和資料預先存取出 Dataset.prefetch(1)，程式如下。

```
var ((x_train, y_train), (x_test, y_test)) = tf.keras.datasets.mnist. load_data();
(x_train, x_test) = (x_train.reshape((-1, 784)), x_test.reshape((-1, 784)));
(x_train, x_test) = (x_train / 255f, x_test / 255f);
var train_data = tf.data.Dataset.from_tensor_slices(x_train, y_train);
train_data = train_data.repeat().shuffle(5000).batch(256).prefetch(1);
```

7.4 tf.data 資料使用

建立好資料集並進行資料前置處理後，我們需要從中迭代獲取資料，以用於訓練。tf.data. Dataset 是一個可迭代物件，可以使用 for 迴圈迭代獲取資料。tf.data 的資料提取、輸出和使用主要有 3 種方式。

1．直接 for 迴圈

可以透過直接 for 迴圈迭代提取資料使用，程式如下。

```
var ((x_train, y_train), (_, _)) = tf.keras.datasets.mnist.load_data();
var mnist_dataset = tf.data.Dataset.from_tensor_slices(x_train, y_train);
foreach (var (image, label) in mnist_dataset)
{
    // 此處可以加入使用者自訂的操作步驟
}
```

2．Dataset.take() 取出部分或全部資料

可以透過 Dataset.take() 取出資料集中的部分或全部（參數設定為全部資料的大小）資料，程式如下。

```
var ((x_train, y_train), (_, _)) = tf.keras.datasets.mnist.load_data();
var mnist_dataset = tf.data.Dataset.from_tensor_slices(x_train, y_train);
mnist_dataset = mnist_dataset.take(1);// 取出一個元素
foreach (var (image, label) in mnist_dataset)
{
    // 此處可以加入使用者自訂的操作步驟
}
```

3 · 直接輸入至 Keras 使用

　　Keras 支持 tf.data.Dataset 直接作為輸入。當呼叫 tf.keras.Model 的 fit()
和 evaluate() 方法時，可以將參數中的輸入資料指定為一個元素格式為 (輸入
資料 , 標籤資料) 的 Dataset。例如，對於 MNIST 資料集，我們可以直接傳入
Dataset。

```
model.fit(mnist_dataset, epochs=num_epochs);
```

　　因為已經透過 Dataset.batch() 方法劃分了資料集的批次，所以這裡不需要提
供批次的大小。

第 **8** 章
深度神經網路實踐

8.1 深度神經網路介紹

2006 年，深度學習鼻祖 Hinton 在 *SCIENCE* 上發表了論文 *Reducing the Dimensionality of Data with Neural Networks*，這篇論文揭開了深度學習的序幕。這篇論文提出了兩個主要觀點：①多層類神經網路模型有很強的特徵學習能力，深度學習模型學習得到的特徵資料對原資料有更本質的代表性，這將大大便於分類和視覺化問題；②對於深度神經網路很難訓練到最優的問題，可以採用逐層訓練方法解決，將上層訓練好的結果作為下層訓練過程中的初始化參數。

深度神經網路（Deep Neural Networks，DNN）是深度學習的基礎，想要學好深度學習，首先我們要理解 DNN 模型。

1．DNN 模型結構

DNN 可以視為有很多隱藏層的神經網路，又被稱為深度前饋網路（DFN）、多層感知機（Multi-Layer Perceptron，MLP），其具有多層網路結構，如圖 8-1 所示。

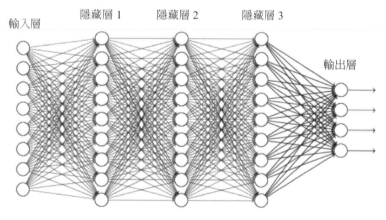

▲ 圖 8-1 DNN 模型結構

DNN 模型按照層的位置不同，可以分為 3 種神經網路層：輸入層、隱藏層和輸出層。一般來說，第一層為輸入層，最後一層為輸出層，中間為單一或多個隱藏層（某些模型的結構可能不同）。

層與層之間是全連接的，也就是說，第 i 層的任意一個神經元一定與第 $i+1$ 層的任意一個神經元相連。雖然 DNN 模型看起來很複雜，但是從小的局部結構來看，它和普通的感知機一樣，即一個線性函式搭配一個啟動函式。

2．DNN 前向傳播

利用若干個權重係數矩陣 W、偏置向量 b 和輸入向量 X 進行一系列線性運算和啟動運算，從輸入層開始，一層層地向後運算，一直運算到輸出層，得到輸出結果的值，這樣的過程稱為前向傳播。

3．DNN 反向傳播

深度學習的目標即找到網路各層中最優的線性係數矩陣 W 和偏置向量 b，讓所有的輸入樣本透過網路運算後，預測的輸出樣本盡可能等於或接近實際的輸出樣本，這樣的過程一般稱為反向傳播。

我們需要定義一個損失函式來衡量預測輸出值和實際輸出值之間的差異。對損失函式進行最佳化，透過不斷迭代對線性係數矩陣 W 和偏置向量 b 進行更新，讓損失函式最小化，不斷逼近最小值或滿足我們預期的需求。在 DNN 模型中，損失函式最佳化極值求解一般是透過梯度下降法來迭代完成的。

4．DNN 在 TensorFlow2.0 中的一般流程

（1）資料載入、歸一化和前置處理。

（2）架設 DNN 模型。

（3）定義損失函式和準確率函式。

（4）模型訓練。

（5）模型預測推理、性能評估。

5 · DNN 中的過擬合

隨著網路的層數增多，模型在訓練過程中會出現梯度爆炸、梯度消失、欠擬合和過擬合。我們來說說比較常見的過擬合。過擬合一般是指模型的特徵維度過多、參數過多，模型過於複雜，參數數量大大高於訓練資料數量，訓練出的網路層過於完美地調配訓練集，但對新的、未知的資料集的預測能力很差，即過度地擬合了訓練資料，而沒有考慮到模型的泛化能力。

過擬合的一般解決方法如下。

- 獲取更多資料：從資料來源獲得更多資料，或者進行資料增強。
- 資料前置處理：清洗資料，減少特徵維度，實現類別平衡。
- 正則化：限制權重過大，減少網路層數，避免模型過於複雜。
- 多種模型結合：整合學習的思想。
- Dropout：隨機從網路中去掉一部分隱藏神經元。
- 中止：限制訓練時間和次數，及早停止。

接下來，我們透過兩種 TensorFlow2.x 推薦的方式（Eager 和 Keras）的程式來演示 DNN 模型下的 MNIST 訓練集的訓練和推理過程，其中的線性函式和交叉熵損失函式等細節說明，請讀者參考「MNIST 手寫數字分類邏輯迴歸」中的內容，這裡不再贅述。

8.2 TensorFlow.NET 程式實作 1：DNN with Eager

Eager 方式可以幫助我們快速架設一個 DNN 模型，模型訓練流程如圖 8-2 所示。

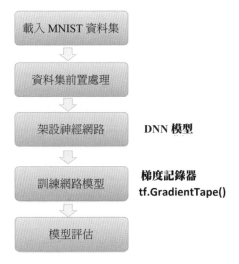

▲ 圖 8-2 DNN 模型訓練流程

按照上述流程，我們進入程式實作階段。

1 · 新建專案，設定環境和引用

新建專案，如圖 8-3 所示。

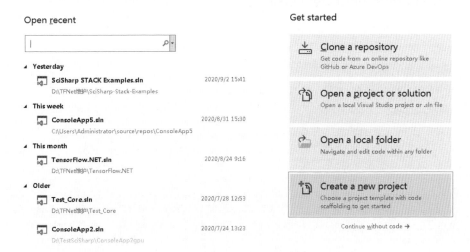

▲ 圖 8-3 新建專案

選擇 .NET Core 框架,如圖 8-4 所示。

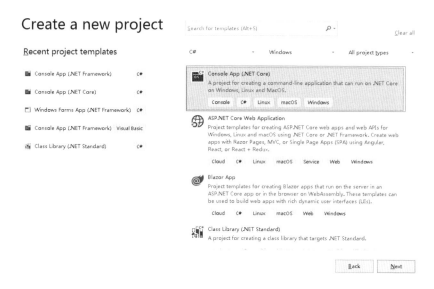

▲ 圖 8-4 選擇 .NET Core 框架

輸入專案名稱 DNN_Eager,如圖 8-5 所示。

確認 .NET Core 版本為 3.0 及以上,如圖 8-6 所示。

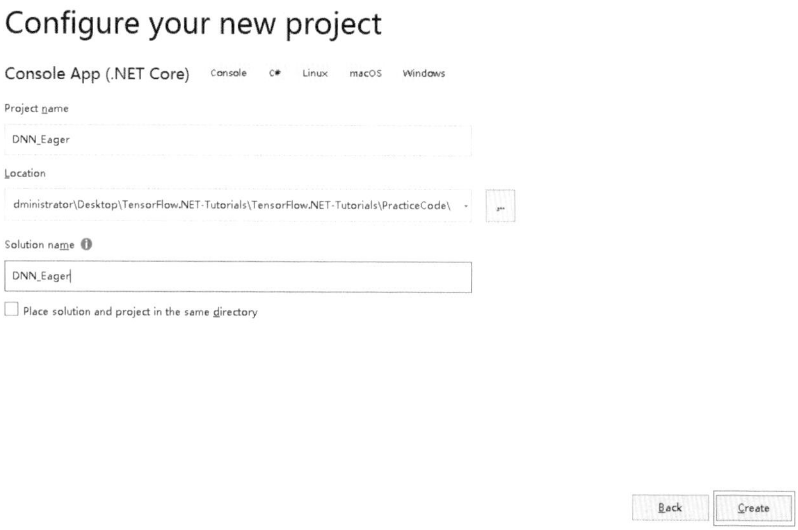

Configure your new project

Console App (.NET Core)   Console   C#   Linux   macOS   Windows

Project name

DNN_Eager

Location

dministrator\Desktop\TensorFlow.NET-Tutorials\TensorFlow.NET-Tutorials\PracticeCode\

Solution name ⓘ

DNN_Eager

☐ Place solution and project in the same directory

Back   Create

▲ 圖 8-5 輸入專案名稱

▲ 圖 8-6 確認 .NET Core 版本

目標平臺選擇 x64，如圖 8-7 所示。

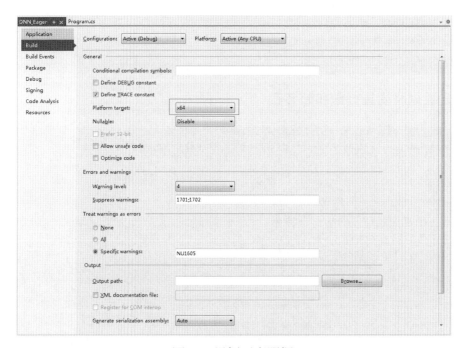

▲ 圖 8-7 目標平臺選擇 x64

使用 NuGet 安裝 TensorFlow.NET 和 SciSharp.TensorFlow.Redist，如果需要使用 GPU，則安裝 SciSharp.TensorFlow.Redist-Windows-GPU。NuGet 下載必要的相依項如圖 8-8 所示。

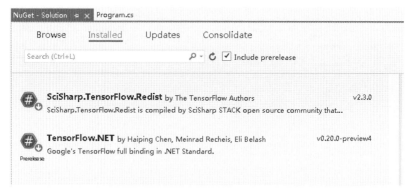

▲ 圖 8-8 NuGet 下載必要的相依項

增加專案引用。

```
using NumSharp;
using System.Linq;
using Tensorflow;
using Tensorflow.Keras.Optimizers;
using static Tensorflow.Binding;
```

2・定義網路權重變數和超參數

```
int num_classes = 10; // MNIST 的字元類別為 0~9，總共 10 類
int num_features = 784; // 輸入影像的特徵尺寸，即 28 像素 ×28 像素 =784 像素


// 超參數
float learning_rate = 0.001f;// 學習率
int training_steps = 1000;// 訓練輪數
int batch_size = 256;// 批次大小
int display_step = 100;// 訓練資料顯示週期


// 神經網路參數
int n_hidden_1 = 128; // 隱藏層 1 的神經元數量
int n_hidden_2 = 256; // 隱藏層 2 的神經元數量
```

```
IDatasetV2 train_data;// MNIST 資料集
NDArray x_test, y_test, x_train, y_train;// 資料集拆分為訓練集和測試集
IVariableV1 h1, h2, wout, b1, b2, bout;// 待訓練的權重變數
float accuracy_test = 0f;// 測試集準確率
```

3 · 載入 MNIST 資料，並進行前置處理

下載或從本地載入資料→資料展平→歸一化→轉換 Dataset 格式→無限複製（方便後面提取）/ 亂數 / 分批 / 預先存取出→從前置處理後的資料中提取需要的訓練份數。

```
((x_train, y_train), (x_test, y_test)) = tf.keras.datasets.mnist. load_data();// 下載
或載入本地 MNIST
(x_train, x_test) = (x_train.reshape((-1, num_features)), x_test. reshape((-1, num_
features)));// 展平輸入資料
(x_train, x_test) = (x_train / 255f, x_test / 255f);// 歸一化

train_data = tf.data.Dataset.from_tensor_slices(x_train, y_train);// 轉換為 Dataset 格式
train_data = train_data.repeat()
    .shuffle(5000)
    .batch(batch_size)
    .prefetch(1)
    .take(training_steps);// 資料前置處理
```

4 · 初始化網路權重變數和最佳化器

隨機初始化網路權重變數並打包成陣列，方便後續在梯度求導時作為參數。

```
// 隨機初始化網路權重變數並打包成陣列，方便後續在梯度求導時作為參數
var random_normal = tf.initializers.random_normal_initializer();
h1 = tf.Variable(random_normal.Apply(new InitializerArgs((num_features, n_
hidden_1))));
h2 = tf.Variable(random_normal.Apply(new InitializerArgs((n_hidden_1, n_hidden_2))));
wout = tf.Variable(random_normal.Apply(new InitializerArgs((n_hidden_2, num_
classes))));
b1 = tf.Variable(tf.zeros(n_hidden_1));
b2 = tf.Variable(tf.zeros(n_hidden_2));
bout = tf.Variable(tf.zeros(num_classes));
var trainable_variables = new IVariableV1[] { h1, h2, wout, b1, b2, bout };
```

採用隨機梯度下降最佳化器。

```
// 採用隨機梯度下降最佳化器
var optimizer = tf.optimizers.SGD(learning_rate);
```

5 · 架設 DNN 模型，訓練並週期顯示訓練過程

架設 4 層的全連接神經網路，隱藏層採用 Sigmoid 啟動函式，輸出層採用 Softmax 函式輸出預測的機率分佈。

```
// 架設網路模型
Tensor neural_net(Tensor x)
{
    // 隱藏層 1 採用 128 個神經元
    var layer_1 = tf.add(tf.matmul(x, h1.AsTensor()), b1.AsTensor());
    // 使用 Sigmoid 啟動函式，增加層輸出的非線性特徵
    layer_1 = tf.nn.sigmoid(layer_1);

    // 隱藏層 2 採用 256 個神經元
    var layer_2 = tf.add(tf.matmul(layer_1, h2.AsTensor()), b2.AsTensor());
    // 使用 Sigmoid 啟動函式，增加層輸出的非線性特徵
    layer_2 = tf.nn.sigmoid(layer_2);

    // 輸出層的神經元數量和標籤類型數量相同
    var out_layer = tf.matmul(layer_2, wout.AsTensor()) + bout.AsTensor();
    // 使用 Softmax 函式將輸出類別轉換為各類別的機率分佈
    return tf.nn.softmax(out_layer);
}
```

建立交叉熵損失函式。

```
// 交叉熵損失函式
Tensor cross_entropy(Tensor y_pred, Tensor y_true)
{
    // 將標籤轉換為 One-Hot 格式
    y_true = tf.one_hot(y_true, depth: num_classes);
    // 保持預測值在 10-9 和 1.0 之間，防止值下溢位現 ln(0) 顯示出錯
    y_pred = tf.clip_by_value(y_pred, 1e-9f, 1.0f);
    // 計算交叉熵損失
```

```
        return tf.reduce_mean(-tf.reduce_sum(y_true * tf.math.log(y_pred)));
}
```

應用 TensorFlow 2.x 中的自動求導機制，建立梯度記錄器，自動追蹤網路中的梯度，自動求導進行梯度下降和網路權重變數的更新最佳化。每隔一定週期，列印出當前輪次網路的訓練性能資料損失和準確率。關於自動求導機制，請參考第 4 章自動求導原理與應用中的內容。

```
// 執行最佳化器
void run_optimization(OptimizerV2 optimizer, Tensor x, Tensor y, IVariableV1[]
trainable_variables)
{
    using var g = tf.GradientTape();
    var pred = neural_net(x);
    var loss = cross_entropy(pred, y);

    // 計算梯度
    var gradients = g.gradient(loss, trainable_variables);

    // 更新模型權重和偏置項
    var a = zip(gradients, trainable_variables.Select(x => x as ResourceVariable));
    optimizer.apply_gradients(zip(gradients, trainable_variables.Select(x => x as
ResourceVariable)));
}

// 模型預測準確率
Tensor accuracy(Tensor y_pred, Tensor y_true)
{
    // 使用 Argmax 函式提取預測機率最大的標籤，和實際值比較，計算模型預測的準確率
    var correct_prediction = tf.equal(tf.argmax(y_pred, 1), tf.cast(y_true,
tf.int64));
    return tf.reduce_mean(tf.cast(correct_prediction, tf.float32), axis: -1);
}

// 訓練模型
foreach (var (step, (batch_x, batch_y)) in enumerate(train_data, 1))
{
    // 執行最佳化器，進行模型權重和偏置項的更新
    run_optimization(optimizer, batch_x, batch_y, trainable_variables);
```

```
    if (step % display_step == 0)
    {
        var pred = neural_net(batch_x);
        var loss = cross_entropy(pred, batch_y);
        var acc = accuracy(pred, batch_y);
        print($"step: {step}, loss: {(float)loss}, accuracy: {(float)acc}");
    }
}
```

6 · 在測試集上進行性能評估

在測試集上對訓練後的模型進行預測準確率性能評估。

```
// 在驗證集上測試模型
{
    var pred = neural_net(x_test);
    accuracy_test = (float)accuracy(pred, y_test);
    print($"Test Accuracy: {accuracy_test}");
}
```

完整的主控台執行程式如下。

```
using NumSharp;
using System.Linq;
using Tensorflow;
using Tensorflow.Keras.Optimizers;
using static Tensorflow.Binding;

namespace DNN_Eager
{
    class Program
    {
        static void Main(string[] args)
        {
            DNN_Eager dnn = new DNN_Eager();
            dnn.Main();
        }
    }
```

```
class DNN_Eager
{
    int num_classes = 10; // MNIST 的字元類別為 0~9，總共 10 類
    int num_features = 784; // 輸入影像的特徵尺寸，即 28×28=784

    // 超參數
    float learning_rate = 0.001f;// 學習率
    int training_steps = 1000;// 訓練輪數
    int batch_size = 256;// 批次大小
    int display_step = 100;// 訓練資料顯示週期

    // 神經網路參數
    int n_hidden_1 = 128; // 隱藏層 1 的神經元數量
    int n_hidden_2 = 256; // 隱藏層 2 的神經元數量

    IDatasetV2 train_data;// MNIST 資料集
    NDArray x_test, y_test, x_train, y_train;// 資料集拆分為訓練集和測試集
    IVariableV1 h1, h2, wout, b1, b2, bout;// 待訓練的權重變數
    float accuracy_test = 0f;// 測試集準確率

    public void Main()
    {
        ((x_train, y_train), (x_test, y_test)) = tf.keras.datasets. mnist.load_
data();// 下載或載入本地 MNIST
        (x_train, x_test) = (x_train.reshape((-1, num_features)), x_test.
reshape((-1, num_features)));// 展平輸入資料
        (x_train, x_test) = (x_train / 255f, x_test / 255f);// 歸一化

        train_data = tf.data.Dataset.from_tensor_slices(x_train, y_train); // 轉換
為 Dataset 格式
        train_data = train_data.repeat()
            .shuffle(5000)
            .batch(batch_size)
            .prefetch(1)
            .take(training_steps);// 資料前置處理

        // 隨機初始化網路權重變數並打包成陣列，方便後續在梯度求導時作為參數
        var random_normal = tf.initializers.random_normal_initializer();
        h1 = tf.Variable(random_normal.Apply(new InitializerArgs((num_ features,
n_hidden_1))));
```

```
            h2 = tf.Variable(random_normal.Apply(new InitializerArgs ((n_hidden_1, n_
hidden_2))));
            wout = tf.Variable(random_normal.Apply(new InitializerArgs ((n_hidden_2,
num_classes))));
            b1 = tf.Variable(tf.zeros(n_hidden_1));
            b2 = tf.Variable(tf.zeros(n_hidden_2));
            bout = tf.Variable(tf.zeros(num_classes));
            var trainable_variables = new IVariableV1[] { h1, h2, wout, b1, b2, bout };

            // 採用隨機梯度下降最佳化器
            var optimizer = tf.optimizers.SGD(learning_rate);

            // 訓練模型
            foreach (var (step, (batch_x, batch_y)) in enumerate(train_data, 1))
            {
                // 執行最佳化器，進行模型權重和偏置項的更新
                run_optimization(optimizer, batch_x, batch_y, trainable_ variables);

                if (step % display_step == 0)
                {
                    var pred = neural_net(batch_x);
                    var loss = cross_entropy(pred, batch_y);
                    var acc = accuracy(pred, batch_y);
                    print($"step: {step}, loss: {(float)loss}, accuracy: {(float)
acc}");
                }
            }

            // 在驗證集上測試模型
            {
                var pred = neural_net(x_test);
                accuracy_test = (float)accuracy(pred, y_test);
                print($"Test Accuracy: {accuracy_test}");
            }

        }

        // 執行最佳化器
        void run_optimization(OptimizerV2 optimizer, Tensor x, Tensor y, IVariableV1[]
trainable_variables)
```

```
        {
            using var g = tf.GradientTape();
            var pred = neural_net(x);
            var loss = cross_entropy(pred, y);

            // 計算梯度
            var gradients = g.gradient(loss, trainable_variables);

            // 更新模型權重和偏置項
            var a = zip(gradients, trainable_variables.Select(x => x as
ResourceVariable));
            optimizer.apply_gradients(zip(gradients, trainable_variables. Select(x =>
x as ResourceVariable)));
        }

        // 模型預測準確率
        Tensor accuracy(Tensor y_pred, Tensor y_true)
        {
            // 使用 Argmax 函式提取預測機率最大的標籤，和實際值比較，計算模型預測的準確率
            var correct_prediction = tf.equal(tf.argmax(y_pred, 1), tf.cast (y_true,
tf.int64));
            return tf.reduce_mean(tf.cast(correct_prediction, tf.float32), axis: -1);
        }

        // 架設網路模型
        Tensor neural_net(Tensor x)
        {
            // 隱藏層 1 採用 128 個神經元
            var layer_1 = tf.add(tf.matmul(x, h1.AsTensor()), b1.AsTensor());
            // 使用 Sigmoid 啟動函式，增加層輸出的非線性特徵
            layer_1 = tf.nn.sigmoid(layer_1);

            // 隱藏層 2 採用 256 個神經元
            var layer_2 = tf.add(tf.matmul(layer_1, h2.AsTensor()), b2.AsTensor());
            // 使用 Sigmoid 啟動函式，增加層輸出的非線性特徵
            layer_2 = tf.nn.sigmoid(layer_2);

            // 輸出層的神經元數量和標籤類型數量相同
            var out_layer = tf.matmul(layer_2, wout.AsTensor()) + bout. AsTensor();
            // 使用 Softmax 函式將輸出類別轉換為各類別的機率分佈
```

```
            return tf.nn.softmax(out_layer);
        }


        // 交叉熵損失函式
        Tensor cross_entropy(Tensor y_pred, Tensor y_true)
        {
            // 將標籤轉換為 One-Hot 格式
            y_true = tf.one_hot(y_true, depth: num_classes);
            // 保持預測值在 10⁻⁹ 和 1.0 之間，防止值下溢位現 ln(0) 顯示出錯
            y_pred = tf.clip_by_value(y_pred, 1e-9f, 1.0f);
            // 計算交叉熵損失
            return tf.reduce_mean(-tf.reduce_sum(y_true * tf.math. log (y_pred)));
        }


    }
}
```

程式執行結果如下。

```
step: 100, loss: 562.84094, accuracy: 0.2734375
step: 200, loss: 409.87466, accuracy: 0.51171875
step: 300, loss: 234.70618, accuracy: 0.70703125
step: 400, loss: 171.07526, accuracy: 0.8046875
step: 500, loss: 147.40372, accuracy: 0.86328125
step: 600, loss: 123.477295, accuracy: 0.8671875
step: 700, loss: 105.51019, accuracy: 0.8984375
step: 800, loss: 106.7933, accuracy: 0.87109375
step: 900, loss: 75.033554, accuracy: 0.921875
Test Accuracy: 0.8954
```

我們可以看到，損失不斷下降，準確率不斷提高，最終的測試集的準確率為 0.8954，略低於訓練集的準確率（約為 0.9219），基本屬於比較合理的訓練結果。

8.3 TensorFlow.NET Keras 模型架設的 3 種方式

TensorFlow.NET 2.x 提供了 3 種定義 Keras 模型的方式。

- Sequential API（序列式 API）：按層順序架設模型。
- Functional API（函式式 API）：函式式 API 架設任意結構模型。
- Model Subclassing（模型子類別化）：模型子類別化架設自訂模型。

推薦的使用優先順序如下。

優先使用 Sequential API 進行模型的快速架設；如果無法滿足需求（共用網路層或多輸入等），則考慮使用 Functional API 架設自訂結構的模型；如果仍然無法滿足需求（需要自訂控制訓練過程或研發創新想法），則可以考慮 Model Subclassing。

針對各種場景，TensorFlow.NET 都提供了對應的快速解決方案，下面我們詳細說明 3 種模型架設的方式。

8.3.1 Sequential API

Sequential API 是 Keras 最簡單的模型架設方式，它先順序地把所有模型層依次定義，再使用內建的訓練循環 model.fit 對模型進行訓練，架設模型和訓練模型的過程就像「架設樂高積木」一樣簡單。

但 Sequential API 是 Layer-by-Layer 的，對某些場景的使用略有限制。

- 無法共用網路層。
- 不能建立多分支結構。
- 不能有多個輸入。

這種方式特別適用於經典網路模型，如 LeNet、AlexNet、VGGNet。經典網路模型結構如圖 8-9 所示。

Sequential API 方式的程式流程如圖 8-10 所示。

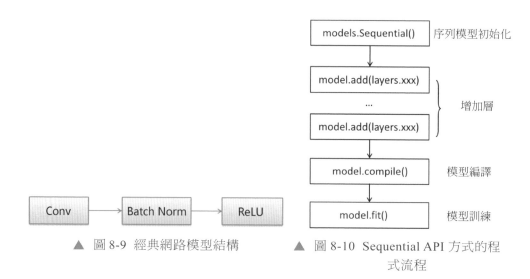

▲ 圖 8-9　經典網路模型結構　　　▲ 圖 8-10　Sequential API 方式的程
　　　　　　　　　　　　　　　　　　　　　　　　式流程

範例程式如下。

```
var model = keras.Sequential();
model.add(keras.Input(shape: 16));
model.add(keras.layers.Dense(32, activation: keras.activations.Relu));
// 現在，模型的輸入數值的形狀設定為 (None, 16)
// 模型的輸出陣列的形狀設定為 (None, 32)
// 請注意，在第一層之後，您不再需要指定輸入的大小，Keras 內部會自動進行上下文調配
model.add(keras.layers.Dense(32));
Assert.AreEqual((-1, 32), model.output_shape);
```

8.3.2　Functional API

　　簡單的 Sequential API 方式有時候不能架設任意結構的神經網路。為此，Keras 提供了 Functional API，幫助我們建立更複雜和靈活的模型。Functional API 可以處理非線性拓撲、具有共用層的模型和具有多個輸入或輸出的模型。Functional API 的使用方法是將層作為可呼叫的物件並傳回張量，並將輸入向量和輸出向量提供給 Model 的 inputs 和 outputs 參數。

Functional API 有如下功能。

- 定義更複雜的模型。

- 支援多輸入和多輸出。

- 可以定義模型分支，如 Inception Block、ResNet Block。

- 方便層共用。

實際上，任意的 Sequential API 模型都可以使用 Functional API 方式實現，Functional API 方式特別適用於一些複雜的網路模型，如 ResNet、GoogLeNet/Inception、Xception、SqueezeNet 等。Functional API 方式適用的複雜網路模型結構如圖 8-11 所示。

Functional API 方式的程式流程如圖 8-12 所示。

▲ 圖 8-11　Functional API 方式適用的複雜網路模型結構

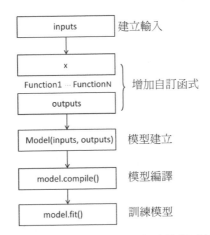

▲ 圖 8-12　Functional API 方式的程式流程

接下來，我們透過程式來逐步架設 Functional API 方式 Keras 下的 DNN 模型。

1 · 新建專案，設定環境和引用

新建專案，如圖 8-13 所示。

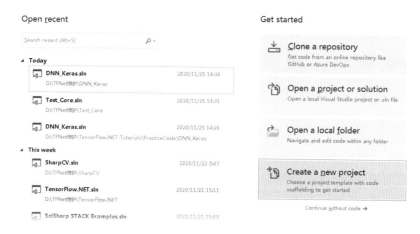

▲ 圖 8-13 新建專案

選擇 .NET Core 框架，如圖 8-14 所示。

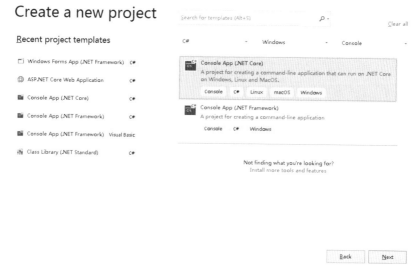

▲ 圖 8-14 選擇 .NET Core 框架

輸入專案名稱 DNN_Keras_Functional，如圖 8-15 所示。

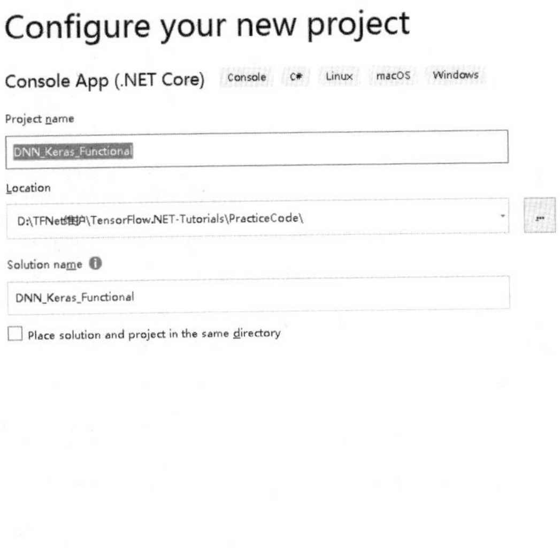

▲ 圖 8-15 輸入專案名稱

確認 .NET Core 版本為 3.0 及以上，如圖 8-16 所示。

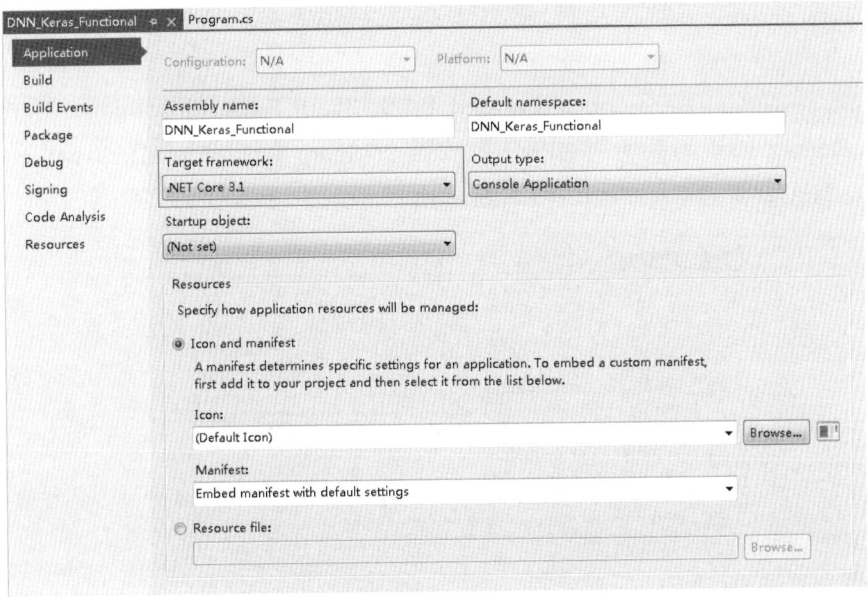

▲ 圖 8-16 確認 .NET Core 版本

選擇目標平臺為 x64，如圖 8-17 所示。

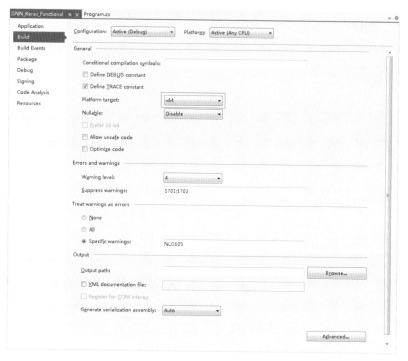

▲ 圖 8-17 選擇目標平臺

使 用 NuGet 安 裝 TensorFlow.NET、SciSharp.TensorFlow.Redist 和 Tensor Flow.Keras，如果需要使用 GPU，則安裝 SciSharp.TensorFlow.Redist-Windows-GPU。NuGet 安裝必要的相依項如圖 8-18 所示。

▲ 圖 8-18 NuGet 安裝必要的相依項

增加專案引用。

```
using NumSharp;
using System;
using Tensorflow.Keras.Engine;
using static Tensorflow.KerasApi;
using Tensorflow.Keras.Layers;
```

2 · 載入 MNIST 資料,並進行歸一化前置處理

```
(x_train, y_train, x_test, y_test) = keras.datasets.mnist.load_data();
x_train = x_train.reshape(60000, 784) / 255f;
x_test = x_test.reshape(10000, 784) / 255f;
```

3 · 架設和編譯 Keras DNN 模型,並透過 summary 方法列印模型結構

```
var inputs = keras.Input(shape: 784);// 輸入層
var outputs = layers.Dense(64, activation: keras.activations.Relu). Apply (inputs);//
第一個全連接層
outputs = layers.Dense(64, activation: keras.activations.Relu). Apply (outputs);// 第
二個全連接層
outputs = layers.Dense(10).Apply(outputs);// 輸出層

model = keras.Model(inputs, outputs, name: "mnist_model");// 架設 Keras DNN 模型
model.summary();// 顯示模型概況
model.compile(loss: keras.losses.SparseCategoricalCrossentropy(from_logits: true),
              optimizer: keras.optimizers.RMSprop(),
              metrics: new[] { "accuracy" });// 將 Keras DNN 模型編譯成 TensorFlow 的靜
態圖
```

4 · 訓練模型(這裡只訓練 2 輪測試集)

```
model.fit(x_train, y_train, batch_size: 64, epochs: 2, validation_split: 0.2f);
```

參數 validation_split 設定為 0.2f,可以在訓練過程中將輸入的訓練集自動分割出 20% 的預測集,即時評估訓練過程中的損失和精度。

5 · 測試集評估

```
model.evaluate(x_test, y_test, verbose: 2);
```

參數 verbose 為訓練過程中資訊列印的詳細度。

6‧模型保存至本地

程式如下。

```
model.save("mnist_model");
```

上述就是採用 Functional API 方式架設 Keras DNN 模型的流程。我們可以看到，這種方式非常簡潔和靈活。如果需要從本地手動載入預訓練好的模型，只需要使用下面的 load_model 方法即可完成。

```
model = keras.models.load_model("path_to_my_model");
```

完整的主控台執行程式如下。

```
using NumSharp;
using System;
using Tensorflow.Keras.Engine;
using static Tensorflow.KerasApi;
using Tensorflow.Keras.Layers;

namespace DNN_Keras_Functional
{
    class Program
    {
        static void Main(string[] args)
        {
            DNN_Keras_Functional dnn = new DNN_Keras_Functional();
            dnn.Main();
        }
        class DNN_Keras_Functional
        {
            Model model;
            NDArray x_train, y_train, x_test, y_test;
            LayersApi layers = new LayersApi();
            public void Main()
            {
                // 準備資料
```

```
            (x_train, y_train, x_test, y_test) = keras.datasets.mnist. load_
data();

            x_train = x_train.reshape(60000, 784) / 255f;
            x_test = x_test.reshape(10000, 784) / 255f;

            // 架設模型
            var inputs = keras.Input(shape: 784);// 輸入層
            var outputs = layers.Dense(64, activation: keras.activations. Relu).
Apply(inputs);// 第一個全連接層
            outputs = layers.Dense(64, activation: keras.activations. Relu).
Apply(outputs);// 第二個全連接層
            outputs = layers.Dense(10).Apply(outputs);// 輸出層
            model = keras.Model(inputs, outputs, name: "mnist_model");// 架設
keras 模型
            model.summary();// 顯示模型概況
            model.compile(loss: keras.losses.SparseCategoricalCrossentropy(from_
logits: true),
                optimizer: keras.optimizers.RMSprop(),
                metrics: new[] { "accuracy" });// 將 Keras DNN 模型編譯成
TensorFlow 的靜態圖

            // 使用輸入資料和標籤來訓練模型
            model.fit(x_train, y_train, batch_size: 64, epochs: 2, validation_
split: 0.2f);

            // 評估模型
            model.evaluate(x_test, y_test, verbose: 2);

            // 序列化保存模型
            model.save("mnist_model");

            // 下述註釋程式的作用為從檔案中重新載入完全相同的模型，如果需要使用，可以取消
註釋來進行啟用
            // model = keras.models.load_model("path_to_my_model");

            Console.ReadKey();
        }
    }
  }
}
```

執行結果如下。

```
Model: mnist_model

Layer (type)                    Output Shape              Param #
=================================================================
input_1 (InputLayer)            (None, 784)               0

dense (Dense)                   (None, 64)                50240

dense_1 (Dense)                 (None, 64)                4160

dense_2 (Dense)                 (None, 10)                650
=================================================================
Total params: 55050
Trainable params: 55050
Non-trainable params: 0


Training...
epoch: 0, loss: 2.3052168, accuracy: 0.046875
epoch: 1, loss: 0.34531808, accuracy: 0.9035208
epoch: 2, loss: 0.25493768, accuracy: 0.9276875
Testing...
iterator: 1, loss: 0.24668744, accuracy: 0.929454
```

我們可以看到，終端正確輸出了 DNN 模型的結構，並在訓練過程中即時地列印出了簡潔的訓練中間資料，損失在合理地下降，準確率提高，最終的測試集的準確率約為 0.9295，略低於訓練集的準確率（約為 0.9277），基本屬於比較合理的訓練結果。

8.3.3 Model Subclassing

Functional API 透過繼承模型來撰寫自己的模型類別，如果無法滿足需求，則可以透過 Model Subclassing 架設自訂模型，主要分為自訂層（可以繼承 Layer 類別）、自訂損失函式（可以繼承 Loss 類別）和自訂評估函式（可以繼承 Metric 類別）。

　　從開發人員的角度來看，這種工作方式先擴充框架定義的模型類別，實例化層，再撰寫模型的正向傳播過程。TensorFlow.NET 2.x 透過 Keras Subclassing API 支援這種開箱即用的方式。在 Keras 中，模型類別是基本的類別，可以在此基礎上進行任意的自訂操作，對模型的所有部分（包括訓練過程）進行控制。

　　Keras 模型類別的結構如圖 8-19 所示。

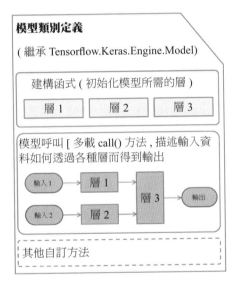

▲ 圖 8-19　Keras 模型類別的結構

　　下面我們透過範例程式來了解 Model Subclassing 方式的具體流程。

　　自訂模型需要先繼承 Tensorflow.Keras.Engine.Model，再在建構函式中初始化模型所需的層（可以使用 Keras 的層或繼承 Layer 進行自訂層），並多載 call() 方法進行模型的呼叫，建立輸入和輸出之間的函式關係。

　　程式結構如下。

```
public class MyModel : Model
{
    Layer myLayer1;
    Layer myLayer2;
    Layer output;
```

```
    public MyModel(ModelArgs args) :
    base(args)
    {
        // 第 1 層
        myLayer1 = Layer.xxx;

        // 第 2 層
        myLayer2 = Layer.xxx;

        output = Layer.xxx;
    }

    // 設定前向傳播邏輯
    protected override Tensor call(Tensor inputs)
    {
        inputs = myLayer1.Apply(inputs);
        inputs = myLayer2.Apply(inputs);
        inputs = output.Apply(inputs);

        return inputs;
    }
}
```

上述程式說明了自訂模型的方法。類似地，我們可以自訂層、自訂損失函式和評估函式。

實際上，透過 Model Subclassing 方式自訂的模型，也可以使用 Sequential API 或 Functional API 方式，其中自訂的層需要增加 get_config 方法以序列化組合模型。

8.4 TensorFlow.NET 程式實作 2：DNN with Keras

Keras 方式的 DNN 模型架設流程和 Eager 方式類似，差異部分主要在於使用 Keras 的全連接層（Dense 層）替代了 Eager 方式中的「線性變換 + 啟動函式」。

TensorFlow.NET 2.x 推薦使用 Keras 進行模型架設和訓練。Keras 是一個高級神經網路 API，可以簡單、快速和靈活地架設網路模型。自從 2017 年的 TensorFlow 1.2 開始，Keras 就從一個獨立執行後端，變為了 TensorFlow 的核心內建 API。TensorFlow 2.0 發佈後，Keras 由 TensorFlow 官方推薦給廣大開發者，替代 TensorFlow-Slim 作為官方預設的深度學習開發的首選框架。

Keras 有兩個比較重要的概念：模型（Model）和層（Layer）。層將常用的神經網路層進行封裝（全連接層、卷積層、池化層等）；模型將各個層進行連接，並封裝成一個完整的網路模型。在進行模型呼叫的時候，使用 y_pred = model (x) 的形式即可。

Keras 在 Tensorflow.Keras.Engine.Layer 下內建了深度學習中常用的網路層，同時支持繼承並自訂層。

模型作為類別的方式構造，透過繼承 Tensorflow.Keras.Engine.Model 類別來定義自己的模型。在繼承類別的過程中，我們需要重寫該類別的建構函式進行初始化（初始化模型所需的層和組織結構），並透過多載 call( ) 方法來進行模型的呼叫，同時可以增加自訂方法。

在本次 DNN 模型架設案例中，我們主要使用 Keras 中的全連接層。全連接層（Fully-Connected Layer，Tensorflow.Keras.Engine.Layer.Dense）是 Keras 中最基礎和常用的層之一，可以對輸入矩陣進行線性變換和啟動函式操作。全連接層的函式結構如圖 8-20 所示。

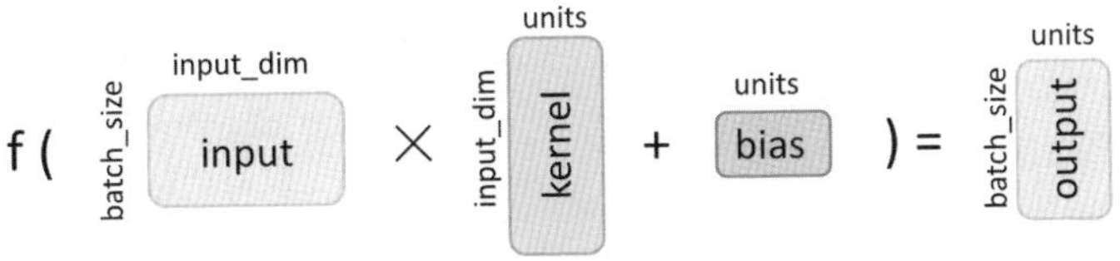

▲ 圖 8-20 全連接層的函式結構

全連接層主要有下述兩個參數。

- 參數 1：units，int 類型，輸出張量的維度。

- 參數 2：activation，Tensorflow.Keras.Activation 類型，啟動函式（常用的啟動函式有 Linear、ReLU、Sigmoid、Tanh）。

接下來，我們透過程式來逐步架設 Keras 下的 DNN 模型。

1 · 新建專案，設定環境和引用

新建專案，如圖 8-21 所示。

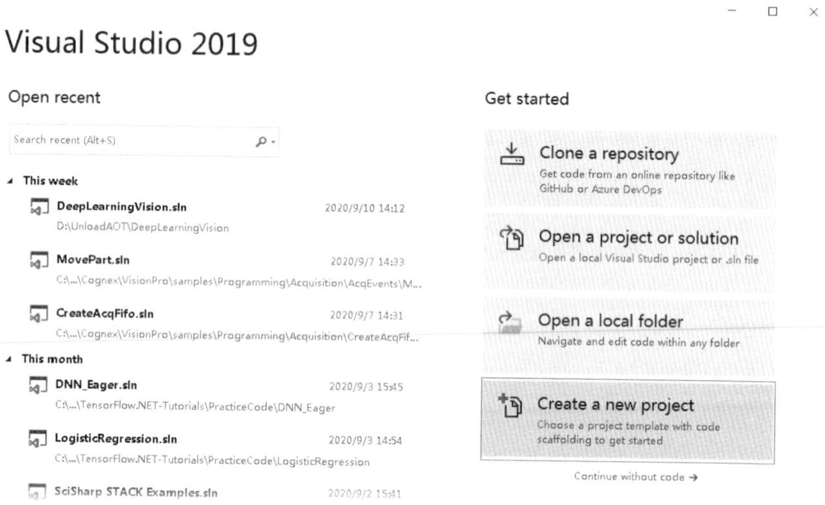

▲ 圖 8-21 新建專案

選擇 .NET Core 框架，如圖 8-22 所示。

輸入專案名稱 DNN_Keras，如圖 8-23 所示。

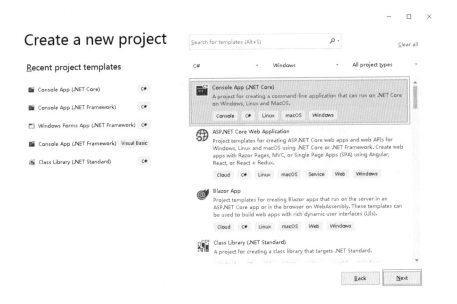

▲ 圖 8-22　選擇 .NET Core 框架

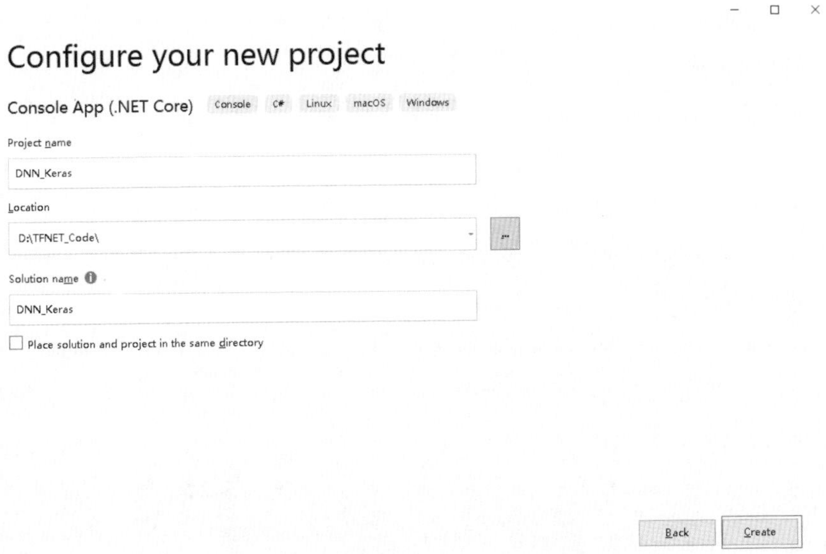

Configure your new project

Console App (.NET Core)　`Console`　`C#`　`Linux`　`macOS`　`Windows`

Project name

    DNN_Keras

Location

    D:\TFNET_Code\

Solution name ⓘ

    DNN_Keras

☐ Place solution and project in the same directory

    Back   Create

▲ 圖 8-23　輸入專案名稱

確認 .NET Core 版本為 3.0 及以上，如圖 8-24 所示。

選擇目標平臺為 x64，如圖 8-25 所示。

▲ 圖 8-24 確認 .NET Core 版本

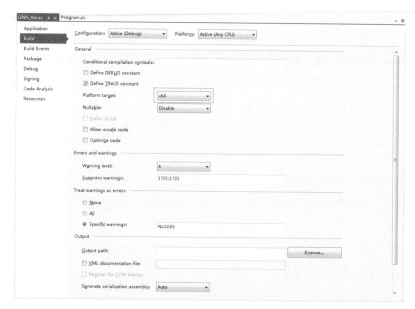

▲ 圖 8-25 選擇目標平臺

使用 NuGet 安裝 TensorFlow.NET 和 SciSharp.TensorFlow.Redist，如果需要
使用 GPU，則安裝 SciSharp.TensorFlow.Redist-Windows-GPU。NuGet 安裝必要
的相依項如圖 8-26 所示。

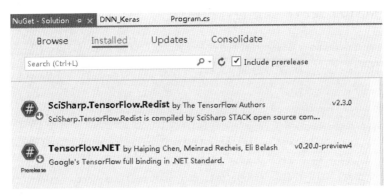

▲ 圖 8-26　NuGet 安裝必要的相依項

增加專案引用。

```
using NumSharp;
using System;
using System.Linq;
using Tensorflow;
using Tensorflow.Keras;
using Tensorflow.Keras.ArgsDefinition;
using Tensorflow.Keras.Engine;
using static Tensorflow.Binding;
```

2・定義網路層參數、訓練資料和超參數

```
int num_classes = 10; // 字元 0 ~ 9
int num_features = 784; // 28*28 的影像尺寸


// 訓練參數
 float learning_rate = 0.1f;
int display_step = 100;
int batch_size = 256;
int training_steps = 1000;


// 訓練變數
```

```
float accuracy;
IDatasetV2 train_data;
NDArray x_test, y_test, x_train, y_train;
```

3‧載入 MNIST 資料，並進行前置處理

下載或從本地載入資料→資料展平→歸一化→轉換為 Dataset 格式→無限複製（方便後面提取）/ 亂數 / 分批 / 預先存取出→從前置處理後的資料中提取需要的訓練份數。

```
// 準備 MNIST 資料
((x_train, y_train), (x_test, y_test)) = tf.keras.datasets.mnist. load_data();
// 影像展平為長度為 784 的 1 維向量 (794 = 28×28)
(x_train, x_test) = (x_train.reshape((-1, num_features)), x_test. reshape((-1, num_
features)));
// 影像灰階值範圍從 [0, 255] 歸一化為 [0, 1]
(x_train, x_test) = (x_train / 255f, x_test / 255f);

// 使用 tf.data API 打亂資料並生成批次資料
train_data = tf.data.Dataset.from_tensor_slices(x_train, y_train);
train_data = train_data.repeat()
    .shuffle(5000)
    .batch(batch_size)
    .prefetch(1)
    .take(training_steps);
```

4‧採用 Model Subclassing 方式架設 DNN 模型

採用 Model Subclassing 方式架設 Keras 下的 DNN 模型，輸入層參數。

```
// 架設模型
 var neural_net = new NeuralNet(new NeuralNetArgs
                        {
                            NumClasses = num_classes,
                            NeuronOfHidden1 = 128,
                            Activation1 = tf.keras.activations.Relu,
                            NeuronOfHidden2 = 256,
                            Activation2 = tf.keras.activations.Relu
                        });
```

　　繼承模型類別，架設全連接神經網路。在建構函式中架設網路的層結構，並多載 call( ) 方法，指定輸入和輸出之間的函式關係。

```
// 自訂函式
 public class NeuralNet : Model
{
    Layer fc1;
    Layer fc2;
    Layer output;

    public NeuralNet(NeuralNetArgs args) :
    base(args)
    {
        // 第 1 層全連接隱藏層
        fc1 = Dense(args.NeuronOfHidden1, activation: args.Activation1);

        // 第 2 層全連接隱藏層
        fc2 = Dense(args.NeuronOfHidden2, activation: args.Activation2);

        output = Dense(args.NumClasses);
    }

    // 設定前向傳播邏輯
    protected override Tensor call(Tensor inputs, bool is_training = false, Tensor
state = null)
    {
        inputs = fc1.Apply(inputs);
        inputs = fc2.Apply(inputs);
        inputs = output.Apply(inputs);
        if (!is_training)
            inputs = tf.nn.softmax(inputs);
        return inputs;
    }
}

// 網路參數
public class NeuralNetArgs : ModelArgs
{
    /// <summary>
    /// 第 1 層的神經元數量
```

```
    /// </summary>
    public int NeuronOfHidden1 { get; set; }
    public Activation Activation1 { get; set; }


    /// <summary>
    /// 第 2 層的神經元數量
    /// </summary>
    public int NeuronOfHidden2 { get; set; }
    public Activation Activation2 { get; set; }


    public int NumClasses { get; set; }
}
```

5 · 訓練模型並週期顯示訓練過程

此步驟主要使用交叉熵損失函式和準確率評估函式。

```
// 交叉熵損失函式
 Func<Tensor, Tensor, Tensor> cross_entropy_loss = (x, y) =>
{
    // 將 tf 交叉熵損失函式的標籤轉換為 int64 類型 .
    y = tf.cast(y, tf.int64);
    // 將 Softmax 應用於 Logits 並計算交叉熵
    var loss = tf.nn.sparse_softmax_cross_entropy_with_logits(labels: y, logits: x);
    // 整個批次的平均損失
    return tf.reduce_mean(loss);
};


// 精度指標
Func<Tensor, Tensor, Tensor> accuracy = (y_pred, y_true) =>
{
    // 預測類別是預測向量中得分最高的指數（Argmax）
    var correct_prediction = tf.equal(tf.argmax(y_pred, 1), tf.cast(y_true,
tf.int64));
    return tf.reduce_mean(tf.cast(correct_prediction, tf.float32), axis: -1);
};
```

建立隨機梯度下降最佳化器和執行方法。

```
// Stochastic gradient descent optimizer.
var optimizer = tf.optimizers.SGD(learning_rate);


// 最佳化器執行過程
Action<Tensor, Tensor> run_optimization = (x, y) =>
{
    // 將計算包裝在 GradientTape 中進行自動微分
    using var g = tf.GradientTape();
    // 前向傳播
    var pred = neural_net.Apply(x, is_training: true);
    var loss = cross_entropy_loss(pred, y);

    // 計算梯度
    var gradients = g.gradient(loss, neural_net.trainable_variables);

    // 按照梯度更新 W 和 b
    optimizer.apply_gradients(zip(gradients, neural_net.trainable_variables.Select(x
=> x as ResourceVariable)));
};
```

應用 TensorFlow 2.x 中的自動求導機制，進行梯度下降和網路權重變數的更新最佳化。每隔一定週期，列印出當前輪次網路的訓練性能資料損失和準確率。

```
// 按照給定的步驟數進行訓練
 foreach (var (step, (batch_x, batch_y)) in enumerate(train_data, 1))
{
    // 執行最佳化器以更新 W 和 b
    run_optimization(batch_x, batch_y);

    if (step % display_step == 0)
    {
        var pred = neural_net.Apply(batch_x, is_training: true);
        var loss = cross_entropy_loss(pred, batch_y);
        var acc = accuracy(pred, batch_y);
        print($"step: {step}, loss: {(float)loss}, accuracy: {(float)acc}");
    }
}
```

6·在測試集上進行性能評估

在測試集上對訓練後的模型進行預測準確率性能評估。

```
// 在驗證集上測試模型
{
    var pred = neural_net.Apply(x_test, is_training: false);
    this.accuracy = (float)accuracy(pred, y_test);
    print($"Test Accuracy: {this.accuracy}");
}
```

完整的主控台執行程式如下。

```
using NumSharp;
using System;
using System.Linq;
using Tensorflow;
using Tensorflow.Keras;
using Tensorflow.Keras.ArgsDefinition;
using Tensorflow.Keras.Engine;
using static Tensorflow.Binding;

namespace DNN_Keras
{
    class Program
    {
        static void Main(string[] args)
        {
            DNN_Keras dnn = new DNN_Keras();
            dnn.Main();
        }
    }

    class DNN_Keras
    {
        int num_classes = 10;
        int num_features = 784;

        // 訓練參數
        float learning_rate = 0.1f;
```

```
int display_step = 100;
int batch_size = 256;
int training_steps = 1000;

// 訓練變數
float accuracy;
IDatasetV2 train_data;
NDArray x_test, y_test, x_train, y_train;

public void Main()
{
    // 準備 MNIST 資料
    ((x_train, y_train), (x_test, y_test)) = tf.keras.datasets.mnist. load_
data();
    // 影像展平為長度為 784 的 1 維向量 (794 = 28×28)
    (x_train, x_test) = (x_train.reshape((-1, num_features)), x_test.
reshape((-1, num_features)));
    // 影像灰階值範圍從 [0, 255] 歸一化為 [0, 1]
    (x_train, x_test) = (x_train / 255f, x_test / 255f);

    // 使用 tf.data API 打亂資料並生成批次資料
    train_data = tf.data.Dataset.from_tensor_slices(x_train, y_train);
    train_data = train_data.repeat()
        .shuffle(5000)
        .batch(batch_size)
        .prefetch(1)
        .take(training_steps);


    // 架設神經網路模型
    var neural_net = new NeuralNet(new NeuralNetArgs
    {
        NumClasses = num_classes,
        NeuronOfHidden1 = 128,
        Activation1 = tf.keras.activations.Relu,
        NeuronOfHidden2 = 256,
        Activation2 = tf.keras.activations.Relu
    });

    // 交叉熵損失函式
```

```
        Func<Tensor, Tensor, Tensor> cross_entropy_loss = (x, y) =>
        {
            // 將 tf 交叉熵損失函式的標籤轉換為 int64 類型
            y = tf.cast(y, tf.int64);
            // 將 Softmax 應用於 Logits 並計算交叉熵
            var loss = tf.nn.sparse_softmax_cross_entropy_with_logits (labels: y,
logits: x);
            // 整個批次的平均損失
            return tf.reduce_mean(loss);
        };

        // 精度指標
        Func<Tensor, Tensor, Tensor> accuracy = (y_pred, y_true) =>
        {
            // 預測類別是預測向量中得分最高的指數（Argmax）
            var correct_prediction = tf.equal(tf.argmax(y_pred, 1), tf. cast(y_
true, tf.int64));
            return tf.reduce_mean(tf.cast(correct_prediction, tf. float32), axis:
-1);
        };

        // 隨機梯度下降最佳化器
        var optimizer = tf.optimizers.SGD(learning_rate);

        // 最佳化器執行過程
        Action<Tensor, Tensor> run_optimization = (x, y) =>
        {
            // 將計算包裝在 GradientTape 中進行自動微分
            using var g = tf.GradientTape();
            // 前向傳播
            var pred = neural_net.Apply(x, is_training: true);
            var loss = cross_entropy_loss(pred, y);

            // 計算梯度
            var gradients = g.gradient(loss, neural_net.trainable_variables);

            // 按照梯度更新 W 和 b
            optimizer.apply_gradients(zip(gradients, neural_net.trainable_
variables.Select(x => x as ResourceVariable)));
        };
```

```
        // 按照給定的步驟進行訓練
        foreach (var (step, (batch_x, batch_y)) in enumerate(train_data, 1))
        {
            // 執行最佳化器，以更新 W 和 b
            run_optimization(batch_x, batch_y);

            if (step % display_step == 0)
            {
                var pred = neural_net.Apply(batch_x, is_training: true);
                var loss = cross_entropy_loss(pred, batch_y);
                var acc = accuracy(pred, batch_y);
                print($"step: {step}, loss: {(float)loss}, accuracy: {(float)
acc}");
            }
        }

        // 在驗證集上測試模型
        {
            var pred = neural_net.Apply(x_test, is_training: false);
            this.accuracy = (float)accuracy(pred, y_test);
            print($"Test Accuracy: {this.accuracy}");
        }

    }

    // 自訂模型函式
    public class NeuralNet : Model
    {
        Layer fc1;
        Layer fc2;
        Layer output;

        public NeuralNet(NeuralNetArgs args) :
            base(args)
        {
            // 第 1 個全連接隱藏層
            fc1 = Dense(args.NeuronOfHidden1, activation: args. Activation1);
```

```
            // 第兩個全連接隱藏層
            fc2 = Dense(args.NeuronOfHidden2, activation: args. Activation2);

            output = Dense(args.NumClasses);
        }

        // 設定前向傳播邏輯
        protected override Tensor call(Tensor inputs, bool is_training = false,
Tensor state = null)
        {
            inputs = fc1.Apply(inputs);
            inputs = fc2.Apply(inputs);
            inputs = output.Apply(inputs);
            if (!is_training)
                inputs = tf.nn.softmax(inputs);
            return inputs;
        }
    }

    // 網路層參數
    public class NeuralNetArgs : ModelArgs
    {
        /// <summary>
        /// 第 1 層的神經元數量
        /// </summary>
        public int NeuronOfHidden1 { get; set; }
        public Activation Activation1 { get; set; }

        /// <summary>
        /// 第 2 層的神經元數量
        /// </summary>
        public int NeuronOfHidden2 { get; set; }
        public Activation Activation2 { get; set; }

        public int NumClasses { get; set; }
    }

    }
}
```

執行結果如下。

```
The file C:\Users\Administrator\AppData\Local\Temp\mnist.npz already exists
step: 100, loss: 0.4122764, accuracy: 0.9140625
step: 200, loss: 0.28498638, accuracy: 0.921875
step: 300, loss: 0.21436812, accuracy: 0.93359375
step: 400, loss: 0.23279168, accuracy: 0.91796875
step: 500, loss: 0.23876348, accuracy: 0.91015625
step: 600, loss: 0.1752773, accuracy: 0.95703125
step: 700, loss: 0.14060633, accuracy: 0.97265625
step: 800, loss: 0.14577743, accuracy: 0.95703125
step: 900, loss: 0.15461099, accuracy: 0.953125
Test Accuracy: 0.9522
```

我們可以看到，損失不斷下降，準確率不斷提高，最終的測試集的準確率為 0.9522，略低於訓練集的準確率（約為 0.9531），基本屬於比較合理的訓練結果。

第 **9** 章

AutoGraph
機制詳解

9.1 AutoGraph 機制說明

TensorFlow 2.x 有 3 種計算圖的架設方式，分別是靜態計算圖方式（TensorFlow 1.x 主要使用的方式）、動態計算圖方式和 AutoGraph 方式。在 TensorFlow 2.x 中，官方主推使用動態計算圖方式和 AutoGraph 方式。

動態計算圖方便偵錯，程式可讀性強，對於程式設計師來說程式開發效率高，但是執行效率不如靜態計算圖；靜態計算圖的執行效率非常高，但是程式書寫和可讀性差，程式偵錯困難。

AutoGraph 兼顧了動態計算圖的程式開發效率和靜態計算圖的執行效率。從字面上理解，AutoGraph 就是自動計算圖轉換。我們可以將按照動態計算圖書寫規則開發的程式，透過 AutoGraph 機制，轉換成靜態計算圖程式並按照靜態計算圖的方式進行執行，達到「動態計算圖快速撰寫程式和偵錯程式」和「靜態計算圖內部高效執行程式」的目的。

當然，AutoGraph 機制能夠轉換的程式和使用的場景並非無所約束（否則就會完全取代靜態計算圖和動態計算圖），AutoGraph 機制的正確使用，需要遵循一定的程式開發規則，同時需要深入理解 AutoGraph 進行計算圖轉換的內部執行過程，否則就會轉換失敗，或者出現異常的、不符合預期的執行過程。

後面我們會詳細說明 AutoGraph 機制的內部執行原理和程式開發規範，接下來我們透過一個簡單的例子來了解 AutoGraph 機制的使用方法。

這是一個簡單的張量數值乘法運算，如下。

```
public void Run()
{
    var a = tf.constant(2);
    var b = tf.constant(3);
    var output = Mul(a, b);
    print(output);

    Console.ReadKey();
}
Tensor Mul(Tensor a, Tensor b)
```

```
{
    return a * b;
}
```

執行後會輸出數值相乘的結果：2×3 = 6。

```
tf.Tensor: shape=(), dtype=int32, numpy=6
```

這個過程是採用動態計算圖方式進行的，即 Eager 模式下的數值運算。

在 TensorFlow.NET 中，我們透過如下兩種方式實現 AutoGraph 機制。

方式①：手動執行 tf.autograph.to_graph() 將函式轉換為靜態計算圖。

方式②：在函式本體前加 Attribute 特性標籤 [AutoGraph] 來修飾函式，實現自動計算圖轉換。

我們推薦使用方式②，即 [AutoGraph] 方式，因為它更加靈活便捷，程式可讀性更強。下面我們對這兩種方式分別舉例說明。

1 · tf.autograph.to_graph() 詳細說明

我們可以透過 tf.autograph.to_graph() 將動態計算圖轉換為靜態計算圖，用法很簡單，增加一行轉換程式即可完成。我們對上述的乘法運算進行 AutoGraph 轉換來測試下。

加入 tf.autograph.to_graph() 進行 AutoGraph 轉換的程式如下。

```
public void Run()
{
    var func = tf.autograph.to_graph(Mul);//AutoGraph 轉換
    var a = tf.constant(2);
    var b = tf.constant(3);
    var output = func(a, b);
    print(output);

    Console.ReadKey();
}
Tensor Mul(Tensor a, Tensor b)
```

```
{
    return a * b;
}
```

透過增加一行程式 "var func = tf.autograph.to_graph(Mul);"，我們就可以實現 AutoGraph 機制的計算圖轉換，乘法運算的執行結果不變。

```
tf.Tensor: shape=(), dtype=int32, numpy=6
```

一般來說，當計算圖模型運算元較多的時候，AutoGraph 轉換的效率提升較大；當計算圖模型運算元很少的時候，AutoGraph 轉換的效率提升不大，有時候由於計算圖轉換產生的耗時，執行時間反而加長。

我們對上面的例子進行簡單修改，增加一個迴圈測試，來測試不同情況下的執行時間。

（1）情況 1：直接增加迴圈，將乘法運算迴圈執行 100 萬次。

程式如下。

```
public void Run()
{
    Stopwatch sw = new Stopwatch();
    sw.Restart();
    foreach (var item in range(1000000))
    {
        var a = tf.constant(2);
        var b = tf.constant(3);
        var output = Mul(a, b);
    }
    sw.Stop();
    print("Eager Mode：" + sw.Elapsed.TotalSeconds.ToString("0.0 s"));

    sw.Restart();
    var func = tf.autograph.to_graph(Mul);//AutoGraph 轉換
    foreach (var item in range(1000000))
    {
        var a = tf.constant(2);
```

```
        var b = tf.constant(3);
        var output = func(a, b);
    }
    sw.Stop();
    print("AutoGraph Mode：" + sw.Elapsed.TotalSeconds.ToString("0.0 s"));

    Console.ReadKey();
}
Tensor Mul(Tensor a, Tensor b)
{
    return a * b;
}
```

執行結果如下。

```
Eager Mode：20.2 s
AutoGraph Mode：41.8 s
```

我們可以看到，Eager 模式（20.2 s）反而比 AutoGraph 模式（41.8 s）快（考慮到不同 PC 設定差異，運算結果可能略有不同）。

（2）情況 2：增加運算元，將乘法運算同樣迴圈執行 100 萬次。

增加乘法運算的運算元，修改為 4 次連乘「a * b * a * b * a * b * a * b」，程式如下。

```
public void Run()
{
    Stopwatch sw = new Stopwatch();
    sw.Restart();
    foreach (var item in range(1000000))
    {
        var a = tf.constant(2);
        var b = tf.constant(3);
        var output = Mul(a, b);
    }
    sw.Stop();
    print("Eager Mode：" + sw.Elapsed.TotalSeconds.ToString("0.0 s"));

    sw.Restart();
```

```
    var func = tf.autograph.to_graph(Mul);//AutoGraph 轉換
    foreach (var item in range(1000000))
    {
        var a = tf.constant(2);
        var b = tf.constant(3);
        var output = func(a, b);
    }
    sw.Stop();
    print("AutoGraph Mode：" + sw.Elapsed.TotalSeconds.ToString("0.0 s"));

    Console.ReadKey();
}
Tensor Mul(Tensor a, Tensor b)
{
    return a * b * a * b * a * b * a * b;
}
```

執行結果如下。

```
Eager Mode：78.3 s
AutoGraph Mode：47.1 s
```

這次，我們可以看到 Eager 模式（78.3 s）比 AutoGraph 模式（47.1 s）慢了許多（考慮到不同 PC 設定差異，運算結果可能略有不同），AutoGraph 模式的效率優勢獲得了表現。

接下來，我們看下 AutoGraph 機制的其他簡單的程式範例。

（1）範例 1：簡單的條件比較運算。

一個簡單的比較兩個張量常數值大小並輸出較小值的方法，程式如下。

```
public void Run()
{
    var func = tf.autograph.to_graph(Condition_Min);
    var a = tf.constant(3);
    var b = tf.constant(2);
    var output = func(a, b);
    print(output);
```

```
    Console.ReadKey();
}
// 運算條件：2 個輸入，1 個輸出
Tensor Condition_Min(Tensor a, Tensor b)
{
    return tf.cond(a < b, a, b);
}
```

執行程式，正確輸出了較小值：2。

```
tf.Tensor: shape=(), dtype=int32, numpy=2
```

（2）範例 2：Lambda 運算式的 AutoGraph 轉換。

AutoGraph 機制支援 Lambda 運算式的靜態計算圖轉換，簡單範例程式如下。

```
public void Run()
{
    var func = tf.autograph.to_graph((x, y) => x * y);
    var output = func(tf.constant(3), tf.constant(2));
    print(output);

    Console.ReadKey();
}
```

執行程式，正確輸出了 Lambda 運算式的運算結果：6。

```
tf.Tensor: shape=(), dtype=int32, numpy=6
```

2 · [AutoGraph] 方式詳細說明

在函式本體前加 Attribute 特性標籤 [AutoGraph] 來修飾函式，實現自動靜態圖轉換。這種方式更加便捷，程式變動量更少，程式可修改性和可讀性更高。

我們透過幾個不同的範例來看一下。

（1）範例 1：浮點加法運算。

這次我們進行浮點數小數的加法運算，程式如下。

```
public void Run()
{
    var a = tf.constant(2.0);
    var b = tf.constant(1.5);
    var output = Add(a, b);
    print(output);

    Console.ReadKey();
}
Tensor Add(Tensor a, Tensor b)
{
    var c = a + b;
    return c;
}
```

執行後，程式輸出了加法運算的結果。

```
tf.Tensor: shape=(), dtype=TF_DOUBLE, numpy=3.5
```

我們在 Add() 方法前面加 Attribute 特性標籤 [AutoGraph] 即可實現 Auto Graph 轉換，程式如下。

```
public void Run()
{
    var a = tf.constant(2.0);
    var b = tf.constant(1.5);
    var output = Add(a, b);
    print(output);

    Console.ReadKey();
}
[AutoGraph]
Tensor Add(Tensor a, Tensor b)
{
    var c = a + b;
```

```
    return c;
}
```

執行後，程式輸出了相同的加法運算的結果。

```
tf.Tensor: shape=(), dtype=TF_DOUBLE, numpy=3.5
```

（2）範例 2：MNIST 邏輯迴歸測試。

接下來，我們測試一個略微複雜的案例──MNIST 邏輯迴歸。關於 MNIST 邏輯迴歸的具體內容，大家可以參考「MNIST 手寫數字分類邏輯迴歸」中的內容，這裡不再贅述。

同時，我們加入計時器，來測試 Eager 模式和 AutoGraph 模式在時間上是否有差異。

Eager 模式下 MNIST 邏輯迴歸的完整主控台程式如下。

```
using static Tensorflow.KerasApi;
using Tensorflow;
using static Tensorflow.Binding;
using Tensorflow.Keras.Optimizers;
using System.Diagnostics;

namespace Test_Core
{
    class Program
    {
        static void Main(string[] args)
        {
            Stopwatch sw = new Stopwatch();
            sw.Restart();

            TFNET tfnet = new TFNET();
            tfnet.Run();

            sw.Stop();
            print("Time Last：" + sw.Elapsed.TotalSeconds.ToString("0.0 s"));
        }
```

```
    }

    class TFNET
    {
        ResourceVariable W = tf.Variable(tf.ones((784, 10)), name: "weight");
        ResourceVariable b = tf.Variable(tf.zeros(10), name: "bias");
        SGD optimizer = keras.optimizers.SGD(0.01f);
        public void Run()
        {
            int training_epochs = 20000;
            int batch_size = 256;
            int num_features = 784; // 訓練集展平後的特徵長度為 784（28×28）
            int display_step = 1000;
            float accuracy = 0f;

            var ((x_train, y_train), (x_test, y_test)) = keras. datasets. mnist.load_
data();
            (x_train, x_test) = (x_train.reshape((-1, num_features)), x_test.
reshape((-1, num_features)));
            (x_train, x_test) = (x_train / 255f, x_test / 255f);

            var train_data = tf.data.Dataset.from_tensor_slices(x_train, y_train);
            train_data = train_data.repeat().shuffle(5000).batch(batch_ size).
prefetch(1);
            train_data = train_data.take(training_epochs);

            foreach (var (step, (batch_x, batch_y)) in enumerate(train_data, 1))
            {
                run_optimization(batch_x, batch_y);

                if (step % display_step == 0)
                {
                    var pred = logistic_regression(batch_x);
                    var loss = cross_entropy(pred, batch_y);
                    var acc = Accuracy(pred, batch_y);
                    print($"step: {step}, loss: {(float)loss}, accuracy: {(float)
acc}");

                    accuracy = acc.numpy();
                }
            }
```

```
        {
            var pred = logistic_regression(x_test);
            print($"Test Accuracy: {(float)Accuracy(pred, y_test)}");
        }
    }
    Tensor Accuracy(Tensor y_pred, Tensor y_true)
    {
        var correct_prediction = tf.equal(tf.argmax(y_pred, 1), tf.cast(y_true,
tf.int64));
        return tf.reduce_mean(tf.cast(correct_prediction, tf.float32));
    }
    Tensor cross_entropy(Tensor y_pred, Tensor y_true)
    {
        y_true = tf.cast(y_true, TF_DataType.TF_UINT8);
        y_true = tf.one_hot(y_true, depth: 10);
        y_pred = tf.clip_by_value(y_pred, 1e-9f, 1.0f);
        return tf.reduce_mean(-tf.reduce_sum(y_true * tf.math.log (y_pred), 1));
    }
    Tensor logistic_regression(Tensor x)
    {
        return tf.nn.softmax(tf.matmul(x, W) + b);
    }
    private void run_optimization(Tensor x, Tensor y)
    {
        using var g = tf.GradientTape();
        var pred = logistic_regression(x);
        var loss = cross_entropy(pred, y);
        var gradients = g.gradient(loss, (W, b));
        optimizer.apply_gradients(zip(gradients, (W, b)));
    }

    }
}
```

　　程式執行使用了 47.2s，執行結果輸出如下（不同 PC 可能執行時間和執行結果略有不同）。

```
step: 1000, loss: 0.60991216, accuracy: 0.859375
step: 2000, loss: 0.52773017, accuracy: 0.8515625
step: 3000, loss: 0.49317402, accuracy: 0.86328125
step: 4000, loss: 0.3669852, accuracy: 0.8984375
step: 5000, loss: 0.34490967, accuracy: 0.91015625
step: 6000, loss: 0.36495364, accuracy: 0.90625
step: 7000, loss: 0.3448297, accuracy: 0.91796875
step: 8000, loss: 0.3595497, accuracy: 0.890625
step: 9000, loss: 0.4222083, accuracy: 0.87109375
step: 10000, loss: 0.3518588, accuracy: 0.90625
step: 11000, loss: 0.3254419, accuracy: 0.91015625
step: 12000, loss: 0.3375517, accuracy: 0.90234375
step: 13000, loss: 0.47696534, accuracy: 0.875
step: 14000, loss: 0.38535655, accuracy: 0.890625
step: 15000, loss: 0.4106849, accuracy: 0.875
step: 16000, loss: 0.33494166, accuracy: 0.90625
step: 17000, loss: 0.41341114, accuracy: 0.91796875
step: 18000, loss: 0.33995813, accuracy: 0.90625
step: 19000, loss: 0.32934952, accuracy: 0.9140625
Test Accuracy: 0.9166
Time Last：47.2 s
```

　　我們在 run_optimization() 方法前加 Attribute 特性標籤 [AutoGraph] 即可實現 AutoGraph 轉換，完整的主控台程式如下。

```
using static Tensorflow.KerasApi;
using Tensorflow;
using static Tensorflow.Binding;
using Tensorflow.Keras.Optimizers;
using System.Diagnostics;
using Tensorflow.Graphs;

namespace Test_Core
{
    class Program
    {
```

```
    static void Main(string[] args)
    {
        Stopwatch sw = new Stopwatch();
        sw.Restart();

        TFNET tfnet = new TFNET();
        tfnet.Run();

        sw.Stop();
        print("Time Last：" + sw.Elapsed.TotalSeconds.ToString("0.0 s"));
    }
}


class TFNET
{
    ResourceVariable W = tf.Variable(tf.ones((784, 10)), name: "weight");
    ResourceVariable b = tf.Variable(tf.zeros(10), name: "bias");
    SGD optimizer = keras.optimizers.SGD(0.01f);
    public void Run()
    {
        int training_epochs = 20000;
        int batch_size = 256;
        int num_features = 784; // 訓練集展開後的特徵長度為 784（28×28）
        int display_step = 1000;
        float accuracy = 0f;

        var ((x_train, y_train), (x_test, y_test)) = keras.datasets. mnist.load_
data();
        (x_train, x_test) = (x_train.reshape((-1, num_features)), x_test.
reshape((-1, num_features)));
        (x_train, x_test) = (x_train / 255f, x_test / 255f);

        var train_data = tf.data.Dataset.from_tensor_slices(x_train, y_train);
        train_data = train_data.repeat().shuffle(5000).batch(batch_ size).
prefetch(1);
        train_data = train_data.take(training_epochs);

        foreach (var (step, (batch_x, batch_y)) in enumerate(train_data, 1))
        {
            run_optimization(batch_x, batch_y);
```

```csharp
                    if (step % display_step == 0)
                    {
                        var pred = logistic_regression(batch_x);
                        var loss = cross_entropy(pred, batch_y);
                        var acc = Accuracy(pred, batch_y);
                        print($"step: {step}, loss: {(float)loss}, accuracy: {(float)
acc}");

                        accuracy = acc.numpy();
                    }
                }

                {
                    var pred = logistic_regression(x_test);
                    print($"Test Accuracy: {(float)Accuracy(pred, y_test)}");
                }
            }
        Tensor Accuracy(Tensor y_pred, Tensor y_true)
        {
            var correct_prediction = tf.equal(tf.argmax(y_pred, 1), tf.cast(y_true,
tf.int64));
            return tf.reduce_mean(tf.cast(correct_prediction, tf.float32));
        }
        Tensor cross_entropy(Tensor y_pred, Tensor y_true)
        {
            y_true = tf.cast(y_true, TF_DataType.TF_UINT8);
            y_true = tf.one_hot(y_true, depth: 10);
            y_pred = tf.clip_by_value(y_pred, 1e-9f, 1.0f);
            return tf.reduce_mean(-tf.reduce_sum(y_true * tf.math. log(y_pred), 1));
        }
        Tensor logistic_regression(Tensor x)
        {
            return tf.nn.softmax(tf.matmul(x, W) + b);
        }
        [AutoGraph]
        private void run_optimization(Tensor x, Tensor y)
        {
            using var g = tf.GradientTape();
            var pred = logistic_regression(x);
            var loss = cross_entropy(pred, y);
```

```
        var gradients = g.gradient(loss, (W, b));
        optimizer.apply_gradients(zip(gradients, (W, b)));
    }


    }
}
```

這次程式執行使用了 45.3s，執行結果輸出如下（不同 PC 可能執行時間和執行結果略有不同）。

```
step: 1000, loss: 0.5845629, accuracy: 0.88671875
step: 2000, loss: 0.42607152, accuracy: 0.8984375
step: 3000, loss: 0.5029169, accuracy: 0.85546875
step: 4000, loss: 0.33637348, accuracy: 0.90625
step: 5000, loss: 0.4658397, accuracy: 0.875
step: 6000, loss: 0.3632791, accuracy: 0.89453125
step: 7000, loss: 0.38538253, accuracy: 0.90234375
step: 8000, loss: 0.3392726, accuracy: 0.90234375
step: 9000, loss: 0.30917627, accuracy: 0.90234375
step: 10000, loss: 0.3470266, accuracy: 0.9140625
step: 11000, loss: 0.33611432, accuracy: 0.921875
step: 12000, loss: 0.37535334, accuracy: 0.89453125
step: 13000, loss: 0.35773978, accuracy: 0.890625
step: 14000, loss: 0.35660252, accuracy: 0.8984375
step: 15000, loss: 0.23310906, accuracy: 0.9453125
step: 16000, loss: 0.3695503, accuracy: 0.88671875
step: 17000, loss: 0.31830546, accuracy: 0.90625
step: 18000, loss: 0.2850374, accuracy: 0.91796875
step: 19000, loss: 0.26065654, accuracy: 0.9375
Test Accuracy: 0.917
Time Last：45.3 s
```

比較 2 次的結果，加入 AutoGraph 機制後，程式執行效率的提升不太明顯，執行時間差異不大。

透過上面的「MNIST 邏輯迴歸」和「100 萬次乘法運算」這兩個例子，我們可以看到，針對模型運算元少的情況，AutoGraph 機制帶來的效率提升不會太大；而針對模型運算元多的情況，AutoGraph 機制帶來的效率提升較大。大家在實際應用的過程中可以綜合考慮具體的應用場景，選擇性地應用 AutoGraph 機制。

9.2 AutoGraph 機制原理

當我們使用 tf.autograph.to_graph() 或 [AutoGraph] 方式將一個函式轉換為靜態計算圖的時候，程式內部到底發生了什麼呢？

例如，我們測試如下程式。

```
public void Run()
{
    var func = tf.autograph.to_graph(Add);//AutoGraph 轉換
    print("First Run:Initialization");

    var a = tf.constant(2);
    var b = tf.constant(3);
    var output = func(a, b);
    print($"Second Run:{output.numpy()}");

    output = func(output, b);
    print($"Third Run:{output.numpy()}");

    Console.ReadKey();
}
Tensor Add(Tensor a, Tensor b)
{
    foreach (var i in range(3))
        print(i);
    var c = a + b;
    print(c);
    print("tracing");

    return c;
}
```

執行後，我們會看到如下的結果。

```
0
1
2
tf.Tensor 'add:0' shape=<unknown> dtype=int32
tracing
First Run:Initialization
Second Run:5
Third Run:8
```

我們來逐步解析上述過程，整體來說，發生了 2 件事情。

當我們寫下 Add() 這個函式本體的時候，什麼都沒有發生，只是在 C# 記憶體堆疊中記錄下了這樣一個函式的簽名。

當我們透過 tf.autograph.to_graph() 第一次呼叫 Add() 函式本體的時候，發生了第 1 件事情：程式透過解析 Add() 函式本體的內容，建立了一個靜態計算圖。解析的過程會追蹤執行一遍函式本體的重複程式，確定各個變數的張量類型，並根據執行順序將 OP 運算元增加到計算圖中，生成一個固定的靜態計算圖。

因此我們看到，終端按順序輸出了迴圈變數 i 的值 0、1、2，函式內部張量 add 運算元 c 的初始內容，以及函式本體尾端的列印測試字串 tracing。這裡我們可以透過函式本體內部張量 c 的內容看到，c 只是一個靜態計算圖中的操作運算元，並沒有按照 Eager 模式下的操作取得初始運算結果 0。

當我們第 2 次呼叫 Add() 函式本體，並傳入待運算參數 Tensor 的時候，發生了第 2 件事情：程式自動呼叫剛剛建立的靜態計算圖，傳入待運算的 Tensor 並執行靜態計算圖，輸出運算結果。在這個過程中，程式不再執行 Add() 函式本體的內部程式，直接呼叫上一步建立的靜態計算圖進行運算，因此 Add() 函式本體內部的諸多測試的 print() 方法不會被再次執行。

因此，程式僅僅輸出了第 2 次的結果「Second Run:5」。

這個運算過程不再是 Eager 模式的，而類似在 TensorFlow 1.x 中執行了下面的語句。

```
using (var sess = tf.Session(tf.get_default_graph()))
{
    var result = sess.run(tf.constant(2),tf.constant(3));
}
```

第 3 次呼叫 Add() 函式本體的過程和第 2 次完全一致，程式依然呼叫原有的計算圖進行重複運算，並輸出結果「Third Run:8」。

我們可以看到，AutoGraph 機制可以提高重複運算的執行效率。

AutoGraph 機制原理如圖 9-1 所示。

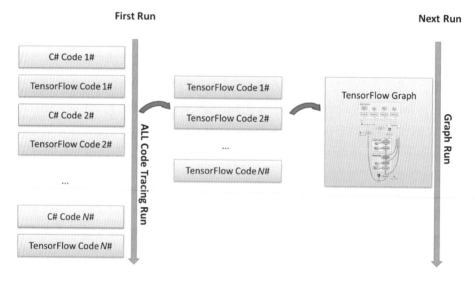

▲ 圖 9-1 AutoGraph 機制原理

9.3 AutoGraph 程式開發規範

了解 AutoGraph 機制的原理以後，我們來看 AutoGraph 機制的程式開發規範。

（1）在需要轉換的函式本體內儘量採用 TensorFlow 內部的函式，而非 C# 中的其他函式。

使用 AutoGraph 編譯將函式本體內部的程式轉換成靜態計算圖,對函式本體內可使用的語句有一定限制(僅支援 C# 語言的一個子集),且要求函式本體內的操作本身能夠被建立為計算圖。所以這裡我們建議在函式本體內只使用 TensorFlow 的原生操作,不要使用過於複雜的 C# 原生函式,函式參數只包括 TensorFlow 張量或 NumPy 陣列,且最好按照靜態計算圖的思想去建立函式。透過 AutoGraph 機制原理的演示,我們能夠看到,函式本體內部的非計算圖運算元相關的部分只會在第 1 次追蹤執行的時候被執行 1 次,而普通的 C# 函式是無法嵌入 TensorFlow 計算圖中的,後面重複執行的時候只會執行生成的靜態計算圖,因此非 TensorFlow 函式不會再次被執行。

(2)避免在需要轉換的函式本體內部定義張量變量。

如果在函式本體內部定義了張量變量,則建立變數的行為只會發生在第 1 次追蹤程式邏輯建立計算圖時,且變數中途無法被呼叫賦值,失去了建立的意義。如果函式本體同時被 Eager 模式和 AutoGraph 模式執行,則變數在兩種情況下的輸出不一致。實際上,在很多情況下這時候 TensorFlow 會進行顯示出錯。

(3)需要轉換的函式本體不可修改該函式本體外部的 C# 串列或字典等資料結構變數。

透過 AutoGraph 機制轉換成的靜態計算圖是被編譯成 C++ 程式在 TensorFlow 核心中執行的。C# 中的串列和字典等資料結構變數是無法嵌入靜態計算圖中的,它們僅僅能夠在第 1 次追蹤程式邏輯建立計算圖時被讀取,在後續重複執行計算圖時是無法修改外部 C# 函式中的串列或字典這樣的資料結構變數的。

以上就是 AutoGraph 機制的詳細講解,相信透過這種「神奇機制」,我們可以打造出更強大的兼顧開發速度和執行效率的深度學習演算法程式。

第二部分

.NET Keras 簡明教學

第 **10** 章
Keras 簡介

10.1 Keras 特性

2015 年 11 月 9 日，Google 在 GitHub 上開放了 TensorFlow 的原始碼。同年 3 月，Keras 被發佈，其支持 TensorFlow、Theano 和 CNTK 等後端。圖 10-1 所示為 Keras 的官方特性標語。

Keras 的出現大大降低了深度學習的入門門檻，好用且不降低靈活性。我們從 Keras 官網的文字可以總結出 Keras 的主要特點，圖 10-2 所示為 Keras 特點和應用場景的說明。

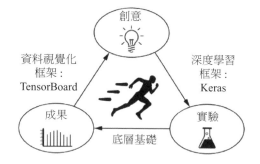

▲ 圖 10-1 Keras 的官方特性標語　　▲ 圖 10-2 Keras 特點和應用場景的說明

（1）為人類習慣設計的深度學習 API。

　　Keras 是為人類思維習慣而非機器邏輯設計的 API。Keras 始終遵循「最少學習成本」的準則，提供了簡單好用的 API，儘量減少經常使用的深度學習方法需要的開發量，並且提供了清晰、可快速定位的錯誤訊息排除機制，同時具有大量完整的文件和開發指南。

（2）創意的快速實現和靈活性。

　　Keras 是 Kaggle 獲勝團隊最常用的深度學習框架。Keras 的快速模型撰寫方式使得進行創新的實驗變得更加容易，因此 Keras 能使開發者比對手更快地嘗試更多的想法。歐洲核子研究組織（CERN）、美國太空總署（NASA）、美國國立衛生研究院（NIH）和世界上許多其他科學組織都在使用 Keras。Keras 具有底層靈活性，可以開發任何的研究思路和創意想法,同時提供可選的高級便利功能,以縮短實驗的整體週期。

（3）萬億級的機器學習部署。

Keras 建立在 TensorFlow 2.0 之上,是一個行業領先的框架,可以擴充到大型 GPU 叢集或整個 TPU 雲端。這不但是可能的,而且很容易實現。

（4）模型適用多平臺部署。

充分利用 TensorFlow 框架的全面部署功能,我們可以將 Keras 模型匯出為 JavaScript 格式直接在瀏覽器中執行,還可以匯出為 TensorFlow Lite 格式在 iOS、Android 和嵌入式裝置上執行,同時可以透過 Web API 在 Web 上輕鬆部署 Keras 模型。

（5）豐富的生態系統。

Keras 緊密連接於 TensorFlow 2.x 生態系統的核心部分,涵蓋了機器學習工作流程的每個步驟（從資料管理到超參數訓練,再到部署解決方案）。

10.2 Keras 版本說明

2019 年 3 月 7 日,Google 一年一度的 TensorFlow 開發者峰會（TensorFlow Dev Summit 2019）在加州舉行。這次峰會發佈了 TensorFlow 2.0 Alpha 版,同時 TensorFlow 的 Logo 變成了流行的扁平化設計。

圖 10-3 和 圖 10-4 所示為 TensorFlow 1.x 的 Logo 和 TensorFlow 2.x 的 Logo。

▲ 圖 10-3 TensorFlow 1.x 的 Logo

▲ 圖 10-4 TensorFlow 2.x 的 Logo

伴隨著 Alpha 版本的更新，TensorFlow 團隊表達了對 Keras 更深的愛，Keras 整合進 tf.keras 高層 API，成為 TensorFlow 的一部分。圖 10-5 所示為 Keras 正式加入 TensorFlow 的場景。

▲ 圖 10-5 Keras 正式加入 TensorFlow 的場景

　　2020 年，Keras 之父弗朗索瓦·肖萊（Francois Chollet）正式加入 Google 人工智慧小組。在同年的 TensorFlow 開發者峰會（TensorFlow Dev Summit 2020）上，Keras（tf.keras）正式內建為 TensorFlow 的核心 API，得到 TensorFlow 的全面支援，並成為 TensorFlow 官方推薦的首選深度學習建模工具。自此，TensorFlow 和 Keras 完美結合，成為大家入門深度學習的首選 API。圖 10-6 所示為 TensorFlow 的完整生態，可以看到 Keras 是其中比較核心的部分。

TensorFlow
Ecosystem

TensorFlow Core	tf.keras	TensorFlow Probability	Nucleus
TensorFlow.js	tf.data	Tensor2Tensor	TensorFlow Federated
TensorFlow Lite	TF Runtime	TensorFlow Agents	TensorFlow Privacy
TensorFlow Lite Micro	CoLab	Dopamine	Fairness Indicators
TensorBoard	TensorFlow Research Cloud	TRFL	Sonnet
TensorBoard.dev	MLIR	Mesh TensorFlow	Neural Structured Learning
TensorFlow Hub	TensorFlow Lattice	Ragged Tensors	JAX
TensorFlow Extended	Model Optimization Toolkit	TensorFlow Ranking	TensorFlow Quantum
Swift for TensorFlow	TensorFlow Graphics	Magenta	I/O and Addons

▲ 圖 10-6 TensorFlow 的完整生態

第11章
模型與層

11.1 Keras 常用的模型與層

　　模型（Model）與層（Layer）是 Keras 中的兩個最基本的概念。深度學習中的模型一般由各種層組合而成，層將各種常用的計算節點和變數進行了封裝；模型則將各種層進行組織和連接，並打包成一個整體，描述了如何將輸入資料透過各種層及運算來得到輸出。

　　Keras 在 Tensorflow.Keras.Layers 下內建了豐富的深度學習常用的各種功能的預先定義層，舉例如下。

- Layers.Dense。

- Layers.Flatten。

- Layers.RNN。

- Layers.BatchNormalization。

- Layers.Dropout。

- Layers.Conv2D。

- Layers.MaxPooling2D。

- Layers.Conv1D。

- Layers.Embedding。

- Layers.GRU。

- Layers.LSTM。

- Layers.Bidirectional。

- Layers.InputLayer。

　　如果上述的內建網路層無法滿足需求，則 Keras 允許我們自訂層，透過繼承 Tensorflow. Keras.Engine.Layer 基礎類別建立自訂的網路層。

下面選擇一些常用的內建模型層進行簡單的介紹。

1・基礎層

- Dense：全連接層，邏輯上等價於這樣一個函式，權重 W 為 $m \times n$ 的矩陣，輸入 x 為 n 維向量，啟動函式為 Activation，偏置項為 Bias，輸出向量 Out 為 m 維向量。函式如下，Out=Activation(Wx+Bias)，即一個線性變化加一個非線性變化產生輸出。

- Activation：啟動函式層，一般放在全連接層後面，等價於在全連接層中指定啟動函式，啟動函式可以提高模型的非線性串列達能力。

- Dropout：隨機捨棄層，訓練期間以一定機率將輸入置零（等價於按照一定的機率將 CNN 單元暫時從網路中捨棄），是一種正則化的手段，可以作為 CNN 中防止過擬合、提高訓練效果的神器。

- BatchNormalization：批標準化層，透過線性變換將輸入批次縮放平移成穩定的均值和標準差，可以增強模型對輸入批次的不同分佈的適應性，加快模型訓練速度，有輕微正則化效果。一般在啟動函式之前使用。

- SpatialDropout2D：空間隨機置零層，訓練期間以一定機率將整個特徵圖置零，是一種正則化手段，有利於避免特徵圖之間過高的相關性。

- InputLayer：輸入層，通常在使用 Functional API 方式建構模型時作為第一層。

- DenseFeature：特徵轉換層，用於接收一個特徵清單並產生一個全連接層。

- Flatten：展平層，用於將多維張量展開壓平成一維張量。

- Reshape：形狀變換層，可以改變張量的形狀。

- Concatenate：拼接層，可以將多個張量在某個維度上拼接。

- Add：加法層。

- Subtract：減法層。

- Maximum：取最大值層。

- Minimum：取最小值層。

2．卷積網路相關層

- Conv1D：普通 1 維卷積層，常用於文字和時間序列的卷積。該層建立一個卷積核心，該卷積核心在單一空間（或時間）維度上與該層輸入進行卷積，以產生輸出張量。

- Conv2D：普通 2 維卷積層，常用於影像的空間卷積。該層建立一個卷積核心，該卷積核心與該層輸入進行卷積，以產生輸出張量。

- Conv3D：普通 3 維卷積層，常用於視訊或體積上的空間卷積。該層建立一個卷積核心，該卷積核心與該層輸入進行卷積，以產生輸出張量。

- SeparableConv2D：2 維深度可分離卷積層，不同於普通卷積層，可以同時對區域和通道進行操作。2 維深度可分離卷積層先操作區域，再操作通道，即先在影像的每個通道上進行區域卷積操作，再用核大小為 1×1 的卷積作用在各個通道上。直觀上，2 維深度可分離卷積可以視為將卷積核心分解為兩個較小核心的一種方式。參數個數 = 輸入通道數 × 卷積核心尺寸 + 輸入通道數 $\times 1 \times 1 \times$ 輸出通道數。2 維深度可分離卷積層的參數數量一般遠小於普通卷積層，效果一般更好。

- DepthwiseConv2D：2 維深度卷積層，僅有 2 維深度可分離卷積層的前半部分操作，即只操作區域，不操作通道，一般輸出通道數和輸入通道數相同，也可以透過設定 depth_multiplier，讓輸出通道數為輸入通道數的若干倍。輸出通道數 = 輸入通道數 × depth_multiplier，參數個數 = 輸入通道數 × 卷積核心尺寸 ×depth_multiplier。

- Conv2DTranspose：2 維卷積轉置層，也稱反向卷積層。卷積轉置並非卷積的逆操作，但在卷積核心相同的情況下，當其輸入尺寸是卷積操作輸出尺寸時，卷積轉置的輸出尺寸恰好是卷積操作的輸入尺寸。

- LocallyConnected2D: 2 維局部連接層。類似普通 2 維卷積層，唯一的差別是沒有空間上的權值共用，也就是說，在輸入的每個不同色塊上應用了一組不同的篩檢程式，因此 2 維局部連接層的參數數量遠高於普通 2 維卷積層。

- MaxPool2D：2 維最大池化層，又稱作下採樣層。該層無可訓練參數，主要作用是降維。

- AveragePooling2D：2 維平均池化層，執行空間資料的 2 維平均池化操作。

- GlobalMaxPool2D：全域最大池化層，每個通道僅保留一個值，一般在卷積層過渡到全連接層時使用，是展平層的替代方案。

- GlobalAveragePooling2D：全域平均池化層，執行空間資料的全域平均池化操作，每個通道僅保留一個值。

3．循環網路相關層

- Embedding：嵌入層，將正整數（索引）轉換為固定大小的稠密向量，如 [[4], [20]] → [[0.25, 0.1], [0.6, -0.2]]，該層只能用作模型中的第一層。嵌入是一種比 One-Hot 編碼更加有效的對離散特徵進行編碼的方法，一般用於將輸入資料中的單字映射為稠密向量。嵌入層的參數需要學習。

- LSTM：長短記憶循環網路層，普遍使用的循環網路層，具有攜帶軌道、遺忘門、更新門、輸出門，可以較為有效地緩解梯度消失問題，從而能夠適用長期記憶依賴場景。當設定 return_sequences = true 時可以傳回各個中間輸出，否則只傳回最終輸出。

- GRU：門控循環單元層。LSTM 的低配版，不具有攜帶軌道，參數數量少於 LSTM，訓練速度更快。

- SimpleRNN：簡單循環網路層，完全連接的 RNN，其中的輸出將回饋到輸入，容易存在梯度消失問題，不能適用長期記憶依賴場景，一般較少使用。

- ConvLSTM2D：卷積長短記憶循環網路層，結構類似 LSTM，但對輸入的轉換操作和對狀態的遞迴轉換操作都是卷積運算。

- Bidirectional：雙向循環網路包裝器，RNN 的雙向包裝器，可以將 LSTM、GRU 等層包裝成雙向循環網路，從而增強特徵提取能力。

- RNN：RNN 基本層，接收一個循環網路單元或一個循環單元串列，透過呼叫 Tensorflow. Keras.Layers.RNN 類別的建構函式在序列上進行迭代，從而轉換成循環網路層。

- Dot-product Attention：Dot-product 類型注意力機制層，也稱 Luong-style 關注層。可以用於架設注意力模型。

- AdditiveAttention：Additive 類型注意力機制層，也稱 Bahdanau-style 關注層，可以用於架設注意力模型。

- TimeDistributed：時間分佈包裝器層，包裝後可以將全連接層、2 維卷積層等網路層作用到每一個輸入的時間切片段上。

11.2 自訂層

如果現有的層無法滿足需求，那麼我們可以透過繼承 Tensorflow.Keras.Engine.Layer 類別來撰寫自訂層。

自訂層需要繼承 Tensorflow.Keras.Engine.Layer 類別，重新實現層建構函式，並重寫 build 和 call 這兩個方法（build 方法一般定義層需要被訓練的參數，call 方法一般定義前向傳播運算邏輯），也可以增加自訂的方法。如果要讓自訂層透過 Functional API 方式組合成模型時可以被保存成 h5 模型，則需要自訂 get_config 方法。

自訂層的範本如下。

```
public class Tanh : Layer
{
    public Tanh(LayerArgs args) : base(args)
    {
        // 初始化程式
    }

    protected override void build (Tensors inputs)
    {
        // 在第一次使用該層的時候呼叫該部分程式，在此處建立變數可以使變數的形狀自我調整輸入的
    形狀，而不需要使用者額外指定變數形狀。
        // 如果已經可以完全確定變數的形狀，也可以在 __init__ 部分建立變數
        built = true;
    }
```

```
    protected override Tensors Call(Tensors inputs, Tensor state = null, bool?
training = null)
    {
        // 模型呼叫的程式（處理輸入並傳回輸出）
        return tf.tanh(inputs);
    }
}
```

下面是一個簡化的全連接層的範例，此程式在 build 方法中建立兩個變數，
並在 call 方法中使用建立的變數進行運算。

```
public class LinearLayer : Layer
{
    IVariableV1 w;
    IVariableV1 b;
    int units;

    public LinearLayer(LinearLayerArgs args) : base(args)
    {
        units = args.Units;
    }

    protected override void build (Tensors inputs)
    {
        w = add_variable(name: "w", shape: new Shape(inputs.shape.Last(), units),
initializer: tf.zeros_initializer());
        w = add_variable(name: "b", shape: new Shape(units), initializer: tf.zeros_
initializer());
        built = true;
    }

    protected override Tensors Call(Tensors inputs, Tensor state = null, bool?
training = null)
    {
        var y_pred = tf.matmul(inputs, w) + b;
        return y_pred;
    }
}
```

在定義模型的時候，我們便可以如同 Keras 中的其他層一樣，呼叫我們自訂的層 LinearLayer。

```
public class LinearModel : Model
{
    Layer layer;
    public LinearModel(LinearModelArgs args)
        : base(args)
    {
        layer = LinearLayer(new LinearLayerArgs { Units = 1 })
        StackLayers(conv1, maxpool1, conv2, maxpool2, flatten, fc1, dropout, output);
    }
    protected override Tensors Call(Tensors inputs, Tensor state = null, bool?
training = null)
    {
        return layer.Apply(inputs);
    }
}
```

介紹完 Keras 中的層，我們來看 Keras 中模型的結構，以及如何自訂模型。

11.3 自訂模型

如果想要建立一個自訂的網路模型，我們首先要了解 Keras 模型類別的結構（見圖 8-19）和自訂方法。

自訂模型需要先繼承 Tensorflow.Keras.Engine.Model，再在建構函式中初始化模型所需的層（可以使用 Keras 的層或繼承 Layer 進行自訂層），並多載 call() 方法進行模型的呼叫，建立輸入和輸出之間的函式關係。

我們可以透過自訂模型類別的方式撰寫簡單的線性模型 y_pred = a * X + b，完整的範例程式如下。

```
using NumSharp;
using System;
using System.Linq;
using Tensorflow;
```

```csharp
using Tensorflow.Keras;
using Tensorflow.Keras.ArgsDefinition;
using Tensorflow.Keras.Engine;
using static Tensorflow.Binding;
using static Tensorflow.KerasApi;

namespace LinearRegression
{
    class Program
    {
        static void Main(string[] args)
        {
            TFNET tfnet = new TFNET();
            tfnet.Run();
        }
    }
    public class TFNET
    {
        public void Run()
        {
            Tensor X = tf.constant(new[,] { { 1.0f, 2.0f, 3.0f }, { 4.0f, 5.0f, 6.0f }
});
            Tensor y = tf.constant(new[,] { { 10.0f }, { 20.0f } });

            var model = new Linear(new ModelArgs());
            var optimizer = keras.optimizers.SGD(learning_rate: 0.01f);
            foreach (var step in range(20))// 測試前迭代訓練 20 輪
            {
                using var g = tf.GradientTape();
                var y_pred = model.Apply(X);// 使用函式 "y_pred = model. Apply(X)" 替
代函式 "y_pred = a * X + b"
                var loss = tf.reduce_mean(tf.square(y_pred - y));
                var grads = g.gradient(loss, model.trainable_variables);
                optimizer.apply_gradients(zip(grads, model.trainable_variables.
Select(x => x as ResourceVariable)));
                print($"step: {step},loss: {loss.numpy()}");
            }
            print(model.trainable_variables.ToArray());
            Console.ReadKey();
        }
```

```
        }
    public class Linear : Model
    {
        Layer dense;
        public Linear(ModelArgs args) : base(args)
        {
            dense = keras.layers.Dense(1, activation: null,
                kernel_initializer: tf.zeros_initializer, bias_initializer: tf.zeros_
initializer);
            StackLayers(dense);
        }
        // 設定前向傳播邏輯
        protected override Tensors Call(Tensors inputs, Tensor state = null, bool is_
training = false)
        {
            var outputs = dense.Apply(inputs);
            return outputs;
        }
    }
}
```

這裡，我們沒有顯性地宣告 a 和 b 兩個變數並寫出 y_pred = a * X + b 這個線性變換，而是建立了一個繼承了 tf.keras.Model 的模型類別 Linear。這個類別在初始化部分實例化了一個全連接層（keras.layers.Dense），並在 call 方法中對這個層進行了呼叫，實現了線性變換的計算。

透過執行程式，我們可以得到正確的損失下降過程的資料。同時，訓練完成後，終端列印出了最終全連接層中的 Kernel 和 Bias 的值，如下所示。

```
step: 0,loss: 250
step: 1,loss: 2.4100037
step: 2,loss: 0.85786396
step: 3,loss: 0.8334713
step: 4,loss: 0.8188195
step: 5,loss: 0.80448306
step: 6,loss: 0.7903991
step: 7,loss: 0.7765587
step: 8,loss: 0.7629635
```

```
step: 9,loss: 0.74960434
step: 10,loss: 0.73648137
step: 11,loss: 0.7235875
step: 12,loss: 0.71091765
step: 13,loss: 0.69847053
step: 14,loss: 0.6862406
step: 15,loss: 0.67422575
step: 16,loss: 0.66242313
step: 17,loss: 0.65082455
step: 18,loss: 0.6394285
step: 19,loss: 0.62823385
[tf.Variable: 'kernel:0' shape=(3, 1), dtype=float32, numpy=[[0.8266835],
[1.2731746],
[1.7196654]], tf.Variable: 'bias:0' shape=(1), dtype=float32, numpy=[0.44649106]]
```

11.4 模型常用 API 概述

Keras 中內建了很多常用的模型 API，可以非常方便地進行模型的架設、訓練和推理等各種各樣的任務。

1 · 模型類別

```
Tensorflow.Keras.Engine.Model(ModelArgs args)
```

Tensorflow.Keras.Engine.Model() 為模型類別，透過將網路層組合成一個物件，實現訓練和推理功能。模型類別的參數為 ModelArgs 參數列表類別，包含 Inputs（模型的輸入）和 Outputs（模型的輸出）。

2 · 模型類別的 summary 方法

```
Model.summary(int line_length = -1, float[] positions = null)
```

summary 方法用於列印網路模型的內容摘要，包含網路層結構和參數描述等。

一個簡單的 3 層網路列印出的模型範例如下。

```
Model: "mnist_model"
_____
Layer (type)                 Output Shape              Param #
=================================================================
input_1 (InputLayer)         [(None, 784)]             0

dense (Dense)                (None, 64)                50240

dense_1 (Dense)              (None, 64)                4160

dense_2 (Dense)              (None, 10)                650
=================================================================
Total params: 55,050
Trainable params: 55,050
Non-trainable params: 0
_____
```

參數如下。

- line_length：int 類型，列印的總行數，預設值為 -1，代表列印所有內容。
- positions：float 類型，指定每一行中日誌元素的相對或絕對位置，預設值為 null。

3 · Sequential 類別

```
Tensorflow.Keras.Engine.Sequential(SequentialArgs args)
```

Sequential 類別繼承模型類別，將線性的網路層堆疊到一個模型中，並提供訓練和推理的方法。

4 · Sequential 類別的 add 方法

```
Sequential.add(Layer layer)
```

add 方法用於在網路模型的頂部插入一個網路層。

5‧Sequential 類別的 pop 方法

```
Sequential.pop()
```

pop 方法用於刪除網路模型的最後一個網路層。

6‧compile（編譯）方法

```
Model.compile(ILossFunc loss, OptimizerV2 optimizer, string[] metrics)
```

compile 方法用於設定模型的訓練參數。

參數如下。

- optimizer：最佳化器，參數類型為最佳化器名稱的字串或最佳化器實例。

- loss：損失函式，參數類型為損失函式本體或 Tensorflow.Keras.Losses. Loss 實例。

- metrics：在模型訓練和測試過程中採用的評估指標串列，清單元素類型為評估函式名稱的字串、評估函式本體或 Tensorflow.Keras.Metrics. Metric 實例。

- loss_weights ：可選參數，類型為串列或字典，透過設定損失函式的權重係數來確定輸出中損失函式的貢獻度。

- weighted_metric：可選參數，類型為串列，包括在訓練和測試期間要透過 sampleweight 或 classweight 評估和加權的指標串列。

- run_eagerly：可選參數，類型為 bool，預設值為 false，如果設定為 true，則模型結構將不會被 tf.function 修飾和呼叫。

- stepsperexecution：可選參數，類型為 int，預設值為 1，表示每個 tf.function 呼叫中要執行的批次處理數。

7‧fit（訓練）方法

```
Model.fit(NDArray x, NDArray y,
          int batch_size = -1,
          int epochs = 1,
          int verbose = 1,
```

```
float validation_split = 0f,
bool shuffle = true,
int initial_epoch = 0,
int max_queue_size = 10,
int workers = 1,
bool use_multiprocessing = false)
```

fit 方法用於以固定的輪數或迭代方式訓練模型。

參數如下。

- x：輸入資料，類型為 NumPy 陣列或張量。

- y：標籤資料，類型和 x 保持一致。

- batch_size：批次大小，類型為 int，指定每次梯度更新時每個樣本批次的數量。

- epochs：訓練輪次數，類型為 int，表示模型訓練的迭代輪數。

- verbose：詳細度，類型為整數 0、1 或 2，設定終端輸出資訊的詳細程度。0 為最簡模式；1 為簡單顯示進度資訊；2 為詳細顯示每個訓練週期的資料。

- validation_split：驗證集劃分比，類型為 0~1 之間的 float，自動從訓練集中劃分出該比例的資料作為驗證集。模型將剝離訓練資料的這一部分，不對其進行訓練，並且將在每個輪次結束時評估驗證集資料的損失。

- shuffle：資料集亂數，類型為 bool，預設值為 true，表示每次訓練前都將該批次中的資料隨機打亂。

- initial_epoch：週期起點，類型為 int，預設值為 0，表示訓練開始的輪次起點（常用於重新啟動恢復之前訓練中的模型）。

- max_queue_size：佇列最大容量，類型為 int，預設值為 10，設定資料生成器佇列的最大容量。

- workers：處理程式數，類型為 int，預設值為 1，設定在使用以處理程式為基礎的執行緒時，要啟動的最大處理程式數。如果未指定，則 workers 的預設值為 1；如果為 0，則將在主執行緒上執行資料生成器。

- use_multiprocessing：是否使用非同步執行緒，類型為 bool，預設值為 false。如果為 true，則需要使用以處理程式為基礎的執行緒。

8 · evaluate（評估）方法

```
Model.evaluate(NDArray x, NDArray y,
        int batch_size = -1,
        int verbose = 1,
        int steps = -1,
        int max_queue_size = 10,
        int workers = 1,
        bool use_multiprocessing = false,
        bool return_dict = false)
```

evaluate 方法用於傳回測試集上評估的模型損失和精度。

參數如下。

- x：輸入的測試資料，類型為 NumPy 陣列或張量。

- y：測試的標籤資料，類型和 x 保持一致。

- batch_size：批次大小，類型為 int，指定每次計算時每個樣本批次的數量。

- verbose：詳細度，類型為整數 0 或 1，設定終端輸出資訊的詳細程度。0 為最簡模式；1 為簡單顯示進度資訊。

- steps：迭代步數，類型為 int，預設值為 -1，設定評估週期內的迭代步數（樣本批次數量）。

- max_queue_size：佇列最大容量，類型為 int，預設值為 10，設定資料生成器佇列的最大容量。

- workers：處理程式數，類型為 int，預設值為 1，設定在使用以處理程式為基礎的執行緒時，要啟動的最大處理程式數。如果未指定，則 workers 的預設值為 1；如果為 0，則將在主執行緒上執行資料生成器。

- use_multiprocessing：是否使用非同步執行緒，類型為 bool，預設值為 false。如果為 true，則需要使用以處理程式為基礎的執行緒。

- return_dict：傳回字典，類型為 bool，預設值為 false。如果為 true，則傳回字典類型的損失和指標結果，字典的 key 為資料的名稱；如果為 false，則正常傳回串列類型的結果。

9 · predict（預測）方法

```
Model.predict(Tensor x,
          int batch_size = 32,
          int verbose = 0,
          int steps = -1,
          int max_queue_size = 10,
          int workers = 1,
          bool use_multiprocessing = false)
```

predict 方法用於生成輸入樣本的預測輸出。

參數如下。

- x：輸入的測試資料，類型為張量。

- batch_size：批次大小，類型為 int。如果未指定，則 batch_size 的預設值為 32，該參數指定了每次計算時每個樣本批次的數量。

- verbose：詳細度，類型為整數 0 或 1，預設值為 0，設定終端輸出資訊的詳細程度。0 為最簡模式；1 為簡單顯示進度資訊。

- steps：迭代步數，類型為整數，預設值為 -1，設定預測週期內的迭代步數（樣本批次數量）。

- max_queue_size：佇列最大容量，類型為 int，預設值為 10，設定資料生成器佇列的最大容量。

- workers：處理程式數，類型為 int，預設值為 1，設定在使用以處理程式為基礎的執行緒時，要啟動的最大處理程式數。如果未指定，則 workers 的預設值為 1；如果為 0，則將在主執行緒上執行資料生成器。

- use_multiprocessing：是否使用非同步執行緒，類型為 bool，預設值為 false。如果為 true，則需要使用以處理程式為基礎的執行緒。

傳回值如下。

傳回張量類型的預測陣列。

10 · save（模型保存）方法

```
Model.save(string filepath,
           bool overwrite = true,
           bool include_optimizer = true,
           string save_format = "tf",
           SaveOptions options = null)
```

save 方法用於將模型保存到 TensorFlow 的 SavedModel 或單一 H5 檔案中。

參數如下。

- filepath：模型檔案路徑，類型為 string，模型保存 SavedModel 或 H5 檔案的路徑。

- overwrite：是否覆蓋，類型為 bool，若設定為 true，則以預設方式覆蓋目標位置上的任何現有檔案；若設定為 false，則向使用者提供手動提示。

- include_optimizer：是否包含最佳化器資訊，類型為 bool，如果為 true，則將最佳化器的狀態保存在一起。

- save_format：保存格式，類型為 string，可選擇「tf」或「h5」，指示是否將模型保存到 TensorFlow 的 SavedModel 或 H5 檔案中，在 TensorFlow 2.x 中預設為「tf」。

- SaveOptions：類型為 TensorFlow.ModelSaving.SaveOptions 物件，用於指定保存到 SavedModel 的選項。

11 · load_model（模型載入）方法

load_model 方法用於載入透過 save 方法保存的模型，舉例如下。

- get_weights 方法。

- set_weights 方法。

- save_weights 方法。

- load_weights 方法。

- get_config 方法。

- from_config 方法。

- model_from_config 功能。

- to_json 方法。

- model_from_json 功能。

- clone_model 功能。

第12章

Keras 常用 API 說明

12.1 回呼函式

Keras 的回呼函式（Callbacks API）是一個類別，用在 Model.fit() 中作為參數，可以在訓練的各個階段（如在訓練的開始或結束時，在單一輪次處理之前或之後等）執行一定的操作。

可以使用回呼函式來處理以下操作。

- 每個批次訓練後寫入 TensorBoard 日誌以監控指標。
- 定期將模型保存到本地檔案中。
- 提前結束訓練。
- 在訓練期間查看模型的內部狀態和統計資訊。
- 更多其他的功能……。

大部分時候，keras.callbacks 子模組中定義的回呼函式類別已經足夠使用了。如果有特殊的需求，則可以透過對 keras.callbacks.Callbacks 進行子類別化，構造自訂的回呼函式。

1．基礎用法

可以將回呼串列作為回呼參數傳播給模型的 Model.fit() 方法，這樣就可以在訓練的每個階段自動呼叫回呼串列定義的相關方法。

2．已定義的回呼函式類別

我們來簡單看下 ketas.callbacks 子模組中已定義好的回呼函式類別，主要有以下幾種類型。

（1）ketas.callbacks.Callbacks。

keras.callbacks.Callbacks 是用於建立新回呼函式的抽象基礎類別，所有回呼函式都繼承自 keras.callbacks.Callbacks 基礎類別，它擁有 params 和 model 兩個屬性。其中，params 是一個 dict，記錄了訓練相關參數（如 verbosity、batch size、number of epochs 等）；model 即當前連結模型的引用。

（2）ModelCheckpoint。

ModelCheckpoint 用特定頻率保存 Keras 模型或模型權重。Model Checkpoint 與 model.fit() 結合使用，用於以一定間隔（達到最佳性能或每個輪次結束時）保存模型或模型權重（在 Checkpoint 檔案中），這樣就可以在後續載入模型或模型權重，進而從保存的狀態處恢復訓練。

（3）TensorBoard。

TensorBoard 是 TensorFlow 附帶的視覺化工具，可以為 TensorFlow 視覺化保存日誌資訊，包括指標圖、訓練圖、啟動長條圖、採樣分析和模型參數等。

（4）EarlyStopping。

EarlyStopping 用於當被監控指標在設定的若干個輪次後沒有提升時，提前終止訓練。例如，假設訓練的目的是損失最小化，則要監視的指標設定為「loss」，模式設定為「min」。每個 model.fit() 訓練循環都會檢查每個輪次結束時的損失是否不再減少，同時考慮到 min_delta 和 patience（如果適用的話），一旦發現損失不再減少，則 model.stop_training 標記為「真」，訓練提前終止。

（5）LearningRateScheduler。

LearningRateScheduler 即學習率控制器。給定學習率和輪次的函式關係，LearningRateScheduler 會根據該函式關係在每個輪次前更新學習率，並將更新後的學習率應用於最佳化器。

（6）ReduceLROnPlateau。

ReduceLROnPlateau 用於當設定的指標停止改善時，自動降低學習率。在常見的深度學習場景中，一旦發現學習停滯不再最佳化，通常可以將學習率降低，以使模型繼續最佳化訓練。ReduceLROnPlateau 自動進行這個操作並監視訓練過程，如果設定的指標在持續「patience」輪數（patience 為可設定的參數）的訓練中都沒有改善的話，則學習率會自動按照設定的因數降低。

（7） RemoteMonitor。

RemoteMonitor 用於將事件流傳輸到伺服器端進行顯示。

（8） LambdaCallback。

可以使用 LambdaCallback 撰寫較為簡單的自訂回呼函式，Lambda Callback 是使用匿名函式構造的。

（9） TerminateOnNaN。

TerminateOnNaN 用於當訓練過程中遇到損失值為 NaN 時，自動終止訓練。

（10） CSVLogger。

CSVLogger 將每個輪次後的 log 結果以 streams 串流格式記錄到本地 CSV 檔案中。

（11） ProgbarLogger。

ProgbarLogger 將每個輪次結束後的 log 結果列印到標準輸出串流中。

12.2 資料集前置處理

Keras 中的資料集前置處理（Dataset Preprocessing）元件位於 TensorFlow. Keras.Preprocessing 類別中，主要作用是幫助使用者載入本地磁碟中的資料，轉換成 tf.data.Dataset 的物件，以供模型訓練使用。

資料集前置處理分為圖像資料集前置處理、時間資料集前置處理和文字資料集前置處理。下面，我們來一個一個看下各資料集種類的前置處理函式。

1 · 圖像資料集前置處理

常用函式為 image_dataset_from_directory，實現從本地磁碟載入影像檔並生成一個 tf.data.Dataset 物件的功能。

```
IDatasetV2 image_dataset_from_directory(string directory,
        string labels = "inferred",
        string label_mode = "int",
        string[] class_names = null,
        string color_mode = "rgb",
        int batch_size = 32,
        TensorShape image_size = null,
        bool shuffle = true,
        int? seed = null,
        float validation_split = 0.2f,
        string subset = null,
        string interpolation = "bilinear",
        bool follow_links = false)
```

例如，有兩個資料夾，代表 class_a 和 class_b 兩種類別的影像，每個資料夾包含 10000 個來自不同類別的影像檔，想訓練一個影像分類的模型，則訓練資料檔案夾結構如下。

```
training_data/
...class_a/
......a_image_1.jpg
......a_image_2.jpg
   ......
......a_image_N.jpg
...class_b/
......b_image_1.jpg
......b_image_2.jpg
   ......
......b_image_N.jpg
```

可以直接呼叫函式 image_dataset_from_directory，傳入參數資料夾路徑 directory 和 labels= 'inferred'，該函式執行後傳回 tf.data.Dataset 物件，實現從

子目錄 class_a 和 class_b 生成批次影像的功能，同時生成標籤 0 和 1（0 對應於 class_a，1 對應於 class_b）。

參數說明如下。

- directory：資料所在的目錄。如果 labels 被設定為「inferred」，則 directory 應包含子目錄，每個子目錄都包含一個類別的影像。否則，目錄結構將被忽略。

- labels：「inferred」表示影像連結的類別標籤（標籤是從目錄結構中生成的），或者整數標籤的串列 / 元組，其大小與目錄中找到的影像檔數量大小相同。標籤的序號根據影像檔路徑中的字母和數字的順序進行排序。

- label_mode：「int」表示標籤被編碼為整數（如用於 sparse_categorical_crossentropy 類型的損失函式）。「categorical」表示標籤被編碼為分類向量（如用於 categorical_crossentropy 類型的損失函式）。「binary」表示標籤（只能有兩個）被編碼為 float32 純量，其值為 0 或 1（如表示 binary_crossentropy 類型的損失函式）。「None」表示無標籤。

- class_names：僅在 labels 被設定為「inferred」時有效。這是類別標籤名稱的明確列表（必須與子目錄的名稱匹配），用於自訂控制類別的順序（否則使用字母數字順序）。

- color_mode：「grayscale」「rgb」「rgba」之一。預設值為「rgb」。影像將被轉換為具有 1、3 或 4 個通道的影像。

- batch_size：資料批次處理的大小，預設值為 32。

- image_size：從磁碟讀取影像後，將影像調整成的統一大小。預設大小為 (256, 256)。由於資料通道方式處理的批次影像必須全部具有相同的大小，因此必須設定該影像的尺寸。

- shuffle：是否隨機打亂資料，預設值為 true，如果設定為 false，則按字母數字順序對資料進行排序。

- seed：用於隨機排列和轉換的隨機種子。

- validation_split：設定介於 0 ～ 1 之間的浮點數，用於分割出一部分資料供驗證集使用。

- subset：「training」或「validation」，僅在設定 validation_split 時使用。

- interpolation：字串，調整影像大小時使用的影像插值演算法，預設值為 bilinear， 支 持 bilinear、nearest、bicubic、area、lanczos3、lanczos5、gaussian、mitchellcubic。

- follow_links：是否存取符號連結指向的子目錄，預設值為 false。

2．時間資料集前置處理

常用函式為 timeseries_dataset_from_array，可以在陣列形式的時間序列資料的基礎上建立一個具備滑動視窗的時間序列資料集。

```
IDatasetV2 MakeDataset(DataFrame df)
{
    var data = tf.convert_to_tensor(pd.array<float, float>(df));
    var ds = keras.preprocessing.timeseries_dataset_from_array(data,
        sequence_length: 10,
        sequence_stride: 1,
        shuffle: true,
        batch_size: 32);
    ds = ds.map(SplitWindow);
    return ds;
}
```

3．文字資料集前置處理

常用函式為 text_dataset_from_directory，實現從本地磁碟載入 txt 文字檔並生成一個 tf.data.Dataset 物件的功能。

```
IDatasetV2 text_dataset_from_directory(string directory,
        string labels = "inferred",
        string label_mode = "int",
        string[] class_names = null,
        int batch_size = 32,
        bool shuffle = true,
        int? seed = null,
        float validation_split = 0.2f,
```

```
          string subset = null)
```

例如，有兩個資料夾，代表 class_a 和 class_b 兩種類別的文字資料，每個資料夾包含 10000 個來自不同類別的文字檔，想訓練一個文字分類的模型，則訓練資料檔案夾結構如下。

```
training_data/
...class_a/
.....a_text_1.txt
.....a_text_2.txt
   ......
.....a_text_N.txt
...class_b/
.....b_text_1.txt
.....b_text_2.txt
   ......
.....b_text_N.txt
```

可以直接呼叫函式 text_dataset_from_directory，傳入參數資料夾路徑 directory 和 labels='inferred'，該函式執行後傳回 tf.data.Dataset 物件，實現從子目錄 class_a 和 class_b 生成批次文字的功能，同時生成標籤 0 和 1（0 對應於 class_a，1 對應於 class_b）。

參數說明如下。

- directory：資料所在的目錄。如果 labels 被設定為「inferred」，則 directory 應包含子目錄，每個子目錄都包含一個類別的影像。否則，目錄結構將被忽略。

- labels：「inferred」表示影像連結的類別標籤（標籤是從目錄結構中生成的），或者整數標籤的串列 / 元組，其大小與目錄中找到的影像檔數量大小相同。標籤的序號根據影像檔路徑中的字母和數字的順序進行排序。

- label_mode：「int」表示標籤被編碼為整數（如用於 sparse_categorical_ crossentropy 類型的損失函式）。「categorical」表示標籤被編碼為分類向量（如用於 categorical_ crossentropy 類型的損失函式）。「binary」

表示標籤（只能有兩個）被編碼為 float32 純量，其值為 0 或 1（如表示 binary_crossentropy 類型的損失函式）。「None」表示無標籤。

- class_names：僅在 labels 被設定為「inferred」時有效。這是類別標籤名稱的明確列表（必須與子目錄的名稱匹配），用於自訂控制類別的順序（否則使用字母數字順序）。

- batch_size：資料批次處理的大小。預設值為 32。

- max_length：文字字串的最大長度。超過此長度的文字將被截斷為 max_length。

- shuffle：是否隨機打亂資料，預設值為 true，如果設定為 false，則按字母數字順序對資料進行排序。

- seed：用於隨機排列和轉換的隨機種子。

- validation_split：設定介於 0 ～ 1 之間的浮點數，用於分割出一部分資料供驗證集使用。

- subset：「training」或「validation」，僅在設定 validation_split 時使用。

12.3 最佳化器

在機器學習中，模型的最佳化演算法可能會直接影響最終生成模型的性能。有時候模型效果不好，未必是特徵資料的問題或模型結構設計的問題，很可能是最佳化演算法的問題。

深度學習最佳化演算法大概經歷了 SGD → SGDM → NAG → Adagrad → Adadelta（RMSprop）→ Adam → Nadam 的發展歷程。其中，SGD 是最基礎的入門級演算法，一直被學術界推崇，而 Adam 和 Nadam 是目前最主流、最易使用的最佳化演算法，收斂速度和效果都不錯，非常適合新手直接使用。

Keras 中的最佳化器是搭配 compile() 和 fit() 兩個方法使用的，是模型訓練必須要設定的兩個參數之一（另一個是損失函式）。

可以實例化最佳化器作為參數傳給 model.compile()，或者直接透過字串識別字傳播參數，後一種方式將直接使用最佳化器的預設參數。範例如下。

```
// 參數類型 1# : compile(ILossFunc loss, OptimizerV2 optimizer, string[] metrics)
        var layers = keras.layers;
        model = keras.Sequential(new List<ILayer>
        {
            layers.Rescaling(1.0f / 255, input_shape: (img_dim.dims[0], img_dim.
dims[1], 3)),
            layers.Conv2D(16, 3, padding: "same", activation: keras. activations.
Relu),
            layers.MaxPooling2D(),
            layers.Flatten(),
            layers.Dense(128, activation: keras.activations.Relu),
            layers.Dense(num_classes)
        });
        var optimizer = keras.optimizers.Adam(learning_rate : 0.01f);
        model.compile(optimizer: optimizer,
            loss: keras.losses.SparseCategoricalCrossentropy(from_ logits: true),
            metrics: new[] { "accuracy" });


// 參數類型 2# : compile(string optimizer, string loss, string[] metrics)
        var layers = keras.layers;
        model = keras.Sequential(new List<ILayer>
        {
            layers.Rescaling(1.0f / 255, input_shape: (img_dim.dims[0], img_dim.
dims[1], 3)),
            layers.Conv2D(16, 3, padding: "same", activation: keras. activations.
Relu),
            layers.MaxPooling2D(),
            layers.Flatten(),
            layers.Dense(128, activation: keras.activations.Relu),
            layers.Dense(num_classes)
        });
        model.compile("adam", "sparse_categorical_crossentropy", metrics: new[] {
"accuracy" });
```

如果不使用 compile() 方法，而透過自訂方式撰寫訓練迴圈，則可以透過 tf.GradientTape() 方法來檢索梯度，並呼叫 optimizer.apply_gradients() 方法實現權重的更新。範例如下。

```
var optimizer = keras.optimizers.SGD(learning_rate);

// 按照給定的步驟進行訓練
foreach (var (step, (batch_x, batch_y)) in enumerate(train_data, 1))
{
    // 將運算包裝在梯度記錄器中進行自動微分
    using var g = tf.GradientTape();
    // Forward pass.
    var pred = neural_net.Apply(batch_x, is_training: true);
    var loss = cross_entropy_loss(pred, batch_y);

    // 計算梯度
    var gradients = g.gradient(loss, neural_net.trainable_variables);

    // 按照梯度更新 W 和 b
    optimizer.apply_gradients(zip(gradients, neural_net.trainable_variables.Select(x
 => x as ResourceVariable)));
}

// 在驗證集上進行評價測試
{
    var pred = neural_net.Apply(x_test, is_training: false);
    this.accuracy = (float)accuracy(pred, y_test);
    print($"Test Accuracy: {this.accuracy}");
}
```

在深度學習中，學習率這一超參數隨著訓練的深入迭代，會逐漸衰減，這樣可以更好地適應梯度下降的曲線（谷底區域損失值的下降逐漸放緩），往往可以取得更好的效果。在 Keras 中，為了方便偵錯這類常見的情況，可以專門設定學習率衰減規劃，透過 keras.optimizers.schedules. ExponentialDecay() 方法實現學習率的動態規劃。

Keras 中可以使用的最佳化器如下。

（1）SGD 最佳化器。

當設定預設參數時，SGD 最佳化器為純 SGD 最佳化器；當設定

momentum 不為 0 時，SGD 最佳化器的效果如同 SGDM 最佳化器，考慮了一階動量；當設定 nesterov 為 true 時，效果如同 NAG 最佳化器，即 Nesterov Accelerated Gradient 最佳化器，可以視為在標準動量方法中增加了一個校正因數，以提前計算下一步的梯度來指導當前梯度。

（2）Adagrad 最佳化器。

Adagrad 最佳化器考慮了二階動量，對於不同的參數有不同的學習率，即自我調整學習率；缺點是學習率單調下降，可能後期學習速度過慢，從而導致提前停止學習。

（3）RMSprop 最佳化器。

RMSprop 最佳化器考慮了二階動量，對於不同的參數有不同的學習率，即自我調整學習率，對 Adagrad 最佳化器進行了最佳化，透過指數平滑的值來實現只考慮一定視窗區間內的二階動量。

（4）Adam 最佳化器。

Adam 最佳化器同時考慮了一階動量和二階動量，可以看作在 RMSprop 最佳化器上進一步考慮了一階動量。

（5）Adadelta 最佳化器。

Adadelta 最佳化器考慮了二階動量，與 RMSprop 最佳化器類似，但是更加複雜，自我調整性更強。

（6）Adamax 最佳化器。

Adamax 最佳化器是以無窮範數為基礎的 Adam 最佳化器的變形。Adamax 最佳化器有時候性能優於 Adam 最佳化器，特別是針對帶有嵌入層的模型。

（7）Nadam 最佳化器。

Nadam 最佳化器在 Adam 最佳化器基礎上進一步考慮了 Nesterov Acceleration。

（8）FTRL 最佳化器。

FTRL 最佳化器是實現 FTRL（Follow-the-Regularized-Leader）演算法的最佳化器，同時支持線上 L2 正則項和特徵縮減 L2 正則項，廣泛適用於線上學習（Online Learning）的訓練方式。

12.4 損失函式

損失函式是模型在訓練過程中不斷最佳化降低其值的物件。

在 Keras 中，損失函式是搭配 compile() 和 fit() 兩個方法使用的，是模型訓練必須要設定的兩個參數之一（另一個是最佳化器）。

對於迴歸模型，通常使用均方誤差損失函式 Mean Squared Error；對於二分類模型，通常使用二元交叉熵損失函式 Binary Crossentropy。對於多分類模型，如果標籤是 One-Hot 編碼的，則使用多類別交叉熵損失函式 Categorical Crossentropy；如果標籤是類別序號編碼的，則使用稀疏多類別交叉熵損失函式 Sparse Categorical Crossentropy。

可以實例化損失函式作為參數傳給 model.compile()，或者直接透過字串識別字傳播參數，後一種方式將直接使用損失函式的預設參數。範例如下。

```
// 參數類型 1# : compile(ILossFunc loss, OptimizerV2 optimizer, string[] metrics)
        var layers = keras.layers;
        model = keras.Sequential(new List<ILayer>
        {
            layers.Rescaling(1.0f / 255, input_shape: (img_dim.dims[0], img_dim.
dims[1], 3)),
            layers.Conv2D(16, 3, padding: "same", activation: keras. activations.
Relu),
            layers.MaxPooling2D(),
            layers.Flatten(),
            layers.Dense(128, activation: keras.activations.Relu),
            layers.Dense(num_classes)
        });
        var loss = keras.losses.SparseCategoricalCrossentropy (from_ logits:
```

```
true);
            model.compile(optimizer: keras.optimizers.Adam(learning_rate : 0.01f),
                loss: loss,
                metrics: new[] { "accuracy" });



// 參數類型 2# : compile(string optimizer, string loss, string[] metrics)
            var layers = keras.layers;
            model = keras.Sequential(new List<ILayer>
            {
                layers.Rescaling(1.0f / 255, input_shape: (img_dim.dims[0], img_dim.
dims[1], 3)),
                 layers.Conv2D(16, 3, padding: "same", activation: keras.
activations.Relu),
                layers.MaxPooling2D(),
                layers.Flatten(),
                layers.Dense(128, activation: keras.activations.Relu),
                layers.Dense(num_classes)
            });
            model.compile("adam", "sparse_categorical_crossentropy", metrics: new[] {
 "accuracy" });
```

Keras 中的損失函式如下。

（1）機率損失函式（Probabilistic Losses）。

- Binary Crossentropy。

$$binary\_crossentropy(y, \hat{y}) = -\frac{1}{m}\sum_{i=1}^{m}\left[\hat{y}^i \ln(y^i) + (1 - \hat{y}^i)\ln(1 - y^i)\right]$$

Binary Crossentropy 即二元交叉熵損失函式，針對的是二分類問題。

- Categorical Crossentropy。

$$categorical\_crossentropy(y, \hat{y}) = -\frac{1}{m}\sum_{i=1}^{m}\sum_{j=1}^{n}\hat{y}_j^i \ln(y_j^i)$$

Categorical Crossentropy 即多類別交叉熵損失函式，針對的是多分類問題，真實值需要 One-Hot 編碼格式處理。

- Sparse Categorical Crossentropy。

Sparse Categorical Crossentropy 即稀疏多類別交叉熵損失函式，原理和多類別交叉熵損失函式一樣，不過直接支援整數編碼類型的真實值。

- Poisson。

$$\text{poisson}(y,\hat{y}) = \frac{1}{mn}\sum_{i=1}^{m}\sum_{j=1}^{n}\left(y_j^i - \hat{y}_j^i \ln\left(y_j^i\right)\right)$$

```
loss = y_pred - y_true * log(y_pred)
```

Poisson 即卜松損失函式，目標值為卜松分佈的負對數似然損失。

- Kullback-Leibler Divergence。

$$\text{KLD}(y,\hat{y}) = \sum_{j=1}^{n}\hat{y}_j \ln\frac{\hat{y}_j}{y_j}$$

$$\text{KLD}(y,\hat{y}) = \frac{1}{m}\sum_{i=1}^{m}\sum_{j=1}^{n}\hat{y}_j^i \ln\frac{\hat{y}_j^i}{y_j^i}$$

Kullback-Leibler Divergence 縮寫為 KLD，即 KL 散度，也叫作相對熵（Relative Entropy）。它衡量的是相同時間空間裡的兩個機率分佈的差異情況。

（2）迴歸損失函式（Regression Losses）。

- Mean Squared Error。

$$\text{MSE}(y,\hat{y}) = \frac{1}{m}\sum_{i=1}^{m}\left(\hat{y}^i - y^i\right)^2$$

```
loss = square(y_true - y_pred)
```

Mean Squared Error 即均方誤差損失函式，縮寫為 MSE。

- Mean Absolute Error。

$$\text{MAE}(y,\hat{y}) = \frac{1}{m}\sum_{i=1}^{m}\left|\hat{y}^i - y^i\right|$$

```
loss = abs(y_true - y_pred)
```

Mean Absolute Error 即平均絕對值誤差，縮寫為 MAE。

* Mean Absolute Percentage Error。

$$\text{MAPE}(y, \hat{y}) = \frac{1}{m} \sum_{i=1}^{m} \left| \frac{\hat{y}^i - y^i}{\hat{y}^i} \right|$$

```
loss = 100 * abs(y_true - y_pred) / y_true
```

Mean Absolute Percentage Error 即平均絕對百分比誤差，縮寫為 MAPE，注意分母不能為 0。

* Mean Squared Logarithmic Error。

$$\text{MSLE} = \frac{1}{m} \sum_{i=1}^{m} \left(\ln\left(\hat{y}^i + 1\right) - \ln\left(y^i + 1\right) \right)^2$$

```
loss = square(log(y_true + 1.) - log(y_pred + 1.))
```

Mean Squared Logarithmic Error 即均方對數誤差，縮寫為 MSLE。

* Cosine Similarity。

$$\text{cosine\_similarity}(y, \hat{y}) = -\sum_{j=1}^{n} y_j \hat{y}_j$$

```
loss = -sum(l2_norm(y_true) * l2_norm(y_pred))
```

Cosine Similarity 用於計算餘弦相似度。

* Huber Loss。

$$\text{huber}(x) = \begin{cases} \dfrac{1}{2}x^2 & |x| \le \delta \\ \delta\left(|x| - \dfrac{1}{2}\delta\right) & \text{otherwise} \end{cases}$$

$$\text{huber\_loss}(y,\hat{y}) = \frac{1}{m}\sum_{i=1}^{m}\text{huber}(\hat{y}^i - y^i)$$

Huber Loss 是一個用於迴歸問題的附帶參損失函式，優點是能增強均方誤差損失函式對離群點的堅固性。當預測偏差小於 δ 時，它採用平方誤差；當預測偏差大於 δ 時，它採用線性誤差。相比於均方誤差損失函式，Huber Loss 降低了對離群點的懲罰程度，是一種常用的堅固的迴歸損失函式。

- LogCosh。

$$\Delta y^i = \hat{y}^i - y^i$$

$$\text{logcosh}(y,\hat{y}) = \frac{1}{m}\sum_{i=1}^{m}\left(\Delta y^i + \ln\left(1 + e^{-2\Delta y^i}\right) - \ln 2\right) = \frac{1}{m}\sum_{i=1}^{m}\ln\frac{e^{\Delta y^i} + e^{-\Delta y^i}}{2}$$

```
logcosh = log((exp(x) + exp(-x))/2), x = y_pred - y_true
```

LogCosh 是預測誤差的雙曲餘弦的對數，比 L2 損失函式更平滑，與均方誤差損失函式大致相同，但是不會受到偶爾的錯誤預測的強烈影響。

（3）最大間隔 Hinge 損失函式（Hinge Losses for "Maximum-Margin" Classification）。

- Hinge。

$$\text{hinge}(y,\hat{y}) = \frac{1}{m}\sum_{i=1}^{m}\max\left(1 - \hat{y}^i y^i, 0\right)$$

```
loss = maximum(1 - y_true * y_pred, 0)
```

Hinge 損失函式常用於二分類問題。

- Squared Hinge。

$$\text{squared\_hinge}(y,\hat{y}) = \frac{1}{m}\sum_{i=1}^{m}\left(\max\left(1 - \hat{y}^i y^i, 0\right)\right)^2$$

```
loss = square(maximum(1 - y_true * y_pred, 0))
```

Squared Hinge 即 Hinge 損失函式的平方形式。

- Categorical Hinge。

$$L_i = \sum_{j \neq y_i} \max\left(0, s_j - s_{y_i} + \Delta\right)$$

```
loss = maximum(neg - pos + 1, 0) , neg=maximum((1-y_true)*y_pred) and pos=sum(y_
true*y_pred)
```

Categorical Hinge 即 Hinge 損失函式的多類別形式，可以獨立使用該損失函式進行運算，透過呼叫 Tensorflow.Keras.Losses 的基礎類別 ILossFunc 的 Call() 實現，程式如下。

```
Tensor Call(Tensor y_true, Tensor y_pred, Tensor sample_weight = null)
```

參數說明如下。

- y_true：真實值，張量類型，形狀為 (batch_size, d0, ⋯ dN)。
- y_pred：預測值，張量類型，shape 為 (batch_size, d0, ⋯ dN)。
- sample_weight：每個樣本的損失的縮放權重係數。如果 sample_weight 是純量，則損失將簡單地按照該給定值縮放；如果 sample_weight 是向量 [batch_size]，則每個樣本的總損失將由 sample_weight 向量中的對應元素縮放；如果 sample_weight 的形狀為 (batch_size, d0, ⋯ dN)（或可以廣播為該形狀），則每個 y_pred 的損失均按 sample_weight 的對應值進行縮放。

在預設情況下，損失函式會為每個輸入樣本傳回一個純量損失值。

損失類別的實例化過程可以傳入建構函式參數，我們來看下建構函式的結構。

```
public Loss(string reduction = ReductionV2.AUTO,
            string name = null,
            bool from_logits = false)
```

參數說明如下。

- reduction：預設值為「sum_over_batch_size」（平均值），可列舉值為「sum_over_batch_ size」「sum」「none」，區別如下。

  ＊ sum_over_batch_size：表示損失實例將傳回批次中每個樣本損失的平均值。

  ＊ sum：表示損失實例將傳回批次中每個樣本損失的總和。

  ＊ none：表示損失實例將傳回批次中每個樣本損失的完整陣列。

- name：損失函式的自訂名稱。

- from_logits：代表是否經過邏輯函式。常見的邏輯函式包括 Sigmoid、Softmax 函式。

12.5 評估指標

下面我們來看評估指標（Metrics），評估指標是判斷模型性能的函式。

我們知道，損失函式除能作為模型訓練時的最佳化目標（Objective = Loss + Regularizatio）外，還能作為模型好壞的一種評價指標。但通常人們還會從其他角度評估模型的好壞，這些角度就是評估指標。

大部分的損失函式都可以作為評估指標，但評估指標不一定可以作為損失函式，如 AUC、Accuracy、Precision。這是因為在訓練模型的過程中不使用評估指標進行度量，因此評估指標不要求連續可導。而損失函式是參與模型訓練過程的，因此通常要求連續可導。

評估指標是 compile() 方法的可選參數。在進行模型編譯時，可以透過串列形式指定多個評估指標。範例程式如下。

```
var layers = keras.layers;
model = keras.Sequential(new List<ILayer>
    {
        layers.Rescaling(1.0f / 255, input_shape: (img_dim.dims[0], img_dim.
dims[1], 3)),
```

```
            layers.Conv2D(16, 3, padding: "same", activation: keras. activations.
Relu),

            layers.MaxPooling2D(),

            layers.Flatten(),

            layers.Dense(128, activation: keras.activations.Relu),

            layers.Dense(num_classes)

        });

model.compile(optimizer: keras.optimizers.Adam(),

            loss: keras.losses.SparseCategoricalCrossentropy(from_logits: true),

            metrics: new[] { "accuracy", "MeanSquaredError", "AUC" });

model.summary();
```

Keras 中的評估指標如下。（注：評估指標較多，且和損失函式相似，這裡只對部分評估指標進行說明。）

（1）準確率評估指標（Accuracy Metrics）。

• Accuracy。

準確率，計算預測與真實標籤匹配的頻率。

• Binary Accuracy。

二進位分類準確率，計算預測與真實二進位標籤匹配的頻率。

• Categorical Accuracy。

多分類準確率，計算預測與真實 One-Hot 標籤匹配的頻率。

• TopK Categorical Accuracy。

多分類 TopK 準確率，計算目標在最高 K 個預測中的頻率，要求 y_true(label) 為 One-Hot 編碼形式。

• Sparse TopK Categorical Accuracy。

稀疏多分類 TopK 準確率，計算整數值的目標在最高 K 個預測中的頻率，要求 y_true(label) 為整數序號編碼形式。

（2）機率評估指標（Probabilistic Metrics）。

機率評估指標與損失函式類似，舉例如下，不再贅述。

- Binary Crossentropy。
- Categorical Crossentropy。
- Sparse Categorical Crossentropy。
- Kullback-Leibler Divergence。
- Poisson。

（3）迴歸評估指標（Regression Metrics）。

迴歸評估指標也與損失函式類似，舉例如下，不再贅述。

- Mean Squared Error。
- Root Mean Squared Error。

$$\text{RMSE}\left(y,\hat{y}\right) = \sqrt{\frac{1}{n}\sum_{i=1}^{n}\left(y_i - y_i\right)^2}$$

Root Mean Squared Error 即均方根誤差評估指標，縮寫為 RMSE。

- Mean Absolute Error。
- Mean Absolute Percentage Error。
- Mean Squared Logarithmic Error。
- Cosine Similarity。
- LogCosh。

（4）二分類評估指標（Classification Metrics Based on True/False Positives & Negatives）。

- AUC。

透過黎曼求和公式求出近似的 AUC（ROC 曲線「TPR vs FPR」下的面積），用於二分類，可直觀解釋為隨機取出一個正例和一個負例，正例的預測值大於負例的機率。

- Precision。

精確率，用於二分類，Precision = TP/(TP+FP)。

- Recall。

召回率，用於二分類，Recall = TP/(TP+FN)。

- True Positives。

真正例，用於二分類。

- True Negatives。

真負例，用於二分類。

- False Positives。

假正例，用於二分類。

- False Negatives。

假負例，用於二分類。

- Precision At Recall。

在召回率大於或等於指定值的情況下，計算最佳精確率。

- Sensitivity At Specificity

當特異性大於或等於指定值時，計算特定的最佳靈敏度。

- Specificity At Sensitivity。

當靈敏度大於或等於指定值時，計算特定的最佳特異性。

（5）影像分割評估指標（Image Segmentation Metrics）。

Mean Intersection-Over-Union（Mean IOU）是語義影像分割的常用評估指標。它首先計算每個語義類的 IOU，然後計算所有種類的平均值。IOU 的定義如下：IOU=true_positive/(true_positive + false_positive + false_negative)。

（6）最大間隔 Hinge 評估指標（Hinge Metrics for "Maximum-Margin" Classification）。

最大間隔 Hinge 評估指標與損失函式類似，舉例如下，不再贅述。

- Hinge。
- Squared Hinge。
- Categorical Hinge。

以上就是 Keras 中內建的評估指標。如果需要自訂評估指標，則可以對 Tensorflow. Keras.Metrics.Metric 進行子類別化，重寫建構函式、add_weight 方法、update_state 方法和 result 方法來實現評估指標的計算邏輯，從而得到評估指標的自訂類別的實現形式。

第13章
Keras 架設模型的 3 種方式

在 Keras 中，架設神經網路模型一般有以下流程。

（1）準備訓練資料（載入資料、資料前置處理、資料分批）。

（2）架設神經網路模型。

（3）設定訓練過程和編譯模型。

（4）訓練模型。

（5）評估模型。

Keras 架設神經網路模型的一般流程如圖 13-1 所示。

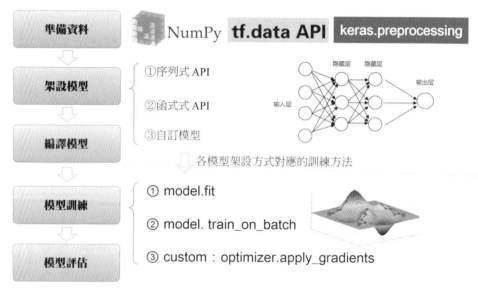

▲ 圖 13-1 Keras 架設神經網路模型的一般流程

可以使用以下 3 種方式架設模型：①使用 Sequential API 按層堆疊方式架設模型；②使用 Functional API 架設任意結構的模型；③繼承模型基礎類別架設完全自訂的模型。

對於結構相對簡單和典型的神經網路（如 MLP 和 CNN），並且其使用常規的手段進行訓練，我們優先使用 Sequential API 按層堆疊方式架設。

如果模型有多個輸入或多個輸出，或者模型需要共用權重，或者模型具有殘差連接等非順序結構，則推薦使用 Functional API 方式進行架設。Functional API 是一個易用的、全功能的 API，支援任意模型的架構，對於大多數人和大多數使用案例都是足夠的。

如果上述兩種方式無法滿足模型需求，則可以對 Tensorflow.keras.Model 類別進行擴充以定義自己的新模型，同時手動撰寫訓練和評估模型的流程。這種方式靈活度高，我們可以從頭開始實施所有操作，且與其他流行的深度學習框架共通，適合學術研究領域的模型開發探索。

接下來，我們透過範例程式片段，簡單了解下 Keras 中的 3 種架設模型的方式。

13.1 Sequential API 方式

Sequential API 方式適用於簡單的層堆疊模型，其中每一層都有一個輸入張量和一個輸出張量。

有兩種方式可以將神經網路按特定順序堆疊起來：一種是直接提供一個層的串列，即 layers 清單方式；另一種是透過層的 add 方式在尾端逐層增加，即 layers.add() 方式。

（1）layers 清單方式。

程式如下。

```
int num_classes = 5;
var layers = keras.layers;

model = keras.Sequential(new List<ILayer>
{
    layers.Rescaling(1.0f / 255, input_shape: (img_dim.dims[0], img_dim. dims[1], 3)),
    layers.Conv2D(16, 3, padding: "same", activation: keras.activations. Relu),
    layers.MaxPooling2D(),
    layers.Flatten(),
    layers.Dense(128, activation: keras.activations.Relu),
```

```
    layers.Dense(num_classes)
});
```

（2）layers.add() 方式。

程式如下。

```
int num_classes = 5;
var layers = keras.layers;

model = keras.Sequential();
model.Layers.Add(layers.Rescaling(1.0f / 255, input_shape: (img_dim. dims[0], img_dim.
dims[1], 3)));
model.Layers.Add(layers.Conv2D(16, 3, padding: "same", activation: keras.
activations.Relu));
model.Layers.Add(layers.MaxPooling2D());
model.Layers.Add(layers.Flatten());
model.Layers.Add(layers.Dense(128, activation: keras.activations.Relu));
model.Layers.Add(layers.Dense(num_classes));
```

13.2 Functional API 方式

在 Keras 中，Functional API 是一種比 Sequential API 更靈活的架設模型的
方式。Functional API 可以處理具有非線性拓撲、共用層，甚至多個輸入或輸出
的模型。這種方式的主要思想：深度學習模型通常是層的有向無環圖（DAG）。

考慮以下模型。

```
(input: 784-dimensional vectors)
       ↓
[Dense (64 units, relu activation)]
       ↓
[Dense (64 units, relu activation)]
       ↓
[Dense (10 units, softmax activation)]
       ↓
(output: logits of a probability distribution over 10 classes)
```

這是一個基礎的具有 3 層結構的網路。要使用 Functional API 方式架設此模型，我們首先需要建立一個輸入節點 inputs「餵給」模型，然後在此 inputs 物件上呼叫一個圖層 outputs 節點，並依次增加剩餘兩個圖層，最後把輸入 inputs 和輸出 outputs 傳播給 keras.Model 的參數，開始架設模型。

範例程式片段如下。

```
// 輸入層
var inputs = keras.Input(shape: 784);

// 第 1 個全連接層
var outputs = layers.Dense(64, activation: keras.activations.Relu). Apply(inputs);

// 第兩個全連接層
outputs = layers.Dense(64, activation: keras.activations.Relu). Apply (outputs);

// 輸出層
outputs = layers.Dense(10).Apply(outputs);

// 架設網路模型
model = keras.Model(inputs, outputs, name: "mnist_model");
```

我們可以透過 model.summary() 方法列印模型的摘要。

```
model.summary();
```

輸出如下。

```
Model: "mnist_model"
```

Layer (type)	Output Shape	Param #
input_1 (InputLayer)	[(None, 784)]	0
dense (Dense)	(None, 64)	50240
dense_1 (Dense)	(None, 64)	4160
dense_2 (Dense)	(None, 10)	650

```
=================================================================
Total params: 55,050
Trainable params: 55,050
Non-trainable params: 0
```

13.3 自訂模型

　　如果現有的層無法滿足需求，那麼我們可以繼承 Tensorflow.keras.Model 撰寫自己的模型類別，也可以繼承 Tensorflow.keras.layers.Layer 撰寫自己的層。Layer 類別是 Keras 中的核心抽象之一，Layer 封裝了狀態（層的「權重」）和從輸入到輸出的轉換（「Call」，即層的前向傳播）。

　　我們用程式建立一個 CNN，並自訂一個網路的參數為標籤種類數。

　　首先，必要的引用增加項如下。

```
using NumSharp;
using System.Linq;
using Tensorflow;
using Tensorflow.Keras.ArgsDefinition;
using Tensorflow.Keras.Engine;
using Tensorflow.Keras.Optimizers;
using static Tensorflow.Binding;
using static Tensorflow.KerasApi。
```

　　然後，子類別化建立自訂 CNN 模型，參數為標籤種類數，層使用 Keras 中預先定義的層（也可以子類別化 Layer 建立自訂的層）。我們在模型的建構函式中建立層，並在 Call() 方法中設定層的前向傳播的輸入 / 輸出順序。模型類別的程式如下。

```
public class ConvNet : Model
{
    Layer conv1;
    Layer maxpool1;
    Layer conv2;
```

```
    Layer maxpool2;
    Layer flatten;
    Layer fc1;
    Layer dropout;
    Layer output;

    public ConvNet(ConvNetArgs args)
        : base(args)
    {
        var layers = keras.layers;

        // 卷積層 1 有 3 兩個卷積核，每個卷積核的大小是 5
        conv1 = layers.Conv2D(32, kernel_size: 5, activation: keras. activations.
Relu);

        // 池化層（下採樣）的核大小為 2，步進值為 2
        maxpool1 = layers.MaxPooling2D(2, strides: 2);

        // 卷積層 2 有 64 個卷積核，每個卷積核的大小是 3
        conv2 = layers.Conv2D(64, kernel_size: 3, activation: keras. activations.
Relu);
        // 池化層（下採樣）的核大小為 2，步進值為 2
        maxpool2 = layers.MaxPooling2D(2, strides: 2);

        // 展平層將資料展平為 1 維向量，提供給全連接層作為輸入
        flatten = layers.Flatten();

        // 全連接層
        fc1 = layers.Dense(1024);
        // 應用捨棄層〔正常推理模式下（非訓練），捨棄層不啟用〕
        dropout = layers.Dropout(rate: 0.5f);

        // 輸出層輸出最終的分類結果
        output = layers.Dense(args.NumClasses);

        StackLayers(conv1, maxpool1, conv2, maxpool2, flatten, fc1, dropout, output);
    }

    // 設定前向傳播邏輯
```

```
    protected override Tensors Call(Tensors inputs, Tensor state = null, bool is_
training = false)
    {
        inputs = tf.reshape(inputs, (-1, 28, 28, 1));
        inputs = conv1.Apply(inputs);
        inputs = maxpool1.Apply(inputs);
        inputs = conv2.Apply(inputs);
        inputs = maxpool2.Apply(inputs);
        inputs = flatten.Apply(inputs);
        inputs = fc1.Apply(inputs);
        inputs = dropout.Apply(inputs, is_training: is_training);
        inputs = output.Apply(inputs);

        if (!is_training)
            inputs = tf.nn.softmax(inputs);

        return inputs;
    }
}

public class ConvNetArgs : ModelArgs
{
    public int NumClasses { get; set; }
}
```

最後，我們輸入訓練資料，編譯模型，利用梯度最佳化器（optimizer.apply_gradients）迭代訓練模型。訓練完成後，輸入測試資料集對模型效果進行評估。程式如下。

```
// MNIST 資料集參數
int num_classes = 10;

// 模型訓練參數
float learning_rate = 0.001f;
int training_steps = 100;
int batch_size = 128;
int display_step = 10;
float accuracy_test = 0.0f;
```

```
IDatasetV2 train_data;
NDArray x_test, y_test, x_train, y_train;

public override void PrepareData()
{
    ((x_train, y_train), (x_test, y_test)) = keras.datasets.mnist. load_ data();
    // 某些資料需要先轉換為 float32 類型,如有需要可取消此處的程式註釋
    // (x_train, x_test) = (np.array(x_train, np.float32), np.array(x_test,
np.float32));
    // 將影像灰階值範圍從 [0, 255] 歸一化至 [0, 1]
    (x_train, x_test) = (x_train / 255.0f, x_test / 255.0f);

    train_data = tf.data.Dataset.from_tensor_slices(x_train, y_train);
    train_data = train_data.repeat()
        .shuffle(5000)
        .batch(batch_size)
        .prefetch(1)
        .take(training_steps);
}

public void Run()
{
    tf.enable_eager_execution();

    PrepareData();

    // 架設神經網路模型
    var conv_net = new ConvNet(new ConvNetArgs
                            {
                                NumClasses = num_classes
                            });

    // Adam 最佳化器
    var optimizer = keras.optimizers.Adam(learning_rate);

    // 按照給定的步驟進行訓練
    foreach (var (step, (batch_x, batch_y)) in enumerate(train_data, 1))
    {
        // 執行最佳化器,以更新 W 和 b
        run_optimization(conv_net, optimizer, batch_x, batch_y);
```

```
        if (step % display_step == 0)
        {
            var pred = conv_net.Apply(batch_x);
            var loss = cross_entropy_loss(pred, batch_y);
            var acc = accuracy(pred, batch_y);
            print($"step: {step}, loss: {(float)loss}, accuracy: {(float) acc}");
        }
    }

    // 在驗證集上進行測試驗證
    {
        var pred = conv_net.Apply(x_test);
        accuracy_test = (float)accuracy(pred, y_test);
        print($"Test Accuracy: {accuracy_test}");
    }
}

void run_optimization(ConvNet conv_net, OptimizerV2 optimizer, Tensor x, Tensor y)
{
    using var g = tf.GradientTape();
    var pred = conv_net.Apply(x, is_training: true);
    var loss = cross_entropy_loss(pred, y);

    // 計算梯度
    var gradients = g.gradient(loss, conv_net.trainable_variables);

    // 按梯度更新 W 和 b
    optimizer.apply_gradients(zip(gradients, conv_net.trainable_variables.Select(x =>
x as ResourceVariable)));
}

Tensor cross_entropy_loss(Tensor x, Tensor y)
{
    // 將標籤轉換為 int64 類型，以作為交叉熵損失函式的參數
    y = tf.cast(y, tf.int64);
    // 將 Softmax 應用於 Logits 並計算交叉熵
    var loss = tf.nn.sparse_softmax_cross_entropy_with_logits(labels: y, logits: x);
    // 整個批次的平均損失
    return tf.reduce_mean(loss);
```

```
}

Tensor accuracy(Tensor y_pred, Tensor y_true)
{
    // 預測出的類別是預測向量中得分最高的機率的指數（Argmax）
    var correct_prediction = tf.equal(tf.argmax(y_pred, 1), tf.cast(y_true,
tf.int64));
    return tf.reduce_mean(tf.cast(correct_prediction, tf.float32), axis: -1);
}
```

第 **14** 章
Keras 模型訓練

TensorFlow 內建了兩種模型的訓練方法：Keras 的 model.fit() 和 TensorFlow 的 optimizer.apply_gradients()。我們簡單地分別介紹一下。

14.1 內建 fit 訓練

Keras 中的模型內建了模型訓練、評估和預測方法，分別為 model.fit()、model.evaluate() 和 model.predict()。

其中 model.fit() 方法用來訓練模型，該方法的功能非常強大，支援對 NumPy 陣列、Tensorflow.data.Dataset 和 Tensorflow.Keras.Datasets 資料進行訓練，並且可以透過設定回呼函式實現對訓練過程的複雜控制邏輯。

我們透過 Functional API 方式來演示 MNIST 資料集使用 model.fit() 方法訓練模型的過程，步驟如下。

（1）引用類別庫。

```
using NumSharp;
using Tensorflow.Keras.Engine;
using static Tensorflow.Binding;
using static Tensorflow.KerasApi;
```

（2）準備資料集。

```
NDArray x_train, y_train, x_test, y_test;

public void PrepareData()
{
    (x_train, y_train, x_test, y_test) = keras.datasets.mnist.load_data();
    x_train = x_train.reshape(60000, 784) / 255f;
    x_test = x_test.reshape(10000, 784) / 255f;
}
```

（3）架設並編譯模型。

```
Model model;
public void BuildModel()
```

```
{
    // 輸入層
    var inputs = keras.Input(shape: 784);

    // 第 1 個全連接層
    var outputs = layers.Dense(64, activation: keras.activations.Relu). Apply(inputs);

    // 第兩個全連接層
    outputs = layers.Dense(64, activation: keras.activations.Relu). Apply (outputs);

    // 輸出層
    outputs = layers.Dense(10).Apply(outputs);

    // 架設網路模型
    model = keras.Model(inputs, outputs, name: "mnist_model");
    // 顯示模型概況
    model.summary();

    // 編譯模型生成 TensorFlow 的靜態圖
    model.compile(loss: keras.losses.SparseCategoricalCrossentropy(from_logits: true),
                  optimizer: keras.optimizers.RMSprop(),
                  metrics: new[] { "accuracy" });
}
```

（4）訓練並評估模型（程式同時演示了模型的保存本地和本地載入）。

```
public override void Train()
{

    // 輸入訓練集資料和標籤，並開始訓練
    model.fit(x_train, y_train, batch_size: 64, epochs: 2, validation_split: 0.2f);

    // 評估模型
    model.evaluate(x_test, y_test, verbose: 2);

    // 序列化保存模型檔案
    model.save("mnist_model");

    // 從本地檔案中重新載入完全相同的模型，如需要使用可以取消下述程式碼片段的註釋
    // model = keras.models.load_model("path_to_my_model");

}
```

14.2 自訂訓練

自訂訓練不需要編譯模型，直接利用最佳化器根據損失函式反向傳播進行參數迭代即可，擁有最高的靈活性。

我們架設一個 3 層的全連接神經網路（子類別方式）。網路層參數如下。

```
var neural_net = new NeuralNet(new NeuralNetArgs
{
    NumClasses = num_classes,
    NeuronOfHidden1 = 128,
    Activation1 = keras.activations.Relu,
    NeuronOfHidden2 = 256,
    Activation2 = keras.activations.Relu
});
```

模型中的變數和超參數如下。

```
// MNIST 資料集參數
int num_classes = 10; // 0～9 的字元類別
int num_features = 784; // 784 = 28×28，即影像的解析度轉換為 1 維後的資料長度

// 訓練參數
float learning_rate = 0.1f;
int display_step = 100;
int batch_size = 256;
int training_steps = 1000;

float accuracy;
IDatasetV2 train_data;
NDArray x_test, y_test, x_train, y_train;
```

首先，我們自訂交叉熵損失函式和準確率評估指標。

```
// 交叉熵損失函式
// 請注意，這將對 Logits 應用 Softmax
Func<Tensor, Tensor, Tensor> cross_entropy_loss = (x, y) =>
{
    // 將標籤轉換為 int64 類型，以作為交叉熵損失函式的參數
```

```
    y = tf.cast(y, tf.int64);
    // 將 Softmax 應用於 Logits 並計算交叉熵
    var loss = tf.nn.sparse_softmax_cross_entropy_with_logits(labels: y, logits: x);
    // 整個批次的平均損失
    return tf.reduce_mean(loss);
};


// 準確率指標
Func<Tensor, Tensor, Tensor> accuracy = (y_pred, y_true) =>
{
    // 預測出的類別是預測向量中得分最高的機率的指數（Argmax）
    var correct_prediction = tf.equal(tf.argmax(y_pred, 1), tf.cast(y_true,
 tf.int64));
    return tf.reduce_mean(tf.cast(correct_prediction, tf.float32), axis: -1);
};
```

然後，我們架設 SGD 最佳化器，並應用梯度最佳化器於模型。

```
// SGD 最佳化器
var optimizer = keras.optimizers.SGD(learning_rate);

// SGD 最佳化器的執行過程封裝為函式
Action<Tensor, Tensor> run_optimization = (x, y) =>
{
    // 將運算包裝在梯度記錄器中進行自動微分
    using var g = tf.GradientTape();
    // 前向傳播
    var pred = neural_net.Apply(x, is_training: true);
    var loss = cross_entropy_loss(pred, y);

    // 計算梯度
    var gradients = g.gradient(loss, neural_net.trainable_variables);

    // 按照梯度更新 W 和 b
    optimizer.apply_gradients(zip(gradients, neural_net.trainable_variables.Select(x
=> x as ResourceVariable)));
};
```

最後，我們使用自訂迴圈迭代進行模型訓練。訓練後的模型會手動進行準確率評估。

```
// Run training for the given number of steps.
// 按照給定的步驟進行訓練
foreach (var (step, (batch_x, batch_y)) in enumerate(train_data, 1))
{
    // 執行最佳化器，以更新 W 和 b
    run_optimization(batch_x, batch_y);

    if (step % display_step == 0)
    {
        var pred = neural_net.Apply(batch_x, is_training: true);
        var loss = cross_entropy_loss(pred, batch_y);
        var acc = accuracy(pred, batch_y);
        print($"step: {step}, loss: {(float)loss}, accuracy: {(float)acc}");
    }
}


// 在驗證集上進行模型評估測試
{
    var pred = neural_net.Apply(x_test, is_training: false);
    this.accuracy = (float)accuracy(pred, y_test);
    print($"Test Accuracy: {this.accuracy}");
}
```

至此，Keras 的模型架設和模型訓練就全部完成了。Keras 官方有大量的完整解決方案的程式範例，涵蓋電腦視覺、自然語言處理、資料結構化、推薦系統、時間序列、音訊資料辨識、Gan 深度學習、強化學習和快速 Keras 模型等領域。

同時，我們可以直接呼叫 Keras 中的模型儲存庫 Keras Applications，其內建了 VGG、ResNet、InceptionNet、MobileNet 和 DenseNet 等大量成熟的深度學習模型，可以直接進行訓練、推理或遷移學習。

整體來說，Keras 的簡單、快速而不失靈活性的特點，使其成為 TensorFlow 推薦廣大開發者使用，並且得到 TensorFlow 的官方內建和全面支持的核心 API。

第三部分

生產應用與案例

第15章
CPU 和 GPU 環境下的 TensorFlow.NET 應用

15.1 CPU 和 GPU 環境架設及安裝

在正式進行開發生產案例實作之前，我們先來了解 TensorFlow.NET 的 CPU 和 GPU 的環境設定安裝。所謂「工欲善其事，必先利其器」，只有架設了穩定高效的深度學習執行環境，才能開始愉快的程式之旅。

15.1.1 環境設定

本章的案例均以 TensorFlow.NET 0.20 為基礎，對應 TensorFlow 2.0 版本。

建議的系統環境設定如下。

- 作業系統：Windows 7 & 10，64bit。

- .NET 框架：使用 .NET Framework 4.7.2 及以上版本，或者使用 .NET Core 2.2 及以上版本。

- Visual Studio 版本：建議使用 Microsoft Visual Studio 2019 版本。

- 如果使用 C# 語言，則使用 C# 7.3 及以上版本。

15.1.2 CPU 環境下的 TensorFlow.NET 使用

CPU 硬體規格如下。

由於預編譯版本的編譯選項中選定了支援的處理器參數，因此主機的 CPU 架構需要支援 AVX/SSE 加速指令集。判斷主機的 CPU 是否支援該指令集，可以存取 CPU 官網查詢，或者使用一些 CPU 檢測工具，如 CPUID 的 CPU-Z 程式，若檢測結果如圖 15-1 所示，則表示支持 AVX/SSE。

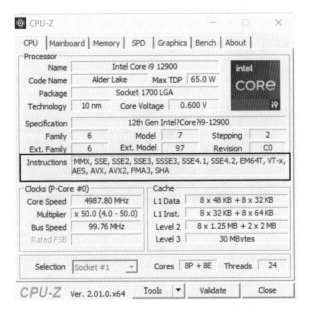

▲ 圖 15-1 CPU-Z 顯示的指令集支援項

表 15-1 所示為目前 TensorFlow 不支援的 Intel CPU 清單。

➜ 表 15-1 目前 TensorFlow 不支援的 Intel CPU 清單

CPU 系列	包含或低於該型號的 CPU 不支援
Core i7	Core i7-970
Core i7 Extreme Edition	Core i7-990X
Xeon 3500 series	Xeon W3580
Xeon 3600 series	Xeon W3690
Xeon 5500 series	Xeon W5590
Xeon 5600 series	Xeon X5698

（1）新建專案。

打開 Visual Studio 2019，新建主控台應用（.NET Framework），如圖 15-2 所示。

選擇 NET Framework 4.7.2 框架（或者更新版本，或者使用 .NET Core 2.2 及以上版本），如圖 15-3 所示。

圖 15-2 新建主控台應用

▲ 圖 15-3 選擇 .NET Framework 4.7.2 以上的框架

專案目標平臺選擇 x64，如圖 15-4 所示。

▲ 圖 15-4 選擇專案目標平臺

（2）安裝和引用 TensorFlow.NET。

透過 NuGet 安裝 TensorFlow.NET 的步驟如下。

打開工具→ NuGet 套件管理器→套件管理器主控台，安裝 TensorFlow C# Binding。

在主控台輸入 Install-Package TensorFlow.NET，進行安裝，如圖 15-5 所示。

▲ 圖 15-5 在主控台輸入 Install-Package TensorFlow.NET

安裝完成後，繼續安裝 TensorFlow Binary CPU 版本，在主控台輸入 Install-Package SciSharp.TensorFlow.Redist，如圖 15-6 所示。

▲ 圖 15-6 在主控台輸入 Install-Package SciSharp.TensorFlow.Redist

可能出現的問題：如果遇到相依項版本導致的安裝失敗，則顯示出錯資訊如圖 15-7 所示。

▲ 圖 15-7 相依項版本導致的安裝失敗顯示出錯資訊

請嘗試安裝較低版本的套件，例如：

① Install-Package TensorFlow.NET -version 0.20.0（先安裝 TensorFlow.NET）；

② Install-Package SciSharp.TensorFlow.Redist -version 2.3.1（後安裝 SciSharp.TensorFlow.Redist）。

全部安裝完成後，可以透過 NuGet 套件管理器看到相關套件已安裝，如圖 15-8 所示。

▲ 圖 15-8 相關套件已安裝

套件安裝完成後，增加引用項 using static Tensorflow.Binding，程式如下。

```
using static Tensorflow.Binding;
```

（3）執行「Hello World」和一個簡單的程式。

可以透過執行「Hello World」和一個簡單的常數運算程式，測試 Tensor Flow.NET 是否正常安裝，完整程式如下。

```
using System;
using System.Text;
using static Tensorflow.Binding;

namespace TF_Test
{
    class Program
    {
        static void Main(string[] args)
        {
            // ------------ 經典的 Hello World --------------
            // 建立一個常數節點
            var str = "Hello, TensorFlow.NET!";
            var hello = tf.constant(str);

            // 啟動 TensorFlow 的階段
            using (var sess = tf.Session())
            {
                // 執行 OP 節點
                var result = sess.run(hello);
                var output = UTF8Encoding.UTF8.GetString((byte[])result);
                Console.WriteLine(output);
            }

            // ------------ 一個簡單的運算操作 --------------
            // 基本常數操作
            // 建構函式傳回的值表示常數 op 的輸出
            var a = tf.constant(2);
            var b = tf.constant(3);
```

```
    // 啟動預設圖
    using (var sess = tf.Session())
    {
        Console.WriteLine("a=2, b=3");
        Console.WriteLine($"Addition with constants: {sess.run(a + b)}");
        Console.WriteLine($"Multiplication with constants: {sess. run(a *
b)}");
    }

    Console.Read();
    }
  }
}
```

若執行結果如圖 15-9 所示，則說明 TensorFlow.NET 已經正常安裝完成。

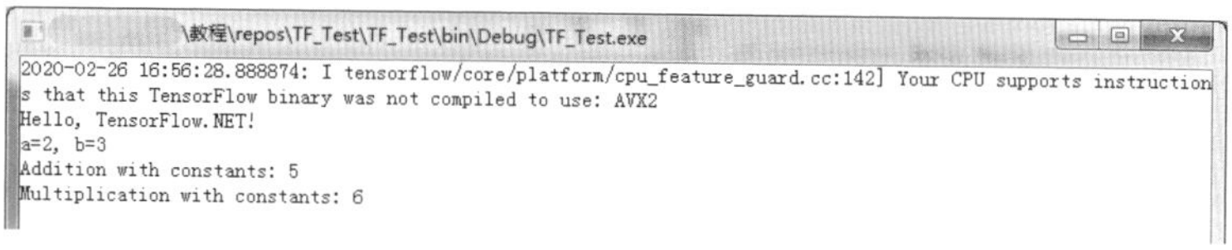

▲ 圖 15-9 TensorFlow.NET 正確安裝的執行結果

可能出現的問題：如果提示「DllNotFoundException: 無法載入 DLL "tensor flow": 找不到指定的模組。（異常來自 HRESULT:0x8007007E）。」，顯示出錯資訊如圖 15-10 所示，則有兩種解決方案。

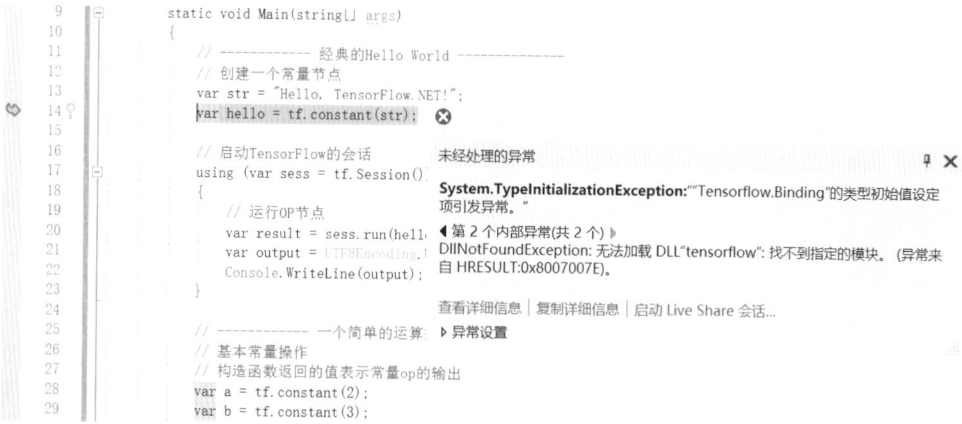

▲ 圖 15-10 DLL 模組辨識顯示出錯資訊 (編按：本圖例為簡體中文介面)

解決方案 1：手動複製「tensorflow.dll」檔案至 Debug 資料夾下。

「tensorflow.dll」檔案路徑：解決方案根路徑 \TF_Test\packages\SciSharp.TensorFlow.Redist. 0.20.0\runtimes\win-x64\native\tensorflow.dll。

複製至 Debug 後，Debug 下完整的類別庫集可以參考圖 15-11。

解決方案 2：嘗試安裝較低版本的套件，例如：

① Install-Package TensorFlow.NET -version 0.20.0（ 先 安 裝 TensorFlow. NET）；

② Install-Package SciSharp.TensorFlow.Redist -version 2.3.1（後安裝 SciSharp. TensorFlow. Redist）。

Google.Protobuf.dll	2019/12/13 11:25
Google.Protobuf.pdb	2019/12/13 17:47
Google.Protobuf.xml	2019/12/13 17:47
NumSharp.Core.dll	2019/12/31 16:28
NumSharp.Core.pdb	2019/12/31 16:28
System.Buffers.dll	2017/7/19 10:01
System.Buffers.xml	2017/7/19 10:01
System.Memory.dll	2019/4/17 16:24
System.Memory.xml	2019/4/17 16:24
System.Numerics.Vectors.dll	2017/7/19 10:01
System.Numerics.Vectors.xml	2017/7/19 10:01
System.Runtime.CompilerServices.Unsafe.dll	2018/9/18 19:38
System.Runtime.CompilerServices.Unsafe.xml	2018/9/18 19:38
tensorflow.dll	2019/10/14 2:16
TensorFlow.NET.dll	2020/1/1 17:32
TF_Test.exe	2020/2/26 16:06
TF_Test.exe.config	2020/2/26 16:06
TF_Test.pdb	2020/2/26 16:06

▲ 圖 15-11 完整的類別庫集

15.1.3 GPU 環境下的 TensorFlow.NET 使用

大家都知道，GPU 特別擅長矩陣乘法和卷積運算，這得益於 GPU 的高記憶體和高頻寬。在深度學習的模型訓練上，使用 GPU 有時候可以獲得比 CPU 提高 10 倍、甚至 100 倍的效率。目前比較流行的深度學習框架大部分支持 NVIDIA 的 GPU 進行平行處理加速運算，NVIDIA 的 GPU 加速主要透過 CUDA 加速函式庫和 cuDNN 加速函式庫進行。本節主要學習 CUDA 軟體的安裝、cuDNN 加速函式庫的安裝和環境變數設定，同時測試 TensorFlow.NET 的 GPU 版本簡單案例。安裝 GPU 的過程略微煩瑣，並且由於電腦系統環境不同或顯示卡類型不同，可能會出現很多顯示出錯內容，因此，請讀者在操作時思考每個步驟的原因，避免死記硬背流程，我們會儘量採用比較成熟穩定的 GPU 安裝解決方案。

我們測試的電腦安裝的顯示卡為 NVIDIA 的 GeForce RTX 2080，顯示記憶體為 8GB，算力為 7.5TFLOPS。

注意

支援 CUDA 加速函式庫的 NVIDIA 顯示卡算力的最低要求是 3.5TFLOPS，也就是說，低於 3.5TFLOPS 算力的顯示卡是無法提供 TensorFlow 運算加速功能的，顯示卡算力可以透過 NVIDIA 官方網站查詢。CODA 支持 GeForce 和 TITAN，如圖 15-12 所示。圖 15-13 所示為 CUDA 支持的 GeForce 和 TITAN 的算力清單。讀者可以根據自己的硬體進行查詢，也可以作為購買的參考依據。顯示記憶體是深度學習中比較重要的硬體資源參數。

CUDA-Enabled GeForce and TITAN Products

▲ 圖 15-12 CUDA 支持 GeForce 和 TITAN

GeForce and TITAN Products

GPU	Compute Capability
NVIDIA TITAN RTX	7.5
Geforce RTX 2080 Ti	7.5
Geforce RTX 2080	7.5
Geforce RTX 2070	7.5
Geforce RTX 2060	7.5
NVIDIA TITAN V	7.0
NVIDIA TITAN Xp	6.1
NVIDIA TITAN X	6.1
GeForce GTX 1080 Ti	6.1
GeForce GTX 1080	6.1
GeForce GTX 1070	6.1
GeForce GTX 1060	6.1
GeForce GTX 1050	6.1
GeForce GTX TITAN X	5.2
GeForce GTX TITAN Z	3.5
GeForce GTX TITAN Black	3.5
GeForce GTX TITAN	3.5
GeForce GTX 980 Ti	5.2
GeForce GTX 980	5.2
GeForce GTX 970	5.2
GeForce GTX 960	5.2
GeForce GTX 950	5.2
GeForce GTX 780 Ti	3.5
GeForce GTX 780	3.5

▲ 圖 15-13 CUDA 支持的 GeForce 和 TITAN 的算力清單

下面,我們正式進行 GPU 的安裝。

(1) 安裝顯示卡驅動。

在 NVIDIA 官網下載最新的顯示卡驅動,如 GeForce RTX 2080,作業系統請按照自己的情況選擇 Windows 7 64bit 或 Windows10 64bit。顯示卡驅動下載選擇頁面如圖 15-14 所示。

注意

TensorFlow 2 需要 CUDA 10.1 版本,CUDA 10.1 需要 NVIDIA® GPU 驅動程式 418.x 或更新版本。

NVIDIA 驅動程式下載

從下方的下拉式選單中選取適合的 NVIDIA 產品驅動程式

產品類型:	GeForce	⌄
產品系列:	GeForce RTX 40 Series (Notebooks)	⌄
產品家族:	GeForce RTX 4090 Laptop GPU	⌄
作業系統:	Windows 10 64-bit	⌄
下載方式:	Game Ready 驅動程式 (GRD)	⌄	?
語言:	Chinese (Traditional)	⌄

搜索

▲ 圖 15-14 顯示卡驅動下載選擇頁面

　　找到正確的顯示卡驅動下載版本後點擊「下載」按鈕。顯示卡驅動下載版本如圖 15-15 所示。顯示卡驅動下載頁面如圖 15-16 所示。

GeForce Game Ready 驅動程式

版本:　　　536.67 **WHQL**
發佈日期:　2023.7.18

▲ 圖 15-15 顯示卡驅動下載版本

下載驅動程式

下載檔案包含 NVIDIA 繪圖驅動程式和安裝 GeForce Experience 應用程式選項。詳細的軟體使用事項請參考 NVIDIA GeForce 軟體授權條款和 GeForce Experience 軟體授權條款。

同意和下載

自動驅動程序更新
當有新版本驅動程式發佈時 GeForce Experience 將自動提醒您。
只要按一個按鍵，驅動程式就可以立即被更新。

▲ 圖 15-16 顯示卡驅動下載頁面

下載完成後，進行安裝（這是 RTX2080 顯示卡對應的驅動程式，讀者的硬體和驅動有可能不同）。顯示卡驅動安裝頁面如圖 15-17 所示。

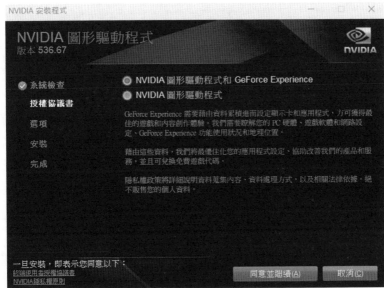

▲ 圖 15-17 顯示卡驅動安裝頁面

安裝完成後，重新啟動電腦，如圖 15-18 所示。

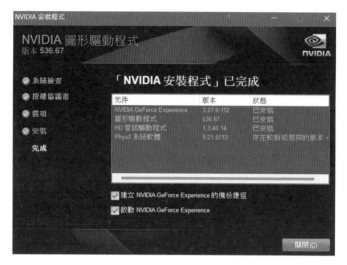

▲ 圖 15-18 重新啟動電腦頁面

（2）安裝 CUDA 工具套件。

TensorFlow 2（TensorFlow 2.1.0 及更新版本）支持 CUDA 10.1，我們可以先在 NVIDIA 官網下載需要的 CUDA 工具套件，選擇 CUDA 10.1.243，再選擇對應作業系統的版本。CUDA 工具套件下載頁面如圖 15-19 所示。

CUDA Toolkit 10.1 update2 Archive

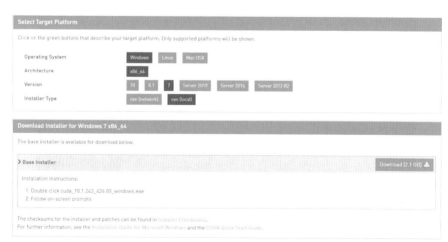

▲ 圖 15-19 CUDA 工具套件下載頁面

下載完成後，正常進行安裝即可。CUDA 安裝頁面如圖 15-20 所示。CUDA
安裝完成頁面如圖 15-21 所示。

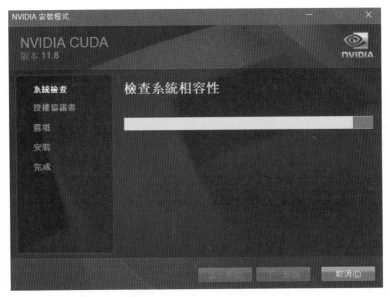

▲ 圖 15-20 CUDA 安裝頁面

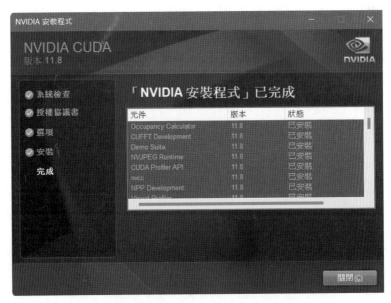

▲ 圖 15-21 CUDA 安裝完成頁面

（3）安裝 cuDNN SDK。

TensorFlow 2 支持 cuDNN SDK（cuDNN 7.6 及更新版本），我們可以在 NVIDIA 官網下載需要的 cuDNN SDK（下載時可能需要註冊 NVIDIA 的帳號）。這裡選擇「cuDNNv 7.6.5 for CUDA 10.1」，隨後選擇對應作業系統的版本。cuDNN 下載頁面如圖 15-22 所示。

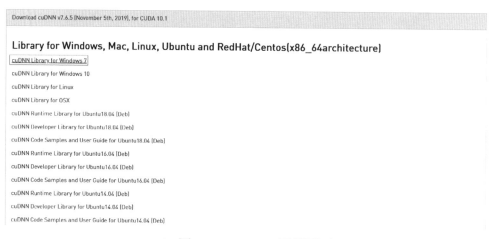

▲ 圖 15-22　cuDNN 下載頁面

下載完成後，得到一個壓縮檔，需要解壓。cuDNN 壓縮檔如圖 15-23 所示。cuDNN 壓縮檔解壓後的目錄如圖 15-24 所示。

cudnn-10.1-windows7-x64-v7.6.5.32.zip　　　　2020/3/22 21:52　　360压缩 ZIP 文件　　270,232 KB

▲ 圖 15-23　cuDNN 壓縮檔

▲ 圖 15-24　cuDNN 壓縮檔解壓後的目錄

解壓後的 3 個資料夾（bin、include、lib）直接複製至 CUDA 安裝目錄下的相同名稱的對應資料夾中即可，CUDA（以 CUDA 10.1 版本為例）路徑一般為 C:\Program Files\NVIDIA GPU Computing Toolkit\CUDA\v10.1。cuDNN 複製覆蓋完成的目錄如圖 15-25 所示。

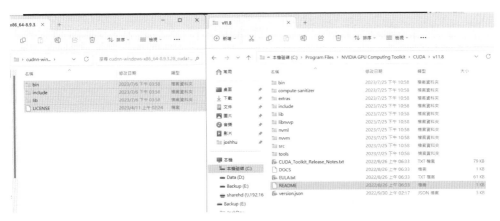

▲ 圖 15-25　cuDNN 複製覆蓋完成的目錄

複製完成後，cuDNN 的安裝就完成了。

（4）確認系統的環境變數（正常情況下安裝完成自動增加）。

① 確認環境變數→系統變數→路徑，增加了下述兩個路徑。

C:\Program Files\NVIDIA GPU Computing Toolkit\CUDA\v10.1\bin。

C:\Program Files\NVIDIA GPU Computing Toolkit\CUDA\v10.1\libnvvp。

② 確認環境變數→系統變數，增加了 CUDA_PATH 變數，變數值如下。

C:\Program Files\NVIDIA GPU Computing Toolkit\CUDA\v10.1。

③ 確認環境變數→系統變數，增加了 CUDAPATHV10_1 變數，變數值如下。

C:\Program Files\NVIDIA GPU Computing Toolkit\CUDA\v10.1。

（5）新建專案〔如果讀者的 GPU 環境已經設定完成，則可以跳過前面的（1）～（3）步〕。

附：GPU 安裝經驗技巧分享之 Anaconda 的 Python 環境 TensorFlow-GPU 自動安裝

下面的內容將演示 Anaconda 的 Python 環境 TensorFlow-GPU 自動安裝，主要目的是透過 Anaconda 的自動設定功能，自動搜尋到適合讀者 GPU 硬體的 TensorFlow-GPU、CUDA 和 cuDNN 的版本。

如果不清楚調配自己的電腦的 CUDA 和 cuDNN 版本，則可以在安裝完最新的支援 TensorFlow 2 (CUDA 10.1) 的 NVIDIA 顯示卡驅動以後，透過 Anaconda 軟體自動安裝 CUDA 和 cuDNN。Anaconda 是一款整合了 Python 解譯器和虛擬環境等一系列協助工具的軟體，透過安裝 Anaconda 軟體。Anaconda 下載頁面可以同時獲得 Python 解譯器、套件管理、虛擬環境等一系列便捷功能，免去我們在安裝過程中的一些錯誤，降低學習成本。

讀者可以透過 Anaconda 的官方網站進行下載，建議下載最新的含 Python 3.7 的 64bit Windows 版本。Anaconda 下載頁面如圖 15-26 所示。

Anaconda 2020.02 for Windows Installer

▲ 圖 15-26 Anaconda 下載頁面

下載完成後，按照步驟進行安裝即可，這裡不再贅述。

安裝完成後，執行下述步驟（注意：建議升級 conda 為最新版本，升級的指令為 conda update conda）。

① 打開開始選單→ Anaconda Prompt (Anaconda3)。

② 輸入指令，建立新的環境，conda create --name tf2 python=3.7。

③ 切換到新建立的環境 tf2，conda activate tf2。

④ 安裝 TensorFlow-GPU，conda install tensorflow-gpu。

在安裝 TensorFlow-GPU 的過程中，conda 會自動搜尋並安裝最新版本的 TensorFlow-GPU，同時自動搜尋所有需要的配套函式庫和環境並自動下載安裝，非常便利。其中，我們可以重點查看到 CUDA 和 cuDNN 的版本，對應本節中 GPU 硬體的版本自動匹配為「cudatoolkit-10.1.243」和「cudnn-7.6.5-cuda10.1」，如圖 15-27 所示。

```
cudatoolkit        anaconda/pkgs/main/win-64::cudatoolkit-10.1.243-h74a9793_0
cudnn              anaconda/pkgs/main/win-64::cudnn-7.6.5-cuda10.1_0
```

▲ 圖 15-27 自動匹配到的 CUDA 和 cuDNN 版本

最新的 TensorFlow-GPU 版本為「tensorflow-gpu-2.1.0」，如圖 15-28 所示。

```
tensorboard        anaconda/pkgs/main/noarch::tensorboard-2.1.0-py3_0
tensorflow         anaconda/pkgs/main/win-64::tensorflow-2.1.0-gpu_py37h7db9008_0
tensorflow-base    anaconda/pkgs/main/win-64::tensorflow-base-2.1.0-gpu_py37h55f5790_0
tensorflow-estima~ anaconda/pkgs/main/noarch::tensorflow-estimator-2.1.0-pyhd54b08b_0
tensorflow-gpu     anaconda/pkgs/main/win-64::tensorflow-gpu-2.1.0-h0d30ee6_0
```

▲ 圖 15-28 最新的 TensorFlow-GPU 版本

下載和安裝可能需要等待 5 ～ 10 分鐘，直到終端提示「done」，表示全部正常安裝完成。

⑤ 測試 TensorFlow-GPU 是否正確安裝。

安裝並執行 python，執行環境設定如圖 15-29 所示。然後，新建檔案，輸入測試程式。

```
import tensorflow as tf
print(tf.config.list_physical_devices('GPU'))
print(tf.test.is_built_with_cuda())
```

如果程式正常輸出「True」，如圖 15-30 所示，則表示 TensorFlow-GPU 和 CUDA 已經全部安裝成功。

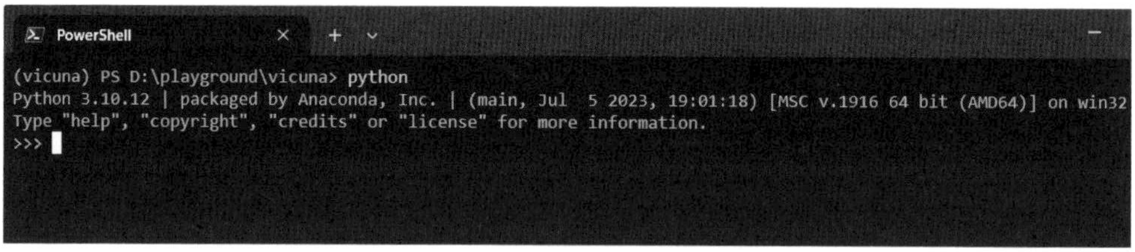

▲ 圖 15-29 IDE Spyder 執行環境設定

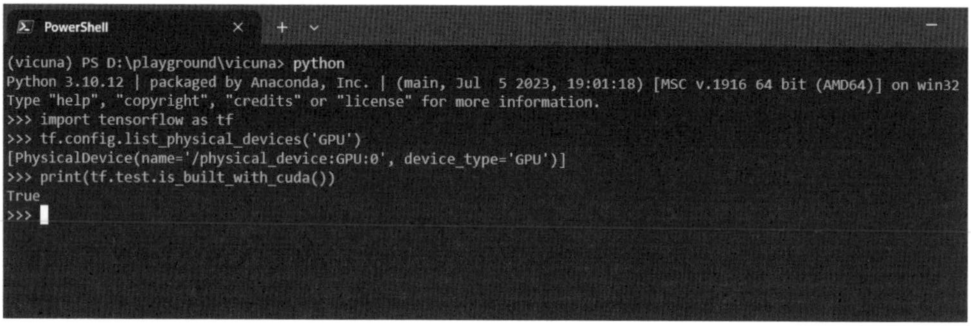

▲ 圖 15-30 程式正常輸出「True」

15.1.4 零基礎部署 GPU 加速的 TensorFlow.NET 深度學習訓練環境

你是否踩過 GPU 環境部署中 CUDA 和 cuDNN 的坑？是否為如何進行深度學習 GPU 訓練軟體的移植和快速應用而煩惱？本節就是為了解決這些問題而撰寫的，一鍵部署 TensorFlow 的 GPU 版本（見圖 15-31），最大化表現 .NET 優勢，徹底解決 GPU 環境設定的煩瑣問題，讓你專注於深度學習演算法和模型的開發。

▲ 圖 15-31 一鍵部署 TensorFlow 的 GPU 版本

本節主要適用於下述情況。

- 一鍵部署深度學習訓練軟體,無須安裝複製 CUDA、cuDNN 和設定環境變數等。

- 希望將 GPU 加速的訓練軟體整體打包、移植使用,軟體安裝綠色簡便。

- GPU 訓練版本軟體開發完交付客戶,避免客戶 PC 設定差異導致的軟體無法正常使用。

- 簡單地「複製貼上」,即可一鍵完成 GPU 訓練環境部署,確保 GPU 環境安裝零差錯。

- 需要在一台機器上同時跑多個版本 TensorFlow 和多個版本 Cuda 的開發環境。

原理說明如下。

利用 .NET 的封裝優勢,將 TensorFlow.dll、TensorFlow.NET.dll 及 NVIDIA GPU 相關必要的相依類別庫全部提取,複製至應用程式相同目錄下,伴隨可執行檔打包、移植使用,實現 GPU 環境跟隨主程式版本打包應用的效果。

下面開始進行實測說明。

(1)NVIDIA GPU 驅動安裝。

關於 GPU 驅動安裝,請直接參考上文「GPU 環境下的 TensorFlow.NET 使用」中的「安裝顯示卡驅動」。

（2）新建專案，安裝和引用 TensorFlow.NET GPU。

建立解決方案，透過 NuGet 安裝 TF.NET GPU，安裝指令如下。

```
Install-Package TensorFlow.NET
Install-Package SciSharp.TensorFlow.Redist-Windows-GPU
```

（3）複製 NVIDIA GPU 加速的必要相依類別庫至程式執行目錄下。

複製 NVIDIA GPU 加速的必要相依類別庫至程式執行目錄下，讀者的相依類別庫可能略有差異，具體查詢和下載的方法後面會單獨介紹。本文使用的硬體（GeForce RTX 2080）和系統環境（Windows 7，64bit）對應的 7 個相依類別庫如下。

- cublas64_100.dll。

- cudart64_100.dll。

- cudnn64_7.dll。

- cufft64_100.dll。

- curand64_100.dll。

- cusolver64_100.dll。

- cusparse64_100.dll。

GPU 環境必要的加速函式庫集如圖 15-32 所示。

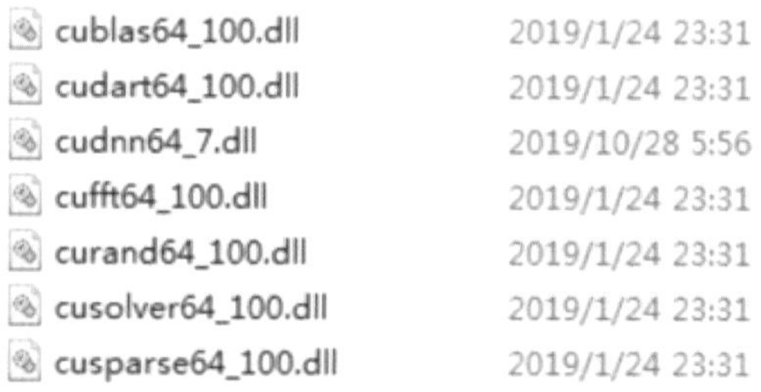

cublas64_100.dll	2019/1/24 23:31
cudart64_100.dll	2019/1/24 23:31
cudnn64_7.dll	2019/10/28 5:56
cufft64_100.dll	2019/1/24 23:31
curand64_100.dll	2019/1/24 23:31
cusolver64_100.dll	2019/1/24 23:31
cusparse64_100.dll	2019/1/24 23:31

▲ 圖 15-32 GPU 環境必要的加速函式庫集

（4）複製完成後即可進行 GPU 加速的深度學習程式開發。

複製完成後即可直接進行 GPU 加速的 TensorFlow 深度學習程式的開發，開發完成的程式可以直接打包，轉移至新的 GPU 環境的電腦中，直接進行 GPU 加速的 TensorFlow.NET 的模型訓練（顯示卡驅動需要預先正確安裝）。

TensorFlow.NET GPU 執行需要的完整相依類別庫清單如圖 15-33 所示。

附：利用 Dependency Walker 軟體查詢 TensorFlow.NET 相依的 GPU 類別庫

什麼是 Dependency Walker？Dependency Walker 是 Microsoft Visual C++ 中提供的非常有用的 PE 模組相依性分析工具，主要功能如下。

檔案	日期	類型	大小
cublas64_100.dll	2019/1/24/周四 ...	应用程序扩展	65,741 KB
cudart64_100.dll	2019/1/24/周四 ...	应用程序扩展	407 KB
cudnn64_7.dll	2019/10/28/周一...	应用程序扩展	411,034 KB
cufft64_100.dll	2019/1/24/周四 ...	应用程序扩展	99,650 KB
curand64_100.dll	2019/1/24/周四 ...	应用程序扩展	48,585 KB
cusolver64_100.dll	2019/1/24/周四 ...	应用程序扩展	125,563 KB
cusparse64_100.dll	2019/1/24/周四 ...	应用程序扩展	55,168 KB
Google.Protobuf.dll	2019/10/29/周二...	应用程序扩展	342 KB
microsoft.office.interop.excel.dll	2018/7/21/周六 ...	应用程序扩展	1,514 KB
Microsoft.VisualBasic.dll	2012/9/26/周三 ...	应用程序扩展	139 KB
msvcp140.dll	2018/1/14/周日 ...	应用程序扩展	627 KB
NumSharp.Core.dll	2019/10/5/周六 ...	应用程序扩展	23,079 KB
Protobuf.Text.dll	2019/9/22/周日 ...	应用程序扩展	53 KB
SharpCV.dll	2019/12/26/周四...	应用程序扩展	20 KB
System.Buffers.dll	2017/7/19/周三 ...	应用程序扩展	28 KB
System.Memory.dll	2019/4/17/周三 ...	应用程序扩展	146 KB
System.Numerics.Vectors.dll	2017/7/19/周三 ...	应用程序扩展	114 KB
System.Runtime.CompilerServices.Un...	2018/9/18/周二 ...	应用程序扩展	24 KB
tensorflow.dll	2019/6/18/周二 ...	应用程序扩展	804,767 KB
TensorFlow.NET.dll	2019/11/28/周四...	应用程序扩展	1,436 KB
ucrtbase.dll	2019/4/7/周日 1...	应用程序扩展	962 KB
vcruntime140.dll	2018/1/14/周日 ...	应用程序扩展	86 KB

（GPU 加速相關類別庫 / TensorFlow.NET 和系統相關的類別庫）

▲ 圖 15-33 TensorFlow.NET GPU 執行需要的完整相依類別庫清單

- 查看 PE 模組的匯入模組。
- 查看 PE 模組的匯入和匯出函式。
- 動態剖析 PE 模組的模組相依性。
- 解析 C++ 函式名稱。

下面主要利用 Dependency Walker 查看模組相依性，通俗地講，就是利用 Dependency Walker 軟體找到 tensorflow.dll 核心函式庫的 GPU 版本正常執行所需要配套的必要的 DLL 檔案。

首先，我們打開 Dependency Walker 軟體，將 tensorflow.dll 拖入主介面（或點擊手動載入檔案）。載入後，軟體會自動分析並舉出缺少的 DLL 檔案，如圖 15-34 所示。

然後，根據缺少的檔案資訊，直接從 NVIDIA 官網下載，或者從另一台已經設定完成 GPU 環境的 PC 中複製。複製路徑可以利用 Dependency Walker 進行自動查詢，方法同上，也是在已經設定完成 GPU 環境的 PC 上，將 tensorflow.dll 拖入 Dependency Walker 主介面，該軟體會自動找到匹配的 DLL 檔案的詳細目錄資訊（讀者的目錄不一定相同，一般從程式執行目錄或環境變數路徑的目錄中自動查詢），如圖 15-35 所示。

複製完成後，重新執行 Dependency Walker 軟體，重複上述流程，即可發現所有 DLL 檔案均正常引用。接下來，就可以專注於深度學習演算法的開發和模型的架設了。Dependency Walker 測試引用完成效果如圖 15-36 所示。

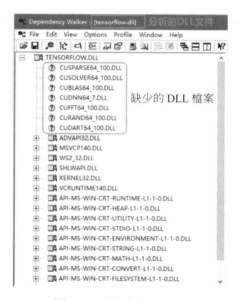

▲ 圖 15-34 缺少的 DLL 檔案

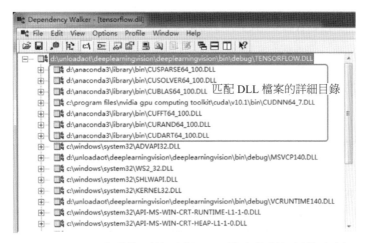

▲ 圖 15-35 自動找到的匹配 DLL 檔案的詳細目錄資訊

▲ 圖 15-36 Dependency Walker 測試引用完成效果

以上就是零基礎部署 GPU 加速的 TensorFlow.NET 深度學習訓練環境的全部過程，只需要「複製貼上」，即可完成 GPU 環境的安裝，非常簡單便捷。

15.2 TensorFlow.NET 的影像利器 SharpCV

SharpCV 是 SciSharp Stack 社區開發的開放原始碼專案，是一個結合 OpenCV 和 NumSharp 的影像類別庫，支持 object 物件，可以十分方便地進行資料操作，如資料切片（Slicing）等。SciSharp 官方推薦廣大 .NET 深度學習開發者在 TensorFlow.NET 專案中使用 SharpCV 進行影像處理，SharpCV 相比原生的 OpenCVSharp 在資料型態轉換和傳播上更加順滑便捷。

15.2.1 SharpCV 入門

SharpCV 的使用非常簡單。首先透過 NuGet 安裝 SharpCV 和 OpenCvSharp 4.runtime.win，如圖 15-37 所示。

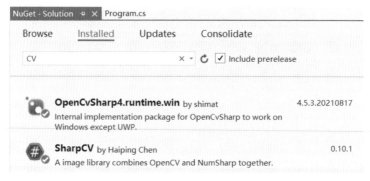

▲ 圖 15-37 透過 NuGet 安裝 SharpCV 和 OpenCvSharp4.runtime.win

然後引用類別庫即可。

```
using SharpCV;
using static SharpCV.Binding;
```

在後面的實際案例中，我們會經常使用 SharpCV 進行影像處理和顯示等操作，這裡列舉幾個常見的 SharpCV 功能範例。

1 · 與 NDArray 類型互相轉換

SharpCV 的 Mat 可以直接和 NDArray 進行類型轉換，程式如下所示。

```
NDArray kernel = new float[,]
{
    { 0, -1, 0 },
    { -1, 5, -1 },
    { 0, -1, 0 }
};

var mat = new Mat(kernel);
print(mat);
print(mat.data);
```

程式演示了 Mat 和 NDArray 之間的互相轉換，程式執行後輸出如下。

```
(3, 3) CV_32FC1
array([[0, -1, 0],
[-1, 5, -1],
[0, -1, 0]])
```

2・像素級資料讀取

我們可以使用 SharpCV 對影像進行像素等級的讀取，直接透過索引來獲得灰階影像或彩色影像的某個位置的像素灰階值，程式如下所示（其中的 imgSolar 為本地彩色影像路徑）。

```
var img = cv2.imread(imgSolar, IMREAD_COLOR.IMREAD_GRAYSCALE);
byte p = img[8, 8];
print(p);

img = cv2.imread(imgSolar);
var (b, g, r) = img[8, 8];
print((b, g, r));
```

執行後，主控台輸出了影像對應像素位置的灰階值，如下所示。

```
18
(32, 19, 11)
```

3 · 二值圖轉換

使用 SharpCV 的 threshold 方法可以獲得灰階影像的二值圖，程式如下所示（其中的 img.bmp 為本地彩色影像路徑）。

```
var img = cv2.imread("img.bmp");
cv2.imshow("raw image", img);
var gray = cv2.cvtColor(img, ColorConversionCodes.COLOR_RGB2GRAY);
var (ret, binary) = cv2.threshold(gray, 0, 255, ThresholdTypes.THRESH_BINARY |
ThresholdTypes.THRESH_TRIANGLE);
cv2.imshow("black and white", binary);
cv2.waitKey(0);
```

程式執行後，SharpCV 顯示影像如圖 15-38 所示。

▲ 圖 15-38　SharpCV 顯示影像

進行處理後，SharpCV 顯示二值圖如圖 15-39 所示。

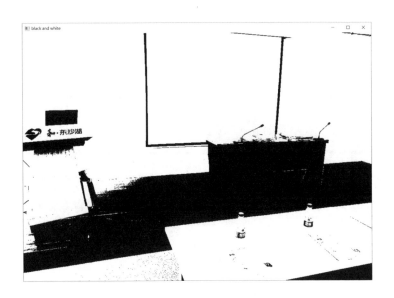

圖 15-39 SharpCV 顯示二值圖

4 · 視訊流截取

下述程式演示了從一段視訊流中截取一幀 (又稱影格，本書使用幀) 影像並顯示的過程。

```
var vid = cv2.VideoCapture("road.mp4");
var (loaded, frame) = vid.read();
while (loaded)
{
    cv2.imshow("frame", frame);
    cv2.waitKey(42);// 人眼可分辨的最低連續切換頻率約為 24fps，因此這裡的視訊播放間隔時間設
定為 42ms（1000ms/24fps）
    (loaded, frame) = vid.read();
}
```

執行後，我們看到視訊流暢地在 SharpCV 視窗進行播放，其內部執行過程是影像的逐幀提取和顯示。SharpCV 視訊顯示如圖 15-40 所示。

▲ 圖 15-40 SharpCV 視訊顯示

15.2.2 張量視覺化工具 TensorDebuggerVisualizers

　　視覺化工具是 Visual Studio 偵錯器使用者介面的一部分,該使用者介面以適合資料型態的方式顯示變數或物件。開發者在程式偵錯的過程中會經常用到視覺化工具,只要用滑鼠掠過變數名稱,就可以顯示出視覺化使用者介面,方便進行即時偵錯結果的視覺化顯示。例如,HTML 視覺化工具解釋 HTML 字串,並以與瀏覽器視窗中相同的方式顯示結果;點陣圖型視覺化工具解釋點陣圖結構,並顯示它表示的圖形。某些視覺化工具不僅允許開發者修改資料,還允許開發者查看資料。

　　Visual Studio 偵錯器包括 6 個標準視覺化工具。其中,文字、HTML、XML 和 JSON 4 個視覺化工具處理字串物件;WPF 樹狀視覺化工具顯示 WPF 樹的屬性;資料集視覺化工具適用於 DataSet、DataView 和 DataTable 物件。

　　除上述 6 個 Visual Studio 內建的標準視覺化工具外,我們還可以自訂撰寫自己的視覺化工具,並將其安裝在 Visual Studio 偵錯器中。在偵錯器中,視覺化工具用放大鏡圖示表示。我們可以在 DataTip、偵錯器「監視」視窗或「快速監視」對話方塊中選擇圖示,隨後為對應物件選擇適當的視覺化工具。

為了方便以 TensorFlow.NET 開發程式為基礎的偵錯過程視覺化，SciSharp Stack 社區推出了自己的開放原始碼張量視覺化工具 TensorDebuggerVisualizers。我們可以在 SciSharp Stack 社區的 TensorDebuggerVisualizers 版塊中下載該視覺化工具，它可以在程式偵錯時提供工作表內容的即時視覺化視圖。

下載解壓完成後，本地會有兩個 DLL 檔案：偵錯器端 DLL 檔案為 TensorDebuggerVisualizers.dll，偵錯物件端 DLL 檔案為 netcoreapp 目錄下的 TensorDebuggerVisualizers.ObjectSources.dll。

我們先將偵錯器端 DLL 檔案複製到以下位置之一。

- <VisualStudio 安裝路徑 >\Common7\Packages\Debugger\Visualizers。
- 我的文件 <VisualStudio 版本 >\Visualizers。

再將偵錯物件端 DLL 檔案複製到以下位置之一。

- <VisualStudio 安 裝 路 徑 >\Common7\Packages\Debugger\Visualizers\netcoreapp。
- 我的文件 <VisualStudio 版本 >\Visualizers\ netcoreapp。

完成上述操作後，就可以在 Visual Studio 中使用該視覺化工具，我們舉一個簡單的例子進行演示。

首先，打開 Visual Studio 2019，建立新的 .NET 5.0 主控台應用，透過 NuGet 安裝 SharpCV、OpenCvSharp4.runtime.win 和 SciSharp.TensorFlow.Redist。透過 NuGet 安裝必要的相依項如圖 15-41 所示。

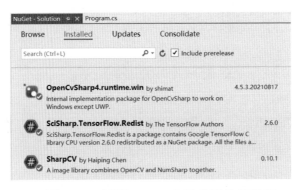

▲ 圖 15-41 透過 NuGet 安裝必要的相依項

然後，我們簡單地寫一個本地影像載入和旋轉的程式，如下所示。

```
using static SharpCV.Binding;

namespace TensorDebuggerVisualizersTest
{
    class Program
    {
        static void Main(string[] args)
        {
            var img = cv2.imread("img.bmp");
            var img_rotate = cv2.rotate(img, SharpCV.RotateFlags. ROTATE_ 90_
CLOCKWISE);
        }
    }
}
```

在偵錯中斷狀態下，我們把滑鼠放到變數 img 上，會出現類似放大鏡的變數檢視器圖示，點擊其右側的下拉箭頭。IDE 變數檢視器如圖 15-42 所示。

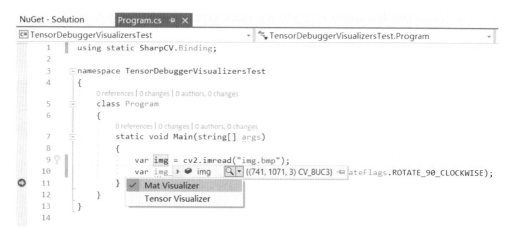

▲ 圖 15-42 IDE 變數檢視器

其中，Mat Visualizer 用於視覺化查看 Mat 類型的影像；Tensor Visualizer 用於視覺化查看張量。我們選擇 Mat Visualizer 後，會快顯視窗顯示變數的影像，如圖 15-43 所示。

用同樣的方式可以查看變數 img 旋轉後的視覺化結果，如圖 15-44 所示。

TensorDebugger Visualizers 視覺化工具支持在視窗尺寸內拖曳縮放內部的影像，使用體驗十分順滑流暢，因此推薦廣大 TensorFlow.NET 開發者搭配使用，特別是影像領域的開發應用。

▲ 圖 15-43 變數的影像

▲ 圖 15-44 變數 img 旋轉後的視覺化結果

第 16 章
工業生產環境應用案例

16.1 工業機器視覺領域應用

16.1.1 工業機器視覺和機器學習簡介

工業中為什麼要匯入機器視覺？相比傳統人眼檢查，機器視覺有哪些優勢呢？

工業中的機器視覺主要有下述三大優勢。

- 自動化——節約檢查人力。
- 速度快——提高生產效率。
- 精度高——確保最優品質。

其他的優勢包括：惡劣危險環境使用；檢查過程資料化；連線工廠巨量資料智慧系統；機器人快速互動；7×24h 連續作業；負責測量和讀碼等人眼無法進行的作業等。

更重要的是，機器視覺十分穩定。

傳統機器視覺演算法的起源要追溯到 20 世紀 50 年代，那時人們開始研究二維影像的統計模式辨識。正式的機器視覺演算法是從 20 世紀 60 年代中期美國學者 L.R.Roberts 關於理解多面體組成的積木世界的研究開始的。當時使用的前置處理、邊緣檢測、輪廓線組成、物件建模、匹配等技術，後來一直在機器視覺領域中應用。機器視覺這個名詞來自 20 世紀 70 年代的 MIT 人工智慧實驗室開設的「機器視覺」課程。1977 年，David Marr 提出了不同於「積木世界」分析方法的電腦視覺（Computational Vision）理論，也就是著名的 Marr 視覺理論，該理論在 20 世紀 80 年代成為機器視覺研究領域中的一個十分重要的理論框架。

到了 20 世紀 90 年代，機器視覺理論得到進一步的發展，同時開始在工業領域中得到應用。在「智慧製造」高速發展的今天，機器視覺技術和機器人技術一起在工業中被大量應用，幫助工業現場最佳化裝置效率、提升產品品質和加速工業智慧化處理程式，機器視覺的應用已經超越了其傳統的檢驗領域，向著更深層、更多樣化的領域擴充。圖 16-1 為我們展示了工業環境中的機器視覺應用場景。

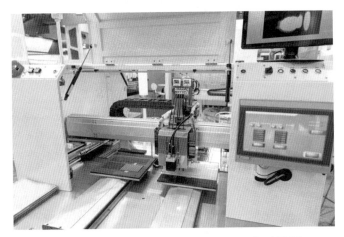

▲ 圖 16-1　工業環境中的機器視覺應用場景

那麼，在工業中，什麼是機器視覺？

簡單來說，機器視覺就是用機器代替人眼來進行測量和判斷。

完整的定義：在工業中，機器視覺就是透過機器視覺的硬體產品將被攝取目標轉換成影像訊號，傳送給專用的影像處理系統，並根據像素分佈和亮度、顏色等資訊，轉換成數位訊號，影像處理系統先對這些訊號進行各種運算來取出目標的特徵，如面積、數量、位置、長度等，再根據預設的允許度和其他條件輸出結果，如尺寸、角度、個數、合格 / 不合格、有 / 無等，進而根據判別的結果來控制現場的裝置動作或輸出資料和結果。

然而，在某些特定的領域，如複雜場景下的複雜隨機物件偵測，傳統機器視覺演算法遇到了瓶頸，簡單的演算法邏輯出現了局限性，無法有效對特徵進行表達。複雜場景下傳統機器視覺演算法的檢測瓶頸如圖 16-2 所示。

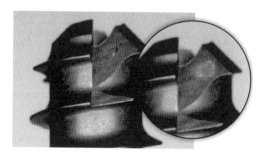

▲ 圖 16-2 複雜場景下傳統機器視覺演算法的檢測瓶頸

　　這時候，深度學習就發揮出了優勢。深度學習可以從大量的資料中學習到複雜的模型特徵，最終精準地對複雜特徵進行表達，進而精確地辨識，如對圖 16-2 準確表達出「產品表面不規則凹陷」這種特徵。

　　在推進深度學習應用於工業現場的機器視覺專案的過程中，筆者摸索嘗試過各種解決方案，深入地和現場使用人員交流，並對工業現場的視覺軟硬體環境進行了廣泛的調研，發現深度學習在工業應用場景和網際網路消費領域應用場景上存在一定的差異性。得益於 TensorFlow 優秀的性能和快速的模型訓練部署，深度學習的建模令人感到非常舒適。使用 TensorFlow 以後，生產現場的檢查能力增強了，生產產品的品質和生產效率提高了，主要的提升是誤警告率的下降、微弱特徵的辨識率上升和檢查結果分類的精準化。

　　深度學習在網際網路領域和學術研究領域的應用如圖 16-3 所示。

▲ 圖 16-3 深度學習在網際網路領域和學術研究領域的應用

但深度學習在工業現場應用時，需要考慮更多的是現場部署和配套工具的開發，如圖 16-4 所示。

▲ 圖 16-4 現場部署和配套工具的開發

很多細節問題在實際應用中被放大，成為主要開發項，對網路模型的關注度反而下降。

16.1.2 工業視覺應用深度學習詳解

工業視覺中的深度學習相比傳統深度學習，主要有如圖 16-5 所示的 8 個方面的差異。

	① 影像擷取	② 成像環境	③ 負樣本數量	④ 系統環境	⑤ 程式設計環境	⑥ 模型需求	⑦ 開發量	⑧ 演算法特點
工業環境	種類多樣、以灰階圖為主	穩定、單一	嚴重不足	系統老舊、設定低	以 .NET 為主	穩定高效	以配套工具為主	傳統演算法為主深度學習輔助
非工業環境	種類單一、以彩色圖為主	動態、複雜	可以滿足	新、雲端系統、設定合理	以 Python 為主	不斷更新迭代	模型開發最佳化	以深度學習為主

▲ 圖 16-5 工業視覺中的深度學習和傳統深度學習的比較

接下來，我們一個一個詳細進行解析。

1‧影像擷取

工業影像的擷取端多種多樣，成像格式也多種多樣，有線掃（LineScan）相機，成像是細長的影像（如 2048 像素 ×50000 像素）；有傳統的面陣（AreaScan）相機，成像是傳統的灰階影像；有特殊的 3D 相機，成像是點雲端資料影像；還有紅外相機、紫外相機、偏振相機等。工業影像以 8bit 灰階圖為主，尺寸各異，無法投入現有深度學習模型直接使用。各種類型的工業影像如圖 16-6 所示。

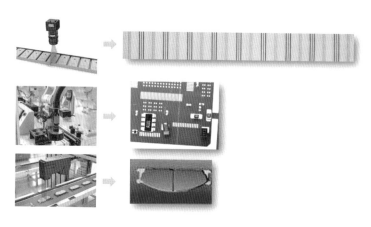

▲ 圖 16-6 各種類型的工業影像

傳統非工業影像的擷取端比較單一，一般有手機攝影機和網路攝影機（或保全監控），都採用普通的彩色成像晶片，影像尺寸多為方正的。各種類型的傳統非工業影像如圖 16-7 所示。大多數深度學習模型都是以這類別圖像進行開發和訓練為基礎的，適用性高。

▲ 圖 16-7 各種類型的傳統非工業影像

2 · 成像環境

對於工業領域，不管是3C、半導體、面板、SMD、汽車領域，還是飲料食品、標籤、紡織等領域，不管是檢測物件表面瑕疵劃痕污染、印刷噴塗異常、組裝灌裝測量，還是讀碼和字元辨識，都有一個和我們日常手機攝影機拍攝照片不一樣的地方，那就是工業取像使用更穩定的視覺硬體，包括工業相機、工業鏡頭和工業光源，會盡可能地打造一個穩定的成像環境（見圖16-8），影像的背景和目標一般在位置分佈和灰階上不會有太多動態的變化，但是不排除複雜的紋理特徵和複雜的輪廓邊界，而這是深度學習最契合的應用場景。因此，以工業影像為基礎的特點，如果有較好推理應用的成熟模型的話，在訓練好的模型基礎上進行遷移學習，可能會有意外的好效果。

典型的工業成像效果如圖16-9所示。

傳統非工業影像大多有複雜的背景和動態的光線變化，同時伴隨大量干擾和扭曲形變等。典型的傳統非工業影像如圖16-10所示。

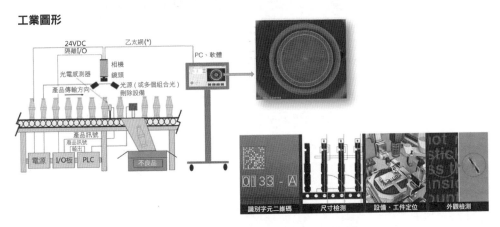

工業圖形

▲ 圖 16-8 工業成像的視覺硬體環境

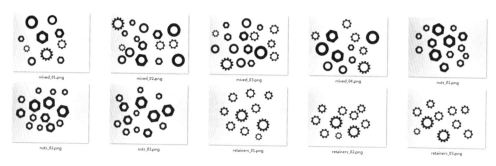

▲ 圖 16-9 典型的工業成像效果

圖 16-10 典型的傳統非工業影像

3‧負樣本數量

在正常的工業生產中,良品率一般是非常高的(>95%),因此負樣本的收集非常困難,有些品質要求嚴格的產品,可能 1 個月只會產生十幾個不良品,這樣就對訓練集的均衡提出了挑戰。工作人員需要自主開發影像前置處理演算法對樣本進行增強,不能侷限於 TensorFlow 或 OpenCV 附帶的一些傳統的影像集樣本增強演算法,有時候甚至需要減少或取消預測集和測試集,以最大限度地提供給模型進行訓練。此外生產現場允許前期耗費一定的測試成本和評價週期,允許粗糙版本先上線,邊生產邊最佳化升級。

在上述情況下,一般訂製化的樣本增強和遷移學習,可以針對性地解決樣本均衡問題。資料增強的方式如圖 16-11 所示。

常規方式 和 自主開發方式

常規方式	直接增加	直接複製，直接增加訓練集比例
	幾何變換類	翻轉、旋轉、裁剪、變形、縮放等
	顏色變換類	雜訊、模糊、顏色變換、抹除、填充等
自主開發	隨機擷取	在大圖中隨機擷取特徵區域
	影像融合	在負樣本目標特徵區域主動融合背景生成新圖

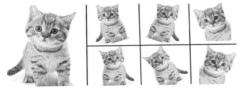

Enlarge Your Dataset

▲ 圖 16-11　資料增強的方式

4 · 系統環境

當前生產環境的工業軟體主要有以下特點。

- 封閉性和保密性，資料敏感，無法連線外部網際網路。

- 整體軟體基礎架構自主開發。

- 執行速度和穩定性要求高，離線單機裝置多。

眾所皆知，因為裝置更新和維護成本非常高，所以工業裝置的迭代速度是很低的，裝置穩定性很好。這造成一個問題，目前的工業領域的 PC 系統大多老舊，雖然擁有很穩定的工控機，抗擊惡劣環境和連續作業性能很強，但 PC 設定大多較低，系統版本也不高。經常會遇到多年前的雙核處理器搭配 Windows 2000 作業系統的情況，工業現場的工控機和系統如圖 16-12 所示，這給深度學習的部署應用提出了一些難題。

一般的解決方案是在裝置外部架設深度學習伺服器和產線裝置組成內網，共用檔案和即時通訊，讀取裝置內生成的影像進行推理，並將推理結果透過網路回饋給裝置。

▲ 圖 16-12 工業現場的工控機和系統

POST 組網通訊方式如圖 16-13 所示。

POST 通訊互動

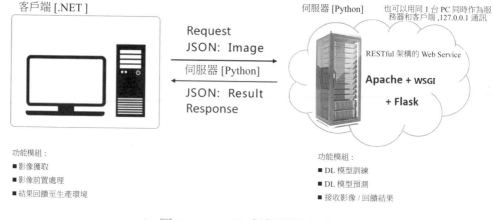

▲ 圖 16-13 POST 組網通訊方式

5．程式設計環境

TIOBE 2021 年 1 月的 Top 程式設計語言排行榜如圖 16-14 所示，可以看到，Python 排在第 3 名，C# 排在第 5 名。在深度學習的科學研究和網際網路領域中，目前是以 Python 為主流的，但是傳統的工業生產環境依然是微軟 .NET 的天下，其中主要的開發語言為 C#。

TIOBE Index for January 2021

Jan 2021	Jan 2020	Change	Programming Language	Ratings	Change
1	2	∧	C	17.38%	+1.61%
2	1	∨	Java	11.96%	-4.93%
3	3		Python	11.72%	+2.01%
4	4		C++	7.56%	+1.99%
5	5		C#	3.95%	-1.40%
6	6		Visual Basic	3.84%	-1.44%
7	7		JavaScript	2.20%	-0.25%
8	8		PHP	1.99%	-0.41%

▲ 圖 16-14 TIOBE 2021 年 1 月的 Top 程式設計語言排行榜

　　工業上使用的檢查程式大多數是以 .NET 或 C++ 為基礎的，不是較流行的 Python，而且開發者無法切換原程式的語言，因為涉及 PC 內很多操作控制、各種電路板和通訊互動等外部相依的商業類別庫，更換語言的成本很高，也幾乎不可能完成。目前一般有兩種方式解決：①透過 POST 通訊，在 Python 上訓練和部署，並透過 Flask 服務和原程式通訊互動；②採用 C++ 版本或 .NET 版本支持 GPU 的 TensorFlow 擴充，直接整合到現在的程式中，進行訓練和推理，在即時記憶體中共用影像變數和結果。個人建議採用方式②，開發起來更高效。

　　在工業 .NET 環境下，部署深度學習 TensorFlow 一般有兩種方式。

　　（1）方式一：伺服器 Python + 用戶端 .NET 通訊對話模式。

　　① 原理簡述。

　　訓練：Python GPU 版本 TensorFlow。

　　推理：Python CPU 或 GPU 版本 TensorFlow。

　　模型部署：Python 載入模型，透過 POST 通訊，接收影像進行推理，傳回 JSON 格式結果。

② 優缺點。

優點：伺服器和用戶端分離，支援多用戶端平行處理運算。

缺點：需要安裝和執行 Python 和 .NET 兩種框架，部署流程和架構複雜。

圖 16-15 所示為方式一的互動流程。圖 16-16 所示為方式一的通訊過程。

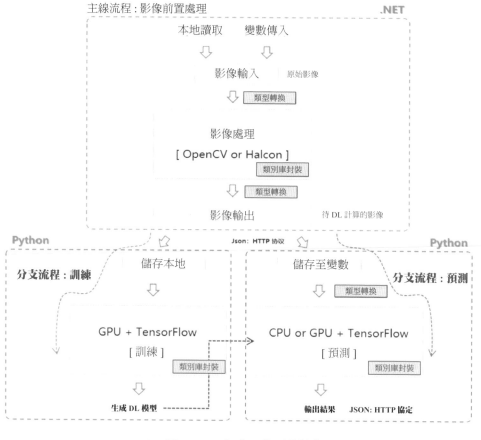

▲ 圖 16-15　方式一的互動流程

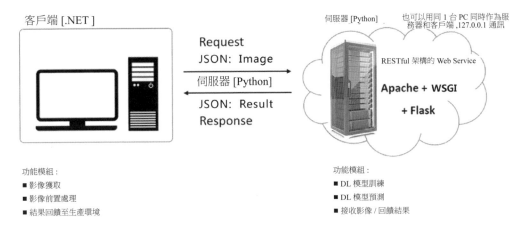

客戶端 [.NET]

Request
JSON: Image

伺服器 [Python]

JSON: Result
Response

伺服器 [Python]　　也可以用同 1 台 PC 同時作為服
務器和客戶端 ,127.0.0.1 通訊

RESTful 架構的 Web Service

Apache + WSGI

+ Flask

功能模組：
■ 影像獲取
■ 影像前置處理
■ 結果回饋至生產環境

功能模組：
■ DL 模型訓練
■ DL 模型預測
■ 接收影像 / 回饋結果

▲ 圖 16-16 方式一的通訊過程

（2）方式二：TensorFlow.NET 統一框架訓練和推理（推薦方式）。

如何解決不同語言框架開發之間的相容問題，如何快速有效地進行模型部署，接下來，我們介紹 Google 官方推薦 .NET 開發者使用的，同時是微軟 ML.NET 的底層深度學習框架之一的，來自 SciSharp Stack 的 TensorFlow.NET。

① 原理簡述。

訓練：GPU 版本 TensorFlow.NET。

推理：CPU 或 GPU 版本 TensorFlow.NET。

模型部署：GPU 版本 TensorFlow.NET，訓練出的模型直接呼叫。

② 主要優點。

支持 TensorFlow 在 .NET 環境下的 GPU 呼叫運算；模型訓練和推理可以在同一套程式中整合，不需要和外部通訊（見圖 16-17）。

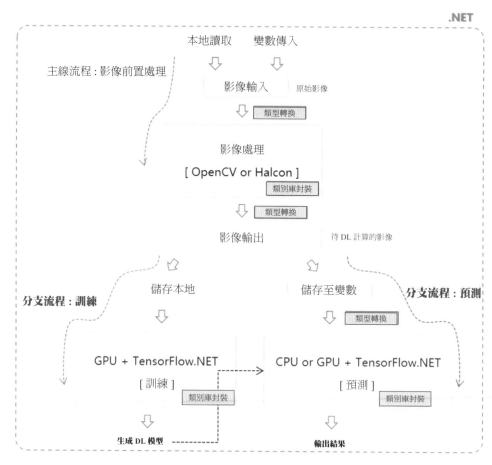

▲ 圖 16-17 統一框架下的模型訓練和推理

　　TensorFlow 和 .NET 深度融合是 Google 官方推薦 .NET 開發者使用的深度
學習框架，同時是 ML.NET 的底層深度學習框架，如圖 16-18 所示。

▲ 圖 16-18 TensorFlow 和 .NET 深度融合

6 · 模型需求

　　模型不需要前端，需要穩定高效。工業上的演算法應用一般略微落後於前端技術，以穩定高效為主。在影像處理方面一般仍然使用一些傳統的經典演算法，以深度學習進行影像分類為例，簡單的專案使用 LeNet 和 AlexNet 就足夠了，複雜的專案一般使用 VGG Net 就可以。但也有部分較前端的技術應用，如超分演算法，超分演算法可以對影像進行擴充以增加細節，幫助提升分類精準性。圖 16-19 所示為視覺領域的深度學習模型迭代情況。

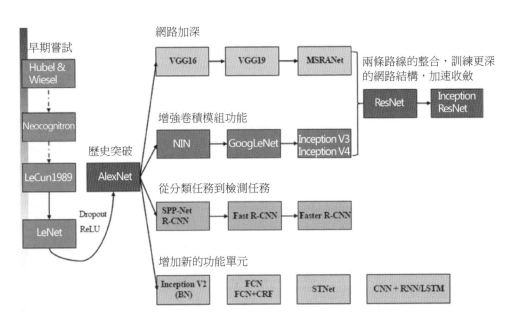

▲ 圖 16-19　視覺領域的深度學習模型迭代情況

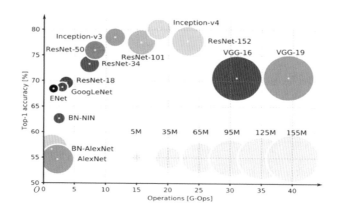

▲ 圖 16-19 視覺領域的深度學習模型迭代情況（續）

7 · 開發量

工業中一個完整專案的實作，需要交付一整套系統，便捷應用和人性化的互動 UI 是比較重要的。圖 16-20 所示為以 TensorFlow.NET 開發為基礎的可互動式深度學習標準化訓練和部署平臺。在工業現場應用深度學習時，很大一部分開發工作量在於配套的工具。例如，資料集標注製作、模型訓練、模型快速部署和訓練推理過程的視覺化，這些都需要封裝成好用穩定的工具，這樣在交付時才可以讓無程式設計經驗的客戶快速開展深度學習的業務。

▲ 圖 16-20 以 TensorFlow.NET 開發為基礎的可互動式深度學習標準化訓練和部署平臺（編按：本圖例為簡體中文介面）

8・演算法特點

雖然現在深度學習技術已經看上去「無所不能」，但在工業應用上，仍然主要採用以傳統演算法為主，以深度學習為輔的模式。這並非孰是孰非的問題，當前時期，傳統演算法在兼顧運算速度、像素計算精度和演算法開發速度上，還是略微佔優勢的。而深度學習一般作為補充，彌補傳統演算法在複雜紋理和複雜特徵描述上的不足，將傳統演算法達到的 90% 準確率助推至 95%。圖 16-21 所示為深度學習和傳統演算法合作開發的場景。

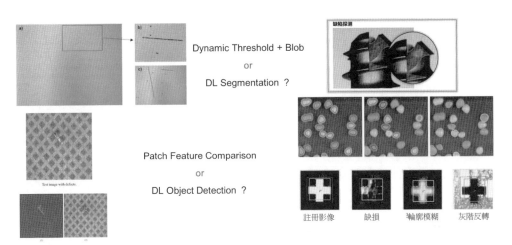

▲ 圖 16-21 深度學習和傳統演算法合作開發的場景

16.1.3 TensorFlow.NET 視覺應用解決方案

接下來，我們用一個經典的深度學習案例演示下 TensorFlow.NET 下的 MNIST DNN（Deep Neural NetWork，深度神經網路）模型處理流程。

DNN 模型在 TensorFlow2.0 中的一般處理流程如下。

（1）資料載入、歸一化和前置處理。

（2）架設 DNN 模型。

（3）定義損失函式和準確率函式。

（4）模型訓練。

（5）模型預測推理，性能評估。

經典案例：MNIST 資料集採用 TensorFlow 2.x 的 Keras 模式下的 DNN 模型的處理流程，如圖 16-22 所示。

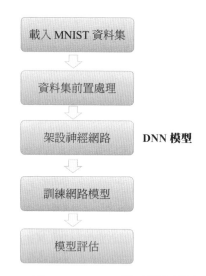

▲ 圖 16-22 DNN 模型的處理流程

對應上述流程的實現程式片段如圖 16-23 所示。

【TensorFlow.NET的C#程式碼實作】

```
Model model;
NDArray x_train, y_train, x_test, y_test;
LayersApi layers = new LayersApi();
public void Main()
{
    //1. prepare data ①
    (x_train, y_train, x_test, y_test) = keras.datasets.mnist.load_data();
    x_train = x_train.reshape(60000, 784) / 255f;
    x_test = x_test.reshape(10000, 784) / 255f;

    //2. buid model ②
    var inputs = keras.Input(shape: 784);// input layer
    var outputs = layers.Dense(64, activation: keras.activations.Relu).Apply(inputs);// 1st dense layer
    outputs = layers.Dense(64, activation: keras.activations.Relu).Apply(outputs);// 2nd dense layer
    outputs = layers.Dense(10).Apply(outputs);// output layer
    model = keras.Model(inputs, outputs, name: "mnist_model");// build keras model
    model.summary();// show model summary
    model.compile(loss: keras.losses.SparseCategoricalCrossentropy(from_logits: true),
        optimizer: keras.optimizers.RMSprop(),
        metrics: new[] { "accuracy" });// compile keras model into tensorflow's static graph

    //3. train model by feeding data and labels. ③
    model.fit(x_train, y_train, batch_size: 64, epochs: 2, validation_split: 0.2f);

    //4. evluate the model ④
    model.evaluate(x_test, y_test, verbose: 2);

    //5. save and serialize model ⑤
    model.save("mnist_model");

    // reload the exact same model purely from the file:
    // model = keras.models.load_model("path_to_my_model");
}
```

▲ 圖 16-23 實現程式片段

透過圖 16-24，我們可以看到，終端正確輸出了 DNN 模型的結構。同時，在訓練過程中，終端即時地列印出了簡潔的訓練中間資料，損失在合理地下降，準確率提高，最終的測試集的準確率約為 0.9295，基本屬於比較良好的訓練結果。

【TensorFlow.NET的C# 執行結果 】

```
Model: mnist_model

Layer (type)                Output Shape            Param #
=================================================================
input_1 (InputLayer)        (None, 784)             0
_____
dense (Dense)               (None, 64)              50240
_____
dense_1 (Dense)             (None, 64)              4160
_____
dense_2 (Dense)             (None, 10)              650
=================================================================
Total params: 55050
Trainable params: 55050
Non-trainable params: 0
_____

Training...
epoch: 0, loss: 2.3052168, accuracy: 0.046875
epoch: 1, loss: 0.34531808, accuracy: 0.9035208
epoch: 2, loss: 0.25493768, accuracy: 0.9276875
Testing...
iterator: 1, loss: 0.24668744, accuracy: 0.929454
```

以 .NET Standard 2.0 為基礎 同時整合 .NET Framework 、.NET Core 及 .NET 5

▲ 圖 16-24 DNN 模型執行的結果

還是剛才看到的流程圖（見圖 16-22），在演算法學術研發領域，這可能就是整個過程了，但在工業領域中，這不是一個完整的解決方案，我們還需要開發大量的配套工具和類別庫封裝（見圖 16-25）。大量地細化互動開發的工作，才能給工業現場應用工具的人員帶來最舒適的使用體驗。

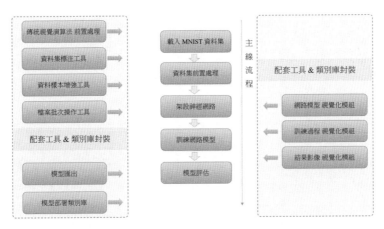

▲ 圖 16-25 工業領域的完整解決方案

TensorFlow.NET 的標準化深度學習框架以 .NET Standard 2.0 標準框架為基礎，同時調配 .NET Framework、.NET Core 及 .NET 5，如圖 16-26 所示。

透過 TensorFlow.NET，開發者可以輕鬆打造一套視覺化互動式的深度學習整合式軟體，支持 GPU 訓練和推理，同時透過 DLL 檔案引用即可快速完成工業生產部署，所有的操作都在統一的 .NET 環境中進行，可以將各操作類別庫標準化封裝，部署便利性和穩定性極高。

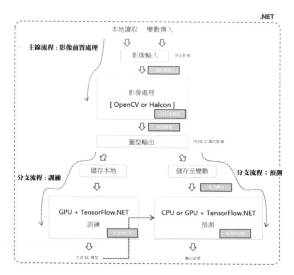

▲ 圖 16-26 TensorFlow.NET 的標準化深度學習框架

圖 16-27 所示為筆者以 TensorFlow.NET 開發為基礎的一套機器視覺的深度學習通用平臺，該平臺整合了 OpenCV 的大量運算元和深度學習模組，同時實現了大量視覺化操作，可以直接交付現場生產環境使用，達到深度學習無基礎快速現場應用的目的。

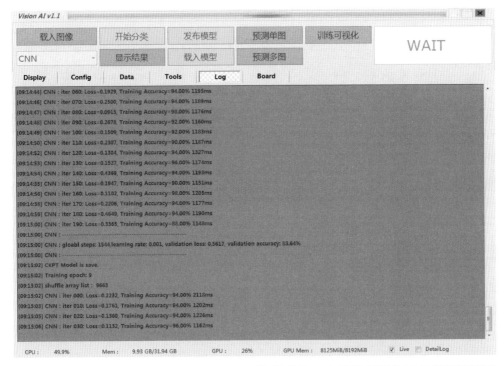

▲ 圖 16-27 筆者以 TensorFlow.NET 開發為基礎的一套機器視覺的深度學習通用平臺 (編按：本圖例為簡體中文介面)

16.1.4 .NET 下機器學習的優勢分析

除上面提到的統一平臺的便利性外，.NET 下機器學習還有哪些優勢呢？

1 · C# 較 Python 性能大幅提升

我們透過一個相同資料集的 1000 輪的線性迴歸的例子的執行，來對比 C# 和 Python 的執行速度和記憶體佔用，發現 C# 的速度大約是 Python 的 2 倍，而關於記憶體的佔用，C# 只占到 Python 的 1/4。可以說，TensorFlow 的 C# 版本在速度和性能上同時超過了 Python 版本，因此，在工業現場或實際應用時，TensorFlow.NET 除部署上的便利外，更有性能上的傑出優勢。

圖 16-28 所示為 C# 和 Python 執行性能對比。

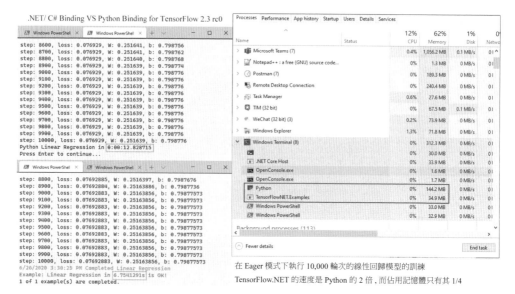

在 Eager 模式下執行 10,000 輪次的線性回歸模型的訓練
TensorFlow.NET 的速度是 Python 的 2 倍，而佔用記憶體只有其 1/4

▲ 圖 16-28 C# 和 Python 執行性能對比

2．GPU 環境無須部署一鍵使用

在日常的深度學習模型加速的過程中，很多人都會遇到 GPU 環境部署難題，如 NVIDIA 的 Cuda 和 cuDNN 版本多，各版本間的匹配關係複雜，同時需要兼顧顯示卡的硬體型號和驅動版本，如圖 16-29 所示。透過 .NET 框架下的類別庫引用優勢，我們可以徹底避免這些 GPU 環境部署難題，愉快地投入以 GPU 加速為基礎的深度學習演算法模型的研究中去，並且產出的模型能快速部署到生產中進行推理應用。

Google

Cuda新舊版本切換之問題 - 程式人- 痞客邦
2019年5月17日 — 因Tensorflow不斷改版之因素，也為了配合新舊版本程式的問題，已在電腦內安裝兩種版本的Cuda,如下所示：目前電腦執行是v9.2版本接著我們要切換為舊 ...

github.io
https://natlee.github.io › Blog › posts ⋮
多版本CUDA 及cuDNN 管理| Nat's Blog - Nat Lee
2022年2月10日 — 前言最近復現別人deep learning 相關的專案常常會遇到不同專案有不同CUDA版本的問題還有package 相依問題也很麻煩所以非常需要一個有效管理多CUDA ...

cupoy.com
https://www.cupoy.com › club › ai_tw ⋮
CUDA驅動程式設定問題 - Cupoy
CUDA驅動程式設定問題 ... 所以如果跑得很慢的話，可能要再檢查一些比如data pipeline 是否托慢速度之類的問題，這點你可能要附上程式碼比較詳細了。

ithome.com.tw
https://ithelp.ithome.com.tw › questions ⋮
ubunt18.04 安裝tensorflow-gpu問題 - iT 邦幫忙
主要都是CUDA版本問題，但嘗試過安裝CUDA9.2，會出現不支援設備，無法安裝另外是找不到libcubas的問題，也嘗試過把libcublas.so.9.0導到libcublas.so.10.0.

medium.com
https://afun.medium.com › ubuntu-16-04-安裝-cuda-c... ⋮
Ubuntu 16.04 安裝CUDA + cuDNN + nvidia driver 的踩雷心得 ...
2018年5月23日 — 如果是PC 裝GPU 的話記得先注意一下你的顯卡有沒有因為太重，導致接口變形然後跟主版接觸不良，因為我嘗試很多種裝法都裝不起來之後發現只是接觸不良的 ...

▲ 圖 16-29 GPU 環境部署難題

在 .NET 環境下部署 GPU 主要有幾點優勢：首先，無須安裝複製的 Cuda、cuDNN 和設定環境變數等，訓練軟體整體打包、移植使用，軟體安裝綠色便捷；其次，產出的模型檔案連同環境一起打包部署生產，確保 GPU 推理環境安裝零差錯；最後，透過這種方法，我們可以在一台機器上同時跑多個版本 TensorFlow 和多個版本 Cuda 的開發環境。

原理說明如下。

在 .NET 環境下快速部署 GPU 主要是以封裝特性為基礎，我們首先將 GPU 加速相依的類別庫透過專用的分析軟體進行分析，然後在對應的目錄下找到並提取所有相依的類別庫，如圖 16-30 所示，最後將所有類別庫複製至應用程式根目錄，伴隨應用程式一起打包和移植使用，總結下來就是「三步走」方法。相依類別庫查詢和應用流程如圖 16-31 所示。

cublas64_100.dll	2019/1/24 23:31
cudart64_100.dll	2019/1/24 23:31
cudnn64_7.dll	2019/10/28 5:56
cufft64_100.dll	2019/1/24 23:31
curand64_100.dll	2019/1/24 23:31
cusolver64_100.dll	2019/1/24 23:31
cusparse64_100.dll	2019/1/24 23:31

▲ 圖 16-30 GPU 加速相依的類別庫

"三步走" 方法

▲ 圖 16-31 相依類別庫查詢和應用流程

16.2 工業時間序列預測領域應用

下面介紹的「煤礦礦區的時間序列預測應用」的案例（見圖 16-32）來自網友「礦工學程式設計」，使用 TensorFlow.NET 對煤礦礦區大量分佈的探測器擷取的資料進行時間序列預測，相關方案已經成功在煤礦產業現場生產中持續應用，並獲得了行業內的肯定，獲得了國家等級的表彰。

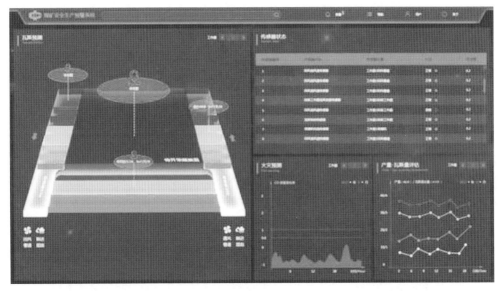

▲ 圖 16-32 煤礦礦區的時間序列預測應用 (編按：本圖例為簡體中文介面)

16.2.1 專案背景——煤礦行業 .NET 應用優勢

世界各國大力推行工業化與資訊化融合，在此良好的環境下，「兩化融合」得到高速發展。

過去十幾年，.NET 技術在煤礦工業化處理程式中造成了重要作用，煤礦各類安全生產輔助系統幾乎都是 .NET 產品，穩定執行多年很少出錯，默默為煤礦行業的安全發展保駕護航。不同於網際網路產品，煤礦產品追求安全、穩定、少迭代、好用和維護簡單。當前 Linux 伺服器的使用呈現爆炸式增長，煤礦行業也不例外。

.NET Core 框架具有高性能、跨平臺、部署靈活、相容性好和微軟大廠維護等優秀特性。從 2014 年開放原始碼至今，.NET Core 各種優秀的開放原始碼框架不斷豐富 .NET 在各種技術場景中得到應用，生態也在不斷完善。因此，選用 .NET Core 框架進行煤礦業務系統的開發，正好滿足行業的需求。

2020 年對我們煤礦應用程式開發團隊來說是充滿挑戰的一年，我們很幸運地接到了本專業的專案。帶著興奮與熱情，我們使用純 .NET 技術成功地研發出了完整成熟的 AI 資料分析產品，獲得了行業各方的肯定、中國煤礦工業協會的獎項和論文發表，這為我們堅持 .NET 技術堅定了信心。

16.2.2 客戶需求——礦區環境時序資料預測

XXX 公司 2018 年採購了一套監控系統，監控礦區作業點的環境資料。探測器數量為 500～700 個。XXX 公司要求每間隔 1 分鐘對資料進行擷取、入庫，提供日資料查詢功能並生成 1 小時的時序預測曲線，且部門產生的報表需要上傳資料庫。同時，根據業界標準，將部分探測器資料配合上傳的報表轉化為標準資料，製作日、周、月報表和一周 AI 資料預測報告。系統在執行過程中產生的即時資料、歷史資料和預測資料要求收集並可以查看。

16.2.3 業務分析

根據客戶需求，我們處理系統的重點是大量資料儲存、資料轉化 ETL、即時 & 週期資料查詢、AI 資料分析。那麼我們的業務模型就清晰了，業務流程如圖 16-33 所示。

首先將大量的探測器歷史資料分庫分表地存到歷史資料庫中，將報表資料存到業務系統資料庫中，然後根據探測器歷史資料和報表資料的關係生成 ETL 並存到總資料倉庫中。總資料倉庫根據資料分析需求透過 SQL 生成分析資料集，利用 .NET 的 AI 分析函式庫 ML.NET/TensorFlow.NET 提供時序預測模型進行 AI 預測，最後將 AI 預測結果寫入業務系統資料庫。

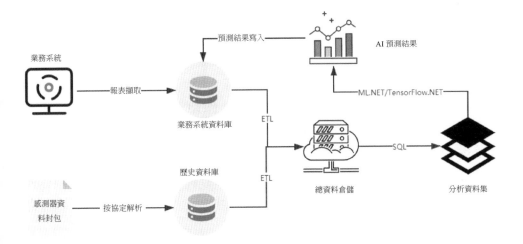

▲ 圖 16-33 業務流程

16.2.4 技術選型和詳細方案說明

1‧資料清洗──XML 檔案處理

原監控系統中有專門的資料交換軟體，生成交換資料的格式為 XML。我們只需要根據對方提供的協定文件即可正確地解析資料。XML 資料主要包括兩個檔案：一個是裝置基本資訊檔案附帶時間戳記（SBM202012291653.XML）；另一個是裝置資料對應值檔案附帶時間戳記（SJZ202012291653.XML）。

- XML 資料處理：採用解析完就刪除的策略。先掃描檔案，按照檔案表頭歸類檔案，刪除時間戳記複製到另一個資料夾中，再根據時間戳記先後寫入，資料寫入完立即刪除。

- 裝置基本資訊 XML 檔案：由於裝置基本資訊 XML 檔案變化頻率較低，因此採用覆蓋式儲存方式（資料表中永遠是最新的資料）。

- 裝置資料值 XML 檔案：按照時序進行儲存。

2・歷史資料儲存

資料量按照裝置資料對應值檔案來計算。資料量為「60 分鐘 ×24 小時 ×800 個（比 XXX 公司給的探測器數多出 100 個）= 1152000 筆資料」，整體大概是一天 115 萬筆資料。我們這裡採用「日分表、月分庫、年分資料夾」的策略進行儲存。選用新生團隊開放原始碼的 NewLife.XCode 資料庫中介軟體進行分庫分表資料儲存操作。NewLife.XCode 同時支援 Fx 和 Core，資料庫支援 Oracle、SQL Server、MySQL、SQLite 等主流關聯式資料庫。我們這裡採用 SQLite 進行歷史資料儲存。Windows 服務方式的資料獲取如圖 16-34 所示，設定服務為自動啟動和自動重新啟動形式的。資料庫資料表的結構如圖 16-35 所示。

- 分庫規則：DataBaseName_yyyyMM 命名方式進行分庫操作。

- 分表規則：TableName_yyyyMMdd 命名方式進行分表操作。

- 裝置資料值日資料表：按照當日實際擷取的資料進行累加寫入。

- 裝置基本資訊日資料表：按照最新的裝置資訊并下覆蓋寫入。

- 裝置資料值臨時資料表：僅存放 2 ～ 3 天的探測器值。

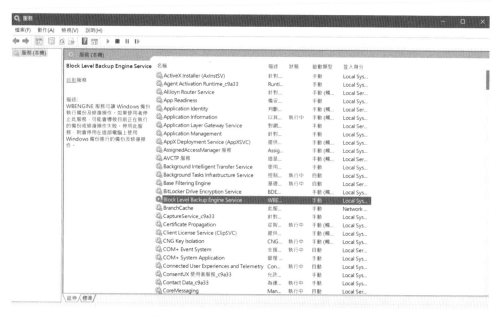

▲ 圖 16-34 Windows 服務方式的資料獲取

▲ 圖 16-35 資料庫資料表的結構（編按：本圖例為簡體中文介面）

3．業務和報表資料儲存

業務系統需要進行 Excel 資料獲取，並考慮讀寫分離，因此我們選用 WTM 框架來建構業務系統。WTM 框架支援一鍵生成、CURD、匯入匯出和批次操作程式等功能，支援分離（React+ AntD、Vue+Element）和不分離（LayUI）兩種模式，提供了使用者、角色、使用者群組、選單和日誌等常用模組，支援讀寫分離和資料庫分庫。我們這裡採用 SQL Server 作為業務系統的主要資料庫。

- 報表儘量按照對方原有的 Excel 的樣式進行模型設計，利用 WTM 的程式生成器自動生成 CURD 頁面、附帶顯示出錯資訊的 Excel 匯入頁面和匯出頁面。如果報表複雜，則用 WTM 內建的 Excel 處理函式庫進行處理。

- 在 appsettings.json 的 ConnectionStrings 中根據 WTM 的資料庫設定規則，設定 SQL Server 的讀寫分離。

- WTM 提供的 Cookie、JWT 混合身份驗證機制和 Swagger 等可以幫助大家快速開發。

4．資料 ETL

筆者理解的 ETL 就是資料轉化，先根據業務的實際情況把其他資料表中的資料抽到總資料倉庫中，再按照一定的條件重新拼成一張新資料表。新資料表的特點是相比舊資料表，欄位明顯多了。例如，以前的業務資料表可能只有一個部門的資料，經過 ETL 之後，新的業務資料表中就按條件彙集了多個部門的資料，甚至部分資料的值會因重新計算而發生改變。這裡的 ETL 筆者採用了螞蟻排程系統（見圖 16-36），全名叫作 AntJob .NET 框架分散式任務排程系統。

螞蟻排程系統的核心是螞蟻演算法：把任意大的資料拆分成小塊，採用螞蟻搬家的分佈策略計算每個小塊。螞蟻排程系統是一個純 .NET 技術打造的重量級分散式巨量資料即時計算平臺。

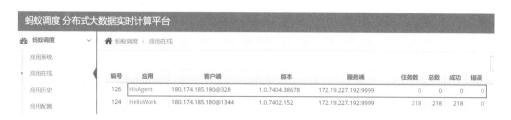

▲ 圖 16-36 螞蟻排程系統（編按：本圖例為簡體中文介面）

5 · AI 時序預測

這裡筆者選用了 TensorFlow.NET 來提供 AI 演算法模型。這裡的 AI 計算場景是兩種不同的數值預測場景：一種對探測器值進行時序預測；另一種對多條件進行分析（多條件為計算和分析某一列的數）。

（1）時序預測。

資料只有時間和值兩個維度。這裡探測器值的大小在正常情況下，會受不同時間的作業情況影響，因此不屬於特殊的資料情況，前面設計的裝置資料值臨時資料表存放的 2 ～ 3 天的探測器歷史資料就起了作用，可以利用時序模型對探測器進行時序預測。

（2）神經網路演算法和多元迴歸演算法。

神經網路演算法和多元迴歸演算法都可以用於數值預測，具體用哪種演算法要根據實際測試的時候演算法模型評估的均方根誤差和擬合後的資料誤差情況進行判斷。一般均方根誤差越小越好，但是實際情況可能會存在過擬合的現象。因此，演算法模型做好後，需要用測試資料觀察一下實測資料和預測資料的擬合情況，觀察兩個模型的曲線的整體走勢，並計算最大誤差、最小誤差和平均誤差。確定好演算法之後，利用任務框架按照週期在固定時間進行離線計算。

- 每次計算都重新評估模型,指標及格則使用該模型,不及格則重新計算。計算應設定上限次數,如果計算次數達到上限,則記錄失敗記錄,利用人工操作方式調整模型。

- 計算的結果直接寫到業務系統資料庫中,預測資料以二進位數字形式儲存為 JSON 字串,方便業務系統繪製展示資料預測結果。

- 可以採用 Keras Tuner 和 AutoML 進行自動演算法最佳化或自動選擇演算法。

- 提供資料集選擇和自主上傳預測環境資料集的功能互動頁面,客戶可根據自身需求線上進行 AI 計算。

在兩個多月的執行時間裡,系統自動進行了 8 次 AI 任務(每週 1 次),為 30 多個作業地點進行值預測,誤差率在 0.2% ~ 9.8% 之間,完全滿足客戶的需求。過程中僅出現了 2 次較大的誤差,而這 2 次誤差在系統提供的重算功能中重算後滿足了預測計算需求。圖 16-37 所示為 1 小時預測資料曲線。圖 16-38 所示為資料預測結果分析報告。

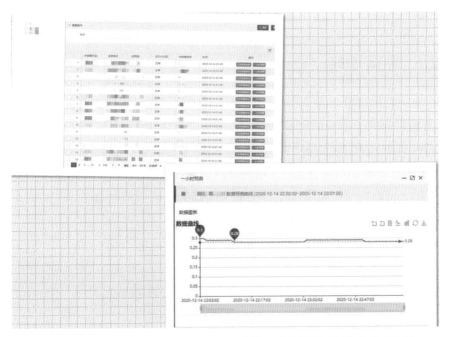

▲ 圖 16-37　1 小時預測資料曲線(編按:本圖例為簡體中文介面)

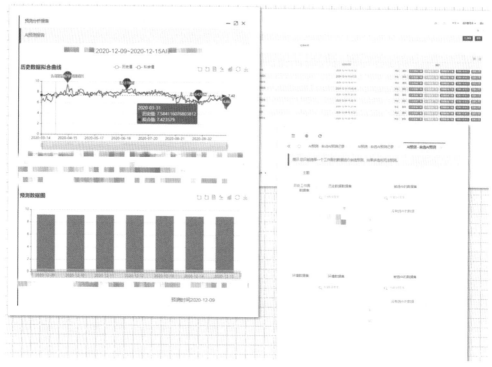

▲ 圖 16-38 資料預測結果分析報告（編按：本圖例為簡體中文介面）

16.2.5 專案總結

　　本次的系統研發，從資料獲取、資料 ETL、業務系統建構到 AI 分析，.NET Core 都有對應的技術棧供開發者使用，而且其和 Python 保持一致的語法規則，節省了特別多的學習時間，可以使用 C# 輕鬆進行開發。遇到業務問題，我們會在 .NET 的技術網路群中詢問，一般都有熱心的群友出來回答，如果實在有難解決的問題，也會有「大佬」出來提供解決問題的思路或幫忙 Debug，最終完成了煤礦探測器叢集監控系統的研發。

第17章

在 C# 下使用 TensorFlow.NET 訓練 自己的資料集

在本章中，我們結合程式來詳細介紹如何使用 TensorFlow.NET 來訓練 CNN 模型，該模型主要實現影像的分類，可以直接移植程式在 CPU 或 GPU 下使用，並針對開發者自己本地的圖像資料集進行訓練和推理。

17.1 專案說明

本文利用 TensorFlow.NET 架設簡單的影像分類模型，針對工業現場的印刷字元進行單字元辨識（OCR），用工業相機獲取原始大尺寸的影像，前期使用 OpenCV 進行影像前置處理和字元分割，提取出單一字元的小圖，送入 TensorFlow 進行推理，推理的結果按照順序組合成完整的字串，傳回至主程式邏輯進行後續的生產線工序。

在實際使用中，如果開發者需要訓練自己的影像，則只需要把訓練的資料夾按照規定的順序替換成自己的影像即可，支援 GPU 或 CPU 方式。

17.2 模型介紹

本專案的 CNN 模型主要由兩個卷積與池化層和 1 個全連接層組成，啟動函式使用常見的 ReLU，是一個比較淺的 CNN 模型。其中，超參數之一「學習率」採用了自訂的動態下降的學習率，後面會有詳細說明。CNN 模型每一層的結構如圖 17-1 所示。

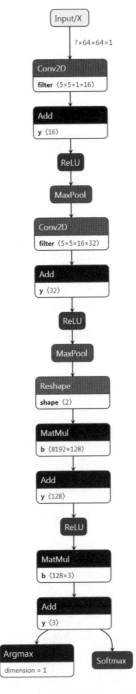

▲ 圖 17-1 CNN 模型每一層的結構

17.3 資料集說明

為了提高模型測試的訓練速度,資料集主要節選了一小部分的 OCR 字元（X、Y、Z）,資料集的特徵如下。

- 分類數量：3 classes（X、Y、Z）。

- 影像尺寸：Width 64 pixel × Height 64 pixel。

- 影像通道：1 channel（灰階圖）。

- 資料集數量。

train：X - 384pcs；Y - 384pcs；Z - 384pcs。

validation：X - 96pcs；Y - 96pcs；Z - 96pcs。

test：X - 96pcs；Y - 96pcs；Z - 96pcs。

- 其他說明：資料集已經經過隨機翻轉 / 平移 / 縮放 / 鏡像等前置處理進行增強。

自訂資料集結構如圖 17-2 所示。

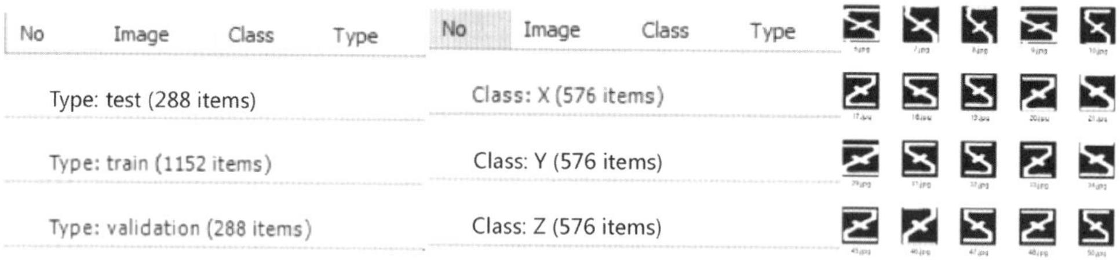

No	Image	Class	Type
Type: test (288 items)			
Type: train (1152 items)			
Type: validation (288 items)			

No	Image	Class	Type
Class: X (576 items)			
Class: Y (576 items)			
Class: Z (576 items)			

▲ 圖 17-2 自訂資料集結構

17.4 程式說明

資料集標注和前置處理完成後,我們就進入 CNN 模型的架設和訓練環節。

1.環境設定

- .NET 框架：使用 .NET 5.0 框架。

- CPU 設定：目標平臺設定為 x64。

- GPU 設定：需要自行設定好 CUDA 和環境變數，建議選用 CUDA v10.1、cuDNN v7.5。

2.類別庫和命名空間引用

（1）用 NuGet 安裝必要的相依項，主要是 SciSharp 相關的類別庫，如圖 17-3 所示。

> **注意**
>
> 儘量安裝最新版本的類別庫，CV 需要使用 SciSharp 的 SharpCV，方便內部變數傳播。

OpenCvSharp4.runtime.win by shimat Internal implementation package for OpenCvSharp to work on Windows except UWP.	4.4.0.20200915 4.5.2.20210404	
SciSharp.TensorFlow.Redist by The TensorFlow Authors SciSharp.TensorFlow.Redist is a package contains Google TensorFlow C library CPU version 2.4.1 redistributed as a NuGet package. All the files are downloaded from https://storage.googleapis.com/tensorflow.	2.4.1 2.6.0-rc0	
SharpCV by Haiping Chen A image library combines OpenCV and NumSharp together.	0.7.0	
System.Drawing.Common by Microsoft Provides access to GDI+ graphics functionality.	5.0.2 6.0.0-preview.5.21301.5	
TensorFlow.Keras by Haiping Chen Keras for .NET	0.5.1	

▲ 圖 17-3 SciSharp 相關的類別庫

（2）引用命名空間，包括 NumSharp、TensorFlow 和 SharpCV。

```
using NumSharp;
using SharpCV;
using System;
using System.Collections;
```

```
using System.Collections.Concurrent;
using System.Collections.Generic;
using System.Diagnostics;
using System.IO;
using System.Linq;
using System.Threading.Tasks;
using Tensorflow;
using Tensorflow.Keras.Utils;
using static SharpCV.Binding;
using static Tensorflow.Binding;
```

（3）宣告必要的變數。

```
string[] ArrayFileName_Train, ArrayFileName_Validation, ArrayFileName_Test;
long[] ArrayLabel_Train, ArrayLabel_Validation, ArrayLabel_Test;
Dictionary<long, string> Dict_Label;
NDArray y_train;
NDArray x_valid, y_valid;
NDArray x_test, y_test;
int img_h = 64;// MNIST 影像的高度為 64 像素
int img_w = 64;// MNIST 影像的寬度為 64 像素
int img_mean = 0;
int img_std = 255;
int n_channels = 1;// 灰階影像為單通道
int n_classes;// 分類的數量

Tensor x, y; // 輸入（x）和輸出（y）的預留位置
Tensor loss, accuracy, cls_prediction, prob;
Tensor optimizer;
Tensor normalized;
Tensor decodeJpeg;

int display_freq = 2;
float accuracy_test = 0f;
float loss_test = 1f;

// 網路設定
// 第 1 個卷積層
int filter_size1 = 5;   // 卷積濾波器的尺寸為 5 像素 × 5 像素
```

```
int num_filters1 = 16; //  其中有 16 個篩檢程式
int stride1 = 1;  // 滑動視窗的步進值為 1

// 第兩個卷積層
int filter_size2 = 5; // 卷積濾波器的尺寸為 5 像素 × 5 像素
int num_filters2 = 32;// 其中有 3 兩個篩檢程式
int stride2 = 1;  // 滑動視窗的步進值為 1

// 全連接層
int h1 = 128; // 全連接層的神經元數量

// 超參數
int epochs = 5; // 準確率大於 98%
int batch_size = 100;
float learning_rate_base = 0.001f;
float learning_rate_decay = 0.1f;
uint learning_rate_step = 2;
float learning_rate_min = 0.000001f;

NDArray Test_Cls, Test_Data;

IVariableV1 global_steps;
IVariableV1 learning_rate;

bool SaverBest = true;
double max_accuracy = 0;

string path_model;
int TrainQueueCapa = 3;
Session sess;
```

3・主邏輯結構

主邏輯結構如下。

（1）準備資料。

（2）建構計算圖。

（3）訓練。

（4）預測。

程式如下。

```
public bool Run()
{
    tf.compat.v1.disable_eager_execution();

    PrepareData();
    BuildGraph();

    sess = tf.Session();

    Train();
    Test();

    TestDataOutput();

    return accuracy_test > 0.98;

}
```

4．資料集載入

（1）資料集下載和解壓。

資料集下載和解壓的程式如下。

```
string url = "此處連結位址為 TensorFlow.NET 官方 GitHub 倉庫位址中的 data_
CnnInYourOwnData.zip 檔案";
Directory.CreateDirectory(Config.Name);
Web.Download(url, Config.Name, "data_CnnInYourOwnData.zip");
Compress.UnZip(Config.Name + "\\data_CnnInYourOwnData.zip", Config.Name);
```

（2）字典建立。

讀取目錄下的子資料夾名稱，作為分類的字典，方便後面 One-Hot 編碼使用。

```
private void FillDictionaryLabel(string DirPath)
{
    string[] str_dir = Directory.GetDirectories(DirPath, "*", SearchOption.
TopDirectoryOnly);
    int str_dir_num = str_dir.Length;
    if (str_dir_num > 0)
    {
        Dict_Label = new Dictionary<Int64, string>();
        for (int i = 0; i < str_dir_num; i++)
        {
            string label = (str_dir[i].Replace(DirPath + "\\", "")).Split('\\').
First();
            Dict_Label.Add(i, label);
            print(i.ToString() + " : " + label);
        }
        n_classes = Dict_Label.Count;
    }
}
```

（3）檔案 list 讀取和打亂。

從資料夾中讀取 train、validation、test 的 list，並隨機打亂順序。

① 讀取目錄。

```
ArrayFileName_Train = Directory.GetFiles(Config.Name + "\\train", "*.*",
SearchOption.AllDirectories);
ArrayLabel_Train = GetLabelArray(ArrayFileName_Train);

ArrayFileName_Validation = Directory.GetFiles(Config.Name + "\\validation", "*.*",
SearchOption.AllDirectories);
ArrayLabel_Validation = GetLabelArray(ArrayFileName_Validation);

ArrayFileName_Test = Directory.GetFiles(Config.Name + "\\test", "*.*", SearchOption.
```

```
AllDirectories);
ArrayLabel_Test = GetLabelArray(ArrayFileName_Test);
```

② 獲得標籤。

```csharp
private long[] GetLabelArray(string[] FilesArray)
{
    var ArrayLabel = new long[FilesArray.Length];
    for (int i = 0; i < ArrayLabel.Length; i++)
    {
        string[] labels = FilesArray[i].Split('\\');
        string label = labels[labels.Length - 2];
        ArrayLabel[i] = Dict_Label.Single(k => k.Value == label).Key;
    }
    return ArrayLabel;
}
```

③ 隨機亂數。

```csharp
public (string[], long[]) ShuffleArray(int count, string[] images, long[] labels)
{
    ArrayList mylist = new ArrayList();
    string[] new_images = new string[count];
    long[] new_labels = new long[count];
    Random r = new Random();
    for (int i = 0; i < count; i++)
    {
        mylist.Add(i);
    }

    for (int i = 0; i < count; i++)
    {
        int rand = r.Next(mylist.Count);
        new_images[i] = images[(int)(mylist[rand])];
        new_labels[i] = labels[(int)(mylist[rand])];
        mylist.RemoveAt(rand);
    }
    print("shuffle array list：" + count.ToString());
    return (new_images, new_labels);
}
```

（4）部分資料集預先載入。

validation/test 資料集和標籤一次性預先載入成 NDArray 格式。

```
private void LoadImagesToNDArray()
{
    // 載入標籤
    y_valid = np.eye(Dict_Label.Count)[np.array(ArrayLabel_Validation)];
    y_test = np.eye(Dict_Label.Count)[np.array(ArrayLabel_Test)];
    print("Load Labels To NDArray : OK!");

    // 載入影像
    x_valid = np.zeros(ArrayFileName_Validation.Length, img_h, img_w, n_channels);
    x_test = np.zeros(ArrayFileName_Test.Length, img_h, img_w, n_channels);
    LoadImage(ArrayFileName_Validation, x_valid, "validation");
    LoadImage(ArrayFileName_Test, x_test, "test");
    print("Load Images To NDArray : OK!");
}
private void LoadImage(string[] a, NDArray b, string c)
{
    using (var graph = tf.Graph().as_default())
    {
        for (int i = 0; i < a.Length; i++)
        {
            b[i] = ReadTensorFromImageFile(a[i], graph);
            Console.Write(".");
        }
    }

    Console.WriteLine();
    Console.WriteLine("Load Images To NDArray: " + c);
}
private NDArray ReadTensorFromImageFile(string file_name, Graph graph)
{
    var file_reader = tf.io.read_file(file_name, "file_reader");
    var decodeJpeg = tf.image.decode_jpeg(file_reader, channels: n_channels, name:
"DecodeJpeg");
    var cast = tf.cast(decodeJpeg, tf.float32);
    var dims_expander = tf.expand_dims(cast, 0);
    var resize = tf.constant(new int[] { img_h, img_w });
```

```
    var bilinear = tf.image.resize_bilinear(dims_expander, resize);

    var sub = tf.subtract(bilinear, new float[] { img_mean });

    var normalized = tf.divide(sub, new float[] { img_std });

    using (var sess = tf.Session(graph))
    {
        return sess.run(normalized);
    }
}
```

5.計算圖建立

建立 CNN 靜態計算圖，其中學習率每 n 輪 Epoch 進行 1 次遞減。

```
#region BuildGraph
    public override Graph BuildGraph()
{
    var graph = new Graph().as_default();

    tf_with(tf.name_scope("Input"), delegate
            {
                x = tf.placeholder(tf.float32, shape: (-1, img_h, img_w, n_channels),
name: "X");
                y = tf.placeholder(tf.float32, shape: (-1, n_classes), name: "Y");
            });

    var conv1 = conv_layer(x, filter_size1, num_filters1, stride1, name: "conv1");
    var pool1 = max_pool(conv1, ksize: 2, stride: 2, name: "pool1");
    var conv2 = conv_layer(pool1, filter_size2, num_filters2, stride2, name: "conv2");
    var pool2 = max_pool(conv2, ksize: 2, stride: 2, name: "pool2");
    var layer_flat = flatten_layer(pool2);
    var fc1 = fc_layer(layer_flat, h1, "FC1", use_relu: true);
    var output_logits = fc_layer(fc1, n_classes, "OUT", use_relu: false);

    // 下述註釋為一些重要參數在圖中保存的方法，便於以後載入
    //var img_h_t = tf.constant(img_h, name: "img_h");
    //var img_w_t = tf.constant(img_w, name: "img_w");
    //var img_mean_t = tf.constant(img_mean, name: "img_mean");
    //var img_std_t = tf.constant(img_std, name: "img_std");
    //var channels_t = tf.constant(n_channels, name: "img_channels");
```

```
// 學習率衰減
global_steps = tf.Variable(0, trainable: false);
learning_rate = tf.Variable(learning_rate_base);

// 用於建立訓練影像集的靜態圖
tf_with(tf.variable_scope("LoadImage"), delegate
        {
            decodeJpeg = tf.placeholder(tf.byte8, name: "DecodeJpeg");
            var cast = tf.cast(decodeJpeg, tf.float32);
            var dims_expander = tf.expand_dims(cast, 0);
            var resize = tf.constant(new int[] { img_h, img_w });
            var bilinear = tf.image.resize_bilinear(dims_expander, resize);
            var sub = tf.subtract(bilinear, new float[] { img_mean });
            normalized = tf.divide(sub, new float[] { img_std }, name:
"normalized");
        });


    tf_with(tf.variable_scope("Train"), delegate
        {
            tf_with(tf.variable_scope("Loss"), delegate
                    {
                        loss = tf.reduce_mean(tf.nn.softmax_cross_entropy with
logits(labels: y, logits: output_logits), name: "loss");
                    });

            tf_with(tf.variable_scope("Optimizer"), delegate
                    {
                        optimizer = tf.train.AdamOptimizer(learning_rate:
learning_rate, name: "Adam-op").minimize(loss, global_step: global_steps);
                    });

            tf_with(tf.variable_scope("Accuracy"), delegate
                    {
                        var correct_prediction = tf.equal(tf.argmax (output
logits, 1), tf.argmax(y, 1), name: "correct_pred");
                        accuracy = tf.reduce_mean(tf.cast(correct prediction,
tf.float32), name: "accuracy");
                    });
```

```
                    tf_with(tf.variable_scope("Prediction"), delegate
                        {
                            cls_prediction = tf.argmax(output_logits, axis: 1, name:
"predictions");
                            prob = tf.nn.softmax(output_logits, axis: 1, name:
"prob");
                        });
            });
    return graph;
}


/// <summary>
/// 建立 2 維卷積層
/// </summary>
/// <param name="x"> 上一層的輸入 </param>
/// <param name="filter_size"> 每個篩檢程式的大小 </param>
/// <param name="num_filters"> 篩檢程式數量（或輸出特徵映射）</param>
/// <param name="stride"> 過濾步進值 </param>
/// <param name="name"> 網路層名稱 </param>
/// <returns> 輸出陣列 </returns>
private Tensor conv_layer(Tensor x, int filter_size, int num_filters, int stride, string
name)
{
    return tf_with(tf.variable_scope(name), delegate
                    {
                        var num_in_channel = x.shape[x.NDims - 1];
                        var shape = new[] { filter_size, filter_size, num_in_ channel,
num_filters };
                        var W = weight_variable("W", shape);
                        // var tf.summary.histogram("weight", W);
                        var b = bias_variable("b", new[] { num_filters });
                        // tf.summary.histogram("bias", b);
                        var layer = tf.nn.conv2d(x, W, strides: new int[] { 1, stride,
stride, 1 }, padding: "SAME");
                        layer += b.AsTensor();
                        return tf.nn.relu(layer);
                    });
}
```

```
/// <summary>
/// 建立一個最大池化層
/// </summary>
/// <param name="x"> 最大池化層的輸入 </param>
/// <param name="ksize"> 最大池化層的篩檢程式的大小 </param>
/// <param name="stride"> 最大池化層的篩檢程式的步進值 </param>
/// <param name="name"> 網路層名稱 </param>
/// <returns> 輸出陣列 </returns>
private Tensor max_pool(Tensor x, int ksize, int stride, string name)
{
    return tf.nn.max_pool(x,
                        ksize: new[] { 1, ksize, ksize, 1 },
                        strides: new[] { 1, stride, stride, 1 },
                        padding: "SAME",
                        name: name);
}


/// <summary>
/// 將卷積層的輸出展平後輸入全連接層
/// </summary>
/// <param name="layer"> 輸入陣列 </param>
/// <returns> 展平後的陣列 </returns>
private Tensor flatten_layer(Tensor layer)
{
    return tf_with(tf.variable_scope("Flatten_layer"), delegate
                {
                    var layer_shape = layer.TensorShape;
                    var num_features = layer_shape[new Slice(1, 4)].size;
                    var layer_flat = tf.reshape(layer, new[] { -1, num_ features });

                    return layer_flat;
                });
}


/// <summary>
/// 透過適當的初始化建立權重變數
/// </summary>
/// <param name="name"></param>
/// <param name="shape"></param>
```

```
/// <returns></returns>
private IVariableV1 weight_variable(string name, int[] shape)
{
    var initer = tf.truncated_normal_initializer(stddev: 0.01f);
    return tf.compat.v1.get_variable(name,
                                     dtype: tf.float32,
                                     shape: shape,
                                     initializer: initer);
}


/// <summary>
/// 建立一個帶有適當初始化的偏置變數
/// </summary>
/// <param name="name"></param>
/// <param name="shape"></param>
/// <returns></returns>
private IVariableV1 bias_variable(string name, int[] shape)
{
    var initial = tf.constant(0f, shape: shape, dtype: tf.float32);
    return tf.compat.v1.get_variable(name,
                                     dtype: tf.float32,
                                     initializer: initial);
}


/// <summary>
/// 建立一個全連接層
/// </summary>
/// <param name="x"> 上一層的輸入 </param>
/// <param name="num_units"> 全連接層中的隱藏單元數 </param>
/// <param name="name"> 網路層名稱 </param>
/// <param name="use_relu"> 透過設定布林值進行設定，是否增加 ReLU 來增加網路的非線性 </param>
/// <returns> 輸出陣列 </returns>
private Tensor fc_layer(Tensor x, int num_units, string name, bool use_relu = true)
{
    return tf_with(tf.variable_scope(name), delegate
            {
                var in_dim = x.shape[1];
```

```
                    var W = weight_variable("W_" + name, shape: new[] { in_dim,
num_units });

                    var b = bias_variable("b_" + name, new[] { num_units });

                    var layer = tf.matmul(x, W.AsTensor()) + b.AsTensor();
                    if (use_relu)
                        layer = tf.nn.relu(layer);

                    return layer;
                });
}
#endregion
```

6 · 模型訓練和模型保存

- Batch 資料集的讀取採用了 SharpCV 的 cv2.imread，可以直接讀取本地影像檔至 NDArray，實現 CV 和 NumPy 的無縫對接。

- 使用 .NET 的非同步執行緒安全佇列 BlockingCollection，實現 TensorFlow 原生的佇列管理器 FIFOQueue。

  * 在訓練模型的時候，我們需要先將樣本從硬碟讀取到記憶體，才能進行訓練。我們在階段中執行多個執行緒，加入佇列管理器進行執行緒間的檔案加入佇列、出隊操作，並限制佇列容量。主執行緒可以利用佇列中的資料進行訓練，其他執行緒進行本地檔案的 I/O 讀取，這樣可以實現資料的讀取和模型的訓練非同步，縮短訓練時間。

  * 模型的保存，可以選擇每輪訓練都保存模型，或者保存最佳訓練模型。

```
    #region Train
    public override void Train()
{
    // 每一輪中的訓練迭代次數
    var num_tr_iter = (ArrayLabel_Train.Length) / batch_size;

    var init = tf.global_variables_initializer();
    sess.run(init);

    var saver = tf.train.Saver(tf.global_variables(), max_to_keep: 10);
```

```csharp
path_model = Config.Name + "\\MODEL";
Directory.CreateDirectory(path_model);


float loss_val = 100.0f;
float accuracy_val = 0f;


var sw = new Stopwatch();
sw.Start();
foreach (var epoch in range(epochs))
{
    print($"Training epoch: {epoch + 1}");
    // 在每一輪開始時隨機打亂訓練資料集
    (ArrayFileName_Train, ArrayLabel_Train) = ShuffleArray(ArrayLabel_ Train.Length,
ArrayFileName_Train, ArrayLabel_Train);
    y_train = np.eye(Dict_Label.Count)[new NDArray(ArrayLabel_Train)];

    // 學習率衰減
    if (learning_rate_step != 0)
    {
        if ((epoch != 0) && (epoch % learning_rate_step == 0))
        {
            learning_rate_base = learning_rate_base * learning_rate_ decay;
            if (learning_rate_base <= learning_rate_min) { learning_rate_ base =
learning_rate_min; }
            sess.run(tf.assign(learning_rate, learning_rate_base));
        }
    }

    // 非同步載入本地影像集，使用佇列方式以提高訓練的效率
    BlockingCollection<(NDArray c_x, NDArray c_y, int iter)> BlockC = new
BlockingCollection<(NDArray C1, NDArray C2, int iter)>(TrainQueueCapa);
    Task.Run(() =>
            {
                foreach (var iteration in range(num_tr_iter))
                {
                    var start = iteration * batch_size;
                    var end = (iteration + 1) * batch_size;
                    (NDArray x_batch, NDArray y_batch) = GetNextBatch (sess,
```

```
ArrayFileName_Train, y_train, start, end);
                    BlockC.Add((x_batch, y_batch, iteration));
                }
                BlockC.CompleteAdding();
            });

    foreach (var item in BlockC.GetConsumingEnumerable())
    {
        sess.run(optimizer, (x, item.c_x), (y, item.c_y));

        if (item.iter % display_freq == 0)
        {
            // 運算並顯示批次級別的損失和精度
            var result = sess.run(new[] { loss, accuracy }, new FeedItem(x, item.
c_x), new FeedItem(y, item.c_y));
            loss_val = result[0];
            accuracy_val = result[1];
            print("CNN：" + ($"iter {item.iter.ToString("000")}: Loss= {loss_
val.ToString("0.0000")}, Training Accuracy={accuracy_val. ToString ("P")} {sw.
ElapsedMilliseconds}ms"));
            sw.Restart();
        }
    }

    // 在每一輪訓練結束之後進行驗證
    (loss_val, accuracy_val) = sess.run((loss, accuracy), (x, x_valid), (y, y_
valid));
    print("CNN：" + "-------------------------------------------------------");
    print("CNN：" + $"global steps: {sess.run(global_steps)[0]}, learning rate:
{sess.run(learning_rate)[0]}, validation loss: {loss_val. ToString ("0.0000")},
validation accuracy: {accuracy_val.ToString("P")}");
    print("CNN：" + "-------------------------------------------------------");

    if (SaverBest)
    {
        if (accuracy_val > max_accuracy)
        {
            max_accuracy = accuracy_val;
            saver.save(sess, path_model + "\\CNN_Best");
```

```csharp
                print("CKPT Model is saved.");
            }
        }
        else
        {
            saver.save(sess, path_model + string.Format("\\CNN_Epoch_{0}_ Loss_{1}_
Acc_{2}", epoch, loss_val, accuracy_val));
            print("CKPT Model is saved.");
        }
    }
    Write_Dictionary(path_model + "\\dic.txt", Dict_Label);
}

void Write_Dictionary(string path, Dictionary<Int64, string> mydic)
{
    FileStream fs = new FileStream(path, FileMode.Create);
    StreamWriter sw = new StreamWriter(fs);
    foreach (var d in mydic) { sw.Write(d.Key + "," + d.Value + "\r\n"); }
    sw.Flush();
    sw.Close();
    fs.Close();
    print("Write_Dictionary");
}

(NDArray, NDArray) Randomize(NDArray x, NDArray y)
{
    var perm = np.random.permutation(y.shape[0]);
    np.random.shuffle(perm);
    return (x[perm], y[perm]);
}

(NDArray, NDArray) GetNextBatch(NDArray x, NDArray y, int start, int end)
{
    var slice = new Slice(start, end);
    var x_batch = x[slice];
    var y_batch = y[slice];
    return (x_batch, y_batch);
}

(NDArray, NDArray) GetNextBatch(Session sess, string[] x, NDArray y, int start, int
```

```
end)
{
    NDArray x_batch = np.zeros(end - start, img_h, img_w, n_channels);
    int n = 0;
    for (int i = start; i < end; i++)
    {
        NDArray img4 = cv2.imread(x[i], IMREAD_COLOR.IMREAD_GRAYSCALE);
        img4 = img4.reshape(img4.shape[0], img4.shape[1], 1);
        x_batch[n] = sess.run(normalized, (decodeJpeg, img4));
        n++;
    }
    var slice = new Slice(start, end);
    var y_batch = y[slice];
    return (x_batch, y_batch);
}
#endregion
```

7・測試集預測

- 用訓練完成的模型對測試集進行預測，並統計準確率。

- 計算圖中增加了一個提取預測結果 Top-1 的機率的節點，這樣在測試集最終預測的時候可以輸出詳細的預測資料，方便在實際專案中進行偵錯和最佳化。

```
public override void Test()
{
    (loss_test, accuracy_test) = sess.run((loss, accuracy), (x, x_test), (y, y_test));
    print("CNN：" + "---------------------------------------------------------");
    print("CNN：" + $"Test loss: {loss_test.ToString("0.0000")}, test accuracy:
{accuracy_test.ToString("P")}");
    print("CNN：" + "---------------------------------------------------------");

    (Test_Cls, Test_Data) = sess.run((cls_prediction, prob), (x, x_test));
}

void TestDataOutput()
{
    for (int i = 0; i < ArrayLabel_Test.Length; i++)
    {
```

```
        long real = ArrayLabel_Test[i];
        int predict = Test_Cls[i];
        var probability = Test_Data[i, predict];
        string result = (real == predict) ? "OK" : "NG";
        string fileName = ArrayFileName_Test[i];
        string real_str = Dict_Label[real];
        string predict_str = Dict_Label[predict];
        print((i + 1).ToString() + "|" + "result:" + result + "|" + "real_str:"
+ real_str + "|"
            + "predict_str:" + predict_str + "|" + "probability:" +
probability.GetSingle().ToString() + "|"
            + "fileName:" + fileName);
    }
}
```

17.5 總結

　　本章主要介紹了 .NET 下的 TensorFlow 在實際工業現場視覺檢測專案中的應用，使用 SciSharp 的 TensorFlow.NET 架設了簡單的 CNN 影像分類模型，該模型包含輸入層、卷積與池化層、扁平化層、全連接層和輸出層，這些層都是 CNN 分類模型中的必要層，針對工業現場的實際影像進行了分類，分類準確率較高。

　　完整程式可以直接用於大家對自己的資料集進行訓練，已經在工業現場經過大量測試，可以在 GPU 或 CPU 環境下執行，只需要更換 tensorflow.dll 檔案即可實現訓練環境的切換。

　　同時，訓練完成的模型檔案可以使用「CKPT+Meta」或「凍結成 PB」兩種方式進行現場的部署，模型部署和現場應用推理可以全部在 .NET 平臺上進行，實現工業現場程式的無縫對接，擺脫以往 Python 平臺上需要透過 Flask 架設伺服器進行資料通信互動的方式，在現場部署應用時無須設定 Python 和 TensorFlow 的環境（無須對工業現場的原有 PC 升級並安裝許多環境），整個過程全部使用傳統的 .NET 的 DLL 引用的方式。

第18章
視覺影像分類

　　除特定的讀碼和測量外，機器視覺檢測領域的三大主要任務為影像分類、物件辨識和影像分割。自從深度學習被引入機器視覺行業後，經過這些年的高速發展，從早期的影像分類到後來的物件辨識和影像分割，深度學習逐漸在機器視覺領域佔據主導地位。我們可以透過圖 18-1 來快速了解區分「影像分類、物件辨識和影像分割」這 3 種不同的視覺檢測任務。

影像分類　　　　　　**物件辨識**　　　　　　**影像分割**

▲ 圖 18-1　區分 3 種不同類型的視覺檢測任務

　　本章我們主要講解深度學習在視覺領域的基礎應用——影像分類。簡單地說，影像分類就是要回答圖 18-1 中左側的這幅影像是一隻貓的問題。對於人類來說，這是一個非常自然的事情，我們每天都在進行大量的影像分類，早晨起床辨識衣服穿衣，辨識各種早餐和餐具就餐，辨識馬路上的車輛、交通標識和行人，到達工作場所後辨識各種檔案和物體……我們幾乎沒有意識到自己每天都在完成大量的影像分類任務。

　　這個看似非常簡單的事情，對於電腦來說，卻沒有這麼容易。電腦無法像人類一樣看到整幅影像並進行直觀理解，它們看到的只是一個 3 維矩陣，包含「長 × 寬 × 通道數」個像素點，每個像素點的灰階值在 0（純黑）~255（純白）之間，電腦需要根據像素點的灰階值進行邏輯運算，最後進行判定舉出影像的分類標籤。圖 18-2 所示為電腦眼中的影像。

　　電腦在實際辨識的過程中，會遇到很多複雜和困難的情況，如物體旋轉或尺寸縮放、影像變形或拍攝角度影響、光影變換、複雜背景干擾等，在很多情況下，傳統機器視覺演算法已經無法根據預設規則進行分類篩選。這種傳統機器視覺的瓶頸期，正好是深度學習大展拳腳的時候，我們可以透過深度學習的影像分類演算法模型,「餵」給模型大量的附帶已分類標籤的影像,模型自己去複習和學習影像的特徵,最終透過多輪訓練得到一個指定任務的分類器,這個分類器可以準確地對未知的相同任務的影像進行分類。這就是深度學習的大致流程,在深度學習視覺影像分類領域,最流行也最基礎的就是卷積神經網路。

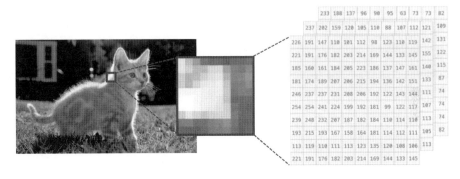

▲ 圖 18-2 電腦眼中的影像

　　說到卷積神經網路(Convolutional Neural Network, CNN),我們肯定會想起卷積神經網路之父──Yann LeCun。在神經網路和深度學習領域,Yann LeCun 可以說是元老級人物。透過利用局部相關性和權值共用的思想,Yann LeCun 在 1986 年提出了卷積神經網路,並於 1998 年在 IEEE 上發表了一篇長文,文中第一次提出「卷積層 - 池化層 - 全連接層」的神經網路結構,由 Yann LeCun 提出的 7 層網路命名為 LeNet-5。LeNet-5 網路模型的簡略結構是「輸入層(輸入層不計入層數)- 卷積層 - 池化層 - 卷積層 - 池化層 - 卷積層(全連接層)- 全連接層 - 全連接層(輸出層)」,如圖 18-3 所示。

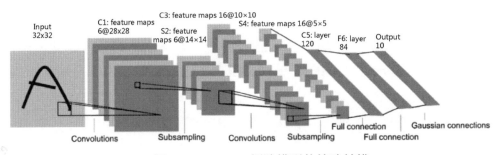

▲ 圖 18-3 LeNet-5 網路模型的簡略結構

卷積神經網路的模型結構和全連接網路類似，只是新加入了一些卷積層和池化層。全連接神經網路在處理高維度的影像和視訊資料時往往會出現網路參數量巨大、訓練非常困難的問題，而卷積神經網路的局部感受野和權值共用的特性可以極佳地解決這些問題。隨著深度學習的興盛，卷積神經網路在機器視覺領域的表現大大超越了其他演算法模型，呈現統治機器視覺領域之勢。

透過增加、刪除或調整、組合卷積神經網路的結構，我們可以得到很多的影像分類模型，其中比較流行的有 AlexNet、VGG、GoogLeNet、ResNet、DenseNet 等。同時，很多常用的物件辨識模型，如 R-CNN、Fast R-CNN、Faster R-CNN 等，也是以卷積神經網路擴充而為基礎來的。可以說，卷積神經網路是深度學習機器視覺領域的基石。

18.1 卷積神經網路實現影像分類

了解卷積神經網路（CNN）的原理和影像分類應用後，我們一起來完成一個簡單的影像分類任務。

1 · 影像分類任務描述

我們透過手寫數字集 MNIST 的影像分類辨識，來演示一個簡單的 7 層卷積神經網路。

2 · 資料集簡述

資料集採用經典的手寫數字集 MNIST，前文已經詳細介紹過該資料集，此處不再贅述。

我們可以透過下述方法載入 MNIST 資料集，並查看該資料集的形狀，其中變數 x_train，y_train、x_test、y_test 的類型為 NDArray。

```
NDArray x_test, y_test, x_train, y_train;
((x_train, y_train), (x_test, y_test)) = keras.datasets.mnist.load_data();
```

　　可以在 Visual Studio 裡面設定中斷點查看變數的內容。我們看到訓練集的大小是 60000 組影像和標籤，測試集的大小是 10000 組影像和標籤，每幅影像的尺寸是 28 像素 ×28 像素，其中 x_train、y_train、x_test、y_test 的資料結構分別如圖 18-4 ～圖 18-7 所示。

⊿ ⊕ x_train	{{{[0, 0, 0, 0, 0, ..., 0, 0, 0, 0, 0], [0, 0, 0, 0, 0, ..., 0, 0, 0, 0, 0],	NumSharp.NDArray
🔩 Address	0x0000026cfcf08040	void*
▸ 🔩 Array	{NumSharp.Backends.Unmanaged.ArraySlice<byte>}	NumSharp.Backends.Unmanaged.IArraySlice {N...
▸ 🔩 Shape	{(60000, 28, 28)}	NumSharp.Shape
▸ 🔩 Storage	{NumSharp.Backends.UnmanagedStorage}	NumSharp.Backends.UnmanagedStorage
▸ 🔩 T	{{{[0, 0, 0, 0, 0, ..., 0, 0, 0, 0, 0], [0, 0, 0, 0, 0, ..., 0, 0, 0, 0, 0], ...	NumSharp.NDArray
▸ 🔩 TensorEngine	{NumSharp.Backends.DefaultEngine}	NumSharp.TensorEngine {NumSharp.Backends....
▸ 🔩 Unsafe	{NumSharp.NDArray._Unsafe}	NumSharp.NDArray._Unsafe
▸ 🔩 dtype	{Name = "Byte" FullName = "System.Byte"}	System.Type {System.RuntimeType}
🔩 dtypesize	1	int
▸ 🔩 flat	{[0, 0, 0, 0, 0, ..., 0, 0, 0, 0, 0]}	NumSharp.NDArray
🔩 ndim	3	int
🔩 order	67 'C'	char
▸ 🔩 shape	{int[3]}	int[]
🔩 size	47040000	int
▸ 🔩 strides	{int[3]}	int[]
▸ 🔩 tensorEngine	{NumSharp.Backends.DefaultEngine}	NumSharp.TensorEngine {NumSharp.Backends....
🔩 typecode	Byte	NumSharp.NPTypeCode
▸ ● Non-Public members		
▸ ⚙ Results View	Expanding the Results View will enumerate the IEnumer...	

▲ 圖 18-4　x_train 的資料結構

⊿ ⊕ y_train	{[5, 0, 4, 1, 9, ..., 8, 3, 5, 6, 8]}	NumSharp.NDArray
🔩 Address	0x0000026cfbc184b0	void*
▸ 🔩 Array	{NumSharp.Backends.Unmanaged.ArraySlice<byte>}	NumSharp.Backends.Unmanaged.IArraySlice {N...
▸ 🔩 Shape	{(60000)}	NumSharp.Shape
▸ 🔩 Storage	{NumSharp.Backends.UnmanagedStorage}	NumSharp.Backends.UnmanagedStorage
▸ 🔩 T	{[5, 0, 4, 1, 9, ..., 8, 3, 5, 6, 8]}	NumSharp.NDArray
▸ 🔩 TensorEngine	{NumSharp.Backends.DefaultEngine}	NumSharp.TensorEngine {NumSharp.Backends...
▸ 🔩 Unsafe	{NumSharp.NDArray._Unsafe}	NumSharp.NDArray._Unsafe
▸ 🔩 dtype	{Name = "Byte" FullName = "System.Byte"}	System.Type {System.RuntimeType}
🔩 dtypesize	1	int
▸ 🔩 flat	{[5, 0, 4, 1, 9, ..., 8, 3, 5, 6, 8]}	NumSharp.NDArray
🔩 ndim	1	int
🔩 order	67 'C'	char
▸ 🔩 shape	{int[1]}	int[]
🔩 size	60000	int
▸ 🔩 strides	{int[1]}	int[]
▸ 🔩 tensorEngine	{NumSharp.Backends.DefaultEngine}	NumSharp.TensorEngine {NumSharp.Backends....
🔩 typecode	Byte	NumSharp.NPTypeCode
▸ ● Non-Public members		
▸ ⚙ Results View	Expanding the Results View will enumerate the IEnumer...	

▲ 圖 18-5　y_train 的資料結構

x_test	{[[[0, 0, 0, 0, 0, ..., 0, 0, 0, 0, 0], [0, 0, 0, 0, 0, ..., 0, 0, 0, 0, 0], ...	NumSharp.NDArray
Address	0x0000026c80005040	void*
▶ Array	{NumSharp.Backends.Unmanaged.ArraySlice<byte>}	NumSharp.Backends.Unmanaged.IArraySlice {N...
▶ Shape	{(10000, 28, 28)}	NumSharp.Shape
▶ Storage	{NumSharp.Backends.UnmanagedStorage}	NumSharp.Backends.UnmanagedStorage
▶ T	{[[[0, 0, 0, 0, 0, ..., 0, 0, 0, 0, 0], [0, 0, 0, 0, 0, ..., 0, 0, 0, 0, 0], ...	NumSharp.NDArray
▶ TensorEngine	{NumSharp.Backends.DefaultEngine}	NumSharp.TensorEngine {NumSharp.Backends....
▶ Unsafe	{NumSharp.NDArray._Unsafe}	NumSharp.NDArray._Unsafe
▶ dtype	{Name = "Byte" FullName = "System.Byte"}	System.Type {System.RuntimeType}
dtypesize	1	int
▶ flat	{[0, 0, 0, 0, 0, ..., 0, 0, 0, 0, 0]}	NumSharp.NDArray
ndim	3	int
order	67 'C'	char
▶ shape	{int[3]}	int[]
size	7840000	int
▶ strides	{int[3]}	int[]
▶ tensorEngine	{NumSharp.Backends.DefaultEngine}	NumSharp.TensorEngine {NumSharp.Backends....
typecode	Byte	NumSharp.NPTypeCode
▶ Non-Public members		
▶ Results View	Expanding the Results View will enumerate the IEnumer...	

▲ 圖 18-6 x_test 的資料結構

y_test	{[7, 2, 1, 0, 4, ..., 2, 3, 4, 5, 6]}	NumSharp.NDArray
Address	0x0000026cf8ae8c70	void*
▶ Array	{NumSharp.Backends.Unmanaged.ArraySlice<byte>}	NumSharp.Backends.Unmanaged.IArraySlice {N...
▶ Shape	{(10000)}	NumSharp.Shape
▶ Storage	{NumSharp.Backends.UnmanagedStorage}	NumSharp.Backends.UnmanagedStorage
▶ T	{[7, 2, 1, 0, 4, ..., 2, 3, 4, 5, 6]}	NumSharp.NDArray
▶ TensorEngine	{NumSharp.Backends.DefaultEngine}	NumSharp.TensorEngine {NumSharp.Backends....
▶ Unsafe	{NumSharp.NDArray._Unsafe}	NumSharp.NDArray._Unsafe
▶ dtype	{Name = "Byte" FullName = "System.Byte"}	System.Type {System.RuntimeType}
dtypesize	1	int
▶ flat	{[7, 2, 1, 0, 4, ..., 2, 3, 4, 5, 6]}	NumSharp.NDArray
ndim	1	int
order	67 'C'	char
▶ shape	{int[1]}	int[]
size	10000	int
▶ strides	{int[1]}	int[]
▶ tensorEngine	{NumSharp.Backends.DefaultEngine}	NumSharp.TensorEngine {NumSharp.Backends....
typecode	Byte	NumSharp.NPTypeCode
▶ Non-Public members		
▶ Results View	Expanding the Results View will enumerate the IEnumer...	

▲ 圖 18-7 y_test 的資料結構

也可以透過 SharpCV 的 cv2.imshow() 方法顯示影像進行查看。我們可以看到 0~9 這 10 個不同的手寫數字，如圖 18-8 所示。

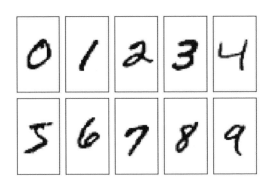

▲ 圖 18-8 手寫數字

3 · 網路模型架設

我們使用 Keras 中的 Functional API 方式架設一個簡單的 7 層卷積神經網路，並使用 Keras 中內建的 model.compile() 方法進行模型編譯，使用 model.fit() 方法進行模型訓練，最後使用 model.evaluate() 方法進行模型評估。

4 · 完整解決方案的程式實作

（1）建立解決方案。

建立新專案，如圖 18-9 所示。

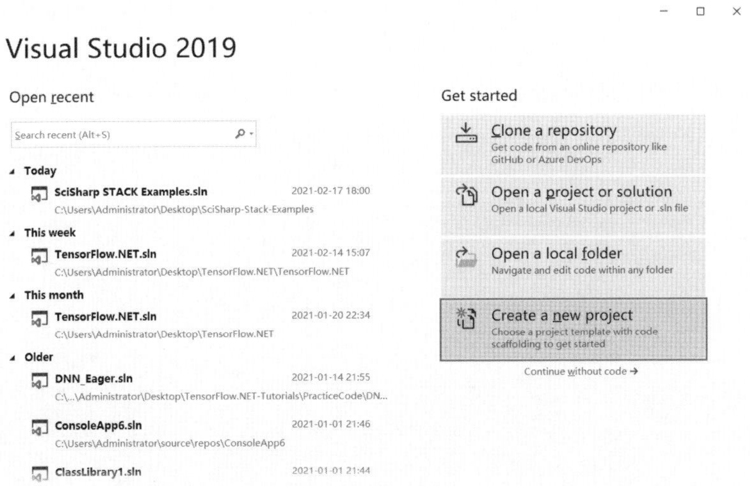

▲ 圖 18-9 建立新專案

選擇正確的 .NET Core 版本，如圖 18-10 所示。

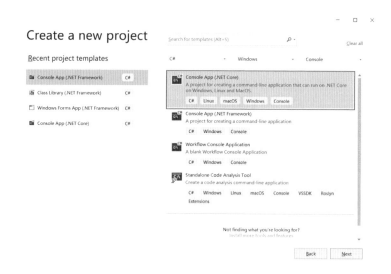

▲ 圖 18-10 選擇正確的 .NET Core 版本

輸入專案名稱和專案路徑，並點擊「Create」按鈕建立專案，如圖 18-11 所示。

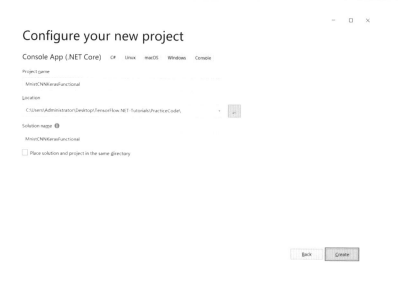

▲ 圖 18-11 輸入專案名稱和專案路徑

選擇專案屬性的 .NET 5.0 版本和編譯器版本 x64。.NET 版本選擇如圖 18-12 所示。編譯器版本選擇如圖 18-13 所示。

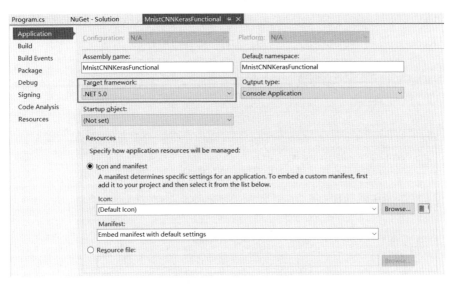

▲ 圖 18-12 .NET 版本選擇

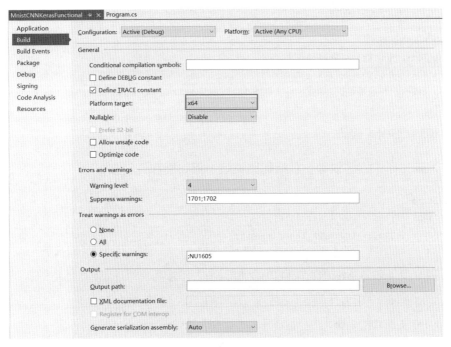

▲ 圖 18-13 編譯器版本選擇

（2）增加類別庫引用和命名空間。

透過 NuGet 安裝最新版本的 TensorFlow.NET、SciSharp.TensorFlow.Redist（GPU 版本對應的為 SciSharp.TensorFlow.Redist-Windows-GPU）和 Tensor Flow.Keras。透過 NuGet 安裝必要的類別庫如圖 18-14 所示。

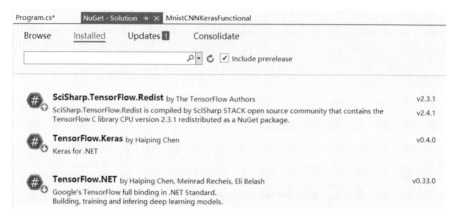

▲ 圖 18-14 透過 NuGet 安裝必要的類別庫

增加如下命名空間。

```
using NumSharp;
using Tensorflow.Keras.Engine;
using Tensorflow.Keras.Layers;
using static Tensorflow.KerasApi;
```

（3）主程式程式。

準備工作：宣告變數，包括網路模型、網路層和資料集。

```
Model model;
LayersApi layers = new LayersApi();
NDArray x_train, y_train, x_test, y_test;
```

第 1 步：載入 MNIST 資料集並進行歸一化處理。

```
// 準備資料
(x_train, y_train, x_test, y_test) = keras.datasets.mnist.load_data();
```

```
x_train = x_train.reshape(60000, 28, 28, 1) / 255f;
x_test = x_test.reshape(10000, 28, 28, 1) / 255f;
```

第 2 步：使用 Keras 的 Functional API 方式架設 7 層的卷積神經網路模型並編譯模型。

```
// 用 Functional API 方式架設模型
// 輸入層
var inputs = keras.Input(shape: (28, 28, 1));
// 第 1 層：卷積層
var outputs = layers.Conv2D(32, kernel_size: 5, activation: keras. activations.Relu).
Apply(inputs);
// 第 2 層：池化層
outputs = layers.MaxPooling2D(2, strides: 2).Apply(outputs);
// 第 3 層：卷積層
outputs = layers.Conv2D(64, kernel_size: 3, activation: keras. activations.Relu).
Apply(outputs);
// 第 4 層：池化層
outputs = layers.MaxPooling2D(2, strides: 2).Apply(outputs);
// 第 5 層：展平層
outputs = layers.Flatten().Apply(outputs);
// 第 6 層：全連接層
outputs = layers.Dense(1024).Apply(outputs);
// 第 7 層：隨機捨棄層
outputs = layers.Dropout(rate: 0.5f).Apply(outputs);
// 輸出層
outputs = layers.Dense(10).Apply(outputs);
// 架設 Keras 網路模型
model = keras.Model(inputs, outputs, name: "mnist_model");
// 顯示模型概況
model.summary();
// 將 Keras 模型編譯成 TensorFlow 的靜態圖
model.compile(loss: keras.losses.SparseCategoricalCrossentropy(from_logits: true),
              optimizer: keras.optimizers.Adam(learning_rate: 0.001f),
              metrics: new[] { "accuracy" });
```

第 3 步：訓練模型和評估模型。

```
// 訓練模型
// 使用輸入資料和標籤來訓練模型
```

```
model.fit(x_train, y_train, batch_size: 64, epochs: 2, validation_split: 0.2f);
// 評估模型
model.evaluate(x_test, y_test, verbose: 2);
```

完整的主控台執行程式如下。

```
using NumSharp;
using Tensorflow.Keras.Engine;
using Tensorflow.Keras.Layers;
using static Tensorflow.KerasApi;

namespace MnistCNNKerasFunctional
{
    class Program
    {
        static void Main(string[] args)
        {
            MnistCNN cnn = new MnistCNN();
            cnn.Main();
        }

        class MnistCNN
        {
        Model model;
        LayersApi layers = new LayersApi();
        NDArray x_train, y_train, x_test, y_test;
        public void Main()
        {
            // 準備資料
            (x_train, y_train, x_test, y_test) = keras.datasets.mnist. load_
data();

            x_train = x_train.reshape(60000, 28, 28, 1) / 255f;
            x_test = x_test.reshape(10000, 28, 28, 1) / 255f;

            // 用 Functional API 方式架設模型
            // 輸入層
            var inputs = keras.Input(shape: (28, 28, 1));
            // 第 1 層：卷積層
            var outputs = layers.Conv2D(32, kernel_size: 5, activation: keras.
```

```
activations.Relu).Apply(inputs);
                // 第 2 層：池化層
                outputs = layers.MaxPooling2D(2, strides: 2).Apply(outputs);
                // 第 3 層：卷積層
                outputs = layers.Conv2D(64, kernel_size: 3, activation: keras.
activations.Relu).Apply(outputs);
                // 第 4 層：池化層
                outputs = layers.MaxPooling2D(2, strides: 2).Apply(outputs);
                // 第 5 層：展平層
                outputs = layers.Flatten().Apply(outputs);
                // 第 6 層：全連接層
                outputs = layers.Dense(1024).Apply(outputs);
                // 第 7 層：隨機捨棄層
                outputs = layers.Dropout(rate: 0.5f).Apply(outputs);
                // 輸出層
                outputs = layers.Dense(10).Apply(outputs);
                // 架設 Keras 網路模型
                model = keras.Model(inputs, outputs, name: "mnist_model");
                // 顯示模型概況
                model.summary();
                // 將 Keras 模型編譯成 TensorFlow 的靜態圖
                model.compile(loss: keras.losses.SparseCategoricalCrossentropy (from_
logits: true),
                    optimizer: keras.optimizers.Adam(learning_rate: 0.001f),
                    metrics: new[] { "accuracy" });

                // 訓練模型
                // 使用輸入資料和標籤來訓練模型
                model.fit(x_train, y_train, batch_size: 64, epochs: 2, validation_
split: 0.2f);
                // 評估模型
                model.evaluate(x_test, y_test, verbose: 2);

            }
        }
    }
}
```

（4）程式執行。

執行程式，我們看到終端正常輸出了網路模型的結果和參數清單，在訓練過程中隨著輪次的迭代，驗證集準確率不斷提升，最終在測試集上的準確率大約達到了 97%。透過這個訓練結果，我們可以看到，卷積神經網路（CNN）模型相較前文的全連接神經網路（DNN，大約 93% 的準確率）模型，性能有了一定的提升。

```
Model: mnist_model

_____
Layer (type)                  Output Shape          Param #
============================================================
input_1 (InputLayer)          (None, 28, 28, 1)     0

conv2d (Conv2D)               (None, 24, 24, 32)    832

max_pooling2d (MaxPooling2D)  (None, 12, 12, 32)    0

conv2d_1 (Conv2D)             (None, 10, 10, 64)    18496

max_pooling2d_1 (MaxPooling2D) (None, 5, 5, 64)     0

flatten (Flatten)             (None, 1600)          0

dense (Dense)                 (None, 1024)          1639424

dropout (Dropout)             (None, 1024)          0

dense_1 (Dense)               (None, 10)            10250
============================================================
Total params: 1669002
Trainable params: 1669002
Non-trainable params: 0
_____

Epoch: 001/002, Step: 0001/0750, loss: 2.342649, accuracy: 0.015625
Epoch: 001/002, Step: 0002/0750, loss: 2.312991, accuracy: 0.062500
Epoch: 001/002, Step: 0003/0750, loss: 2.293373, accuracy: 0.088542
Epoch: 001/002, Step: 0004/0750, loss: 2.261313, accuracy: 0.125000
```

```
Epoch: 001/002, Step: 0005/0750, loss: 2.203913, accuracy: 0.190625
Epoch: 001/002, Step: 0006/0750, loss: 2.151764, accuracy: 0.244792
Epoch: 001/002, Step: 0007/0750, loss: 2.118946, accuracy: 0.272321
Epoch: 001/002, Step: 0008/0750, loss: 2.064438, accuracy: 0.314453
Epoch: 001/002, Step: 0009/0750, loss: 1.996795, accuracy: 0.357639
Epoch: 001/002, Step: 0010/0750, loss: 1.932693, accuracy: 0.392188
Epoch: 001/002, Step: 0011/0750, loss: 1.857887, accuracy: 0.426136
Epoch: 001/002, Step: 0012/0750, loss: 1.784158, accuracy: 0.453125
Epoch: 001/002, Step: 0013/0750, loss: 1.710757, accuracy: 0.481971
Epoch: 001/002, Step: 0014/0750, loss: 1.643326, accuracy: 0.506696
Epoch: 001/002, Step: 0015/0750, loss: 1.582916, accuracy: 0.525000
Epoch: 001/002, Step: 0016/0750, loss: 1.534452, accuracy: 0.537109
Epoch: 001/002, Step: 0017/0750, loss: 1.480093, accuracy: 0.553309
Epoch: 001/002, Step: 0018/0750, loss: 1.421180, accuracy: 0.571181
Epoch: 001/002, Step: 0019/0750, loss: 1.380466, accuracy: 0.584704
……( 中間輪次的輸出省略顯示 )
Epoch: 002/002, Step: 0745/0750, loss: 0.094977, accuracy: 0.970987
Epoch: 002/002, Step: 0746/0750, loss: 0.095171, accuracy: 0.970954
Epoch: 002/002, Step: 0747/0750, loss: 0.095221, accuracy: 0.970942
Epoch: 002/002, Step: 0748/0750, loss: 0.095166, accuracy: 0.970961
Epoch: 002/002, Step: 0749/0750, loss: 0.095111, accuracy: 0.970981
Epoch: 002/002, Step: 0750/0750, loss: 0.095067, accuracy: 0.970990
Testing...
iterator: 1, loss: 0.09048357, accuracy: 0.97236377
```

18.2 卷積神經網路詳解

透過 Keras 的 model.summary() 方法可以輸出網路的結構和參數資訊，我們來詳細解析這個 7 層的卷積神經網路。

model.summary() 方法的輸出如下。

```
Model: mnist_model

_____
Layer (type)                 Output Shape              Param #
=================================================================
input_1 (InputLayer)         (None, 28, 28, 1)         0
_____
```

```
conv2d (Conv2D)              (None, 24, 24, 32)       832

max_pooling2d (MaxPooling2D) (None, 12, 12, 32)         0

conv2d_1 (Conv2D)            (None, 10, 10, 64)      18496

max_pooling2d_1 (MaxPooling2D) (None, 5, 5, 64)         0

flatten (Flatten)            (None, 1600)              0

dense (Dense)                (None, 1024)          1639424

dropout (Dropout)            (None, 1024)              0

dense_1 (Dense)              (None, 10)            10250
=================================================================
Total params: 1669002
Trainable params: 1669002
Non-trainable params: 0
```

整體來說，這個網路的堆疊結構為：① 輸入層（InputLayer，28×28）→②卷積層（Conv2D，參數量為 83 兩個）→③ 池化層（MaxPooling2D，2×2）→④ 卷積層（Conv2D，參數量為 18496 個）→⑤ 池化層（MaxPooling2D，2×2）→⑥ 展平層（Flatten）→⑦ 全連接層（Dense，參數量為 1639424 個）→⑧ 隨機捨棄層（Dropout，50% 機率）→⑨ 輸出層（Dense，全連接層，參數量為 10250 個）。透過參數量我們可以直觀地看到，卷積層的參數量是遠遠小於全連接層的，這是卷積層的特點之一。

接下來，我們從功能原理和執行方式兩個方面來詳細說說什麼是卷積層、池化層、展平層和隨機捨棄層。

18.2.1 卷積層詳解

卷積神經網路的一個主要特性是可以解決傳統全連接神經網路的參數量巨大、隨著輸入資料尺寸增大會出現計算量爆炸的問題。例如，在本文中的卷積神經網路範例程式中，僅 1 個全連接層的參數量（1639424 個）就大約占整個網路總參數量（166900 兩個）的 98%，全連接層的參數量占比十分驚人。下面我們會儘量透過通俗易懂的方式來介紹卷積層，公式推導會略微減少一些，感興趣的讀者可以查閱專業的資料來深入學習。

1・功能原理

卷積的數學含義是一種和「加減乘除」一樣的運算，其運算的主要操作是將兩個函式的其中一個先翻轉平移，再與另一個函式相乘後累加求和。

對於定義在連續域的函式，卷積定義為

$$(f * g)(t) = \int f(\tau) g(t - \tau) \mathrm{d}\tau$$

對於定義在離散域的函式，卷積定義為

$$(f * g)[m] = \sum_n f[n] g[m - n]$$

簡單地理解上面兩個公式，就是先將一個 g 函式翻轉，再和 f 函式進行滑動疊加。在連續情況下，疊加指的是對兩個函式的乘積求積分；在離散情況下，疊加指的是對兩個函式加權求和。

因為卷積運算涉及積分和級數的操作，所以理解起來可能不是特別直觀。不過沒有關係，接下來我們要講的是機器視覺領域的「2 維卷積（Conv-2D）」，這個「2 維卷積」操作是機器視覺領域中常見的影像前置處理方式，也是深度學習領域中的「卷積」操作。這個「卷積」並非剛才的數學中的卷積（只是採用同一個名稱），嚴格意義上來說，是衍生自數學中的 Cross-Correlation 的一種操作。這裡，我們撇開影像中 2 維卷積的公式，直接舉例進行說明。

和數學中的卷積原理有些類似，機器視覺和深度學習領域中對影像的卷積操作的過程是「2 維卷積核一個一個滑過原始影像的每塊像素區域，加權求和後生成新的影像」，我們來由淺至深地透過一組影像觀察這個有趣的過程。

單通道灰階影像的卷積示意如下。

首先我們有一幅 5×5 的原始影像（0 和 1 簡單示意灰階值）和一個 3×3 的卷積核，如圖 18-15 所示。

　　然後我們把原始影像的第一塊 3×3 的區域和卷積核對應地進行點乘，隨後求和，作為新影像的第 1 個像素。點乘求和運算過程如圖 18-16 所示。

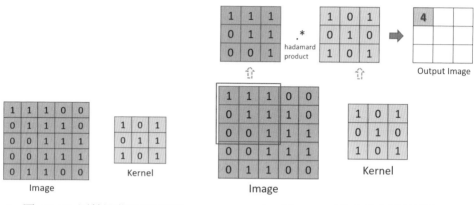

▲ 圖 18-15　原始影像和卷積核　　　　　▲ 圖 18-16　點乘求和運算過程

　　我們沿著影像像素從左往右、從上往下，逐行地重複點乘求和的過程，最終得到卷積後的輸出影像。遍歷整幅影像生成結果影像如圖 18-17 所示。

　　這樣就完成了一幅灰階影像的 2 維卷積操作。細心的讀者可能發現了，卷積後的輸出影像的尺寸比原始影像在寬和高兩個方向上都減少了兩個像素，原因很簡單，就是 3×3 的卷積核的中心無法遍歷到影像的像素邊緣。解決這個問題的方法叫作 Padding，就是先在原始影像四周手動填充一圈像素，如填充灰階值「0」，再對填充後的影像進行卷積處理，這樣輸出影像就和原始影像尺寸保持一致了。卷積運算中的 Padding 如圖 18-18 所示。

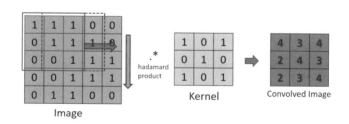

▲ 圖 18-17　遍歷整幅影像生成結果影像

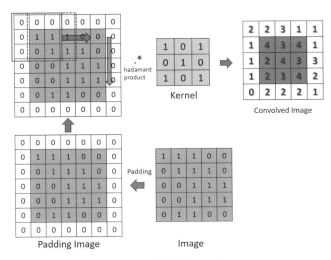

▲ 圖 18-18 卷積運算中的 Padding

那麼，在機器視覺領域，對影像進行卷積有什麼作用呢？我們透過幾個經典的影像卷積的例子來說明卷積在影像處理方面的意義。原始影像如圖 18-19 所示。

影像模糊卷積運算效果如圖 18-20 所示（左側是卷積核，右側是卷積後的影像）。

影像銳化卷積運算效果如圖 18-21 所示。

▲ 圖 18-19 原始影像

0.0625	0.125	0.0625
0.125	0.25	0.125
0.0625	0.125	0.0625

blur ∨

▲ 圖 18-20 影像模糊卷積運算效果

0	−1	0
−1	5	−1
0	−1	0

sharpen ∨

▲ 圖 18-21 影像銳化卷積運算效果

輪廓提取卷積運算效果如圖 18-22 所示。

−1	−1	−1
−1	8	−1
−1	−1	−1

outline ∨

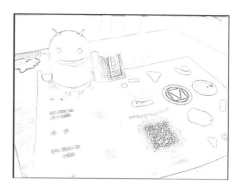

▲ 圖 18-22 輪廓提取卷積運算效果

浮雕卷積運算效果如圖 18-23 所示。

▲ 圖 18-23 浮雕卷積運算效果

頂部索貝爾卷積運算效果如圖 18-24 所示（還有底部索貝爾卷積運算、左側索貝爾卷積運算和右側索貝爾卷積運算，求差的方向不同，則效果不同）。

▲ 圖 18-24 頂部索貝爾卷積運算效果

還有很多自訂的卷積運算，可以呈現很多有趣的影像處理效果。細心的讀者可能會發現，卷積核有個共同點，就是 9 個格子中所有權重相加的和始終為 1（也可以不為 1，並非強制限制條件），這是為了防止加權求和後的灰階值出現上溢或下溢的情況，並且可以減少影像灰階資訊的損失。卷積核還有一個特點，就是大部分卷積核的尺寸都為奇數，這是因為卷積運算最終的結果是賦值給中心點像素的，如果尺寸為偶數，就無法有效定義中心點像素。

了解影像中的卷積運算後，我們來看深度學習中的卷積運算。深度學習中的卷積運算和影像中的卷積運算原理完全一致，只不過輸出的不一定是影像，一般只是特徵資訊。我們來逐步觀察深度學習中的卷積操作。

我們已經了解了灰階影像的卷積和 Padding 操作，下面我們來看深度學習中彩色影像的卷積和 Padding 操作。

對於深度學習中的彩色影像的卷積操作，主要方式是首先將彩色影像分離為 R（紅色 Red）、G（綠色 Green）、B（藍色 Blue）3 個通道的灰階影像，然後採用 3 個獨立的卷積核進行卷積運算，對卷積運算後的 3 個像素值求和，最後加上偏置項 Bias，由此得到的輸出作為輸出影像的第 1 個左上角像素的值。不斷迭代上述過程，從左往右，從上往下，滑動卷積核重複加權求和，最終輸出單通道的 2 維特徵矩陣。多通道單卷積核（每個通道對應 1 個卷積核）輸出值的計算過程如下。彩色影像卷積操作第 1 步、第 2 步、第 n 步如圖 18-25 ～圖 18-27 所示。

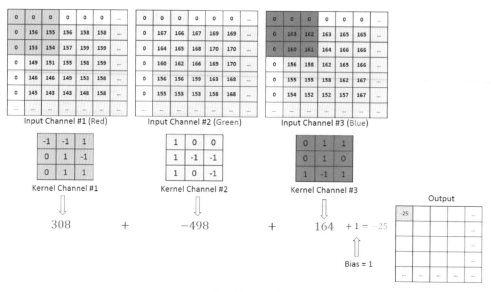

▲ 圖 18-25 彩色影像卷積操作第 1 步

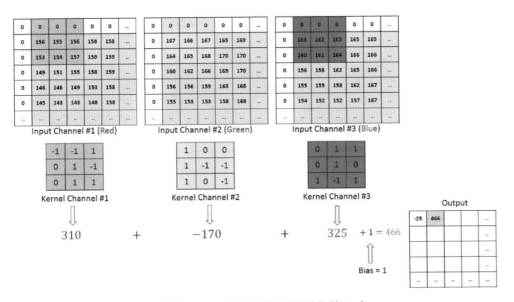

▲ 圖 18-26 彩色影像卷積操作第 2 步

（……中間部分動畫省略）

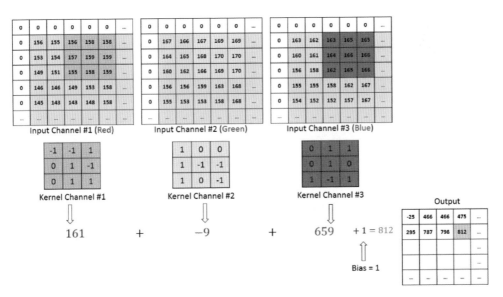

▲ 圖 18-27 彩色影像卷積操作第 n 步

上述過程僅演示卷積的正向運算，暫時不涉及梯度下降和反向傳播。

剛才演示的是多通道（三通道彩色圖）單卷積核的情況，輸出為單一 2 維特徵矩陣。但實際在深度學習中，一般來說，一個卷積層會採用多個卷積核，即多通道多卷積核運算。該運算可拆分為多個單卷積核的獨立運算（上述過程）後獨立產生輸出，最終輸出多個 2 維特徵矩陣，每個卷積核都對應輸出一個 2 維特徵矩陣，運算過程如下。

卷積核 1 的卷積運算第 1 步和最後 1 步如圖 18-28 和圖 18-29 所示。

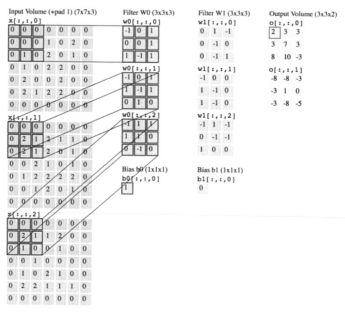

▲ 圖 18-28 卷積核 1 的卷積運算第 1 步

（……中間部分動畫省略）

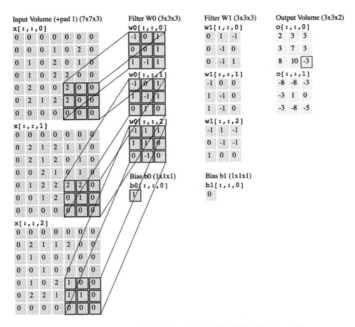

▲ 圖 18-29 卷積核 1 的卷積運算最後 1 步

卷積核 2 的卷積運算第 1 步和最後 1 步如圖 18-30 和圖 18-31 所示。

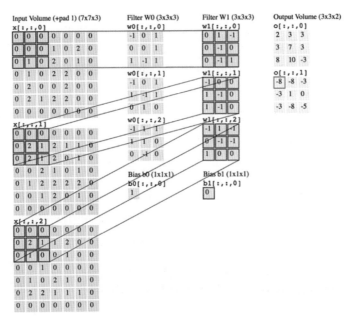

▲ 圖 18-30 卷積核 2 的卷積運算第 1 步

（……中間部分動畫省略）

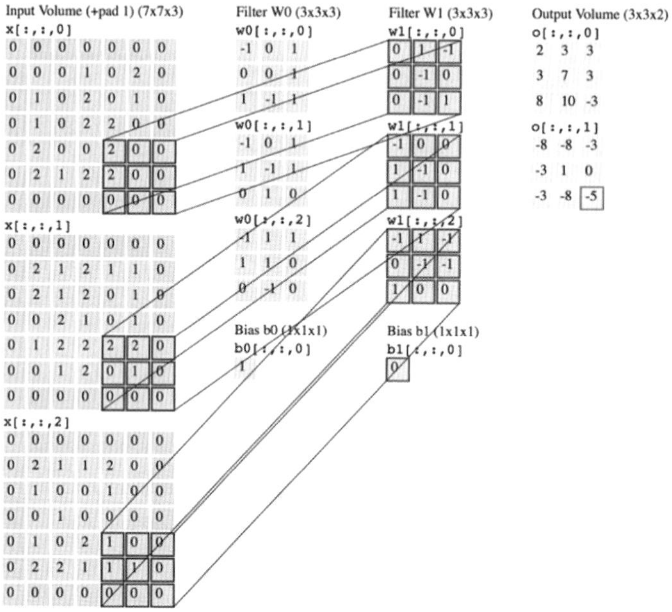

▲ 圖 18-31 卷積核 2 的卷積運算最後 1 步

上面演示的是兩個卷積核的例子，實際卷積層的卷積核數量可以透過修改卷積方法的參數的整數值進行設定。例如，conv1 = layers.Conv2D(32, kernel_size: 5, activation: keras.activations.Relu);，Conv2D 方法中的參數 1 的值 32 即代表該卷積層有 3 兩個卷積核。summary 方法顯示的卷積層 conv1 的參數量僅為 83 兩個，計算方式為（5 × 5 × 1 + 1）× 32 = 832，即 3 兩個 5×5 的卷積核乘以輸入通道數 1 加上偏置項 Bias。

如果想要更深入地理解卷積層，我們可以將其類比為大腦的視覺皮層，全連接神經網路可以類比為人類的神經元，每個神經元都與上一層的所有神經元相連。不過視覺皮層的神經元的工作原理與其他神經元大不相同，這裡要提出「感受野（Receptive Field）」的概念，即視覺皮層中的神經元並非與上一層的所有神經元相連，而只感受一片區域內的視覺訊號，並只對局部區域的視覺刺激進行反應。卷積神經網路中的卷積層正表現了這個特性。

　　稠密的全連接層具有參數容錯、計算代價高等問題，無法高效提取影像的特徵。而現實生活中的真實影像，一般都具有局部相關性，即某個局部區域內的連結較大，空間分佈距離越遠，圖像資料連結越小。卷積層正是利用了影像的這一特徵，透過有效提取影像的局部特徵，運用卷積核的權值共用的方式，實現降低網路參數量、提升計算性能的目的。在卷積神經網路實踐的過程中，我們發現，各個卷積層確實提取到了很多「有用的特徵」和「類似人腦的視覺學習方式」，如淺層卷積層大多提取影像整體的灰階分佈、輪廓資訊和各個局部連結特性；深層卷積層則從影像整體宏觀角度，看到了「影像整體的共有特性」和「可描述的顯著特性」，這促進了深度學習的可解釋性的研究。

2．執行方式

　　了解了卷積層的功能原理，我們來整體直觀地看下卷積神經網路的工作流程。圖 18-32 所示為包含 4 個卷積層的網路模型。

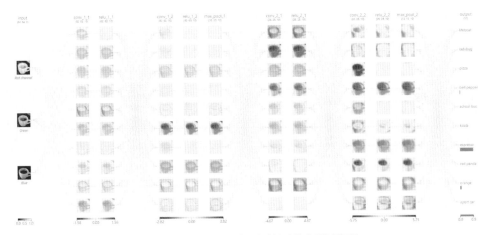

▲ 圖 18-32　包含 4 個卷積層的網路模型

　　第 1 個卷積層為 conv_1_1，輸入為「杯子」的 RGB 3 個通道的影像，卷積核數量為 10 組（每組都包含 3 個獨立的卷積核，對應 3 個通道），輸出為 10 個卷積後的特徵張量。第 1 組卷積核的運算如圖 18-33 所示，第一組卷積核中某個卷積核的運算如圖 18-34 所示。

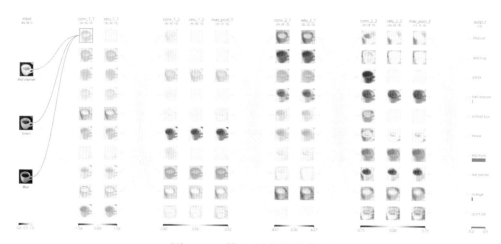

▲ 圖 18-33 第 1 組卷積核的運算

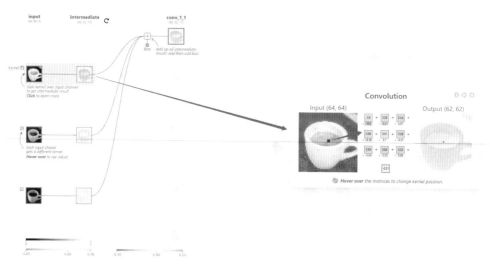

▲ 圖 18-34 第 1 組卷積核中某個卷積核的運算

　　第 兩 個 卷 積 層 conv_1_2、 第 3 個 卷 積 層 conv_2_1 和 第 4 個 卷 積 層 conv_2_2，輸入均為上一層的 10 個輸出特徵張量（來自啟動函式 ReLU 或 Maxpool 網路層），卷積核數量為 10 組（每組都包含 10 個獨立的卷積核，對 應 10 個輸入），輸出為 10 個卷積後的特徵張量。第兩個卷積層 conv_1_2 的第 1 組卷積核的卷積運算和其中某個卷積核的卷積運算如圖 18-35 和圖 18-36 所示。

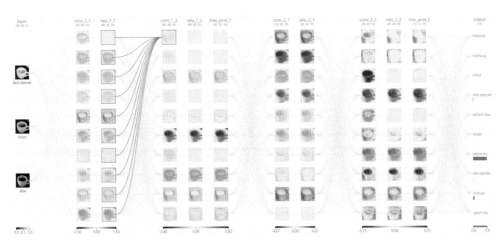

▲ 圖 18-35 第兩個卷積層 conv_1_2 的第 1 組卷積核的卷積運算

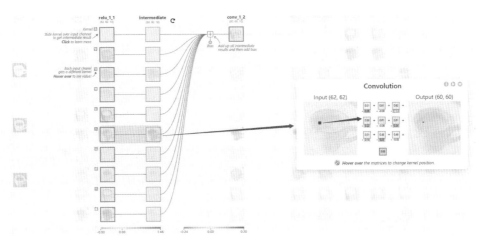

▲ 圖 18-36 第兩個卷積層 conv_1_2 的第 1 組卷積核中某個卷積核的卷積運算

　　我們可以直觀地看到，不同的卷積層會提取出「杯子」的不同特徵，有些卷積層會提取出杯子的「圓形杯口」輪廓，有些卷積層會提取出杯子內茶水的灰階分佈。總結來說，卷積層的執行方式就是透過大量不同的卷積核，提取出影像大量的局部特徵，參與卷積神經網路的訓練，最後不同特徵透過權重組合判定影像的類別。對於電腦視覺的分類問題，卷積神經網路具有很好的泛化能力。

18.2.2　池化層、展平層和隨機捨棄層詳解

1．池化層

　　池化層（Pooling Layer）和卷積層的滑動執行方式類似，同樣是以局部相關性為基礎的思想，但規則要簡單得多，可以視為對影像進行下採樣的過程，透過從局部相關的一組元素中進行採樣或資訊聚合來得到新的元素。對於每一次滑動視窗中的所有值，輸出其中的最大值（最大池化操作）、均值（均值池化操作）或其他方法（如高斯池化操作）產生的值。

　　透過精心設計池化層感受野的高、寬和步進值參數，可以實現各種降維（尺寸縮減）運算。我們以杯子卷積神經網路模型中的池化層為例，這是一個尺寸為 2×2，步進值為 2 的最大池化層，也是深度學習中常用的一種池化層。池化操作將保持輸入資料的深度大小不變，如對於一個三通道的 16 像素 $\times$ 16 像素影像（一個 $16 \times 16 \times 3$ 的張量），經過感受野為 2×2，滑動步進值為 2 的最大池化層，則會得到一個 $8 \times 8 \times 3$ 的張量，張量中的值為每次滑動視窗中所有值的最大值。

　　圖 18-37 所示為感受野為 2×2，步進值為 2，對輸入的某個深度切片進行下採樣的池化操作示意圖，每次最大池化操作均對滑動視窗中的 4 個值進行。

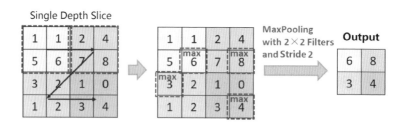

▲　圖 18-37　池化操作示意圖

　　杯子卷積神經網路模型中的池化層執行方式如圖 18-38 所示，以 max_pool_1 為例，輸入為上一層的 10 個輸出特徵張量（來自啟動函式 relu_1_2），經過感受野為 2×2，滑動步進值為 2 的最大池化層，執行最大池化操作，輸出為 10 個池化後的特徵張量。

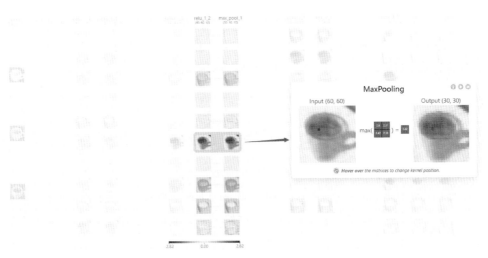

▲ 圖 18-38 杯子卷積神經網路模型中的池化層執行方式

由於池化層沒有需要學習的參數,運算過程簡單,並且可以有效縮小特徵圖的尺寸,因此非常適合處理影像類型的資料,在電腦視覺相關任務中獲得了廣泛的應用。

2·展平層

展平層(Flatten Layer)是卷積神經網路中比較常用的連接卷積層和全連接層的操作層,其工作是簡單地將輸入「展平」,即把多維的輸入壓平為一維的輸出,實現資料尺寸從卷積層到全連接層的過渡。

例如,對於本文中的卷積神經網路的參數清單,局部截取如下。

```
Layer (type)                 Output Shape              Param #
=================================================================
    ...

max_pooling2d_1 (MaxPooling2D) (None, 5, 5, 64)          0

flatten (Flatten)            (None, 1600)               0

    ...
```

我們可以看到，展平層的輸入資料尺寸是 (None, 5, 5, 64)，展平後的輸出資料尺寸是 (None, 1600)，其中 1600 = 5 × 5 × 64，None 為 Batch 的大小，展平層不改變 Batch 的大小。展平層和池化層一樣，也沒有需要學習的參數。

3・隨機捨棄層

深度學習模型常使用隨機捨棄層（Dropout Layer）來提高模型的泛化能力，防止過擬合的問題。

2012 年，Hinton 等人在論文 *Improving Neural Networks by Preventing Co-Adaptation of Feature Detectors* 中使用了隨機捨棄層來提高模型性能。隨機捨棄層透過隨機斷開神經網路的連接，來減少每次訓練時實際參與計算的模型的參數量，但是在模型評估和推理時，一般設定不使用隨機捨棄層，恢復所有的連接（不過每一個神經元的權重參數要乘以機率 p），以保證在模型評估和推理時獲得較好的性能。

隨機捨棄層的工作原理如圖 18-39 所示。

在圖 18-39 中，h1_2、h1_4、h2_1、h2_2 被清零，這時輸出的計算不再依賴這 4 個神經元，在反向傳播時，與這 4 個隱藏神經元相關的權重的梯度均為 0。由於在訓練中隱藏神經元的捨棄是隨機的，即所有 h1_1,⋯,h2_4 都有可能被清零，輸出層的計算無法過度依賴 h1_1,⋯,h2_4 中的任何一個，因此在訓練模型時造成正則化的作用，並可以用來應對過擬合。

隨機捨棄層和展平層、池化層一樣，也沒有需要學習的參數，其函式 layers.Dropout() 的第 1 個參數是設定隨機捨棄的機率。

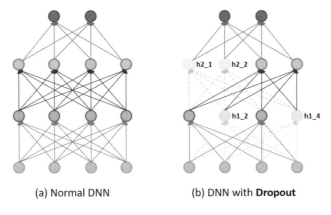

(a) Normal DNN　　　　(b) DNN with **Dropout**

▲ 圖 18-39 隨機捨棄層的工作原理

18.2.3 一些經典的卷積神經網路模型

卷積神經網路從 1998 年的開山之作 LeNet-5 發展至今，已經發生了翻天覆地的變化，誕生了許多極具創意和性能優秀的知名網路模型。自 AlexNet 之後，深度學習發展迅速，分類準確率每年都被更新，隨著模型的變深，Top-5 的錯誤率越來越低，目前已經降低到了 1.2% 左右，Top-1 的錯誤率則降低到了驚人的 9.8% 左右。同樣，對於 ImageNet 資料集，人眼的辨識錯誤率大概為 5.1%，這可以側面說明在某些特定影像分類辨識領域，深度學習的辨識能力已經超過了人類。接下來，給大家簡要地介紹一下經典的 7 種卷積神經網路模型，分別是 LeNet-5、AlexNet、VGG、GoogLeNet、ResNet、DenseNet 和 EfficientNet，其中一些獲得了 ImageNet 挑戰賽的冠亞軍。我們這裡僅僅簡述模型的歷史故事、模型結構和模型特點，不對具體推導公式和參數原理進行詳細闡述。

18.2.3.1 LeNet-5

1.模型的歷史故事

作為卷積神經網路和深度學習領域的元老級人物，Yann LeCun 於 1998 年在 IEEE 上發表了論文 *Gradient-based Learning Applied to Document Recognition*，文中第一次提出「卷積層 - 池化層 - 全連接層」的神經網路結構，由 Yann LeCun 提出的 7 層網路模型命名為 LeNet-5，也為他贏得了卷積神經網路之父的美譽。作為標準的卷積神經網路結構，LeNet-5 對後世的影響深遠，以至於在 16 年後，Google 提出 Inception 網路模型時將其命名為 GoogLeNet，以致敬 Yann LeCun 對卷積神經網路發展的貢獻。

2．模型結構

LeNet-5 共有 7 層，輸入層未計入層數，每層都有一定的訓練參數，其中 3 個卷積層的訓練參數較多，每層都有多個卷積核，也叫特徵圖，每個卷積核都對上一層的輸出提取不同的影像特徵。LeNet-5 的網路結構是這樣的：輸入層 - 卷積層 C1- 池化層 S2- 卷積層 C3- 池化層 S4- 卷積層 C5（全連接層）- 全連接層 F6- 全連接層（輸出層），如圖 18-40 所示。

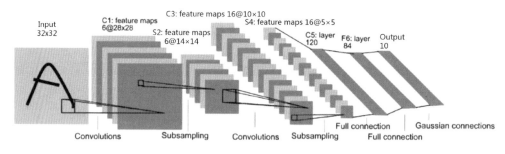

▲ 圖 18-40 LeNet-5 的網路結構

LeNet-5 各層參數如圖 18-41 所示。

網路層	卷積核心尺寸	步進值	填充	輸出維數
C1	5×5	1	0	6
S2	2×2	2	0	-
C3	5×5	1	0	16
S4	2×2	2	0	-
C5	5×5	1	0	120
F6	-	-	-	84

▲ 圖 18-41 LeNet-5 各層參數

3 · 模型特點

　　LeNet-5 模型第一次完整地架設了現代的卷積神經網路模型，提出了權值共用這一重要的思想。更重要的是，LeNet-5 模型簡化了卷積操作流程，便於將反向傳播應用到卷積神經網路上，並解決了一個真實世界中的問題，成功應用於辨識美國郵政服務提供的手寫郵遞區號數字。

　　LeNet-5 還有很多有趣的細節。我們注意到從 S2 到 C3 的卷積核數量從 6 個增長到 16 個，但這兩層之間並非一一映射的，而是不同的卷積核會有 3~5 個不同的 S2 的輸出作為輸入。這樣做有兩個好處：一是不用全連接，減少了連接的數量。更重要的是，這種設計打破了不同卷積核間的對稱性，不同的卷積核有不同的輸入，這迫使卷積核主動取出不同的特徵，從而提高網路的堅固性；二是使用了 Tanh 作為啟動函式，對稱的啟動函式能夠加速收斂，當時網路的深度還不太深，加速收斂比預防梯度消失更為重要。此外，論文在附錄中對比了隨機梯度下降和批梯度下降，指出隨機梯度下降與批梯度下降結合能夠極大加快擬合速度，並且最終效果很好。還有一個小細節在輸出層上，Yann LeCun 用 RBF Layer 取代了原來慣用的全連接層，這種操作的表現相較之前的方法在容易引起歧義的影像（如數字 0 和字母 O）上有了很大的提升。

18.2.3.2 AlexNet

1 · 模型的歷史故事

　　在 LeNet-5 提出後，卷積神經網路一直沒有新的突破。沉寂 10 多年後，在 ImageNet 2012 挑戰賽上，AlexNet 獲得了當年的冠軍。AlexNet 的橫空出世可以說標誌著卷積神經網路的復蘇和深度學習的崛起，2012 年也被認為是現代意義上的深度學習元年。2012 年，深度學習三巨頭之一 Geoffrey Hinton 的學生 Alex Krizhevsky 率先提出了 AlexNet（論文 *ImageNet Classification with Deep Convolutional Networks*），並在當年的 ILSVRC（ImageNet Large-Scale Visual Recognition Challenge，ImageNet 大規模視覺挑戰賽）上以領先 10.9% 的絕對優勢獲得當屆冠軍，Top-5 的錯誤率降至 15.3%，相比於第 2 名 26.2% 的錯誤率有了巨大的提升。這一成績震驚了整個電腦視覺界，電腦視覺開始逐漸進入深度學習主導的時代。可以說自那時起，卷積神經網路才成了家喻戶曉的名詞。

2．模型結構

　　AlexNet 繼承了 LeNet-5 的思想，將卷積神經網路發展成很寬、很深的網路，相較於 LeNet-5 的 6 萬個參數，AlexNet 包含了 6 億 3 千萬條連接、6000 萬個參數和 65 萬個神經元。AlexNet 網路結構（不算池化層、輸入層和輸出層）共有 8 層，前 5 層為卷積層，其中第 1、第 2 和第 5 個卷積層都包含一個最大池化層，後 3 層為全連接層。AlexNet 的簡略結構如下：輸入層 - 卷積層 - 池化層 - 卷積層 - 池化層 - 卷積層 - 卷積層 - 卷積層 - 池化層 - 全連接層 - 全連接層 - 全連接層 - 輸出層。為了能夠在當時的顯示卡裝置 NVIDIA GTX 580（3GB 顯示記憶體）上訓練模型，Alex Krizhevsky 將卷積層、前兩個全連接層等拆開在兩張顯示卡上面分別訓練，最後一層合併到一張顯示卡上面，進行反向傳播更新。AlexNet 的網路結構如圖 18-42 所示。

　　AlexNet 各層參數如圖 18-43 所示。

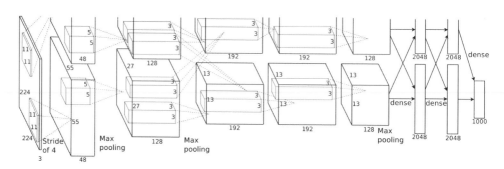

▲ 圖 18-42 AlexNet 的網路結構 (來源：https://paperswithcode.com/method/alexnet)

網路層	卷積核心尺寸	步進值	填充	輸出維數
Conv1	11×11	4	0	96
Pool1	3×3	2	0	-
Conv2	5×5	1	2	256
Pool2	3×3	2	0	-
Conv3	3×3	1	1	384
Conv4	3×3	1	1	384
Conv5	3×3	1	1	256
Pool3	3×3	2	0	256
FC6	-	-	-	4096
FC7	-	-	-	4096

▲ 圖 18-43 AlexNet 各層參數

3 · 模型特點

AlexNet 的模型特點如下。

- 第一次將卷積神經網路模型的層數達到了較深的 8 層。

- 採用了 ReLU 啟動函式，抑制了網路訓練時的梯度消失現象，網路模型的收斂速度相對穩定。

- 創新性地引入隨機捨棄層，加快網路訓練速度，有模型整合的效果，同時提高了模型的泛化能力，防止過擬合。

- 得益於 2006 年卷積神經網路在 GPU 上的實現，AlexNet 使用兩台 GTX 580 GPU 進行分散式運算，訓練了 5 ～ 6 天。

- 參考了 1992 年的 Crescceptron 引入的資料增強方法，透過影像平移、翻轉鏡像、影像縮放、調整灰階等方法擴充樣本訓練集。

- 提出了 LRN（Local Response Normalization，局部回應歸一化處理）層，利用鄰近的資料進行歸一化，提高了模型的準確率。

18.2.3.3 VGG

1 · 模型的歷史故事

AlexNet 模型的優越性能啟發了業界朝著更深層的網路模型方向進行研究。2014 年，牛津大學 VGG（Visual Geometry Group，視覺幾何組）實驗室的 Simonyan、Zisserman 和 GoogleDeepMind 公司的研究員一起在論文 *Very Deep Convolutional Networks for Large-Scale Image Recognition* 中提出了 VGG 系列模型（包括 VGG-11、VGG-13、VGG-16、VGG-19），並贏得了當年的 ILSVRC 挑戰賽的分類任務第 2 名（第 1 名是 GoogLeNet）、定位任務第 1 名。在當時，VGG 屬於很深的網路，已經達到 19 層的深度（雖然同年的 GoogLeNet 有 22 層），這是一個不小的突破，因為在理論上神經網路模型的擬合能力應該是隨著模型的增大而不斷增加的。VGG 模型探索了卷積神經網路的深度與其性能之間的關係，透過反覆堆疊 3×3 的小型卷積核和 2×2 的最大池化層，成功地構築了深 16 ～ 19 層的卷積神經網路，並透過 VGG-16 模型在 ImageNet 上取得了 7.4% 的 Top-5 錯誤率，比 AlexNet 在錯誤率上降低了 7.9%。

2．模型結構

　　VGG 有一系列的模型，包括 VGG-11、VGG-13、VGG-16、VGG-19 等，VGG 後面的數字代表網路的層數。從整體結構上看，VGG 其實跟 AlexNet 有一定的相似之處，都由 5 個卷積層與啟動函式疊加的部分和 3 個全連接層組成，但 VGG 加深了前面由 5 個卷積層與啟動函式疊加的部分，使得每部分並不是由「1 個卷積層 +1 個啟動函式」組成的，而是由多個這樣的卷積組合組成的（也被稱為 Conv Layer Group），每個部分之間進行池化操作。以 VGG-16 為例，它接收 224 像素 ×224 像素的彩色圖像資料，經過 2 個 Conv-Conv-Pooling 單元和 3 個 Conv-Conv-Conv-Pooling 單元的堆疊，最後透過 3 個全連接層輸出當前影像分別屬於 1000 個類別的機率分佈。

　　A 網路（11 層）有 8 個卷積層和 3 個全連接層，E 網路（19 層）有 16 個卷積層和 3 個全連接層，卷積層寬度（通道數）為 64 ～ 512，每進行一次池化操作，擴大一倍。VGG-16 的網路結構如圖 18-44 所示。

　　VGG 網路各層參數如圖 18-45 所示。

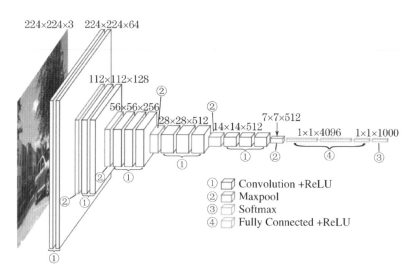

▲ 圖 18-44　VGG16 的網路結構

ConvNet Configuration					
A	A-LRN	B	C	D	E
11 Weight Layers	11 Weight Layers	13Weight Layers	16 Weight Layers	16 Weight Layers	19 Weight Layers
Input (224×224 RGB Image)					
Conv3-64	Conv3-64	Conv3-64	Conv3-64	Conv3-64	Conv3-64
	LRN	**Conv3-64**	Conv3-64	Conv3-64	Conv3-64
Maxpool					
Conv3-128	Conv3-128	Conv3-128	Conv3-128	Conv3-128	Conv3-128
		Conv3-128	Conv3-128	Conv3-128	Conv3-128
Maxpool					
Conv3-256	Conv3-256	Conv3-256	Conv3-256	Conv3-256	Conv3-256
Conv3-256	Conv3-256	Conv3-256	Conv3-256	Conv3-256	Conv3-256
			Conv1-256	**Conv3-256**	Conv3-256
					Conv3-256
Maxpool					
Conv3-512	Conv3-512	Conv3-512	Conv3-512	Conv3-512	Conv3-512
Conv3-512	Conv3-512	Conv3-512	Conv3-512	Conv3-512	Conv3-512
			Conv1-512	**Conv3-512**	Conv3-512
					Conv3-512
Maxpool					
Conv3-512	Conv3-512	Conv3-512	Conv3-512	Conv3-512	Conv3-512
Conv3-512	Conv3-512	Conv3-512	Conv3-512	Conv3-512	Conv3-512
			Conv1-512	**Conv3-512**	Conv3-512
					Conv3-512
Maxpool					
FC-4096					
FC-4096					
FC-1000					
Softmax					

▲ 圖 18-45 VGG 網路各層參數

3・模型特點

VGG 模型除特別「深」外，還有下面的一些特點和細節。

- 使用 3 個 3×3 的卷積層，而非 1 個 7×7 的卷積層。3 個連續的 3×3 的卷積層相當於 7×7 的感受野，但包含了 3 個 ReLU 函式，網路的非線性串列達能力得到增強，同時減少了參數，可以看作對 7×7 的卷積層施加一種正則化操作，使它分解為 3 個 3×3 的卷積層。

- 使用 1×1 的卷積層，該層主要為了增加決策函式的非線性，而不影響卷積層的感受野，雖然 1×1 的卷積操作是線性的，但是 ReLU 增強了非線性串列達能力。

- 在訓練過程中，為避免隨機初始化對訓練帶來負面影響，利用小的網路參數初始化大的網路參數（如用預先訓練好的 VGG-11 的網路參數初始化部分 VGG-13 的網路參數）。

- 採用更小的池化層，其中視窗大小為 2×2，步進值為 2，而 AlexNet 中的池化層視窗大小為 3×3，步進值為 2。

VGG 模型在裝有 4 台 NVIDIA Titan Black GPU 的電腦上，訓練一個網路需要 2 ～ 3 周。

18.2.3.4 GoogLeNet（Inception v1 ～ Inception v4）

1·模型的歷史故事

剛才說到 VGG 獲得 ILSVRC 挑戰賽的第 2 名，這麼厲害的網路為什麼是第 2 名呢？因為當年有比 VGG 更厲害的網路，也就是前文提到的致敬 LeNet-5 的 GoogLeNet（由 GoogLeNet 採用卷積核組合出的 Inception 模組也經常被稱為 Inception Net）。2014 年，Google 在 論 文 *Going Deeper with Convolutions* 中提出了大量採用 3×3 和 1×1 卷積核的網路模型 GoogLeNet，網路層數達到了 22 層，神經網路的走向更深且表達能力更強。雖然 GoogLeNet 的層數遠大於 AlexNet，但是它的參數量只有 AlexNet 的 1/12，同時性能遠好於 AlexNet。在 ImageNet 資料集分類任務上，GoogLeNet 取得了 6.7% 的 Top-5 錯誤率，比 VGG-16 的錯誤率降低了 0.7%。從 2014 年獲得 ILSVRC 冠軍的 Inception v1 到現在，Inception 已經更新到 v4 了，Inception 真正實現了「Go Deeper」的目標。

2·模型結構

GoogLeNet 採用模組化設計的思想，透過大量堆疊 Inception 模組，形成了複雜的網路結構。簡單而言，Inception 模組就是分別採用 1×1 卷積層、3×3 卷積層和 5×5 卷積層建構的一個卷積組合，其輸出是一個卷積組合後的輸出。Inception 的基本思想就是不需要人為地去設計使用哪個卷積結構或池化層，而由網路自己決定這些參數，決定有哪些濾波器組合，這是 Inception 的卷積通道組合功能。Inception 大量使用 1×1 的卷積層來生成瓶頸層（Bottleneck Layer），從而達到降維的目的，在不降低網路性能的情況下大大縮減了計算量。接下來，我們透過網路模型圖來簡單了解 GoogLeNet，以及 Inception v1 ～ Inception v4 的子模組。

GoogLeNet 的網路結構如圖 18-46 所示。

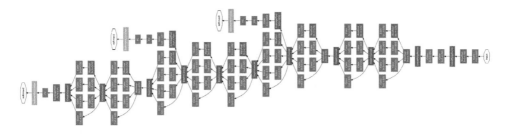

▲ 圖 18-46 GoogLeNet 的網路結構 (來源：https://www.cnblogs.com/missidiot/p/10178820.html)

GoogLeNet 各層參數如圖 18-47 所示。

type	patch size/ stride	output size	depth	#1×1	#3×3 reduce	#3×3	#5×5 reduce	#5×5	pool proj	params	ops
Convolution	7×7/2	112×112×64	1							2.7k	34M
Maxpool	3×3/2	56×56×64	0								
Convolution	3×3/1	56×56×192	2		64	192				112k	360M
Maxpool	3×3/2	28×28×192	0								
Inception (3a)		28×28×256	2	64	96	128	16	32	32	159k	128M
Inception (3b)		28×28×480	2	128	128	192	32	96	64	380k	304M
Maxpool	3×3/2	14×14×480	0								
Inception (4a)		14×14×512	2	192	96	208	16	48	64	364k	73M
Inception (4b)		14×14×512	2	160	112	224	24	64	64	437k	88M
Inception (4c)		14×14×512	2	128	128	256	24	64	64	463k	100M
Inception (4d)		14×14×528	2	112	144	288	32	64	64	580k	119M
Inception (4e)		14×14×832	2	256	160	320	32	128	128	840k	170M
Maxpool	3×3/2	7×7×832	0								
Inception (5a)		7×7×832	2	256	160	320	32	128	128	1072k	54M
Inception (5b)		7×7×1024	2	384	192	384	48	128	128	1388k	71M
Avgpool	7×7/1	1×1×1024	0								
Dropout (40%)		1×1×1024	0								
Linear		1×1×1000	1							1000k	1M
Softmax		1×1×1000	0								

▲ 圖 18-47 GoogLeNet 各層參數

（1）Inception v1 基礎模組。

GoogLeNet 由很多個 Inception 子模組組成。單一 Inception v1 的模組結構如圖 18-48 所示。

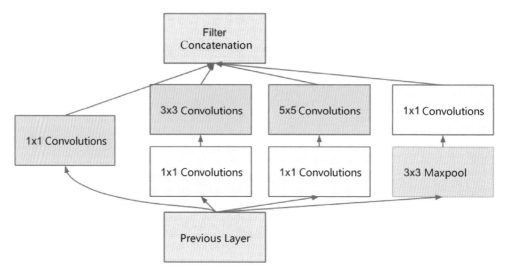

▲ 圖 18-48 單一 Inception v1 的模組結構

（2）Inception v2 基礎模組。

2015 年 2 月，Google 在 論 文 *Batch Normalization: Accelerating Deep Network Training by Reducing Internal Covariate Shift* 中 提 出 了 Batch Normalization 操 作，將其增加在之前的 GoogLeNet 中，並修改了一定的結構與實驗設定，獲得了 Inception v2，訓練時間大大縮短，同時在 ImageNet 的分類任務準確率上遠遠超過了 Inception v1。單一 Inception v2 的模組結構如圖 18-49 所示。

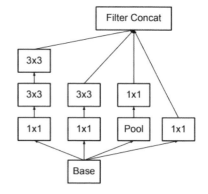

▲ 圖 18-49 單個 Inception v2 的模組結構

（3）Inception v3 基礎模組。

2015 年 12 月，Google 發表論文 *Rethinking the Inception Architecture for Computer Vision* 對之前提出的 Inception 模組進行了思考。在這篇論文中，作者首先提出了 4 個設計神經網路的原則，然後引入了 Factorization into Small Convolutions 的思想，提出分解大卷積核的卷積層並拆成兩個較小的一維卷積層的方式，接著反思了輔助分類器（Auxiliary Classifier）的作用，並按照自己所提的第 1 個原則對常見的 Size Reduction 進行了改進，最後將以上改進全部增加進之前的網路結構中，獲得了 Inception v3。單一 Inception v3 的模組結構如圖 18-50 所示。

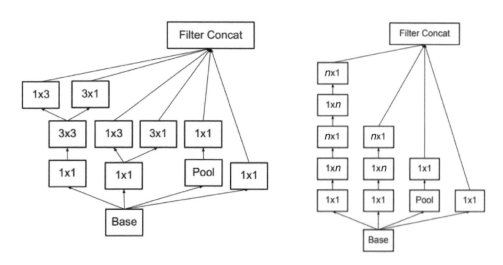

圖 18-50　單一 Inception v3 的模組結構

（4）Inception v4 基礎模組。

2016 年 2 月，Google 在論文 *Inception-v4, Inception-ResNet and the Impact of Residual Connections on Learning* 中將 Inception 和 ResNet 結合在一起，推出了 Inception-ResNet-v1、Inception-ResNet-v2 和 Inception v4。Inception v4 的整體網路結構設計非常複雜，由不同類型的 Inception 子模組組合，需要大量的實驗驗證及專案經驗。不同類型的單一 Inception v4 的模組結構如圖 18-51 所示。

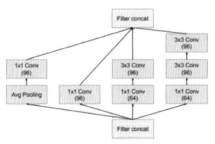

【結構1】Inception-resnet-A 類型模組：
形式為35 x 35的純Inception-v4網路模組

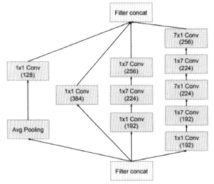

【結構2】Inception-resnet-B 類型模組：
形式為17 x 17的純Inception-v4網路模組

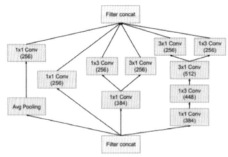

【結構3】Inception-resnet-C 類型模組：
形式為 8 x 8 的純Inception-v4網路模組

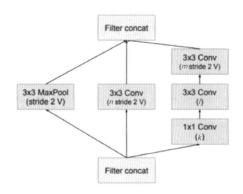

【結構4】Reduction-A 類型模組：形式由
35 x 35 變為 17 x 17的網路模組

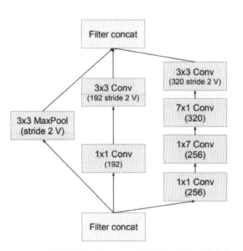

【結構5】Reduction-B 類型模組：形式由
17 x 17 變為 8 x 8 的網路模組

▲ 圖 18-51 不同類型的單一 Inception v4 的模組結構

3．模型特點

以上，我們用了較長的篇幅回顧了 GoogLeNet Inception v1 ～ GoogLeNet Inception v4 的演化過程。2016 年 10 月，Google 在論文 *Xception: Deep Learning with Depthwise Separable Convolutions* 中結合 Residual Connection 的思想設計了新的網路──Xception。可以看出，Google 在 Inception 網路上不斷地進行深入改進和創新，不斷挑戰神經網路的深度、複雜度和專案組合上的可能性。簡單地說，GoogLeNet 網路模型有下述特點。

- 受到 NIN（Network In Network）及 Hebbian Principle 的啟發，精心設計的 Inception 局部模型進行不同的結構組合。

- 打破了常規的卷積層串聯的設計思路，選擇將卷積核大小為 1×1、3×3、5×5 的卷積層和池化核大小為 3×3 的池化層進行並聯，並將各自所得到的卷積核進行 Concatenate 操作合併在一起，作為後續的輸入。

- 透過建構密集的區塊結構來近似最優的稀疏結構，從而達到提高性能且不大量增加計算量的目的。

- 提出了網路設計的 4 大原則：①避免表達瓶頸，特別是在網路靠前的地方；②高維特徵更容易處理；③可以低維嵌入進行空間彙聚而無須擔心遺失很多資訊；④平衡網路的深度和寬度。

18.2.3.5 ResNet

1．模型的歷史故事

從 VGG 到 GoogLeNet，隨著網路的不斷加深，深度卷積神經網路面臨的最主要的問題是梯度消失和梯度爆炸。透過大量實驗測試，研究人員發現，深層（如 56 層）的普通卷積神經網路不管是在訓練集，還是測試集上的訓練誤差都要高於淺層（如 20 層）的卷積神經網路，這是一種典型的退化現象（Degradation）。退化問題不解決，深度學習就無法「Go Deeper」，於是何愷明（Kaiming He）等一眾學者提出了 ResNet。

2015 年 12 月，何愷明在論文 *Deep Residual Learning for Image Recognition* 中提出了 ResNet（拿到了 2016 年 CVPR Best Paper Award），該網路不僅解決了神經網路中的退化問題，還在同年的 ILSVRC 和 COCO 競賽上橫掃競爭對手（ILSVRC 2015 冠軍，Top-5 錯誤率為 3.57%），同時拿下分類、定位、檢測、分割任務的第 1 名。ResNet 是何等的簡潔而偉大，該網路的想法是完全屬於現象級的，所提出的殘差結構大幅提高了神經網路的擬合能力，之後很多網路都是建立在 ResNet-50 或 ResNet-101 的基礎上的，物件辨識、語義分割、影像辨識等領域紛紛轉而使用 ResNet，Alpha Zero 也使用了 ResNet，可見 ResNet 確實很好用，我們不得不佩服作者強大的思維創造能力。

2 · 模型結構

ResNet 引入了殘差結構（Residual Network，也叫殘差區塊），透過這種殘差結構，可以在網路間建立一條捷徑，網路能夠學習一個恒等函式，使得在加深網路的情形下訓練效果不會變差，這樣就可以得到很深的網路層（據說目前可以達到 1000 多層），並且最終的分類效果非常好。殘差網路的基本結構如圖 18-52 所示，很明顯，該結構是帶有跳躍捷徑的。

多個殘差網路組合到一起便形成了 ResNet。不同的 ResNet，層數不同，常見的有 ResNet-18、ResNet-34、ResNet-50、ResNet-101 和 ResNet-152（後面的數字代表網路的層數），其中最有名的是 ResNet-50 和 ResNet-101。ResNet-18 和 ResNet-34 的網路結構如圖 18-53 所示和圖 18-54 所示。

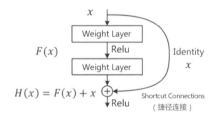

▲ 圖 18-52 殘差網路的基本結構

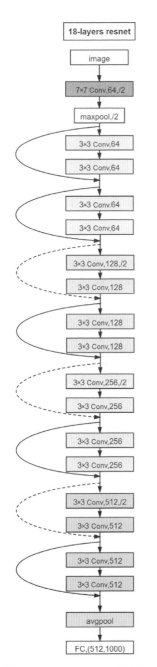

▲ 圖 18-53 ResNet-18 的網路結構

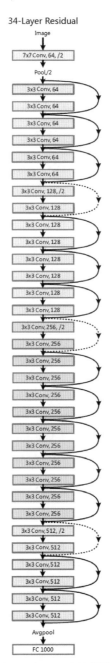

▲ 圖 18-54 ResNet-34 的網路結構

不同層數的 ResNet 各層參數如圖 18-55 所示。

Layer Name	Output Size	18-Layer	34-Layer	50-Layer	101-Layer	152-Layer
Conv1	112×112	7×7, 64, Stride 2				
		3×3 Maxpool, Stride 2				
Conv2_x	56×56	$\begin{bmatrix} 3×3, 64 \\ 3×3, 64 \end{bmatrix}$×2	$\begin{bmatrix} 3×3, 64 \\ 3×3, 64 \end{bmatrix}$×3	$\begin{bmatrix} 1×1, 64 \\ 3×3, 64 \\ 1×1, 256 \end{bmatrix}$×3	$\begin{bmatrix} 1×1, 64 \\ 3×3, 64 \\ 1×1, 256 \end{bmatrix}$×3	$\begin{bmatrix} 1×1, 64 \\ 3×3, 64 \\ 1×1, 256 \end{bmatrix}$×3
Conv3_x	28×28	$\begin{bmatrix} 3×3, 128 \\ 3×3, 128 \end{bmatrix}$×2	$\begin{bmatrix} 3×3, 128 \\ 3×3, 128 \end{bmatrix}$×4	$\begin{bmatrix} 1×1, 128 \\ 3×3, 128 \\ 1×1, 512 \end{bmatrix}$×4	$\begin{bmatrix} 1×1, 128 \\ 3×3, 128 \\ 1×1, 512 \end{bmatrix}$×4	$\begin{bmatrix} 1×1, 128 \\ 3×3, 128 \\ 1×1, 512 \end{bmatrix}$×8
Conv4_x	14×14	$\begin{bmatrix} 3×3, 256 \\ 3×3, 256 \end{bmatrix}$×2	$\begin{bmatrix} 3×3, 256 \\ 3×3, 256 \end{bmatrix}$×6	$\begin{bmatrix} 1×1, 256 \\ 3×3, 256 \\ 1×1, 1024 \end{bmatrix}$×6	$\begin{bmatrix} 1×1, 256 \\ 3×3, 256 \\ 1×1, 1024 \end{bmatrix}$×23	$\begin{bmatrix} 1×1, 256 \\ 3×3, 256 \\ 1×1, 1024 \end{bmatrix}$×36
Conv5_x	7×7	$\begin{bmatrix} 3×3, 512 \\ 3×3, 512 \end{bmatrix}$×2	$\begin{bmatrix} 3×3, 512 \\ 3×3, 512 \end{bmatrix}$×3	$\begin{bmatrix} 1×1, 512 \\ 3×3, 512 \\ 1×1, 2048 \end{bmatrix}$×3	$\begin{bmatrix} 1×1, 512 \\ 3×3, 512 \\ 1×1, 2048 \end{bmatrix}$×3	$\begin{bmatrix} 1×1, 512 \\ 3×3, 512 \\ 1×1, 2048 \end{bmatrix}$×3
	1×1	Average pool, 1000-d FC, Softmax				
FLOPs		$1.8×10^9$	$3.6×10^9$	$3.8×10^9$	$7.6×10^9$	$11.3×10^9$

▲ 圖 18-55 不同層數的 ResNet 各層參數

3．模型特點

ResNet 模型的主要特點是引入了殘差網路的概念，透過建立層間的高速通道，消除了卷積神經網路隨著模型加深出現的退化現象，將卷積神經網路的深度大大提升。除此之外，該模型還有下述一些特點。

- 設計了「Bottleneck Design」，通常用於更深的如 ResNet-101 這樣的網路中，目的是減少計算量和參數量（實用目的）。

- 在非線性層後，啟動函式前使用 Batch Normalization。

- 對測試資料使用 10-Crop 測試方法。

18.2.3.6 DenseNet

1．模型的歷史故事

就在大多數人以為 ResNet 已經達到卷積神經網路深度極限的時候，DenseNet 橫空出世，將網路進一步加深。與 ResNet、GoogLeNet 不同，DenseNet 對每層的卷積核進行特徵重複使用，以此緩解梯度消失問題，加強網路中特徵的傳播，在提高網路的表現效果的同時減少了網路的參數量。

在 2017 年 CVPR 的最佳論文 *Densely Connected Convolutional Networks* 中，清華大學劉壯等人提出了一種新的網路結構 Dense Block。在 Dense Block 中，每個卷積層的輸入為在該 Dense Block 之前所有卷積層輸出的卷積核的 Concation（特徵融合）結果（與 ResNet 不同，ResNet 中將結果進行求和），這樣可以保證層與層之間的資訊被保存。

2．模型結構

DenseNet 保留著下採樣層（Down-Sampling Layers）的設計，網路中包含 4 個 Dense Block，用於處理不同尺寸的卷積核，以及 4 個 Transition Layer，用於對卷積核進行池化操作。由於 Dense Block 的特徵重複使用操作，越後面的卷積層，其輸入的通道越大，因此 DenseNet 中採用了瓶頸層，即 BN-ReLU-Conv（1×1）-BN-ReLU-Conv（3×3），以避免計算量的快速增長。

DenseNet 的網路結構如圖 18-56 所示。

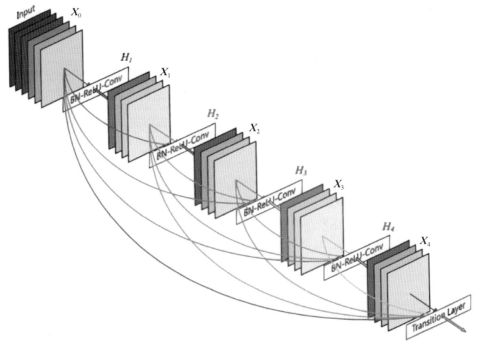

▲ 圖 18-56 DenseNet 的網路結構

不同層數的 DenseNet 各層參數如圖 18-57 所示。

Layers	Output Size	DenseNet-121		DenseNet-169		DenseNet-201		DenseNet-264	
Convolution	112×112	7×7 Conv, Stride 2							
Pooling	56×56	3×3 Maxpool, Stride 2							
Dense Block (1)	56×56	1×1 Conv 3×3 Conv	$\times 6$	1×1 Conv 3×3 Conv	$\times 6$	1×1 Conv 3×3 Conv	$\times 6$	1×1 Conv 3×3 Conv	$\times 6$
Transition Layer (1)	56×56	1×1 conv							
	28×28	2×2 Averagepool, Stride 2							
Dense Block (2)	28×28	1×1 Conv 3×3 Conv	$\times 12$	1×1 Conv 3×3 Conv	$\times 12$	1×1 Conv 3×3 Conv	$\times 12$	1×1 Conv 3×3 Conv	$\times 12$
Transition Layer (2)	28×28	1×1 conv							
	14×14	2×2 Averagepool, Stride 2							
Dense Block (3)	14×14	1×1 Conv 3×3 Conv	$\times 24$	1×1 Conv 3×3 Conv	$\times 32$	1×1 Conv 3×3 Conv	$\times 48$	1×1 Conv 3×3 Conv	$\times 64$
Transition Layer (3)	14×14	1×1 conv							
	7×7	2×2 Averagepool, Stride 2							
Dense Block (4)	7×7	1×1 Conv 3×3 Conv	$\times 16$	1×1 Conv 3×3 Conv	$\times 32$	1×1 Conv 3×3 Conv	$\times 32$	1×1 Conv 3×3 Conv	$\times 48$
Classification Layer	1×1	7×7 Global AveragePool							
		1000D Fully-Connected, Softmax							

圖 18-57 不同層數的 DenseNet 各層參數

3．模型特點

整體來說，DenseNet 主要有下面幾個特點。

- 省參數。在 ImageNet 分類資料集上達到同樣的準確率，DenseNet 所需的參數量不到 ResNet 的一半。

- 省計算。達到與 ResNet 相當的精度，DenseNet 所需的計算量只有 ResNet 的一半左右。

- 抗過擬合。DenseNet 具有非常好的抗過擬合性能，尤其適合於訓練資料相對匱乏的應用。相比於一般卷積神經網路的分類器直接依賴於網路最後一層（複雜度最高）的特徵，DenseNet 可以綜合利用淺層複雜度低的特徵，因此更容易得到一個光滑的、具有更好泛化性能的決策函式。

- 泛化性能更好。

18.2.3.7 EfficientNet

1.模型的歷史故事

2019 年 5 月，Google「大腦團隊」在 ICML 2019 上發表了論文 *EfficientNet: Rethinking Model Scaling for Convolutional Neural Networks*，提出了 EfficientNet 模型。

EfficientNet 在吸取此前的各種網路模型最佳化經驗的基礎上提出了更加泛化的解決方法。論文指出，我們之前關於網路性能的最佳化，要麼是從網路深度，要麼是從網路寬度（通道數），要麼是從輸入影像的解析度出發單獨來進行模型縮放最佳化的。但實際上，網路性能在這 3 個維度上並不是相互獨立的。EfficientNet 的核心在於提出了一種混合的模型縮放（Compound Model Scaling）演算法來綜合最佳化網路深度、網路寬度和輸入影像的解析度，透過這種思想設計出來的網路能夠在達到當前最優精度的同時，大大減少參數數量和提高計算速度。從圖 18-58 中可以看出，EfficientNet 不但比其他網路快很多，而且精度更高。

2.模型結構

剛才我們說到，網路的擴充方式可以是增加網路的深度（Depth，如從 ResNet-18 到 ResNet-200），也可以是增加網路的寬度（Width，如 WideResNet 和 MobileNet），還可以是輸入更大的影像解析度（Resolution）。EfficientNet 網路結構的架設原理如圖 18-59 所示，其中，（a）是基本模型；（b）是增加寬度後的模型；（c）是增加深度後的模型；（d）是增大輸入影像解析度後的模型；（e）是 EfficientNet 的混合縮放模型，該模型從 3 個維度均擴充了，但是擴充多少取決於「複合模型擴張方法」和「神經結構搜尋技術」。

EfficientNet-B0 的網路結構如圖 18-60 所示，基礎模組為 MBConv（Mobile inverted Bottleneck Convolution）。

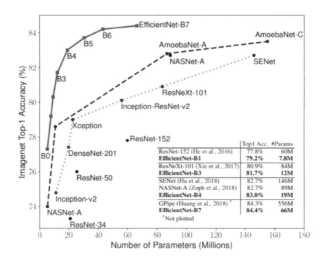

▲ 圖 18-58 EfficientNet 與其他網路的性能比較

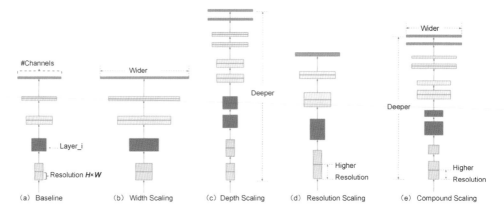

▲ 圖 18-59 EfficientNet 網路結構的架設原理

Stage i	Operator F_i	Resolution $H_i \times W_i$	#Channels C_i	#Layers L_i
1	Conv3x3	224×224	32	1
2	MBConv1, k3×3	112×112	16	1
3	MBConv6, k3×3	112×112	24	2
4	MBConv6, k5×5	56×56	40	2
5	MBConv6, k3×3	28×28	80	3
6	MBConv6, k5×5	28×28	112	3
7	MBConv6, k5×5	14×14	192	4
8	MBConv6, k3×3	7×7	320	1
9	Conv1x1 & Pooling & FC	7×7	1280	1

▲ 圖 18-60 EfficientNet-B0 的網路結構

EfficientNet 各模型的性能和參數量對比如圖 18-61 所示。

Model	Top-1 Acc.	Top-5 Acc.	#Params	Ratio-to-EfficientNet	#FLOPs	Ratio-to-EfficientNet
EfficientNet-B0	**76.3%**	**93.2%**	**5.3M**	**1x**	**0.39B**	**1x**
ResNet-50 (He et al., 2016)	76.0%	93.0%	26M	4.9x	4.1B	11x
DenseNet-169 (Huang et al., 2017)	76.2%	93.2%	14M	2.6x	3.5B	8.9x
EfficientNet-B1	**78.8%**	**94.4%**	**7.8M**	**1x**	**0.70B**	**1x**
ResNet-152 (He et al., 2016)	77.8%	93.8%	60M	7.6x	11B	16x
DenseNet-264 (Huang et al., 2017)	77.9%	93.9%	34M	4.3x	6.0B	8.6x
Inception-v3 (Szegedy et al., 2016)	78.8%	94.4%	24M	3.0x	5.7B	8.1x
Xception (Chollet, 2017)	79.0%	94.5%	23M	3.0x	8.4B	12x
EfficientNet-B2	**79.8%**	**94.9%**	**9.2M**	**1x**	**1.0B**	**1x**
Inception-v4 (Szegedy et al., 2017)	80.0%	95.0%	48M	5.2x	13B	13x
Inception-resnet-v2 (Szegedy et al., 2017)	80.1%	95.1%	56M	6.1x	13B	13x
EfficientNet-B3	**81.1%**	**95.5%**	**12M**	**1x**	**1.8B**	**1x**
ResNeXt-101 (Xie et al., 2017)	80.9%	95.6%	84M	7.0x	32B	18x
PolyNet (Zhang et al., 2017)	81.3%	95.8%	92M	7.7x	35B	19x
EfficientNet-B4	**82.6%**	**96.3%**	**19M**	**1x**	**4.2B**	**1x**
SENet (Hu et al., 2018)	82.7%	96.2%	146M	7.7x	42B	10x
NASNet-A (Zoph et al., 2018)	82.7%	96.2%	89M	4.7x	24B	5.7x
AmoebaNet-A (Real et al., 2019)	82.8%	96.1%	87M	4.6x	23B	5.5x
PNASNet (Liu et al., 2018)	82.9%	96.2%	86M	4.5x	23B	6.0x
EfficientNet-B5	**83.3%**	**96.7%**	**30M**	**1x**	**9.9B**	**1x**
AmoebaNet-C (Cubuk et al., 2019)	83.5%	96.5%	155M	5.2x	41B	4.1x
EfficientNet-B6	**84.0%**	**96.9%**	**43M**	**1x**	**19B**	**1x**
EfficientNet-B7	**84.4%**	**97.1%**	**66M**	**1x**	**37B**	**1x**
GPipe (Huang et al., 2018)	84.3%	97.0%	557M	8.4x	-	-

▲ 圖 18-61 EfficientNet 各模型的性能和參數量對比

3·模型特點

除混合縮放演算法外，EfficientNet 的一大特點是其網路架構是透過 MnasNet 的方法自動搜尋出來的，並非手動設計的。EfficientNet 利用這種架構作為 Baseline 來聯合調整深度、寬度及解析度的效果明顯要比 ResNet 或 MobileNet-v2 要好，由此可見，透過強化學習搜尋出來的網路架構在性能上可能會超過人類手動設計的網路架構（如 MobileNet-v3 已經不自己設計網路架構了，而直接用強化學習搜尋出來的網路架構）。

18.3 深入了解卷積神經網路

本節我們深入了解卷積神經網路。我們首先針對 MNIST 資料集訓練一個簡單的卷積神經網路模型，然後觀察參數已訓練最佳化的模型的各卷積層對輸入影像的處理，即卷積層的參數經過不斷訓練迭代後，最終能從輸入影像中提取出哪些特徵，以及不同的卷積層和池化層能提取出哪些不同的特徵。這個過程充滿樂趣，我們可以借此一窺卷積神經網路的秘密，看看網路模型究竟學習到了什麼，是否和人類的神經網路認知方式存在相似之處。

我們建立一個簡單的 .NET 5.0 的桌面表單應用程式，進行 UI 互動和視覺化呈現。

程式實作如下。

這個程式的目的是打造一個簡單的手寫數字集辨識的卷積神經網路，同時可以顯示網路各層的視覺化輸出，包括卷積層和池化層。視覺化卷積應用程式的主介面（最終展示的效果）如圖 18-62 所示，3 個按鈕分別表示載入資料、模型訓練和模型推理測試，兩個數值參數控制項分別控制推理的測試集影像索引和視覺化層的索引，中間是程式執行過程中的主控台輸出，下面的 4 個圖形分別為卷積層 1、池化層 1、卷積層 2 和池化層 2 的視覺化輸出。

模型經過訓練和推理後，會展示預測的影像和預測的結果對比，同時展示各卷積層和各池化層的視覺化輸出。視覺化卷積應用程式的執行結果如圖 18-63 所示。

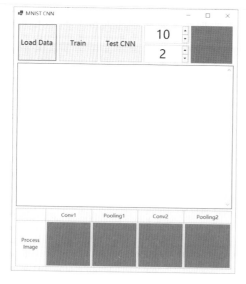

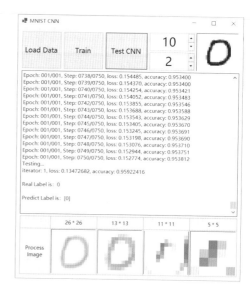

▲ 圖 18-62 視覺化卷積應用程式的主 介面

▲ 圖 18-63 視覺化卷積應用程式的執 行結果

接下來,我們來逐步建構這個簡單的「探索卷積神經網路的 Demo」。

18.3.1 準備工作

新建專案,如圖 18-64 所示。

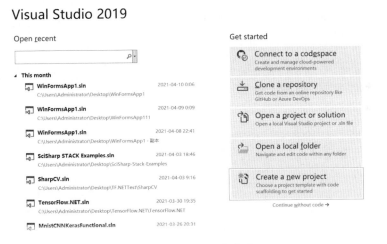

▲ 圖 18-64 新建專案

選擇 C# 的桌面表單應用,如圖 18-65 所示。

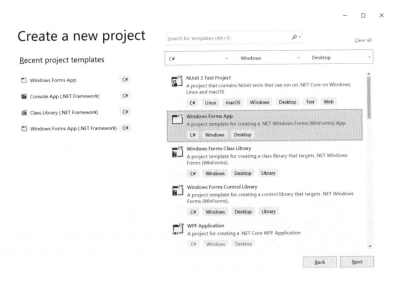

▲ 圖 18-65 選擇 C# 的桌面表單應用

設定專案名稱為 ExploreCNN，如圖 18-66 所示。

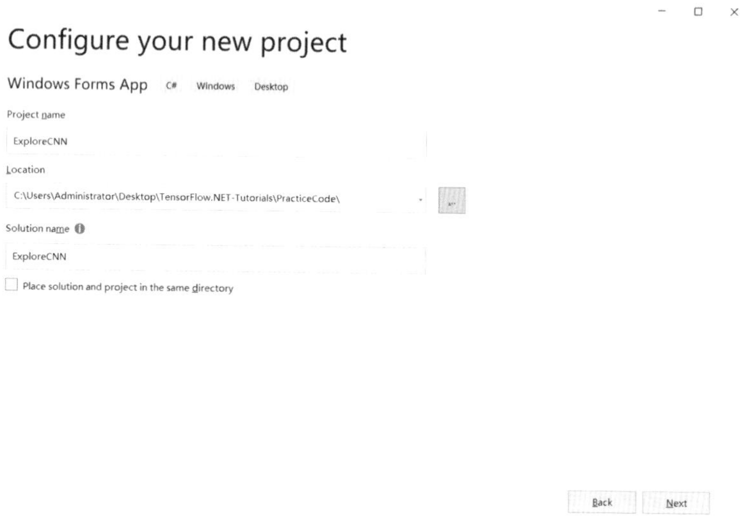

Configure your new project

Windows Forms App   C#   Windows   Desktop

Project name

ExploreCNN

Location

C:\Users\Administrator\Desktop\TensorFlow.NET-Tutorials\PracticeCode\

Solution name ⓘ

ExploreCNN

☐ Place solution and project in the same directory

Back   Next

▲ 圖 18-66 設定專案名稱

設定目標框架為 .NET 5.0，並點擊「Creat」按鈕建立解決方案，如圖 18-67 所示。

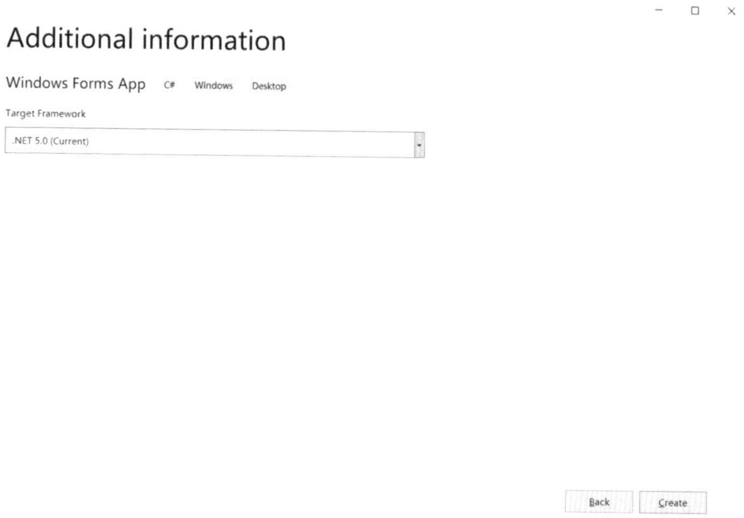

Additional information

Windows Forms App   C#   Windows   Desktop

Target Framework

.NET 5.0 (Current)

Back   Create

▲ 圖 18-67 設定目標框架

設定專案屬性中的目標平臺由 AnyCPU 修改為 x64 （64 位元平臺），如圖 18-68 所示。

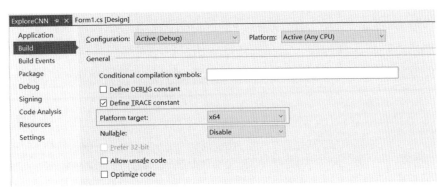

▲ 圖 18-68 設定目標平臺

透過 NuGet 安裝必要的相依項，如圖 18-69 所示，包括 TensorFlow.NET、TensorFlow.Keras、SciSharp. TensorFlow.Redist 和 NumSharp.Bitmap。

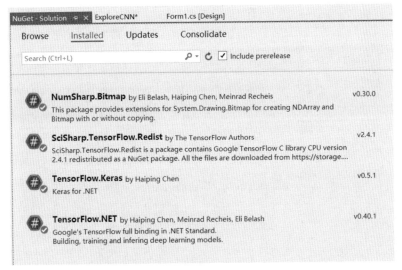

▲ 圖 18-69 透過 NuGet 安裝必要的相依項

18.3.2 架設表單控制項

首先，我們建立一個自訂控制項 ImageBox，繼承 PictureBox 用於顯示影像，同時多載 OnPaint 方法。因為原生的 PictureBox 控制項在影像出現縮放情況時，會自動進行影像平滑操作，這樣我們就無法精確地看到像素格的正確表示，所以我們多載 OnPaint 方法，在方法區塊裡面取消影像的平滑操作，如圖 18-70 所示。

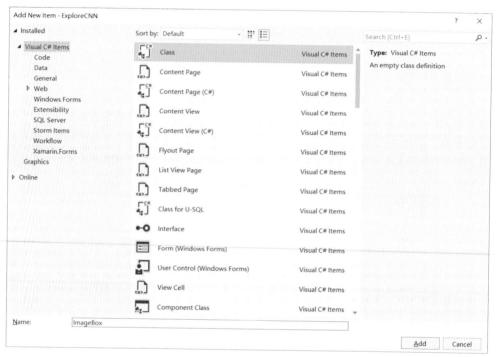

▲ 圖 18-70 多載 OnPaint 方法

ImageBox 類別的完整程式如下。

```
using System.Drawing.Drawing2D;

namespace System.Windows.Forms
{
    public partial class ImageBox : PictureBox
    {
        protected override void OnPaint(PaintEventArgs pe)
        {
            var g = pe.Graphics;
            g.InterpolationMode = InterpolationMode.NearestNeighbor;
            g.SmoothingMode = SmoothingMode.None;
            g.PixelOffsetMode = PixelOffsetMode.Half;
            base.OnPaint(pe);
        }
    }
}
```

然後，我們架設主表單控制項，如圖 18-71 所示。

卷積視覺化表單控制項詳細說明圖和屬性清單如圖 18-72 和表 18-1 所示。

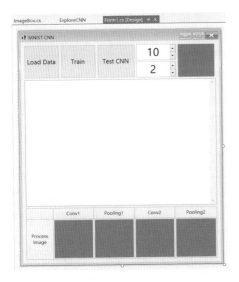

▲ 圖 18-71 架設主表單控制項

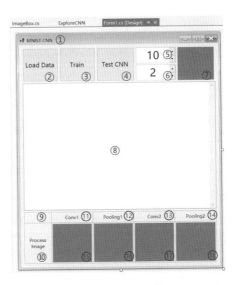

▲ 圖 18-72 卷積視覺化表單控制項詳
細說明圖

→ 表 18-1 卷積視覺化表單控制項屬性清單

序號	控制項類型	控制項名稱	用途說明	控制項文字
1	Form	Form1	主表單	MNIST CNN
2	Button	button_loaddata	載入資料	Load Data
3	Button	button_train	模型訓練	Train
4	Button	button_showcnn	卷積視覺化	Test CNN
5	NumericUpDown	numericUpDown_image	測試影像索引，即第幾幅影像	10
6	NumericUpDown	numericUpDown_CONVOLUTION_NUMBER	視覺化中間卷積層的第幾個	2
7	PictureBox	pictureBox_Image	測試的原始影像	-
8	TextBox	textBox_history	運行過程中的主控台輸出履歷	-
9	TableLayoutPanel	tableLayoutPanel1	卷積視覺化各控制項的表格	-
10	Label	label_processimage	卷積過程影像表格行標籤	Process Image
11	Label	label_conv1	在執行時期顯示卷積層 1 輸出尺寸	Conv1
12	Label	label_pooling1	在執行時期顯示池化層 1 輸出尺寸	Pooling1
13	Label	label_conv2	在執行時期顯示卷積層 2 輸出尺寸	Conv2
14	Label	label_pooling2	在執行時期顯示池化層 2 輸出尺寸	Pooling2
15	ImageBox	pictureBox_conv1	顯示卷積層 1 的視覺化輸出	-
16	ImageBox	pictureBox_pooling1	顯示池化層 1 的視覺化輸出	-
17	ImageBox	pictureBox_conv2	顯示卷積層 2 的視覺化輸出	-
18	ImageBox	pictureBox_pooling2	顯示池化層 2 的視覺化輸出	-

18.3.3 TensorFlow.NET 中的切換主控台輸出

在 TensorFlow 中，有很多方法會預設向主控台輸出訊息，如 model. summary()、model.fit() 等。在 .NET 的表單應用中，我們需要將輸出的內容提取出來，在表單控制項中進行即時顯示，這時可以透過 System.Text.StringBuilder() 物件進行訊息的接收。操作流程如下。

（1）初始化訊息接收物件 outputText，同時重新導向訊息輸出機制 tf_output_redirect。

```
var outputText = new System.Text.StringBuilder();
tf_output_redirect = new System.IO.StringWriter(outputText);
```

（2）進行 TensorFlow.NET 正常方法的執行（模型結構輸出、模型訓練、模型推理等）。程式略。

（3）獲取物件 outputText 的字串內容，並在控制項中進行顯示，範例程式如下。

```
textBox_history.Text = outputText.ToString();
```

（4）操作完成後，關閉並釋放訊息輸出機制。

```
tf_output_redirect.Close();
tf_output_redirect.Dispose();
tf_output_redirect = null;// 清空以釋放記憶體
```

為了更好地模擬主控台的即時輸出情況，我們在上述流程中增加多執行緒進行處理，實現訊息的顯示和方法的執行即時同步的效果。範例程式如下。

```
var outputText = new System.Text.StringBuilder();
tf_output_redirect = new System.IO.StringWriter(outputText);
bool isStoped = false;

System.Threading.Tasks.Task.Run(() =>
{
    // 此處可增加模型的各種運算操作
```

```
    // 此處可增加模型的各種運算操作

    System.Threading.Thread.Sleep(1000);
    isStoped = true;
});

System.Threading.Tasks.Task.Run(() =>
{
    var preLength = outputText.Length;
    while (!isStoped)
    {
        System.Threading.Thread.Sleep(100);
        var curLength = outputText.Length;
        if (preLength < curLength)
        {
            this.Invoke(new Action(() =>
            {
                textBox_history.Text = outputText.ToString();
                preLength = curLength;
            }));
        }
    }
}

tf_output_redirect.Close();
tf_output_redirect.Dispose();
tf_output_redirect = null;// 清空以釋放記憶體
```

18.3.4 主程式邏輯和方法封裝

接下來，我們進行主程式邏輯的分步說明和各子方法區塊的說明。

（1）方法區塊 1：架設模型。

我們單獨封裝卷積神經網路模型架設的方法，進行重複使用，方便模型參數保存本地後，在執行測試集時可以載入模型的已訓練參數直接進行推理。

　　這裡我們採用 2 個卷積層 + 2 個池化層 + 1 個展平層 + 1 個全連接層的簡單
模型結構，程式如下。

```
/// <summary>
/// 用 Functional API 方式架設卷積神經網路模型
/// </summary>
/// <returns></returns>
private Model CreateModel()
{
    // 輸入層
    var inputs = keras.Input(shape: (28, 28, 1));
    // 第 1 層：卷積層
    var outputs = layers.Conv2D(64, kernel_size: 3, activation: keras. activations.
Relu).Apply(inputs);
    // 第 2 層：池化層
    outputs = layers.MaxPooling2D(2, strides: 2).Apply(outputs);
    // 第 3 層：卷積層
    outputs = layers.Conv2D(64, kernel_size: 3, activation: keras. activations.Relu).
Apply(outputs);
    // 第 4 層：池化層
    outputs = layers.MaxPooling2D(2, strides: 2).Apply(outputs);
    // 第 5 層：展平層
    outputs = layers.Flatten().Apply(outputs);
    // 第 6 層：全連接層
    outputs = layers.Dense(128).Apply(outputs);
    // 輸出層
    outputs = layers.Dense(10).Apply(outputs);
    // 架設 Keras 網路模型
    model = keras.Model(inputs, outputs, name: "mnist_model");
    // 顯示模型概況
    model.summary();
    // 將 Keras 模型編譯成 TensorFlow 的靜態圖
    model.compile(loss: keras.losses.SparseCategoricalCrossentropy(from_logits: true),
                optimizer: keras.optimizers.Adam(learning_rate: 0.001f),
                metrics: new[] { "accuracy" });

    return model;
}
```

（2）方法區塊 2：裁剪 NDArray 物件。

我們透過裁剪 NDArray 物件，限制其灰階值的範圍在 0~255 之間，防止卷積層運算後的輸出值超過 255 後，在轉換影像視覺化輸出時出現像素灰階上溢的錯誤。

```
private NDArray Clip(NDArray nd_input)
{
    var nd_min = np.full_like(nd_input, (byte)0);
    var nd_max = np.full_like(nd_input, (byte)255);
    nd_input = np.clip(nd_input, nd_min, nd_max);
    return nd_input.astype(NPTypeCode.Byte);
}
```

（3）方法區塊 3：灰階圖轉換為彩色圖。

為了更調配 NumSharp.Bitmap 的 ToBitmap() 方法的物件為 4 維張量的需求，我們直接將 NDArray 進行多層堆疊，建構從灰階圖到彩色圖的轉換。

```
private NDArray GrayToRGB(NDArray img2D)
{
    var img4A = np.full_like(img2D, (byte)255);
    var img3D = np.expand_dims(img2D, 2);
    var r = np.dstack(img3D, img3D, img3D, img4A);
    var img4 = np.expand_dims(r, 0);
    return img4;
}
```

（4）方法區塊 4：模擬主控台更新效果。

為了模擬主控台的更新效果，我們讓 TextBox 控制項始終定位顯示至最新一行的輸出位置。

```
private void TextBox_Top()
{
    textBox_history.SelectionStart = textBox_history.Text.Length;
    textBox_history.SelectionLength = 0;
    textBox_history.ScrollToCaret();
}
```

　　列舉完必要的一些方法區塊後，我們進入主程式邏輯，首先是各命名空間的引用。

```
using NumSharp;
using System;
using System.Windows.Forms;
using Tensorflow.Keras.Engine;
using Tensorflow.Keras.Layers;
using static Tensorflow.KerasApi;
using static Tensorflow.Binding;
using Tensorflow;
```

　　然後宣告一些必要的全域變數。

```
Model model;
LayersApi layers = new LayersApi();
NDArray x_train, y_train, x_test, y_test, x_test_raw;//x_test_raw for image show
const string modelFile = "model.wts";
```

　　接下來我們開發 3 個按鈕的點擊事件。

　　（1）按鈕 1：載入資料。

　　透過 Keras 附帶的方法進行 MNIST 資料集的載入，並進行尺寸的變化和歸一化。

```
private void button_loaddata_Click(object sender, EventArgs e)
{
    this.button_loaddata.Text = "loading...";
    this.Enabled = false;
    this.Cursor = Cursors.WaitCursor;
    // 準備資料
    (x_train, y_train, x_test_raw, y_test) = keras.datasets.mnist. load_data();
    x_train = x_train.reshape(60000, 28, 28, 1) / 255f;
    x_test = x_test_raw.reshape(10000, 28, 28, 1) / 255f;
    this.button_loaddata.Text = "Load Data";
    this.Enabled = true;
    this.Cursor = Cursors.Default;
}
```

（2）按鈕 2：模型訓練。

我們直接使用 Keras 附帶的 fit() 方法進行模型的訓練，同時重新導向訓練過程的訊息至 TextBox 進行即時輸出顯示。

```
private void button_train_Click(object sender, EventArgs e)
{
    this.button_train.Text = "training...";
    this.Enabled = false;
    this.Cursor = Cursors.WaitCursor;
    var outputText = new System.Text.StringBuilder();
    tf_output_redirect = new System.IO.StringWriter(outputText);
    bool isStoped = false;

    System.Threading.Tasks.Task.Run(() =>
    {
        model = CreateModel();
        // 透過輸入資料和標籤來訓練模型
        model.fit(x_train, y_train, batch_size: 64, epochs: 1, validation_ split: 0.2f);
        // 評估模型
        model.evaluate(x_test, y_test, verbose: 2);
        System.Threading.Thread.Sleep(1000);
        isStoped = true;
    });

    System.Threading.Tasks.Task.Run(() =>
    {
        var preLength = outputText.Length;
        while (!isStoped)
        {
            System.Threading.Thread.Sleep(100);
            var curLength = outputText.Length;
            if (preLength < curLength)
            {
                this.Invoke(new Action(() =>
                {
                    textBox_history.Text = outputText.ToString();
                    TextBox_Top();
                    preLength = curLength;
```

```
            }));
        }
    }

    tf_output_redirect.Close();
    tf_output_redirect.Dispose();
    tf_output_redirect = null;

    model.save_weights(modelFile, true);

    this.Invoke(new Action(() =>
    {
        this.button_train.Text = "Train";
        this.Enabled = true;
        this.Cursor = Cursors.Default;
    }));
    });

}
```

（3）按鈕 3：卷積視覺化。

卷積視覺化是最有趣的功能，我們透過提取訓練後的各卷積層和池化層的某個卷積核的輸出，來視覺化地觀察卷積和池化這些過程究竟對影像進行了何種處理，進而了解卷積神經網路學習到了什麼。透過設定表單介面上的兩個數值參數控制項，我們可以修改待測試的測試集影像的選擇，也可以修改各層的某個卷積核的選擇，以便更加靈活地分析和理解卷積神經網路。

```
private void button_showcnn_Click(object sender, EventArgs e)
 {
    int num = Convert.ToInt32(numericUpDown_image.Value);
    int conv_num = Convert.ToInt32(numericUpDown_CONVOLUTION_NUMBER. Value);

    // 顯示原始影像
    var bmp = GrayToRGB(x_test_raw[num]).ToBitmap();
    pictureBox_Image.Image = bmp;

    // 清理靜態圖
```

```
tf.Context.reset_context();
if (System.IO.File.Exists(modelFile))
{
    model = CreateModel();
    model.load_weights(modelFile);
}

// 顯示推理預測的結果
textBox_history.Text += "\r\n" + "Real Label is：" + y_test[num] + "\r\n";
var predict_result = model.predict(x_test[num].reshape(new[] { 1, 28, 28, 1 }));
var predict_label = np.argmax(predict_result[0].numpy(), axis: 1);
textBox_history.Text += "\r\n" + "Predict Label is：" + predict_label.
ToString() + "\r\n";
TextBox_Top();

// 視覺化顯示卷積神經網路處理過程的影像
Tensor[] layer_outputs = new Tensor[4];
Tensor layer_inputs = ((Layer)model.Layers[1]).input[0];
for (int i = 0; i < 4; i++)
    layer_outputs[i] = ((Layer)model.Layers[i + 2]).input[0];
var activation_model = keras.Model(inputs: layer_inputs, outputs: layer_outputs);

// 視覺化顯示卷積層 1
var c1 = activation_model.predict(x_test[num].reshape(new[] { 1, 28, 28, 1 }))[0];
var np_c1 = np.squeeze(Clip(c1.numpy()["0", ":", ":", conv_num. ToString()] *
255));
var bmp_c1 = GrayToRGB(np_c1).ToBitmap();
pictureBox_conv1.Image = bmp_c1;
label_conv1.Text = bmp_c1.Width.ToString() + " * " + bmp_c1.Height. ToString();

// 視覺化顯示池化層 1
var p1 = activation_model.predict(x_test[num].reshape(new[] { 1, 28, 28, 1 }))[1];
var np_p1 = np.squeeze(Clip(p1.numpy()["0", ":", ":", conv_num. ToString()] *
255));
var bmp_p1 = GrayToRGB(np_p1).ToBitmap(); ;
pictureBox_pooling1.Image = bmp_p1;
label_pooling1.Text = bmp_p1.Width.ToString() + " * " + bmp_p1.Height.
ToString();
```

```
    // 視覺化顯示卷積層 2
    var c2 = activation_model.predict(x_test[num].reshape(new[] { 1, 28, 28, 1 }))[2];
    var np_c2 = np.squeeze(Clip(c2.numpy()["0", ":", ":", conv_num. ToString()] *
255)));
    var bmp_c2 = GrayToRGB(np_c2).ToBitmap();
    pictureBox_conv2.Image = bmp_c2;
    label_conv2.Text = bmp_c2.Width.ToString() + " * " + bmp_c2.Height. ToString();

    // 視覺化顯示池化層 2
    var p2 = activation_model.predict(x_test[num].reshape(new[] { 1, 28, 28, 1 }))[3];
    var np_p2 = np.squeeze(Clip(p2.numpy()["0", ":", ":", conv_num. ToString()] *
255)));
    var bmp_p2 = GrayToRGB(np_p2).ToBitmap();
    pictureBox_pooling2.Image = bmp_p2;
    label_pooling2.Text = bmp_p2.Width.ToString() + " * " + bmp_p2. Height.
ToString();
}
```

18.3.5 完整的主表單程式

完整的主表單程式如下。

```
using NumSharp;
using System;
using System.Windows.Forms;
using Tensorflow.Keras.Engine;
using Tensorflow.Keras.Layers;
using static Tensorflow.KerasApi;
using static Tensorflow.Binding;
using Tensorflow;

namespace ExploreCNN
{
    public partial class Form1 : Form
    {
        Model model;
        LayersApi layers = new LayersApi();
        NDArray x_train, y_train, x_test, y_test, x_test_raw;
        const string modelFile = "model.wts";
```

```csharp
public Form1()
{
    InitializeComponent();
}

private void button_loaddata_Click(object sender, EventArgs e)
{
    this.button_loaddata.Text = "loading...";
    this.Enabled = false;
    this.Cursor = Cursors.WaitCursor;
    // 準備資料
    (x_train, y_train, x_test_raw, y_test) = keras.datasets.mnist. load_
data();
    x_train = x_train.reshape(60000, 28, 28, 1) / 255f;
    x_test = x_test_raw.reshape(10000, 28, 28, 1) / 255f;
    this.button_loaddata.Text = "Load Data";
    this.Enabled = true;
    this.Cursor = Cursors.Default;
}

private void button_train_Click(object sender, EventArgs e)
{
    this.button_train.Text = "training...";
    this.Enabled = false;
    this.Cursor = Cursors.WaitCursor;
    var outputText = new System.Text.StringBuilder();
    tf_output_redirect = new System.IO.StringWriter(outputText);
    bool isStoped = false;

    System.Threading.Tasks.Task.Run(() =>
    {
        model = CreateModel();
        // 透過輸入資料和標籤來訓練模型
        model.fit(x_train, y_train, batch_size: 64, epochs: 1, validation_
split: 0.2f);
        // 評估模型
        model.evaluate(x_test, y_test, verbose: 2);
        System.Threading.Thread.Sleep(1000);
```

```
        isStoped = true;
    });

    System.Threading.Tasks.Task.Run(() =>
    {
        var preLength = outputText.Length;
        while (!isStoped)
        {
            System.Threading.Thread.Sleep(100);
            var curLength = outputText.Length;
            if (preLength < curLength)
            {
                this.Invoke(new Action(() =>
                {
                    textBox_history.Text = outputText.ToString();
                    TextBox_Top();
                    preLength = curLength;
                }));
            }
        }

        tf_output_redirect.Close();
        tf_output_redirect.Dispose();
        tf_output_redirect = null;//dispose

        model.save_weights(modelFile, true);

        this.Invoke(new Action(() =>
        {
            this.button_train.Text = "Train";
            this.Enabled = true;
            this.Cursor = Cursors.Default;
        }));
    });

}


/// <summary>
/// 使用 Functional API 方式架設卷積神經網路模型
```

```csharp
        /// </summary>
        /// <returns></returns>
        private Model CreateModel()
        {
            // 輸入層
            var inputs = keras.Input(shape: (28, 28, 1));
            // 第 1 層：卷積層
            var outputs = layers.Conv2D(64, kernel_size: 3, activation: keras.
activations.Relu).Apply(inputs);
            // 第 2 層：池化層
            outputs = layers.MaxPooling2D(2, strides: 2).Apply(outputs);
            // 第 3 層：卷積層
            outputs = layers.Conv2D(64, kernel_size: 3, activation: keras.
activations.Relu).Apply(outputs);
            // 第 4 層：池化層
            outputs = layers.MaxPooling2D(2, strides: 2).Apply(outputs);
            // 第 5 層：展平層
            outputs = layers.Flatten().Apply(outputs);
            // 第 6 層：全連接層
            outputs = layers.Dense(128).Apply(outputs);
            // 輸出層
            outputs = layers.Dense(10).Apply(outputs);
            // 架設 Keras 網路模型
            model = keras.Model(inputs, outputs, name: "mnist_model");
            // 顯示模型概況
            model.summary();
            // 將 Keras 模型編譯成 TensorFlow 的靜態圖
            model.compile(loss: keras.losses.SparseCategoricalCrossentropy (from_
logits: true),
                optimizer: keras.optimizers.Adam(learning_rate: 0.001f),
                metrics: new[] { "accuracy" });

            return model;
        }

        private void button_showcnn_Click(object sender, EventArgs e)
        {
            int num = Convert.ToInt32(numericUpDown_image.Value);
            int conv_num = Convert.ToInt32(numericUpDown_CONVOLUTION_ NUMBER.Value);
```

```csharp
// 顯示原始影像
var bmp = GrayToRGB(x_test_raw[num]).ToBitmap();
pictureBox_Image.Image = bmp;

// 清理靜態圖
tf.Context.reset_context();
if (System.IO.File.Exists(modelFile))
{
    model = CreateModel();
    model.load_weights(modelFile);
}

// 顯示推理預測的結果
textBox_history.Text += "\r\n" + "Real Label is：" + y_test[num] + "\r\n";
var predict_result = model.predict(x_test[num].reshape(new[] { 1, 28, 28,
1 }));

var predict_label = np.argmax(predict_result[0].numpy(), axis: 1);
textBox_history.Text += "\r\n" + "Predict Label is：" + predict_label.
ToString() + "\r\n";
TextBox_Top();

// 視覺化顯示卷積神經網路處理過程的影像
Tensor[] layer_outputs = new Tensor[4];
Tensor layer_inputs = ((Layer)model.Layers[1]).input[0];
for (int i = 0; i < 4; i++)
    layer_outputs[i] = ((Layer)model.Layers[i + 2]).input[0];
var activation_model = keras.Model(inputs: layer_inputs, outputs: layer_
outputs);

// 視覺化顯示卷積層 1
var c1 = activation_model.predict(x_test[num].reshape(new[] { 1, 28, 28, 1
 }))[0];
var np_c1 = np.squeeze(Clip(c1.numpy()["0", ":", ":", conv_num.
ToString()] * 255));
var bmp_c1 = GrayToRGB(np_c1).ToBitmap();
pictureBox_conv1.Image = bmp_c1;
label_conv1.Text = bmp_c1.Width.ToString() + " * " + bmp_c1. Height.
ToString();
```

```
        // 視覺化顯示池化層 1
        var p1 = activation_model.predict(x_test[num].reshape(new[] { 1, 28, 28, 1
}))[1];
        var np_p1 = np.squeeze(Clip(p1.numpy()["0", ":", ":", conv_num.
ToString()] * 255));
        var bmp_p1 = GrayToRGB(np_p1).ToBitmap(); ;
        pictureBox_pooling1.Image = bmp_p1;
        label_pooling1.Text = bmp_p1.Width.ToString() + " * " + bmp_p1. Height.
ToString();

        // 視覺化顯示卷積層 2
        var c2 = activation_model.predict(x_test[num].reshape(new[] { 1, 28, 28, 1
}))[2];
        var np_c2 = np.squeeze(Clip(c2.numpy()["0", ":", ":", conv_num.
ToString()] * 255));
        var bmp_c2 = GrayToRGB(np_c2).ToBitmap();
        pictureBox_conv2.Image = bmp_c2;
        label_conv2.Text = bmp_c2.Width.ToString() + " * " + bmp_c2. Height.
ToString();

        // 視覺化顯示池化層 2
        var p2 = activation_model.predict(x_test[num].reshape(new[] { 1, 28, 28, 1
}))[3];
        var np_p2 = np.squeeze(Clip(p2.numpy()["0", ":", ":", conv_num.
ToString()] * 255));
        var bmp_p2 = GrayToRGB(np_p2).ToBitmap();
        pictureBox_pooling2.Image = bmp_p2;
        label_pooling2.Text = bmp_p2.Width.ToString() + " * " + bmp_p2.Height.
ToString();
    }

    private NDArray GrayToRGB(NDArray img2D)
    {
        var img4A = np.full_like(img2D, (byte)255);
        var img3D = np.expand_dims(img2D, 2);
        var r = np.dstack(img3D, img3D, img3D, img4A);
        var img4 = np.expand_dims(r, 0);
        return img4;
```

```
    }
    private NDArray Clip(NDArray nd_input)
    {
        var nd_min = np.full_like(nd_input, (byte)0);
        var nd_max = np.full_like(nd_input, (byte)255);
        nd_input = np.clip(nd_input, nd_min, nd_max);
        return nd_input.astype(NPTypeCode.Byte);
    }

    private void TextBox_Top()
    {
        textBox_history.SelectionStart = textBox_history.Text.Length;
        textBox_history.SelectionLength = 0;
        textBox_history.ScrollToCaret();
    }
    }
}
```

18.3.6 執行結果

執行後，我們依次點擊 Load Data、Train、Test CNN 這 3 個按鈕。首先，我們會看到文字控制項正常地即時輸出了模型的結構、訓練過程的資料和推理測試結果，初次執行的結果如圖 18-73 所示。

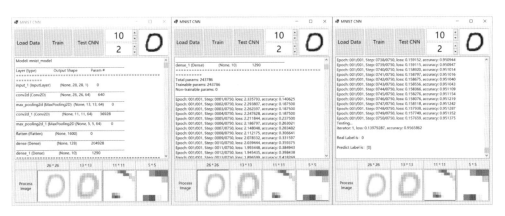

▲ 圖 18-73 初次執行的結果

然後，我們嘗試修改不同的核的索引和不同的測試集影像。

一方面，保持影像的索引為 10，修改卷積核的索引。我們可以看到，不同的卷積核會提取出不同的特徵，切換不同卷積核的視覺化結果如圖 18-74 所示。而且隨著網路的加深，後面的網路層的輸出特徵尺寸逐漸縮小，提取的特徵更加差異化和具有綜合性，而卷積層 1 和池化層 1 大多以提取影像的輪廓特徵為主，這和人類的視覺認知特點有些類似。

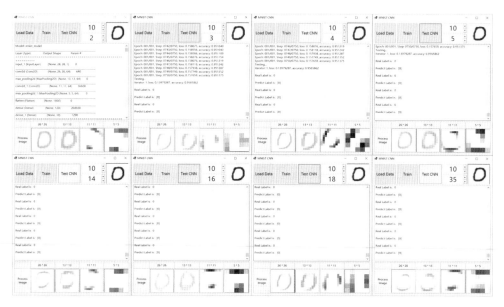

▲ 圖 18-74 切換不同卷積核的視覺化結果

另一方面，保持卷積核的索引不變，修改推理測試的影像的索引，來觀察不同的影像在網路層中學習到的特徵，切換不同輸入影像的視覺化結果如圖 18-75 所示。

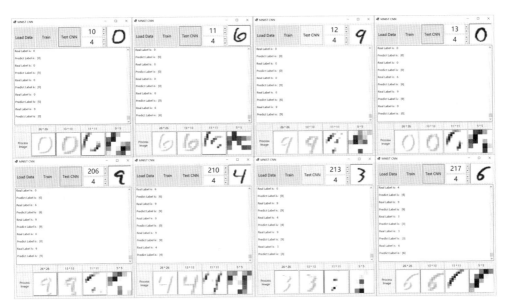

▲ 圖 18-75 切換不同輸入影像的視覺化結果

　　這就是最有意思的地方了，透過各種參數的組合，我們可以愉快地「玩」很長一段時間。逐漸地，我們可以隱隱約約地感受到什麼，如對於手寫數字「3」，網路會學習到 3 根平行線；對於手寫數字「0」，網路會學習到斜向對稱的 2 段弧線。透過大量的訓練，網路似乎總結出了每個手寫數字的主要特徵集，並透過這種方式準確地預測了未知資料集的推理結果。

18.3.7　總結和推廣

　　上面的例子演示了手寫數字集 MNIST 的卷積視覺化，進一步地，我們可以將 MNIST 資料集直接替換成 fashion_mnist。fashion_mnist 資料集涵蓋了來自 10 種類別的共 7 萬幅不同服裝的正面圖像，它的類別數、大小、格式和資料劃分形式與 MNIST 資料集完全一致，因此讀者可以直接將其替換到原來的演算法模型中進行訓練或推理，而不用修改任何程式。

fashion_mnist 資料集視覺化範例如圖 18-76 所示。

fashion_mnist 資料集標籤類別清單如表 18-2 所示。

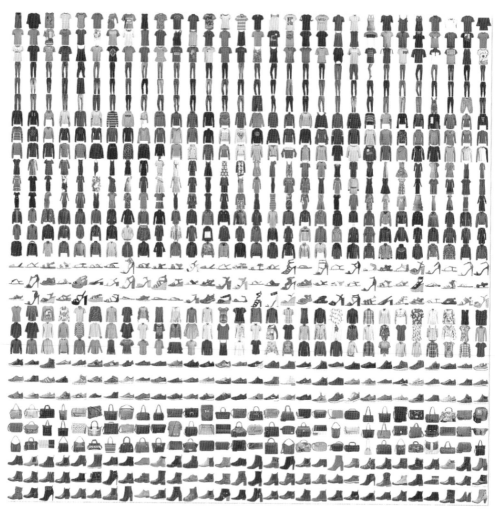

▲ 圖 18-76 fashion_mnist 資料集視覺化範例

➜ 表 18-2 fashion_mnist 資料集標籤類別清單

標籤序號	描述
0	T-shirt/Top（T 恤）
1	Trouser（褲子）
2	Pullover（套衫）
3	Dress（裙子）
4	Coat（外套）
5	Sandal（涼鞋）
6	Shirt（汗衫）
7	Sneaker（運動鞋）
8	Bag（包包）
9	Ankle Boot（踝靴）

我們替換成 fashion_mnist 資料集後執行，可以看到細節更豐富的特徵提取。筆者選取了其中一些影像和部分卷積核來測試，測試結果如圖 18-77 所示。

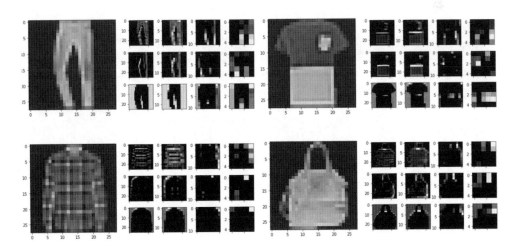

圖 18-77 測試結果

　　透過這個例子，我們可以看到更多的關於卷積神經網路的特點。例如，圖 18-77 中的第 3 行均為 10 號卷積核的輸出特徵圖，可以看到該卷積核習慣於提取影像的背景，呈現出主體扣除後的輪廓形態。不同的卷積核具有不同的特徵提取習慣，最後一層池化層則能提取到影像最終的非常稀疏的個性特徵。

　　如果想進一步探索卷積神經網路，我們可以了解下提出 ZFNet 的論文 *Visualizing and Understanding Convolutional Networks*，該論文系統地對 AlexNet 進行了視覺化，並根據視覺化結果改進 AlexNet 獲得了 ZFNet，ZFNet 拿到了 ILSVRC 2014 的冠軍。這篇論文可以視為卷積神經網路視覺化的真正開山之作。這篇論文提出了一種新的視覺化技術，揭示了模型中任意層的特徵圖與輸入之間的對應關係。簡單地說，首先在某個層的特徵圖後接一個反卷積網路，然後透過依次反池化、反啟動、反卷積，不斷重複直到返回輸入層，這樣就獲得了該層對應的視覺化特徵。透過這種方法，我們可以間接看到某個卷積核的視野（感受野）和對該視野的理解。作者在 ImageNet 驗證集上使用該方法，獲得了一些有趣的影像，卷積層視覺化的 Layer 1 和 Layer 2、Layer 3、Layer 4 和 Layer 5 如圖 18-78 ～圖 18-80 所示。

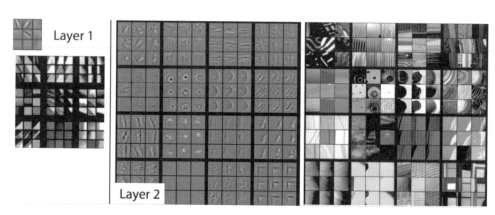

▲ 圖 18-78 卷積層視覺化的 Layer1 和 Layer2

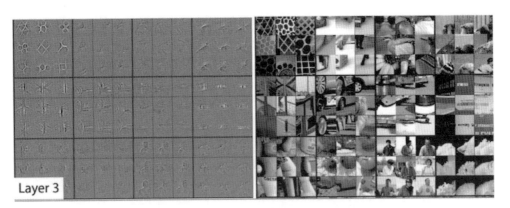

▲ 圖 18-79 卷積層視覺化的 Layer3

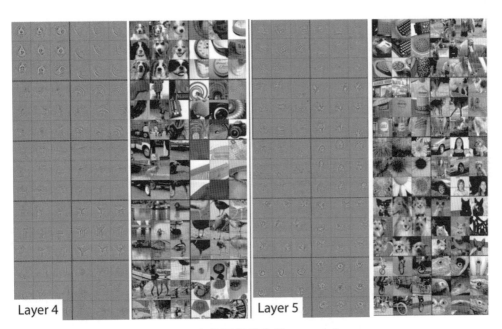

▲ 圖 18-80 卷積層視覺化的 Layer4 和 Layer5

透過這些影像，我們可以看到，來自每個層的投影顯示出網路中特徵的分層特性。Layer1 只簡單地獲取了各種單調的輪廓線條；Layer2 獲取了一些邊角和局部的顏色資訊；Layer3 具有更複雜的不變性，捕捉相似的紋理；Layer4 顯示了顯著的變化，並且類別更加具體；Layer5 顯示了具有顯著姿態變化的整個物件。隨著層的加深，卷積核的視野越來越大，視野中的重點目標特徵越來越準確。

透過本章的一些例子，我們雖然不能完全解釋卷積神經網路這個黑盒，但是透過視覺化，我們發現了卷積神經網路學習到的特徵呈現分層特性，底層是一些邊緣角點及顏色的抽象特徵，越到高層，則越呈現出具體的特徵，這與人類視覺系統類似，相信這些理解可以為我們在今後架設神經網路模型時舉出更好的指導。

第**19**章
視覺物件辨識

19.1 視覺物件辨識原理簡述

　　在第 18 章中，我們介紹了視覺影像分類，也叫物件偵測，主要採用卷積層堆疊而成的網路來實現影像的分類辨識。物件偵測的任務是對一幅影像進行整體分類，辨識到其中「是否有某個物體」。本章我們進入視覺物件辨識的領域，透過深度學習模型在一幅影像中檢測出多個目標物體的準確座標位置，同時輸出對應目標物體的類別。物件辨識的任務是對一幅影像進行局部辨識，精準定位出其中「每個物體在哪裡」。

　　概括來說，物件辨識的最終目的就是輸出影像中的多組資訊，每組資訊主要分為兩個部分：辨識到的物體類別（類別標籤，Label）和物體在影像中的大小位置（水平座標、垂直座標、寬度、高度，x、y、w、h）。物件辨識示意圖如圖 19-1 所示。

圖 19-1　物件辨識示意圖

19.1.1 傳統物件辨識演算法概述

　　我們先來了解下傳統機器視覺領域的物件辨識的原理。在深度學習物件辨識演算法出現之前，就已經有很多傳統視覺演算法在物件辨識領域發揮作用，如傳統的人臉辨識和肢體辨識，或者傳統的印刷字元辨識等。傳統物件辨識演算法可以總結為以下 3 步。

（1）目標範本區域提取和特徵分析。

（2）待檢測影像前置處理。

（3）滑動視窗進行目標比對辨識。

目標範本區域提取和特徵分析：主要目的是從局部待匹配的影像中提取總結出顯著的特徵。有許多經典的演算法可以實現這個功能，這些演算法大多從影像灰階或輪廓資訊中得出特徵描述子。例如，HOG（Histogram of Oriented Gradient）特徵演算法可以透過計算和統計圖像局部區域的方向梯度長條圖來建構方向梯度長條圖特徵；Haar-Like 特徵演算法可以統計圖像中的邊緣特徵、線性特徵、中心特徵和對角線特徵，並組合成特徵範本；Harris 角點特徵演算法可以以訊號為基礎的點特徵提取出各局部視窗的角點特徵；DPM（Deformable Parts Model）特徵演算法是 HOG 演算法的最佳化，將方向梯度長條圖特徵拆分為各個 Part，進行 Part 類別匹配，提高演算法堅固性；SIFT（Scale-Invariant Feature Transform）特徵演算法透過高斯差分影像提取極值點，結合方向特徵，形成尺寸方向平移不變特徵描述子，對於尺度、旋轉、亮度都具有不變性。還有很多經典演算法，這裡不進行贅述。

待檢測影像前置處理：比較傳統的做法是建構影像金字塔（高斯金字塔或拉普拉斯金字塔），形成不同尺寸、比例的影像集，方便進行不同尺度的搜尋比對。

滑動視窗進行目標比對辨識：透過滑動視窗的方式，一個一個局部視窗比對特徵影像和目標圖像，最終在影像中找到目標物體。這一步採用的分類器主要有 SVM、AdaBoost 等。

圖 19-2 所示為傳統物件辨識演算法的執行流程。

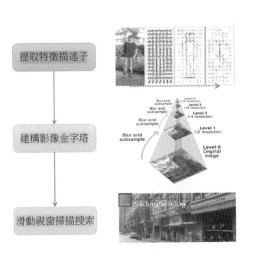

圖 19-2 傳統物件偵測演算法的執行流程

19.1.2 深度學習物件辨識演算法概述

傳統物件辨識演算法有速度快、資源佔用少、只需要一幅訓練影像等優勢，但在目標形態變化大、環境干擾變化大和複雜背景紋理等場景下很難確保準確性，因此在很多複雜任務中都遇到了瓶頸。近些年來，由於深度學習的廣泛發展，物件辨識演算法獲得了較為快速的進步，主流的以深度學習為基礎的物件辨識演算法主要有兩種：Two-Stage 物件辨識演算法和 One-Stage 物件辨識演算法。

Two-Stage 物件辨識演算法主要是以 Region Proposal 為基礎的 R-CNN 系演算法，如 R-CNN、Fast R-CNN、Faster R-CNN 等，特點是首先透過演算法產生目標候選框，然後對候選框進行分類和迴歸，這類演算法準確率高，但速度慢；One-Stage 物件辨識演算法將目標定位和分類在一個網路下完成任務，速度快很多，但是在部分場景下準確率略低。接下來，我們分別對這兩種演算法進行簡要說明。

1 · Two-Stage 物件辨識演算法

我們透過圖 19-3 了解物件辨識演算法的發展。

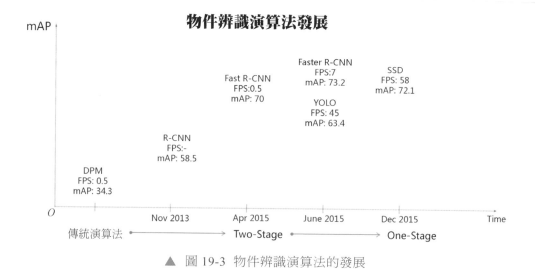

▲ 圖 19-3 物件辨識演算法的發展

可以看到，傳統物件辨識演算法發展到 DPM（HOG 的最佳化版本，前文有說明）時，遇到了準確率的瓶頸。2014 年，Ross Girshick 的 R-CNN（Region-CNN，區域卷積神經網路）橫空出世，徹底顛覆了傳統的物件辨識演算法，檢測精度大大提升（mAP 由 34.3 變為 58.5，在 VOC 2007 測試集上打敗了當時所有的物件辨識演算法），自此開始，物件辨識演算法領域正式步入深度學習時代。隨後是 Two-Stage 演算法的不斷最佳化，接著進展到目前熱門的 One-Stage 演算法。

Two-Stage 演算法的開山鼻祖是 R-CNN 演算法。R-CNN 演算法參考了部分傳統演算法中的滑動視窗思想，可以看作傳統視覺演算法和深度學習演算法相結合的演算法，整體流程可分為 3 步。

（1）提取候選區域。

（2）提取特徵向量。

（3）影像分類和位置迴歸。

提取候選區域是指使用傳統影像處理演算法 Selective Search 自動從一幅影像中獲取 2000 個目標候選區域。簡單來說，就是先對一幅影像中的各處紋理和顏色等特徵綜合評分，並透過貪心策略合併相似區域，再使用非極大抑制（NMS）方式保證特徵分佈多樣性，最終得到影像中的資訊較豐富和集中的 2000 個局部區域。

提取到候選區域後，R-CNN 使用 AlexNet 網路對所有的候選區域進行特徵提取，最後對提取出的候選區域的特徵進行分類和迴歸，使用 SVM 對目標和背景分類，同時採用邊界框迴歸（Bounding Boxes Regression）方式得到物體精準的尺寸和座標位置。

R-CNN 演算法雖然檢測準確率高，但是執行速度非常慢，推理時間需要 47s，同時佔用儲存空間大。

於是，R-CNN 的提出者 Ross Girshick 在 2015 年推出 Fast R-CNN，最佳化了運算流程，大幅提升了物件辨識的速度。和 R-CNN 相比，Fast R-CNN 的單幅影像的推理時間從 47s 減少到 0.32s，同時未損失檢測準確率。Fast R-CNN 主要的創意在於作者提出了一個叫作 ROI Pooling 的網路層，先採用卷積神經網路對全圖提取特徵，再透過 ROI Pooling 網路層把不同大小的輸入映射到一個固定尺寸的特徵向量中。同時，作者巧妙地把最後的影像分類和位置迴歸合併，共用卷積特性，這樣在整個流程中除了提取候選區域，其餘操作全部在一個卷積神經網路中進行。

Fast R-CNN 最大的貢獻是將推理時間提升為 0.32s，速度的大幅提升讓人們看到了多目標即時動態檢測的可能性。

那麼，有沒有可能進一步提升速度呢？可能很多讀者已經看到了，R-CNN 模型中最耗時的是提取候選區域，這是採用傳統演算法 Selective Search 進行的，也是 R-CNN 和 Fast R-CNN 模型中的瓶頸。

於是，包括原作者在內的 Shaoqing Ren、Kaiming He、Ross Girshick、Jian Sun 團隊在 2015 年推出力作：Faster R-CNN，簡單網路物件辨識速度達到 17fps（每秒解析 17 幅影像），在 PASCAL VOC 上準確率為 59.9%，複雜網路物件辨識速度為 5fps，準確率達到 78.8%。

Faster R-CNN 實現了用卷積神經網路替換傳統的 Selective Search 來搜尋候選區域，至此，物件辨識的 4 個基本步驟（候選區域生成、特徵提取、影像分類、位置精修）終於被統一到一個深度網路框架之內。物件辨識發展至 Faster R-CNN 的迭代過程如圖 19-4 所示。

▲ 圖 19-4 物件辨識發展至 Faster R-CNN 的迭代過程

從 R-CNN 到 Fast R-CNN，再到 Faster R-CNN，一路走來，以深度學習為基礎的物件辨識流程變得越來越精簡，精度越來越高，速度越來越快。Two-

Stage 方式的以候選區域為基礎的 R-CNN 系列物件辨識演算法是物件辨識技術領域中的兩個主要分支之一。

2．One-Stage 物件辨識演算法

Two-Stage 物件辨識演算法一般分為兩個部分：候選區域提取＋特徵檢測迴歸。這種先提取候選區域的方式雖然檢測準確率高，但是速度無法進一步提升，在很多對檢測即時性要求高的領域（如自動駕駛）無法極佳地調配。為了滿足高速檢測的需求，我們來了解下物件辨識領域的另一個主要分支 One-Stage 物件辨識演算法，也稱 One-Shot Object Detectors，該演算法可以在一個 Stage 上直接產生物體的類別機率和位置座標，特點是一步合格，流程簡單，速度相對較快。典型的 One-Stage 物件辨識演算法包括 YOLO 系列演算法、SSD 演算法、SqueezeDet 演算法及 DetectNet 演算法。

本節我們會重點介紹 YOLO 系列演算法的原理，同時使用 TensorFlow.NET 實現 YOLO v3 演算法的推理和訓練。

YOLO v1 演算法出自論文 *You Only Look Once: Unified, Real-Time Object Detection*（這是 YOLO 縮寫的由來）。You Only Look Once 的意思是只需要進行 1 次卷積神經網路運算；Unified 指的是這是一個統一的框架，提供 End-to-End 的預測；Real-Time Object Detection 說明該演算法速度快，可以進行即時檢測。YOLO v1 的作者團隊成員是 Joseph Redmon、Santosh Divvala、Ross Girshick 和 Ali Farhadi，可以看到上文中 R-CNN 系列演算法的作者 Ross Girshick 也參與了 YOLO v1 的開發。

YOLO 演算法採用了預先定義候選框區域方式，取消了候選區域提取的步驟，同時合併了物體分類和檢測，所有的物件辨識任務全部放在一個網路中實現。

簡單來說，YOLO 演算法就是將輸入影像分成一個個的格子，每個格子都獨立負責預測出現在該格子內物體的資訊，最後整體統計過濾，因此該演算法有個缺陷，即如果多個物體較多地重疊在一個格子內，或者待檢測目標尺寸過小，則容易出現漏檢的情況。YOLO 演算法檢測目標的原理如圖 19-5 所示。

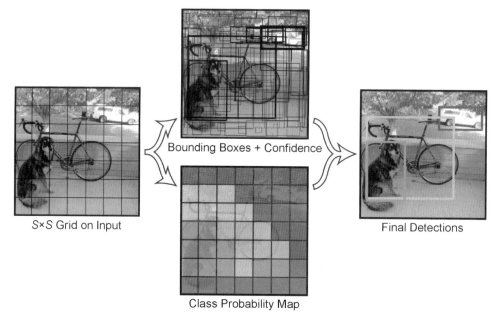

S×S Grid on Input

Bounding Boxes + Confidence

Final Detections

Class Probability Map

▲ 圖 19-5 YOLO 演算法檢測目標的原理

物件辨識發展至 YOLO 的迭代過程如圖 19-6 所示。

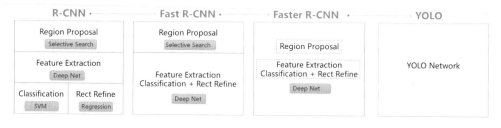

▲ 圖 19-6 物件辨識發展至 YOLO 的迭代過程

YOLO 檢測影像的過程非常簡潔明瞭,分為如下 3 步。

① 將輸入影像的大小調整為 448 像素 ×448 像素。

② 在影像上執行單一卷積神經網路。

③ 根據模型的置信度對得到的檢測結果進行設定值化。

YOLO 檢測影像中目標的步驟如圖 19-7 所示。

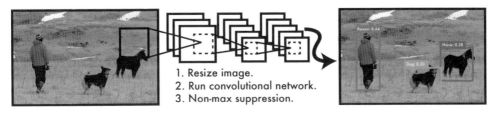

1. Resize image.
2. Run convolutional network.
3. Non-max suppression.

▲ 圖 19-7 YOLO 檢測影像中目標的步驟

YOLO 系列一路發展，YOLO v1 ～ YOLO v3 都是原作者不斷改進最佳化的，最近幾年出現很多不同作者的最佳化版本，如 YOLO v4 或 YOLO v5，性能有不同程度的提升。本文中僅對 YOLO v1 ～ YOLO v3 進行介紹，並對 YOLO v3 進行詳細的說明，方便讀者理解後面推理和訓練的程式實踐。如果大家想要透徹理解 YOLO 網路模型，建議詳細參讀作者的 3 篇原始論文，這樣可以更深度地體會作者令人驚歎的創意和細緻入微的專案實踐。

（1）誕生：YOLO v1。

2015 年，Joseph Redmon 的團隊提出了以單一卷積神經網路為基礎的物件辨識模型，完成了著名的論文 *You Only Look Once: Unified, Real-Time Object Detection*，即 YOLO v1。這是繼 R-CNN、Fast R-CNN 和 Faster R-CNN 之後，Ross Girshick（YOLO v1 作者團隊成員之一）和團隊一起針對深度學習物件辨識的速度問題提出的一種新框架。標準版本的 YOLO v1 在 Titan X 的 GPU 上能達到 45fps 的檢測速度，網路較小的簡化版本 Fast YOLO v1 在保持 mAP（mean Average Precision）是之前的其他即時物體檢測器 2 倍的同時，檢測速度可以達到 155fps。

（2）精度提升：YOLO v2。

為提高物體定位準確性和召回率，YOLO 作者在 2017 年的 CVPR 上發表論文 *YOLO9000: Better, Faster, Stronger*，即 YOLO v2。YOLO v2 提高了訓練影像的解析度，同時引入 Faster R-CNN 中 Anchor Box 的思想，對網路結構進行改進，輸出層使用卷積層替代 YOLO v1 中的全連接層，在資料集上使用 WordTree

聯合最佳化技術，同時訓練來自 ImageNet 和 COCO 資料集的最佳化組合。相比 YOLO v1，YOLO v2 在辨識種類、精度、速度和定位準確性等方面都有較大提升。

（3）速度提升：YOLO v3。

後來，YOLO 作者進一步推出 YOLO v3，完成了 YOLO 系列物件辨識演算法這一物件辨識史上的鴻篇巨制。YOLO v3 速度更快，準確率更高，在 Pascal Titan X 上處理 608 像素 ×608 像素影像的速度達到 20fps，在 COCO test-dev 上 mAP 達到 57.9%，與 RetinaNet 的結果相近，但其速度快了 4 倍。YOLO v3 模型比之前的模型複雜了不少，但是可以透過改變模型結構的大小來權衡速度與精度。

3 · YOLO v3 演算法簡述

接下來，我們對 YOLO v3 從性能特點、網路結構、輸出特徵圖、訓練策略和損失函式這 5 個方面進行解說，方便理解專案實踐。

（1）性能特點。

為了讓大家對 YOLO v3 的性能有直觀的認識，我們可以看下作者在論文中展示的性能圖，透過在 AP_{50} 指標上繪製的精確度和速度，可以看到 YOLO v3 與其他檢測系統相比具有顯著的優勢。作者特別將座標橫軸起點平移，讓 YOLO v3 出現在第二象限，以表明 YOLO v3 相比其他模型的顯著速度優勢。當輸入尺寸為 320 像素 ×320 像素時，YOLO v3 處理單幅影像僅需 22ms，簡化後的 YOLO v3 Tiny 可以更快。

YOLO v3 和其他物件辨識網路的性能對比如圖 19-8 所示。

	Backbone	AP	AP_{50}	AP_{75}	AP_S	AP_M	AP_L
Two-stage methods							
Faster R-CNN+++ [5]	ResNet-101-C4	34.9	55.7	37.4	15.6	38.7	50.9
Faster R-CNN w FPN	ResNet-101-FPN	36.2	59.1	39.0	18.2	39.0	48.2
Faster R-CNN by G-RMI	Inception-ResNet-v2	34.7	55.5	36.7	13.5	38.1	52.0
Faster R-CNN w TDM	Inception-ResNet-v2-TDM	36.8	57.7	39.2	16.2	39.8	**52.1**
One-stage methods							
YOLO v2 [15]	DarkNet-19	21.6	44.0	19.2	5.0	22.4	35.5
SSD513[11, 3]	ResNet-101-SSD	31.2	50.4	33.3	10.2	34.5	49.8
DSSD513 [3]	ResNet-101-DSSD	33.2	53.3	35.2	13.0	35.4	51.1
RetinaNet[9]	ResNet-101-FPN	39.1	59.1	42.3	21.8	42.7	50.2
RetinaNet [9]	ResNeXt-101-FPN	**40.8**	**61.1**	**44.1**	**24.1**	**44.2**	51.2
YOLO v3 608 × 608	Darknet-53	33.0	57.9	34.4	18.3	35.4	41.9

▲ 圖 19-8 YOLO v3 和其他物件辨識網路的性能對比

YOLO v3 在 AP_{50} 指標上和其他物件辨識網路的性能對比如圖 19-9 所示。

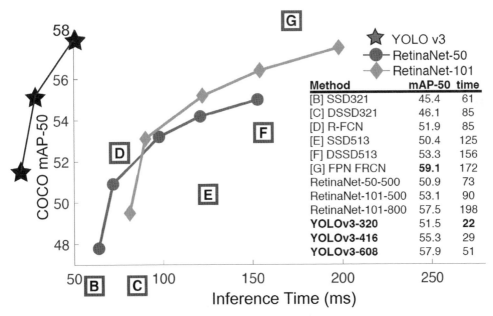

▲ 圖 19-9 YOLO v3 在 AP_{50} 指標上和其他物件辨識網路的性能對比

（2）網路結構。

YOLO v3 的網路結構圖如圖 19-10 所示。

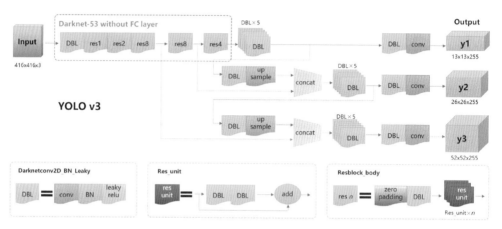

▲ 圖 19-10 YOLO v3 的網路結構圖

在圖 19-10 中，有幾個元件我們補充說明下。

- DBL：表示程式中的 Darknetconv2d_BN_Leaky，是 YOLO v3 的基本元件，其組成是「conv+BN+leaky relu」。

- res n：n 代表數字，有 res1，res2，⋯，res8 等，表示 Resblock_body 裡含有多少個 res unit。這是 YOLO v3 的大元件。YOLO v3 參考了 ResNet 的殘差結構，使用這種結構可以讓網路更深。

- concat：張量拼接元件，與 ResNet 中的 add 不同，concat 操作源於 DenseNet，將特徵圖按照通道維度直接進行拼接，如 $8 \times 8 \times 16$ 的特徵圖與 $8 \times 8 \times 16$ 的特徵圖拼接後生成 $8 \times 8 \times 32$ 的特徵圖。

在 YOLO v3 中，骨幹網路（Backbone）採用了 Darknet-53，相比 YOLO v2 中的 Darknet-19，速度降低了，但精度更高，整體性能更好。Darknet-53 的網路結構如圖 19-11 所示。

從 YOLO v3 的網路結構和 Backbone 的網路結構上可以明顯看到，YOLO v3 主要有以下 2 個特點。

- 總共輸出 3 個特徵圖，第 1 個特徵圖下採樣 32 倍，第兩個特徵圖下採樣 16 倍，第 3 個特徵圖下採樣 8 倍。此處參考了 FPN（Feature Pyramid Networks），採用多尺寸來對不同大小的目標進行檢測，小尺寸特徵圖用於檢測大尺寸物體，而大尺寸特徵圖用於檢測小尺寸物體。在 YOLO v3 中，作者並沒有像 SSD 那樣直接採用 Backbone 中間層的處理結果作為輸出特徵圖，而是和後面網路層的上採樣結果進行拼接後作為輸出特徵圖。這樣既可以提高非線性程度，增加泛化性能，提高網路精度，又可以減少參數，提高即時性。

- 在整個 YOLO v3 中，沒有池化層和全連接層，只有卷積層，透過調節卷積步進值控制輸出特徵圖的尺寸，因此 YOLO v3 對輸入影像的尺寸沒有特別限制，同時可以降低池化帶來的梯度負面效果。

從上述特點中可以看出，YOLO v3 的整個網路參考了 ResNet、DenseNet、FPN 的精髓，融合了物件辨識領域中一些前端和有效的技巧。

（3）輸出特徵圖。

根據不同的輸入尺寸，會得到不同大小的輸出特徵圖，以輸入 416×416×3 影像為例，輸出的特徵圖為 13×13×255、26×26×255、52×52×255 尺寸的，如圖 19-12 所示。

其中，輸出特徵圖尺寸前面的 $N \times N$ 為輸出特徵圖的網格（Cell）數量，有大、中、小 3 種精細度的特徵圖。255 的計算公式為 3 × (4+1+80)，3 代表輸出特徵圖中的每一個網格都會預測 3 個大、中、小不同尺寸的邊界框（Bounding Box），每個邊界框都包含 3 個資料：①每個框的 4 維位置（中心座標 t_x 和 t_y，寬 t_w 和高 t_h）；② 1 維的檢測置信度（Objectness Prediction）；N 維的類別。此處的 COCO 資料集類別為 80 類別。

了解完輸出特徵圖的組成結構，我們來看下 YOLO v3 中邊界框的預測手段（Bounding Box Prediction），這是作者在論文中提到的一個亮點。YOLO v3 中的邊界框預測沿用了 YOLO v2 中的方式，用 K-Means 維度聚類的方法預先獲取 COCO 資料集的 9 個先驗框，COCO 資料集中的 9 個先驗框的尺寸分別是 (10×13)、(16×30)、(33×23)、(30×61)、(62×45)、(59×119)、(116×90)、

(156×198)、(373×326)，表示 $w×h$，然後均勻分配給 3 個尺寸的特徵圖。不同尺寸特徵圖的感受野不同，我們透過一組圖（見圖 19-13 ～圖 19-15）來觀察一下（圖中點線框為聚類得到的預測框，實線框為真實框，虛線框為目標物體的中心點所在網格）。

Type	Filters	Size	Output
Convolutional	32	3 × 3	256 × 256
Convolutional	64	3 × 3 / 2	128 × 128
Convolutional	32	1 × 1	
1× Convolutional	64	3 × 3	
Residual			128 × 128
Convolutional	128	3 × 3 / 2	64 × 64
Convolutional	64	1 × 1	
2× Convolutional	128	3 × 3	
Residual			64 × 64
Convolutional	256	3 × 3 / 2	32 × 32
Convolutional	128	1 × 1	
8× Convolutional	256	3 × 3	
Residual			32 × 32
Convolutional	512	3 × 3 / 2	16 × 16
Convolutional	256	1 × 1	
8× Convolutional	512	3 × 3	
Residual			16 × 16
Convolutional	1024	3 × 3 / 2	8 × 8
Convolutional	512	1 × 1	
4× Convolutional	1024	3 × 3	
Residual			8 × 8
Avgpool		Global	
Connected		1000	
Softmax			

▲ 圖 19-11 Darknet-53 的網路結構

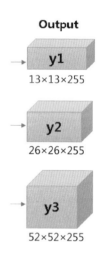

Output

y1
13×13×255

y2
26×26×255

y3
52×52×255

▲ 圖 19-12 輸出的特徵圖

13 x 13

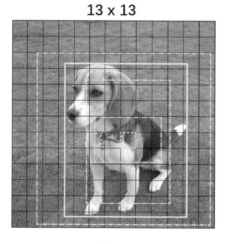

▲ 圖 19-13 尺寸為 13×13 的感受野

26 x 26

▲ 圖 19-14 尺寸為 26×26 的感受野

52 x 52

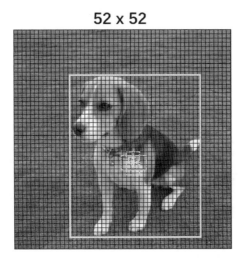

▲ 圖 19-15 尺寸為 52×52 的感受野

預測框計算方式沿用了 YOLO v2 中直接預測相對位置的方式，預測出邊界框中心點相對於網格單元左上角的座標。預測框的計算原理如圖 19-16 所示（其中 σ 是啟動函式 Sigmoid）。

$$b_x=\sigma(t_x)+c_x$$
$$b_y=\sigma(t_y)+c_y$$
$$b_w=p_we^{t_w}$$
$$b_h=p_he^{t_h}$$

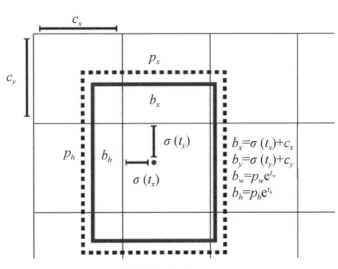

▲ 圖 19-16 預測框的計算原理

和 YOLO v2 不同的是，YOLO v3 對邊界框進行預測的時候，很有創意地採用了邏輯迴歸（Logistic Regression）演算法，邏輯迴歸演算法用於對 Anchor 包圍的部分進行目標置信度評分（Objectness Score），即這塊區域是目的地區域的可能性有多大。這一步是在預測之前進行的，這樣就可以去掉不必要的 Anchor，大大減少計算量。

（4）訓練策略。

學習率是影響網路性能的超參數之一，YOLO v3 網路的訓練分為兩個階段。

第 1 階段：熱身階段。在訓練剛開始的時候，網路內的參數隨機性大，面對大量新輸入資料，網路是非常不穩定的，這時候的學習率需要設定得較低，以保證網路具有良好的收斂性，隨後逐漸增大學習率至較高，這一階段被稱為熱身階段。

第 2 階段：餘弦衰減階段。當訓練度過熱身階段後，學習率如果一直處於較高狀態，則會導致權重的梯度一直在局部谷底附近來回振盪，很難使訓練的損失趨向局部最低點。因此，這一階段採用了餘弦衰減方式，使學習率逐漸降低以更精準地達到極小點，這一階段被稱為餘弦衰減階段。

學習率變化曲線如圖 19-17 所示。

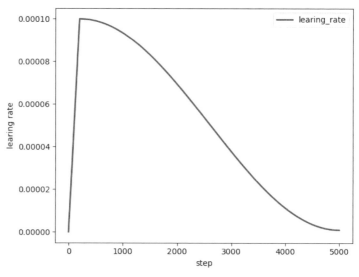

▲ 圖 19-17 學習率變化曲線

（5）損失函式。

我們前面提到 YOLO v3 的一個創新改進點是採用邏輯迴歸演算法對目標框進行目標置信度評分，這個操作在預測前進行，對於不滿足設定值的邊界框不會進行預測，以減少計算量。那麼，具體是如何操作的呢？我們來了解下 YOLO v3 的損失函式，幫助大家更深入地理解網路的訓練。

YOLO v3 的損失函式稍微有些複雜，共由 3 個尺度的輸出特徵圖的 giou 損失、置信度損失和分類交叉熵損失組成。3 種損失的說明如下。

- giou 損失：僅在預測框內包含物體時進行計算。

- 置信度損失：判斷預測框內有無物體。

- 分類交叉熵損失：判斷預測框內的物體屬於哪個類別。

我們透過圖 19-18 來詳細了解損失函式的處理過程。

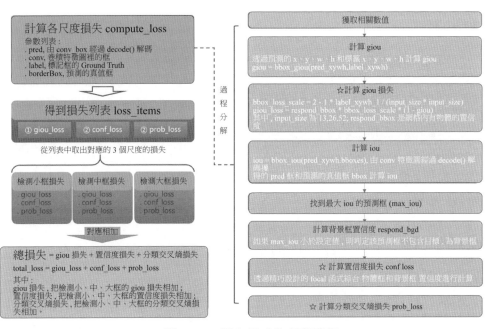

▲ 圖 19-18 損失函式的處理過程

圖 19-18 比較清楚地展示了損失函式的組成和計算邏輯，其中有兩個小的細節。

- 置信度標籤。YOLO v1 中的置信度標籤是預測框與真實框的 iou。YOLO v3 中的置信度意味著該預測框是或不是一個真實物體，是一種二分類，所以標籤設定為 1 和 0 更加合理，透過實驗測試，這種設定方式可以提高一定的召回率。

- 忽略範例。YOLO v3 中的一個創新點就是忽略範例，由於 YOLO v3 輸出了 3 種不同尺度的特徵圖，因此當目標物體在不同尺度的輸出特徵圖中的 iou 都很高時，則會忽略非最大的範例。例如，有一個真實物體，在訓練時被分配到的預測框是特徵圖 2 的第 5 個 Box，iou 為 0.96，此時恰好特徵圖 3 的第兩個 Box 與該真實框的 iou 達到 0.93，也檢測到了該真實框，如果此時將其置信度強行打 0 的標籤，則模型的訓練效果會不太理想，因此忽略範例會是比較巧妙的策略。

4 · 小結

YOLO v3 目前是專案應用中的首選檢測演算法之一，網路結構清晰，即時性佳，模型最佳化調整靈活性高。對於緊湊密集或高度重疊目標的檢測，YOLO v3 都有突出的表現。同時，在很多的實際專案測試中，我們發現 YOLO v3 展現出了很強的泛化性。隨著技術的不斷迭代，YOLO 系列不斷推陳出新，YOLO v4、YOLO v5、YOLO Tiny、YOLO Nano 等都在不同應用領域發揮著作用，相信大家在學習了 YOLO 系列的歷史和 YOLO v3 的原理以後，可以對其物件辨識模型更加駕輕就熟，快速地在實際專案中進行應用實踐。

19.2 YOLO v3 模型推理實踐

在 YOLO v3 的模型推理實踐中，我們透過載入預訓練好的模型 pb 檔案，分別對自己的圖片和視訊進行推理測試，實際地體驗一下 YOLO v3 的物件辨識水準。

首先，我們準備好模型檔案和待測試資料，如圖 19-19 所示。

▲ 圖 19-19 模型檔案和待測試資料

模型檔案和待測試資料的屬性清單如表 19-1 所示。

➡ 表 19-1 模型檔案和待測試資料的屬性清單

序號	檔案名稱	檔案格式	檔案大小	內容說明
①	yolov3_coco.pb	pb 格式	242401KB	預訓練好的模型檔案
②	road.mp4	mp4 視訊	783KB	待測試的視訊檔案
③	cat_face.jpg	jpg 圖片	33KB	待測試的圖片檔案
④	coco.names	文字	1KB	coco 的 80 種類別名稱

YOLO v3 模型的結構我們在上文中已經詳細地進行了圖文說明，讀者可以使用 Netron 軟體對 yolov3_coco.pb 檔案進行查看，該模型較大無法一次性在文中顯示，其主要由 Backbone 和 3 種尺度的輸出特徵圖組成。YOLO v3 的網路模型如圖 19-20 所示。

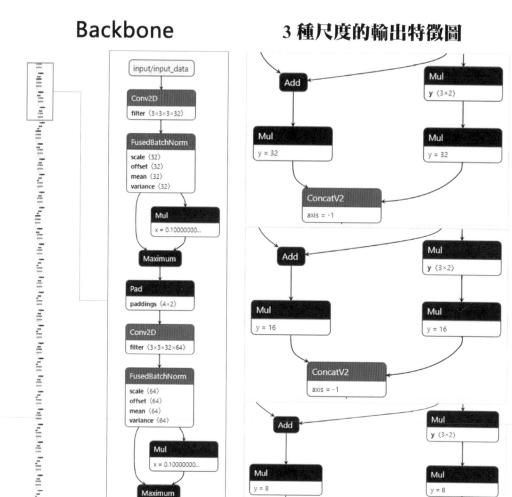

▲ 圖 19-20 YOLO v3 的網路模型

準備好檔案後，我們進行程式實作。

我們使用 Visual Studio 2019 新建一個目標框架為 .NET 5.0 的主控台應用程式，應用程式的名稱為 YOLOv3_Test，並設定編譯平臺為 x64，透過 NuGet 安裝必要的相依函式庫 OpenCvSharp4. runtime.win、SciSharp.TensorFlow.Redist、SharpCV、TensorFlow.Keras。新建專案和環境設定如圖 19-21 所示。

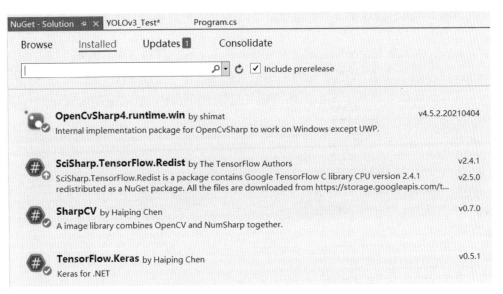

▲ 圖 19-21 新建專案和環境設定

下面，我們進行一些準備工作，建立一個名為 YOLOv3 的靜態類別，裡面是一些模型推理必要的方法。

（1）引用命名空間。

```csharp
using System;
using System.Collections.Generic;
using System.Linq;
using NumSharp;
using SharpCV;
using System.IO;
using Tensorflow;
using static SharpCV.Binding;
using static Tensorflow.Binding;

public static class YOLOv3
{

}
```

（2）宣告全域變數。

input_size 為輸入資料集大小；num_classes 為 COCO 標籤類別數量；return_tensors 用於接收模型圖的 1 個輸入張量和 3 個輸出特徵圖張量；return_elements 為靜態圖中的 1 個輸入張量和 3 個輸出特徵圖張量的節點名稱元素，用於獲取從靜態圖中傳回的張量。

```
public static int input_size = 416;
public static int num_classes = 80;
public static Tensor[] return_tensors;
static string[] return_elements = new[]
{
    "input/input_data:0",
    "pred_sbbox/concat_2:0",
    "pred_mbbox/concat_2:0",
    "pred_lbbox/concat_2:0"
};
```

（3）YOLO v3 推理相關的方法。

① ImportGraph。

ImportGraph 從本地載入在 COCO 資料集上預訓練好的 pb 模型檔案，並轉換為靜態圖。

```
public static Graph ImportGraph()
{
    var graph = tf.Graph().as_default();

    var bytes = File.ReadAllBytes(AppDomain.CurrentDomain.BaseDirectory + @"yolov3\
yolov3_coco.pb");
    var graphDef = GraphDef.Parser.ParseFrom(bytes);
    return_tensors = tf.import_graph_def(graphDef, return_elements: return_elements)
        .Select(x => x as Tensor)
        .ToArray();

    return graph;
}
```

② image_preporcess。

image_preporcess 表示影像前置處理，將影像縮放為 (418,418) 的固定大小，採用不變形縮放方式，縮放後缺少的部分由常數灰階值 128 填充，同時將影像的每個像素灰階值除以 255 進行歸一化處理。

```
public static NDArray image_preporcess(Mat image, (int, int) target_size)
{
    image = cv2.cvtColor(image, ColorConversionCodes.COLOR_BGR2RGB);
    var (ih, iw) = target_size;
    var (h, w) = (image.shape[0] + 0.0f, image.shape[1] + 0.0f);
    var scale = min(iw / w, ih / h);
    var (nw, nh) = ((int)Math.Round(scale * w), (int)Math.Round(scale * h));
    var image_resized = cv2.resize(image, (nw, nh));
    var image_padded = np.full((ih, iw, 3), fill_value: 128.0f);
    var (dw, dh) = ((iw - nw) / 2, (ih - nh) / 2);
    image_padded[new Slice(dh, nh + dh), new Slice(dw, nw + dw), Slice.All] = image_
resized;
    image_padded = image_padded / 255;

    return image_padded;
}
```

③ postprocess_boxes。

postprocess_boxes 表示預測框後處理，對模型預測的全部框進行後續的處理，共 10647 個框（3 種尺度的網格，每個網格預測 3 個候選框，10647 = 13×13×3 + 26×26×3 + 52×52×3）。主要的預測框後處理操作包括座標、寬、高調配原圖、修剪超出範圍的框、捨棄一些無效的框和得分低的框。

```
public static NDArray postprocess_boxes(NDArray pred_bbox, (int, int) org_img_shape,
float input_size, float score_threshold)
 {
    var valid_scale = new[] { 0, np.inf };

    var pred_xywh = pred_bbox[Slice.All, new Slice(0, 4)];
    var pred_conf = pred_bbox[Slice.All, 4];
```

```
    var pred_prob = pred_bbox[Slice.All, new Slice(5)];


    // (x, y, w, h) → (xmin, ymin, xmax, ymax)
    var pred_coor = np.concatenate((pred_xywh[Slice.All, new Slice(stop: 2)] - pred_
xywh[Slice.All, new Slice(2)] * 0.5f,
                                    pred_xywh[Slice.All, new Slice(stop: 2)] + pred_
xywh[Slice.All, new Slice(2)] * 0.5f), axis: -1);


    // (xmin, ymin, xmax, ymax) → (xmin_org, ymin_org, xmax_org, ymax_org)
    var (org_h, org_w) = org_img_shape;
    var resize_ratio = min(input_size / org_w, input_size / org_h);
    var dw = (input_size - resize_ratio * org_w) / 2;
    var dh = (input_size - resize_ratio * org_h) / 2;

    pred_coor[Slice.All, new Slice(0, step: 2)] = 1.0 * (pred_coor[Slice.All, new
Slice(0, step: 2)] - dw) / resize_ratio;
    pred_coor[Slice.All, new Slice(1, step: 2)] = 1.0 * (pred_coor[Slice.All, new
Slice(1, step: 2)] - dh) / resize_ratio;

    // 修剪超出範圍的框
    pred_coor = np.concatenate((np.maximum(pred_coor[Slice.All, new Slice (stop: 2)],
np.array(new[] { 0, 0 })),
                                np.minimum(pred_coor[Slice.All, new Slice(2)],
np.array(new[] { org_w - 1, org_h - 1 }))), axis: -1);

    var invalid_mask = np.logical_or(pred_coor[Slice.All, 0] > pred_coor [Slice.All,
2], pred_coor[Slice.All, 1] > pred_coor[Slice.All, 3]);
    pred_coor[invalid_mask] = 0;

    // 捨棄一些無效的框
    var coor_diff = pred_coor[Slice.All, new Slice(2, 4)] - pred_coor [Slice.All, new
Slice(0, 2)];
    var bboxes_scale = np.sqrt(np.prod(coor_diff, axis: -1));
    var scale_mask = np.logical_and(bboxes_scale > 0d, bboxes_scale < double.
MaxValue);

    // 捨棄一些得分低的框
    NDArray coors;
    var classes = np.argmax(pred_prob, axis: -1);
```

```
    var scores = pred_conf * pred_prob[np.arange(len(pred_coor)), classes];
    var score_mask = scores > score_threshold;
    var mask = np.logical_and(scale_mask, score_mask);
    (coors, scores, classes) = (pred_coor[mask], scores[mask], classes[mask]);

    return np.concatenate(new[] { coors, scores[Slice.All, np.newaxis], classes[Slice.
All, np.newaxis] }, axis: -1);
}
```

④ nms。

nms 表示非極大值抑制，透過 iou 統計，對後處理篩選過的框進行非極大值抑制，去除一些重疊度高的框，保留目標匹配度高的框。

```
public static NDArray[] nms(NDArray bboxes, float iou_threshold, float sigma = 0.3f,
string method = "nms")
{
    var classes_in_img = bboxes[Slice.All, 5].Data<float>().Distinct(). ToArray();
    var best_bboxes = new List<NDArray>();
    foreach (var cls in classes_in_img)
    {
        var cls_mask = bboxes[Slice.All, 5] == cls;
        var cls_bboxes = bboxes[cls_mask];
        while (len(cls_bboxes) > 0)
        {
            var max_ind = np.argmax(cls_bboxes[Slice.All, 4]);
            var best_bbox = cls_bboxes[max_ind];
            best_bboxes.append(best_bbox);
            cls_bboxes = np.concatenate(new[] { cls_bboxes[new Slice(stop: max_ind)],
cls_bboxes[new Slice(max_ind + 1)] });
            NDArray iou = bboxes_iou(best_bbox[np.newaxis, new Slice(stop: 4)], cls_
bboxes[Slice.All, new Slice(stop: 4)]);

            if (len(iou) == 0)
                continue;

            var weight = np.ones(new Shape(len(iou)), dtype: np.float32);
```

```
            if (method == "nms")
            {
                var iou_mask = (iou > iou_threshold).MakeGeneric<bool>();
                if (iou_mask.ndim == 0)
                    iou_mask = iou_mask.reshape(1);
                if (iou_mask.size > 0)
                    weight[iou_mask] = 0.0f;
            }
            else if (method == "soft-nms")
            {
                weight = np.exp(-(1.0 * np.sqrt(iou) / sigma));
            }

            //if(len(cls_bboxes) > 0)   // 此處判定可根據需要自行增減
            {
                cls_bboxes[Slice.All, 4] = cls_bboxes[Slice.All, 4] * weight;
                var score_mask = cls_bboxes[Slice.All, 4] > 0f;
                cls_bboxes = cls_bboxes[score_mask];
            }
        }
    }

    return best_bboxes.ToArray();
}

public static NDArray bboxes_iou(NDArray boxes1, NDArray boxes2)
{
    if (boxes2.size == 0)
        return boxes2;

    var boxes1_area = (boxes1[Slice.Ellipsis, 2] - boxes1[Slice.Ellipsis, 0]) *
(boxes1[Slice.Ellipsis, 3] - boxes1[Slice.Ellipsis, 1]);
    var boxes2_area = (boxes2[Slice.Ellipsis, 2] - boxes2[Slice.Ellipsis, 0]) *
(boxes2[Slice.Ellipsis, 3] - boxes2[Slice.Ellipsis, 1]);

    var left_up = np.maximum(boxes1[Slice.Ellipsis, new Slice(stop: 2)], boxes2[Slice.
Ellipsis, new Slice(stop: 2)]);
    var right_down = np.minimum(boxes1[Slice.Ellipsis, new Slice(2)], boxes2[Slice.
```

```
Ellipsis, new Slice(2)]);

    var inter_section = np.maximum(right_down - left_up, 0.0);
    var inter_area = inter_section[Slice.Ellipsis, 0] * inter_section [Slice.Ellipsis,
 1];
    var union_area = boxes1_area + boxes2_area - inter_area;
    var ious = np.maximum(1.0 * inter_area / union_area, np.array (1.1920929e-7));

    return ious;
}
```

⑤ draw_bbox。

draw_bbox 表示在影像上繪製最終篩選後的框，並在框上顯示類別名稱和辨識機率。

```
public static Mat draw_bbox(Mat image, NDArray[] bboxes)
{
    // var rnd = new Random()
    var classes = File.ReadAllLines(AppDomain.CurrentDomain.BaseDirectory + @"yolov3\
coco.names");
    var num_classes = len(classes);
    var (image_h, image_w) = (image.shape[0], image.shape[1]);
    // var hsv_tuples = range(num_classes).Select(x => (rnd.Next(255), rnd.Next(255),
rnd.Next(255))).ToArray()

    foreach (var (i, bbox) in enumerate(bboxes))
    {
        var coor = bbox[new Slice(stop: 4)].astype(NPTypeCode.Int32);
        var fontScale = 0.5;
        float score = bbox[4];
        var class_ind = (float)bbox[5];
        var bbox_color = (0, 0, 250);// hsv_tuples[rnd.Next(num_classes)]
        var bbox_thick = (int)(0.6 * (image_h + image_w) / 600);
        cv2.rectangle(image, (coor[0], coor[1]), (coor[2], coor[3]), bbox_ color,
bbox_thick);

        // 顯示標籤
```

```
        var bbox_mess = $"{classes[(int)class_ind]}: {score.ToString("P")}";
        var t_size = cv2.getTextSize(bbox_mess, HersheyFonts.HERSHEY_SIMPLEX,
fontScale, thickness: bbox_thick / 2);
        cv2.rectangle(image, (coor[0], coor[1]), (coor[0] + t_size.Width, coor[1] - t_
size.Height - 3), bbox_color, -1);
        cv2.putText(image, bbox_mess, (coor[0], coor[1] - 2), HersheyFonts. HERSHEY_
SIMPLEX,
                    fontScale, (0, 0, 0), bbox_thick / 2, lineType: LineTypes. LINE_
AA);
    }

    return image;
}
```

完成 YOLO v3 靜態類別後，我們就可以進行影像辨識的邏輯程式部分。我們先撰寫影像辨識的部分，視訊辨識基本上就是將視訊分割成一幅幅連續的影像並辨識。

新建一個名為 TestImage 的類別，這個類別主要呼叫 YOLO v3 靜態類別中的方法，進行影像的辨識，步驟如下。

（1）載入模型。

（2）讀取本地影像。

（3）影像前置處理。

（4）執行模型，檢測影像中的所有目標物體。

（5）預測框後處理和非極大值抑制，篩選出最終的目標框。

（6）在影像上繪製目標框和目標資訊。

（7）最終顯示物件辨識的結果影像。

```
using System;
using NumSharp;
using SharpCV;
```

```csharp
using Tensorflow;
using static SharpCV.Binding;
using static YOLOv3_Test.YOLOv3;

namespace YOLOv3_Test
{
    class TestImage
    {
        public bool Run()
        {
            PredictFromImage();
            return true;
        }
        private void PredictFromImage()
        {
            var graph = ImportGraph();
            using (var sess = new Session(graph))
            {
                var original_image_raw = cv2.imread(AppDomain.CurrentDomain.
BaseDirectory + @"yolov3\cat_face.jpg");
                var original_image = cv2.cvtColor(original_image_raw,
ColorConversionCodes.COLOR_BGR2RGB);
                var original_image_size = (original_image.shape[0], original_image.
shape[1]);
                var image_data = image_preporcess(original_image, (input_size, input_
size));
                image_data = image_data[np.newaxis, Slice.Ellipsis];

                var (pred_sbbox, pred_mbbox, pred_lbbox) = sess.run ((return_
tensors[1], return_tensors[2], return_tensors[3]),(return_tensors[0], image_data));

                var pred_bbox = np.concatenate((np.reshape(pred_sbbox, (-1, 5 + num_
classes)),np.reshape(pred_mbbox, (-1, 5 + num_classes)), np.reshape (pred_lbbox, (-1,
5 + num_classes))), axis: 0);

                var bboxes = postprocess_boxes(pred_bbox, original_image_ size, input_
size, 0.03f);// 現況：0.3f
                var bboxess = nms(bboxes, 0.3f, method: "nms");// 現況：0.5f
                var image = draw_bbox(original_image_raw, bboxess);
```

```
                cv2.imshow("Detected Objects in TensorFlow.NET", image);
                cv2.waitKey();
            }
        }
    }
}
```

完成 TestImage 類別之後，我們就可以在主程式本體裡面進行測試了。測試開始前我們需要將之前準備的模型檔案 yolov3_coco.pb 和影像檔等必要的資源檔複製至程式中指定的路徑。

主程式程式如下。

```
using System;

namespace YOLOv3_Test
{
    class Program
    {
        static void Main(string[] args)
        {
            var test = new TestImage();
            test.Run();

            Console.WriteLine("YOLOv3 Test is completed.");
            Console.ReadLine();
        }
    }
}
```

執行程式，我們可以看到，圖中的所有小貓都能被精確地框選出來，效果如圖 19-22 所示，YOLO v3 模型果然名不虛傳！

▲ 圖 19-22 YOLO v3 的影像推理效果

　　視訊的辨識比較容易，就是在影像辨識程式的基礎上，先增加一個從視訊中提取影像的方法，再使用相同的方式對提取出的影像逐幅檢測並逐幅輸出顯示。我們透過 TestVideo 類別來實現這個過程，程式如下。

```
using System;
using NumSharp;
using Tensorflow;
using static SharpCV.Binding;
using static YOLOv3_Test.YOLOv3;

namespace YOLOv3_Test
{
    class TestVideo
    {
```

```csharp
public bool Run()
{
    PredictFromVideo();
    return true;
}
private void PredictFromVideo()
{
    var graph = ImportGraph();
    using (var sess = new Session(graph))
    {
        // 打開 mp4 檔案（可能需要 ffmpeg 播放引擎）
        var vid = cv2.VideoCapture(AppDomain.CurrentDomain. BaseDirectory +
@"yolov3\road.mp4");
        int sleepTime = (int)Math.Round(1000 / 24.0);
        var (loaded, frame) = vid.read();
        while (loaded)
        {
            var frame_size = (frame.shape[0], frame.shape[1]);
            var image_data = image_preporcess(frame, (input_size, input_
size));

            image_data = image_data[np.newaxis, Slice.Ellipsis];

            var (pred_sbbox, pred_mbbox, pred_lbbox) = sess.run ((return_
tensors[1], return_tensors[2], return_tensors[3]), (return_tensors[0], image_data));

            var pred_bbox = np.concatenate((np.reshape(pred_sbbox, (-1, 5 +
num_classes)), np.reshape(pred_mbbox, (-1, 5 + num_ classes)), np.reshape(pred_lbbox,
(-1, 5 + num_ classes))), axis: 0);

            var bboxes = postprocess_boxes(pred_bbox, frame_size, input_size,
0.3f);

            var bboxess = nms(bboxes, 0.45f, method: "nms");
            var image = draw_bbox(frame, bboxess);

            cv2.imshow("objects", image);
            cv2.waitKey(sleepTime);

            (loaded, frame) = vid.read();
        }
```

```
            }
        }
    }
}
```

將主程式略微修改一下，以執行 TestVideo 類別程式。

```
using System;

namespace YOLOv3_Test
{
    class Program
    {
        static void Main(string[] args)
        {
            //var test = new TestImage();   // 此處為修改前的程式
            var test = new TestVideo();
            test.Run();

            Console.WriteLine("YOLOv3 Test is completed.");
            Console.ReadLine();
        }
    }
}
```

　　YOLO v3 視訊即時物件辨識的效果如圖 19-23 所示。從圖 19-23 中我們看到，這是一段類似自動駕駛車輛的前置攝影機拍攝的視訊，YOLO v3 模型比較準確地辨識到了前方的車輛，同時辨識到了對面相反車道中較小的車輛和被遮擋的車輛，這表現出了 YOLO v3 模型的優異性能，並且視訊辨識的速度很快，即時性高。

▲ 圖 19-23 YOLO v3 視訊即時物件辨識的效果

19.3 YOLO v3 模型訓練實踐

在深度學習物件辨識領域，有很多知名的圖像資料集，如 COCO、ImageNet、PASCAL VOC 等，這些資料集在很多領域都發揮了作用。但這些資料集一般都很大，如 ImageNet 資料集，截至 2021 年 3 月 11 日，該資料集已經有 1000 多萬幅影像和 2 萬多種類別，涵蓋了「氣球」「輪胎」「草莓」「狗」等各領域的物體，其中至少 100 多萬幅影像包含了人工標注框供物件辨識訓練使用。ImageNet 資料集情況如圖 19-24 所示。

訓練如此多的影像需要消耗大量的資源，如果需要快速測試演算法的有效性或進行一些小實驗，則使用 ImageNet 資料集就有些不合適。我們在 GitHub 上找到一位作者（YunYang）1994 年開放原始碼的使用經典的入門圖像資料集 MNIST 製作的小型物件辨識資料集，該資料集的名稱為 yymnist，可以用於小型的分類和物件辨識實驗場景。

IMAGENET

14,197,122 images, 21841 synsets indexed

Home   Download   Challenges   About

Not logged in. Login | Signup

ImageNet is an image database organized according to the WordNet hierarchy (currently only the nouns), in which each node of the hierarchy is depicted by hundreds and thousands of images. The project has been instrumental in advancing computer vision and deep learning research. The data is available for free to researchers for non-commercial use.

Mar 11 2021. ImageNet website update.

© 2020 Stanford Vision Lab, Stanford University, Princeton University   imagenet.help.desk@gmail.com   Copyright infringement

▲ 圖 19-24 ImageNet 資料集情況

關於 MNIST 資料集的介紹，大家可以參考前面的內容，這裡不再贅述。yymnist 資料集主要包含 2 個部分：①訓練集和測試集的影像；②訓練集和測試集的標注框文字資訊。yymnist 資料集透過使用 MNIST 中的單幅手寫數字影像（單幅影像的尺寸為 28 像素 ×28 像素）先進行隨機尺寸的縮放，再隨機地放置在白色背景影像（尺寸為 416 像素 ×416 像素）上，來生成一個簡單的手寫數字物件辨識資料集。我們直接來看 yymnist 資料集的範例內容，如圖 19-25 所示。

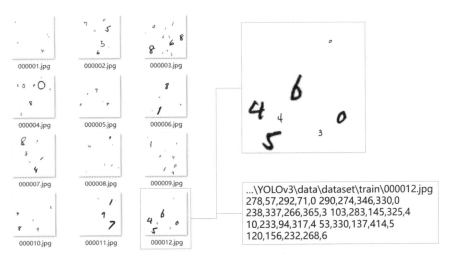

...\YOLOv3\data\dataset\train\000012.jpg
278,57,292,71,0 290,274,346,330,0
238,337,266,365,3 103,283,145,325,4
10,233,94,317,4 53,330,137,414,5
120,156,232,268,6

▲ 圖 19-25 yymnist 資料集的範例內容

接下來，我們以 yymnist 資料集進行 YOLO v3 模型為基礎的訓練實踐。模型訓練主要步驟如下。

（1）本地檔案準備。

（2）參數設定。

（3）載入資料。

（4）模型架設。

（5）模型訓練。

（6）模型測試評估。

模型訓練的程式量較大，我們僅對關鍵的一些程式碼片段進行說明演示，主要包括資料集準備、參數設定、網路結構和輸出特徵圖、訓練策略和損失函式。

1．資料集準備

在進行模型訓練之前，我們需要提前準備一些本地資料，如下。

- Anchors：透過已標注邊界框資料使用 K-Means 演算法聚類出 9 組資料作為 3 種尺度的 3 個輸出候選框 Anchors 的長寬。

- Classes：類別名。

- Dataset：訓練集 1000pcs 和測試集 200pcs 的影像，以及訓練集和測試集的標注資料的文字檔，文字檔中包含影像位址和標注框資訊。

- Detection：模型評估測試輸出的結果影像的目錄。

本地資料集的檔案目錄結構如圖 19-26 所示。

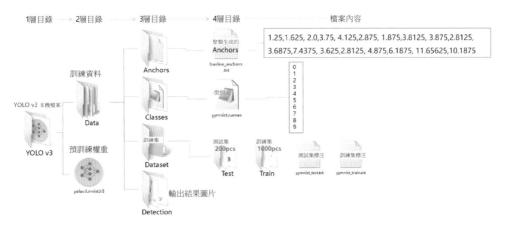

▲ 圖 19-26 本地資料集的檔案目錄結構

2．參數設定

YOLO v3 模型訓練相關的核心設定參數如下。

- MOVING_AVE_DECAY：移動平均衰減率，即衰減率的移動平均值，用來控制模型的更新速度；Decay 設定為接近 1 的值比較合理，通常為 0.999、0.9999 等，Decay 越大，模型越穩定。

- STRIDES：3 種輸出特徵圖的尺度。

- ANCHOR_PER_SCALE：每種尺度下的 Anchor 數量。

- IOU_LOSS_THRESH：iou 損失的設定值。

- UPSAMPLE_METHOD：輸出 3 種尺度特徵圖的上採樣的方法。

- BATCH_SIZE：每個批次訓練資料的大小。

- INPUT_SIZE：模型輸入資料的大小。

- DATA_AUG：是否在訓練前對訓練集進行資料增強。

- LEARN_RATE_INIT：初始學習率，也是最大學習率。

- LEARN_RATE_END：最終學習率，也是最小學習率，和 LEARN_RATE_INIT 參數共同確定了學習率的範圍。

- WARMUP_EPOCHS：熱身階段的輪次數。

- EPOCHS：總共訓練的輪次數。

本次訓練 yymnist 資料集使用的具體參數如下。

```
public float MOVING_AVE_DECAY = 0.9995f;
public int[] STRIDES = new int[] { 8, 16, 32 };
public int ANCHOR_PER_SCALE = 3;
public float IOU_LOSS_THRESH = 0.5f;
public string UPSAMPLE_METHOD = "resize";
public int BATCH_SIZE = 4;
public int[] INPUT_SIZE = new int[] { 416 };
public bool DATA_AUG = true;
public float LEARN_RATE_INIT = 1e-3f;
public float LEARN_RATE_END = 1e-6f;
public int WARMUP_EPOCHS = 2;
public int EPOCHS = 30;
```

3 · 網路結構和輸出特徵圖

YOLO v3 主要採用了 Darknet-53 作為 Backbone，並用網路的後面幾層進行上採樣輸出 3 種尺度的特徵圖。YOLO v3 的網路結構參考圖 19-10。

核心的網路模型實現程式如下，首先是 Backbone 的部分。

```
class Backbone
{

    public static (Tensor, Tensor, Tensor) darknet53(Tensor input_data)
    {
        input_data = Common.convolutional(input_data, (3, 3, 3, 32));
        input_data = Common.convolutional(input_data, (3, 3, 32, 64), downsample:
true);
        foreach (var i in range(1))
            input_data = Common.residual_block(input_data, 64, 32, 64);

        input_data = Common.convolutional(input_data, filters_shape: (3, 3, 64, 128),
downsample: true);
```

```
        foreach (var i in range(2))
            input_data = Common.residual_block(input_data, 128, 64, 128);

        input_data = Common.convolutional(input_data, filters_shape: (3, 3, 128, 256),
downsample: true);

        foreach (var i in range(8))
            input_data = Common.residual_block(input_data, 256, 128, 256);

        var route_1 = input_data;
        input_data = Common.convolutional(input_data, filters_shape: (3, 3, 256, 512),
downsample: true);

        foreach (var i in range(8))
            input_data = Common.residual_block(input_data, 512, 256, 512);

        var route_2 = input_data;
        input_data = Common.convolutional(input_data, filters_shape: (3, 3, 512, 1024),
 downsample: true);

        foreach (var i in range(4))
            input_data = Common.residual_block(input_data, 1024, 512, 1024);

        return (route_1, route_2, input_data);
    }
}
```

然後是 3 種尺度的輸出特徵圖的網路模型，主要程式如下。

```
public Tensor[] Apply(Tensor input_layer)
{
    var (route_1, route_2, conv) = Backbone.darknet53(input_layer);

    conv = Common.convolutional(conv, (1, 1, 1024, 512));
    conv = Common.convolutional(conv, (3, 3, 512, 1024));
    conv = Common.convolutional(conv, (1, 1, 1024, 512));
    conv = Common.convolutional(conv, (3, 3, 512, 1024));
    conv = Common.convolutional(conv, (1, 1, 1024, 512));
```

```
    var conv_lobj_branch = Common.convolutional(conv, (3, 3, 512, 1024));
    var conv_lbbox = Common.convolutional(conv_lobj_branch, (1, 1, 1024, 3 * (num_
class + 5)), activate: false, bn: false);

    conv = Common.convolutional(conv, (1, 1, 512, 256));
    conv = Common.upsample(conv);

    conv = keras.layers.Concatenate(axis: -1).Apply(new[] { conv, route_2 });

    conv = Common.convolutional(conv, (1, 1, 768, 256));
    conv = Common.convolutional(conv, (3, 3, 256, 512));
    conv = Common.convolutional(conv, (1, 1, 512, 256));
    conv = Common.convolutional(conv, (3, 3, 256, 512));
    conv = Common.convolutional(conv, (1, 1, 512, 256));

    var conv_mobj_branch = Common.convolutional(conv, (3, 3, 256, 512));
    var conv_mbbox = Common.convolutional(conv_mobj_branch, (1, 1, 512, 3 * (num_class
+ 5)), activate: false, bn: false);

    conv = Common.convolutional(conv, (1, 1, 256, 128));
    conv = Common.upsample(conv);

    conv = keras.layers.Concatenate(axis: -1).Apply(new[] { conv, route_1 });

    conv = Common.convolutional(conv, (1, 1, 384, 128));
    conv = Common.convolutional(conv, (3, 3, 128, 256));
    conv = Common.convolutional(conv, (1, 1, 256, 128));
    conv = Common.convolutional(conv, (3, 3, 128, 256));
    conv = Common.convolutional(conv, (1, 1, 256, 128));

    var conv_sobj_branch = Common.convolutional(conv, (3, 3, 128, 256));
    var conv_sbbox = Common.convolutional(conv_sobj_branch,(1, 1, 256, 3 * (num_class
+ 5)), activate: false, bn: false);

    return new[] { conv_sbbox, conv_mbbox, conv_lbbox };
}
```

4 · 訓練策略

模型訓練流程如下。

（1）模型架設和候選框解碼。

（2）YOLO v3 預訓練權重載入。

（3）定義最佳化器，YOLO v3 論文中未特別指定，一般可以使用 Adam 作
為最佳化器。

（4）設定訓練策略，指定熱身階段和餘弦衰減階段這兩個階段的輪次。

（5）模型訓練。

（6）已訓練的權重保存至本地。

模型訓練部分主要的邏輯程式如下。

```
public void Train()
{
    var input_layer = keras.layers.Input((416, 416, 3));
    var conv_tensors = yolo.Apply(input_layer);

    var output_tensors = new Tensors();
    foreach (var (i, conv_tensor) in enumerate(conv_tensors))
    {
        var pred_tensor = yolo.Decode(conv_tensor, i);
        output_tensors.Add(conv_tensor);
        output_tensors.Add(pred_tensor);
    }

    model = keras.Model(input_layer, output_tensors);
    model.summary();

    model.load_weights("./YOLOv3/yolov3.h5");

    optimizer = keras.optimizers.Adam();
    global_steps = tf.Variable(1, trainable: false);
```

```
int steps_per_epoch = trainset.Length;
total_steps = cfg.TRAIN.EPOCHS * steps_per_epoch;
warmup_steps = cfg.TRAIN.WARMUP_EPOCHS * steps_per_epoch;

float loss = -1;
foreach (var epoch in range(cfg.TRAIN.EPOCHS))
{
    print($"EPOCH {epoch + 1:D4}");
    foreach (var dataset in trainset)
    {
        loss = TrainStep(dataset.Image, dataset.Targets).numpy();
    }
    model.save_weights($"./YOLOv3/yolov3.{loss:F2}.h5");
}
}
```

5 · 損失函式

YOLO v3 的損失函式由 giou_loss、conf_loss、prob_loss 3 個部分組成,每個部分都包含 3 種尺度特徵圖的損失,最終的損失由 3 個部分的損失相加而得。

損失函式的主要邏輯程式如下。

```
var giou_loss = tf.constant(0.0f);
var conf_loss = tf.constant(0.0f);
var prob_loss = tf.constant(0.0f);

// 在不同的邊界框中執行最佳化器
foreach (var (i, target) in enumerate(targets))
{
    var (conv, pred) = (pred_result[i * 2], pred_result[i * 2 + 1]);
    var loss_items = yolo.compute_loss(pred, conv, target.Label, target. BorderBox, i);
    giou_loss += loss_items[0];
    conf_loss += loss_items[1];
    prob_loss += loss_items[2];
}

var total_loss = giou_loss + conf_loss + prob_loss;
```

每種尺度的 giou_loss、conf_loss、prob_loss 的計算邏輯程式如下。

```
public Tensor[] compute_loss(Tensor pred, Tensor conv, NDArray label, NDArray bboxes,
int i = 0)
{
    var conv_shape = tf.shape(conv);
    var batch_size = conv_shape[0];
    var output_size = conv_shape[1];
    var input_size = strides[i] * output_size;
    conv = tf.reshape(conv, new object[] { batch_size, output_size, output_size, 3, 5
+ num_class });

    var conv_raw_conf = conv[Slice.All, Slice.All, Slice.All, Slice.All, new Slice(4,
5)];
    var conv_raw_prob = conv[Slice.All, Slice.All, Slice.All, Slice.All, new
Slice(5)];

    var pred_xywh = pred[Slice.All, Slice.All, Slice.All, Slice.All, new Slice(0, 4)];
    var pred_conf = pred[Slice.All, Slice.All, Slice.All, Slice.All, new Slice(4, 5)];

    var label_xywh = label[Slice.All, Slice.All, Slice.All, Slice.All, new Slice(0,
4)];
    var respond_bbox = label[Slice.All, Slice.All, Slice.All, Slice.All, new Slice(4,
5)];
    var label_prob = label[Slice.All, Slice.All, Slice.All, Slice.All, new Slice(5)];

    var giou = tf.expand_dims(bbox_giou(pred_xywh, label_xywh), axis: -1);
    input_size = tf.cast(input_size, tf.float32);

    var label_xywh_1 = label_xywh[Slice.All, Slice.All, Slice.All, Slice. All, new
Slice(2, 3)] * label_xywh[Slice.All, Slice.All, Slice.All, Slice.All, new Slice(3, 4)];
    var bbox_loss_scale = 2.0 - 1.0 * label_xywh_1 / (input_size * input_size);
    var giou_loss = respond_bbox * bbox_loss_scale * (1 - giou);

    var iou = bbox_iou(pred_xywh[Slice.All, Slice.All, Slice.All, Slice.All,
np.newaxis, Slice.All], bboxes[Slice.All, np.newaxis, np.newaxis, np.newaxis, Slice.
All, Slice.All]);
    var max_iou = tf.expand_dims(tf.reduce_max(iou, axis: -1), axis: -1);
```

```
    var respond_bgd = (1.0 - respond_bbox) * tf.cast(max_iou < cfg. YOLO.IOU_LOSS_
THRESH, tf.float32);

    var conf_focal = tf.pow(respond_bbox - pred_conf, 2);

    var sigmoid1 = tf.nn.sigmoid_cross_entropy_with_logits(labels: respond_bbox,
logits: conv_raw_conf);
    var sigmoid2 = tf.nn.sigmoid_cross_entropy_with_logits(labels: respond_bbox,
logits: conv_raw_conf);
    var conf_loss = conf_focal * (respond_bbox * sigmoid1 + respond_bgd * sigmoid2);

    var prob_loss = respond_bbox * tf.nn.sigmoid_cross_entropy_with_logits (labels:
label_prob, logits: conv_raw_prob);

    giou_loss = tf.reduce_mean(tf.reduce_sum(giou_loss, axis: new[] { 1, 2, 3, 4 }));
    conf_loss = tf.reduce_mean(tf.reduce_sum(conf_loss, axis: new[] { 1, 2, 3, 4 }));
    prob_loss = tf.reduce_mean(tf.reduce_sum(prob_loss, axis: new[] { 1, 2, 3, 4 }));

    return new[] { giou_loss, conf_loss, prob_loss };
}
```

主體程式部分架設完成後，我們就可以對 YOLO v3 模型進行訓練和測試了。
主程式執行程式如下。

```
public bool Run()
{
    cfg = new YoloConfig("YOLOv3");
    yolo = new YOLOv3(cfg);

    PrepareData();
    Train();
    Test();

    return true;
}
```

程式執行後，首先主控台會透過 model.summary() 方法輸出模型結構，共有
61572199 個參數，如圖 19-27 所示。

```
 C:\Users\Administrator\Desktop\YOLO\YoloV3_train\YoloV3_train\bin\Debug\net5.0\YoloV3_train.exe          □ ⊡ ✕

                                                                 tf_op_layer_Cast_1[0][0]
 tf_op_layer_Mul_4(TensorFlowOpLa  (None, None, None, 3, 0       tf_op_layer_Exp_1[0][0]

 tf_op_layer_AddV2_2(TensorFlowOp  (None, None, None, 3, 0       tf_op_layer_Sigmoid_6[0][0]
                                                                 tf_op_layer_Cast_2[0][0]
 tf_op_layer_Mul_7(TensorFlowOpLa  (None, None, None, 3, 0       tf_op_layer_Exp_2[0][0]

 tf_op_layer_Mul(TensorFlowOpLaye  (None, None, None, 3, 0       tf_op_layer_AddV2[0][0]

 tf_op_layer_Mul_2(TensorFlowOpLa  (None, None, None, 3, 0       tf_op_layer_Mul_1[0][0]

 tf_op_layer_StridedSlice_4(Tenso  (None, None, None, 3, 0       tf_op_layer_Reshape[0][0]

 tf_op_layer_StridedSlice_5(Tenso  (None, None, None, 3, 0       tf_op_layer_Reshape[0][0]

 tf_op_layer_Mul_3(TensorFlowOpLa  (None, None, None, 3, 0       tf_op_layer_AddV2_1[0][0]

 tf_op_layer_Mul_5(TensorFlowOpLa  (None, None, None, 3, 0       tf_op_layer_Mul_4[0][0]

 tf_op_layer_StridedSlice_15(Tens  (None, None, None, 3, 0       tf_op_layer_Reshape_1[0][0]

 tf_op_layer_StridedSlice_16(Tens  (None, None, None, 3, 0       tf_op_layer_Reshape_1[0][0]

 tf_op_layer_Mul_6(TensorFlowOpLa  (None, None, None, 3, 0       tf_op_layer_AddV2_2[0][0]

 tf_op_layer_Mul_8(TensorFlowOpLa  (None, None, None, 3, 0       tf_op_layer_Mul_7[0][0]

 tf_op_layer_StridedSlice_26(Tens  (None, None, None, 3, 0       tf_op_layer_Reshape_2[0][0]

 tf_op_layer_StridedSlice_27(Tens  (None, None, None, 3, 0       tf_op_layer_Reshape_2[0][0]

 concatenate_3(Concatenate)        (None, None, None, 3, 0       tf_op_layer_Mul[0][0]
                                                                 tf_op_layer_Mul_2[0][0]
 tf_op_layer_Sigmoid_1(TensorFlow  (None, None, None, 3, 0       tf_op_layer_StridedSlice_4[0][0

 tf_op_layer_Sigmoid_2(TensorFlow  (None, None, None, 3, 0       tf_op_layer_StridedSlice_5[0][0

 concatenate_6(Concatenate)        (None, None, None, 3, 0       tf_op_layer_Mul_3[0][0]
                                                                 tf_op_layer_Mul_5[0][0]
 tf_op_layer_Sigmoid_4(TensorFlow  (None, None, None, 3, 0       tf_op_layer_StridedSlice_15[0][

 tf_op_layer_Sigmoid_5(TensorFlow  (None, None, None, 3, 0       tf_op_layer_StridedSlice_16[0][

 concatenate_9(Concatenate)        (None, None, None, 3, 0       tf_op_layer_Mul_6[0][0]
                                                                 tf_op_layer_Mul_8[0][0]
 tf_op_layer_Sigmoid_7(TensorFlow  (None, None, None, 3, 0       tf_op_layer_StridedSlice_26[0][

 tf_op_layer_Sigmoid_8(TensorFlow  (None, None, None, 3, 0       tf_op_layer_StridedSlice_27[0][

 concatenate_4(Concatenate)        (None, None, None, 3, 0       concatenate_3[0][0]
                                                                 tf_op_layer_Sigmoid_1[0][0]
                                                                 tf_op_layer_Sigmoid_2[0][0]
 concatenate_7(Concatenate)        (None, None, None, 3, 0       concatenate_6[0][0]
                                                                 tf_op_layer_Sigmoid_4[0][0]
                                                                 tf_op_layer_Sigmoid_5[0][0]
 concatenate_10(Concatenate)       (None, None, None, 3, 0       concatenate_9[0][0]
                                                                 tf_op_layer_Sigmoid_7[0][0]
                                                                 tf_op_layer_Sigmoid_8[0][0]
================================================================================================
 Total params: 61572199
 Trainable params: 61572199
 Non-trainable params: 0
```

▲ 圖 19-27 model.summary() 方法輸出的模型結構

然後網路模型開始訓練。我們看到損失值不斷最佳化降低，訓練過程中主控台輸出的學習率和損失值如下。

```
EPOCH 0001
=> STEP 1 lr:0.001 giou_loss: 13.615629 conf_loss: 23.922482 prob_loss: 137.5523
total_loss:
 175.09042
=> STEP 2 lr:4.0000004E-06 giou_loss: 12.560798 conf_loss: 10.477869 prob_loss:
101.611275 total_loss:
 124.64994
=> STEP 3 lr:6E-06 giou_loss: 12.556494 conf_loss: 10.440469 prob_loss: 101.45542
total_loss:
 124.452385
=> STEP 4 lr:8.000001E-06 giou_loss: 12.54185 conf_loss: 10.358318 prob_loss:
101.18991 total_loss:
 124.09008
=> STEP 5 lr:1.0000001E-05 giou_loss: 12.517441 conf_loss: 10.233185 prob_loss:
100.81366 total_loss:
 123.564285
=> STEP 6 lr:1.2E-05 giou_loss: 12.484636 conf_loss: 10.069819 prob_loss: 100.32895
total_loss:
 122.88341
=> STEP 7 lr:1.4000001E-05 giou_loss: 12.441154 conf_loss: 9.87146 prob_loss: 99.73878
total_loss:
 122.05139
=> STEP 8 lr:1.6000002E-05 giou_loss: 12.390052 conf_loss: 9.632069 prob_loss:
99.048416 total_loss:
 121.07054
=> STEP 9 lr:1.8E-05 giou_loss: 12.333601 conf_loss: 9.126699 prob_loss: 98.2673
total_loss:
 119.7276
=> STEP 10 lr:2.0000001E-05 giou_loss: 12.269004 conf_loss: 8.868706 prob_loss:
97.374756 total_loss:
 118.51247
=> STEP 11 lr:2.2E-05 giou_loss: 12.19825 conf_loss: 8.5799465 prob_loss: 96.412254
total_loss:
 117.19045
=> STEP 12 lr:2.4E-05 giou_loss: 12.119614 conf_loss: 8.32664 prob_loss: 95.36033
total_loss:
```

```
 115.80658
=> STEP 13 lr:2.6000002E-05 giou_loss: 12.041029 conf_loss: 8.082327 prob_loss:
94.23625 total_loss:
 114.359604
=> STEP 14 lr:2.8000002E-05 giou_loss: 11.960259 conf_loss: 7.8530245 prob_loss:
93.03346 total_loss:
 112.84675
=> STEP 15 lr:3.0000001E-05 giou_loss: 11.889068 conf_loss: 7.6437407 prob_loss:
91.771095 total_loss:
 111.3039
=> STEP 16 lr:3.2000004E-05 giou_loss: 11.823013 conf_loss: 7.461985 prob_loss:
90.46158 total_loss:
 109.746574
=> STEP 17 lr:3.4000004E-05 giou_loss: 11.766896 conf_loss: 7.485344 prob_loss:
89.12941 total_loss:
 108.38165
=> STEP 18 lr:3.6E-05 giou_loss: 11.707669 conf_loss: 7.3364744 prob_loss: 87.75363
total_loss:
 106.797775
=> STEP 19 lr:3.8000002E-05 giou_loss: 11.654665 conf_loss: 7.2087474 prob_loss:
86.35199 total_loss:
 105.2154
=> STEP 20 lr:4.0000003E-05 giou_loss: 11.605946 conf_loss: 7.100136 prob_loss:
84.91102 total_loss:
 103.617096
=> STEP 21 lr:4.2E-05 giou_loss: 11.559589 conf_loss: 7.016692 prob_loss: 83.46353
total_loss:
 102.03981
=> STEP 22 lr:4.4E-05 giou_loss: 11.513149 conf_loss: 7.306017 prob_loss: 82.00568
total_loss:
 100.824844
=> STEP 23 lr:4.6E-05 giou_loss: 11.482126 conf_loss: 7.2244406 prob_loss: 80.52967
total_loss:
 99.23624
=> STEP 24 lr:4.8E-05 giou_loss: 11.456853 conf_loss: 7.13219 prob_loss: 79.0603
total_loss:
 97.649345
=> STEP 25 lr:5.0000002E-05 giou_loss: 11.445419 conf_loss: 7.0596867 prob_loss:
77.58677 total_loss:
```

```
 96.09187
…
…// 過程省略顯示
…

=> STEP 301 lr:0.00060200004 giou_loss: 2.2431111 conf_loss: 0.05764452 prob_loss:
3.2143037 total_loss:
 5.5150595
=> STEP 302 lr:0.000604 giou_loss: 1.9784998 conf_loss: 0.0601988 prob_loss: 3.2025437
total_loss:
 5.2412424
=> STEP 303 lr:0.000606 giou_loss: 2.2601275 conf_loss: 0.055382732 prob_loss:
3.1939936 total_loss:
 5.509504
=> STEP 304 lr:0.00060800003 giou_loss: 2.3528268 conf_loss: 0.058042478 prob_loss:
3.1723564 total_loss:
 5.5832257
=> STEP 305 lr:0.00061000005 giou_loss: 2.370656 conf_loss: 0.055085212 prob_loss:
3.1602333 total_loss:
 5.5859747
=> STEP 306 lr:0.000612 giou_loss: 1.8453382 conf_loss: 0.14579546 prob_loss: 3.1474853
 total_loss:
 5.138619
=> STEP 307 lr:0.0006140001 giou_loss: 2.2531273 conf_loss: 0.10794724 prob_loss:
3.1426487 total_loss:
 5.503723
=> STEP 308 lr:0.00061600003 giou_loss: 1.9912715 conf_loss: 0.044185363 prob_loss:
3.132509 total_loss:
 5.167966
=> STEP 309 lr:0.000618 giou_loss: 1.969002 conf_loss: 0.04482354 prob_loss: 3.1294103
total_loss:
 5.143236
=> STEP 310 lr:0.00062 giou_loss: 1.6962981 conf_loss: 0.045121122 prob_loss: 3.1206672
 total_loss:
 4.8620863
=> STEP 311 lr:0.000622 giou_loss: 2.1783023 conf_loss: 0.04945971 prob_loss: 3.1230178
 total_loss:
 5.3507795
=> STEP 312 lr:0.00062400004 giou_loss: 2.1340349 conf_loss: 0.044516567 prob_loss:
```

```
3.1124783 total_loss:
 5.29103
=> STEP 313 lr:0.000626 giou_loss: 1.8620576 conf_loss: 0.037763085 prob_loss: 3.10286
 total_loss:
 5.002681
=> STEP 314 lr:0.00062800007 giou_loss: 2.0621324 conf_loss: 0.040229302 prob_loss:
3.102612 total_loss:
 5.2049737
=> STEP 315 lr:0.00063 giou_loss: 2.0754929 conf_loss: 0.038133994 prob_loss: 3.095755
 total_loss:
 5.209382
…
…// 過程省略顯示
…
```

訓練完成後,本地的 YOLO v3 路徑下會自動保存很多的模型檔案,如圖 19-28 所示。

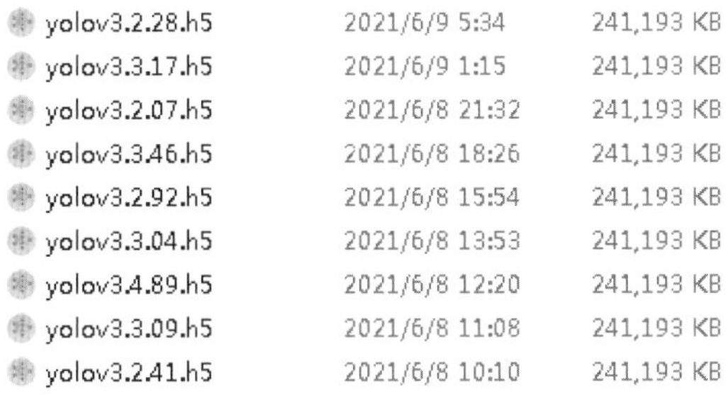

yolov3.2.28.h5	2021/6/9 5:34	241,193 KB
yolov3.3.17.h5	2021/6/9 1:15	241,193 KB
yolov3.2.07.h5	2021/6/8 21:32	241,193 KB
yolov3.3.46.h5	2021/6/8 18:26	241,193 KB
yolov3.2.92.h5	2021/6/8 15:54	241,193 KB
yolov3.3.04.h5	2021/6/8 13:53	241,193 KB
yolov3.4.89.h5	2021/6/8 12:20	241,193 KB
yolov3.3.09.h5	2021/6/8 11:08	241,193 KB
yolov3.2.41.h5	2021/6/8 10:10	241,193 KB

▲ 圖 19-28 模型訓練過程中保存的模型檔案

接下來,我們可以對測試集的 200 幅影像進行測試,對模型的性能進行評估。我們還可以在訓練結束後,隨時載入已訓練的本地模型檔案進行測試和評估。

在測試過程中,主控台會輸出測試集的 Ground Truth(真實框)和測試結果圖的檔案名稱,同時在本地目錄 .\mAP\ground-truth 下能看到有 200 個文字檔記錄了 Ground Truth 資料(可用於計算 mAP),在本地目錄 .\YOLOv3\data\detection 下保存了 200 幅輸出的結果影像。

主控台輸出如下。

```
=> ground truth of 000001.jpg:
        3 25 232 137 344
        7 124 143 236 255
=> predict result of 000001.jpg:
=> ground truth of 000002.jpg:
        4 134 78 156 100
        5 337 49 351 63
        6 80 195 102 217
        0 113 319 141 347
=> predict result of 000002.jpg:
=> ground truth of 000003.jpg:
        6 99 224 121 246
        9 296 339 338 381
        1 359 367 387 395
        5 30 148 58 176
        0 252 25 308 81
        0 45 364 87 406
        0 386 288 414 316
        3 77 254 189 366
=> predict result of 000003.jpg:
=> ground truth of 000004.jpg:
        1 50 88 72 110
        2 13 106 35 128
        1 271 336 293 358
        1 152 135 208 191
        4 209 83 265 139
        0 69 18 97 46
        5 284 279 340 335
        6 54 146 110 202
        6 198 247 240 289
        6 113 299 225 411
        5 233 147 345 259
        2 316 75 400 159
=> predict result of 000004.jpg:
...
...// 過程省略顯示
...
```

```
=> ground truth of 000198.jpg:
        7 315 77 329 91
        8 155 241 197 283
        8 52 6 108 62
        3 120 303 148 331
        8 234 264 276 306
        5 120 335 176 391
        9 308 320 364 376
        2 69 118 181 230
        1 287 21 399 133
        0 191 35 275 119
=> predict result of 000198.jpg:
=> ground truth of 000199.jpg:
        3 136 338 158 360
        1 211 75 239 103
        7 305 51 361 107
        5 254 13 296 55
        4 66 249 94 277
        1 123 198 151 226
        2 272 266 314 308
=> predict result of 000199.jpg:
=> ground truth of 000200.jpg:
        1 397 379 411 393
=> predict result of 000200.jpg:
YOLOv3 is completed.
```

模型輸出的結果影像和資料如圖 19-29 所示。

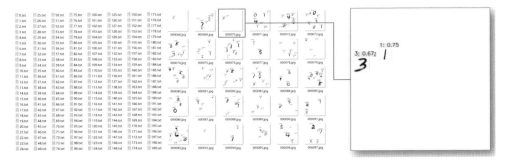

▲ 圖 19-29 模型輸出的結果影像和資料

最終,經過不斷的參數最佳化和訓練迭代,模型可以較好地對 yymnist 資料集目標進行檢測,執行速度可以達到理想的程度。

對單幅影像進行物件辨識的推理測試,模型最終的推理結果如圖 19-30 所示。

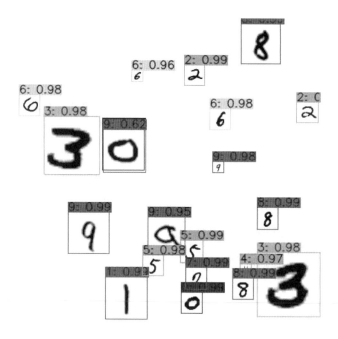

▲ 圖 19-30 模型最終的推理結果

至此,YOLO v3 的推理實踐和訓練實踐就大功告成了。

相信透過本章的理論學習和程式實踐,讀者可以在自己的實際專案中熟練地應用深度學習物件辨識演算法,同時能更加深入地理解不同的物件辨識模型的獨特之處。未來,在影像視覺領域一定會出現更多具有非凡創意和更高性能的物件辨識模型。

第 **20** 章
遷移學習應用

20.1 遷移學習原理簡述

遷移學習（Transfer Learning）是機器學習的一個研究方向，主要的原理是先在大型態資料集（如 ImageNet）上訓練較大的網路模型（如 Inception Net），得到泛化能力較強的模型，再將其應用到小型態資料集上（使用者自己的資料集，影像數量和種類都較少），繼續訓練和微調部分網路層（一般是末端的網路層）的參數，從而達到模型已最佳化權重的重複使用和快速訓練的目的。例如，我們已經訓練好一個神經網路分類器，它能夠極佳地分類各種貓和狗的樣本，這時如果我們面對一個新的分類任務，需要分類各種牛和羊的樣本（可以發現，這兩個任務之間存在大量的可共用知識，如這些動物都可以從毛髮、體型、姿態等方面進行分辨），由於原來已訓練好的「貓狗分類器」已經掌握了這部分知識，因此在訓練「牛羊分類器」的時候，就可以不用重新開始訓練，在「貓狗分類器」的基礎上進行訓練或微調（Fine-tuning）即可。透過這種遷移學習的方式，在面對新的「牛羊分類器」的訓練場景時，我們就可以使用更少的樣本和更少的運算資源來獲得更好的泛化能力。

遷移學習對人類認知來說很常見。例如，我們透過學習辨識蘋果和梨，就可以更快地辨識柳丁；或者透過不斷努力學會騎自行車後，就能更快、更容易地學會騎電動車。對我們程式設計師來說，學會並精通 C 語言後，再學習其他程式設計語言會簡單很多，用一個通俗的成語來概括就是「舉一反三」。我們平時學習深度學習前端技術論文和最新模型理論的時候，經常會驚歎一些很酷的模型，如看到每屆 ILSCVR 競賽上的冠軍模型時，我們經常會侷限於自己的 GPU 硬體性能無法複現那些模型在大型態資料集上的訓練效果。而且重新開始訓練一個有數百萬個參數的大型模型需要大量的資料集支撐，但在很多實際專案應用場景中，很難收集到這麼多的資料集，同時對大量的資料集進行標注是一個很大的工程，需要耗費大量的人力資源。在這種情況下，我們可以使用遷移學習的技術，透過獲取已經在相關任務上預訓練過的模型的一部分並在新模型中重複使用，來簡化大部分工作，從而節省人力資源和運算資源。

在深度學習的影像辨識領域，目前已經有很多論文在探索和研究卷積神經網路（CNN）的內部工作原理，以及網路的各層究竟都學習到了什麼內容。例如，在前面提到的「貓狗訓練集」上訓練 VGG-16 模型，當我們對卷積神經網路進行視覺化操作時，可以驚喜地發現，網路的不同層學習到了不同的影像特徵。在 Zeiler 和 Fergus 的論文 *Visualizing and Understanding Convolutional Networks* 中，作者透過反卷積技術探索了深度卷積神經網路的視覺化和部分可解釋性。在每一層中，隨機選取了 9 個學習程度最高的特徵圖，發現網路各層學習到的知識如下。

- 第 1 層會學習類似對角線這樣的簡單幾何圖形。
- 第 2 層主要學習影像的角點、邊緣和顏色。
- 第 3 層具有更複雜的中層不變特徵，主要捕捉相似的紋理。
- 第 4 層提取具有類別性的高層內容，如狗的臉部、鳥類的腿部等。
- 第 5 層提取具有重要意義的整個物件，如鍵盤、狗等。

卷積神經網路視覺化如圖 20-1 所示，每層左側影像表示卷積神經網路學習到的內容，每層右側影像表示對應實際影像的部分。

可以看到，越底層的網路，學習到的內容越基礎和簡單，感受野越小；越高層的網路，學習到的內容越有意義和抽象，感受野越大，越具有全域觀。這為遷移學習的有效性提供了原理上的解釋，透過很多的實驗發現，當卷積神經網路應用於影像辨識領域時，其前幾層網路學習到的特徵大同小異，一般會學習一些邊緣、角點、紋理、斑點等特徵。例如，VGG-19 透過在 ImageNet 這樣的大型態資料集上進行預訓練後，在網路權重參數的前幾層已經學習到了大量和影像辨識有關的通用知識，我們只需要先替換預訓練模型尾端的全連接層，再微調這一層並透過反向傳播進行訓練，就可以極佳地調配新的影像辨識任務。

總結來說，遷移學習主要用於以下場景。

- 大型態資料集標注困難：雖然有大量的資料集，但往往都是沒有標注的原生資料集，無法直接丟給機器進行模型訓練，而資料集的手動標注需要耗費大量的人力資源。
- 硬體性能無法滿足：普通人無法擁有龐大的 GPU 運算資源，當面對大型態資料集時，GPU 計算容量和算力都無法滿足需求，或者計算時間過長而無法完成指定任務。

- 普適化模型與個性化需求：即使在同一個任務上，一個模型也往往難以滿足每個人的個性化需求，如特定的隱私設定，這就需要在不同需求之間進行細節差異模型的調配。

- 冷開機的需求：在前期從 0 到 1 建立業務模型的過程中，早期缺乏資料累積或資料量不足，無法訓練大的模型，需要從其他類似場景中遷移模型後進行學習。

可以看到，遷移學習具有需求樣本少、訓練速度快和運算資源佔用少的優點。我們可以透過圖 20-2 來快速了解遷移學習的特點。

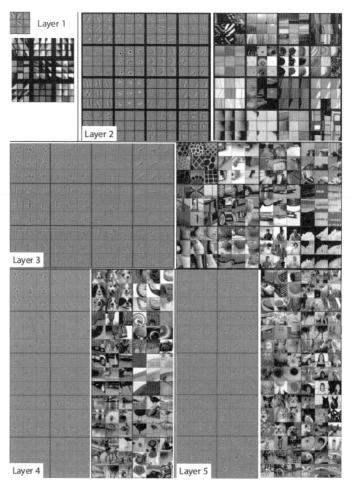

▲ 圖 20-1 卷積神經網路視覺化

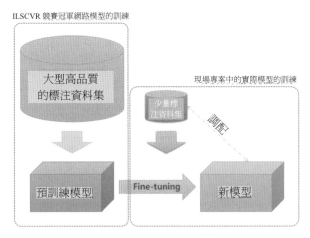

▲ 圖 20-2　遷移學習的特點

　　接下來，我們具體了解一下遷移學習的一種比較簡單的實現方法：網路微調技術，也稱 Fine-tuning。透過剛才的學習我們知道，卷積神經網路越末端的網路層，其抽象特徵提取能力越強，輸出層一般使用與類別數相同輸出節點數的全連接層，進行分類網路的機率分佈預測。因此，我們可以將預訓練模型的前面數層重複使用，並對其參數進行凍結，使之不參與訓練，將後面數層直到最後的全連接層（大部分情況）替換為新的分類網路層。在新的分類網路層上，使用少量的實際標注資料集重新開始訓練，這樣便獲得了新擬合的網路模型。對於影像分類任務來說，一般使用在 ImageNet 資料集上預訓練的模型是一個比較好的選擇。

　　網路層的參數微調如圖 20-3 所示。

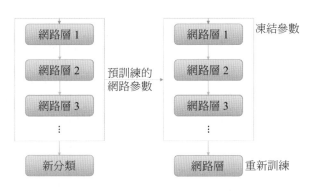

▲ 圖 20-3　網路層的參數微調

20.2 Inception v3 網路

遷移學習的程式實踐部分主要採用 Inception v3 網路在 ImageNet 資料集上的預訓練模型進行，在之前關於經典卷積神經網路的介紹裡，我們已經了解過 Inception 網路，這裡詳細說明一下 Inception v3 網路。

Inception v3 的網路設計極為精巧，共有 47 層，5（前面的 5 個卷積層）+3（block1_module1）＋ 3（block1_module2）+3（block1_module3）+3（block2_module1）+5（block2_module2）+ 5（block2_module3）+5（block2_module4）+5（block2_module5）+4（block3_module1）+ 3（block3_module2）+3（block3_module3）＝ 47 層，Inception v3 的簡化網路結構如圖 20-4 所示。

我們透過 TensorBoard 視覺化查看這次遷移學習使用的 Inception v3 的網路模型「InceptionV3. meta」，透過 TensorBoard 查看到的模型整體結構如圖 20-5 所示。

本次遷移學習重複使用的是 module_apply_default 這一部分，其局部結構圖如圖 20-6 所示。

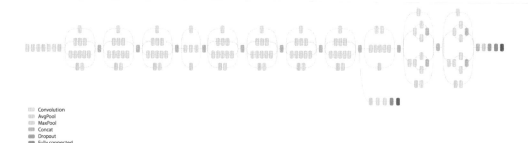

Convolution
AvgPool
MaxPool
Concat
Dropout
Fully connected
Softmax

▲ 圖 20-4 Inception v3 的簡化網路結構

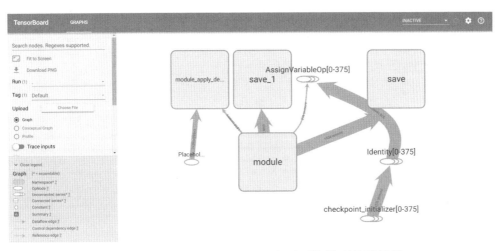

▲ 圖 20-5　透過 TensorBoard 查看到的模型整體結構

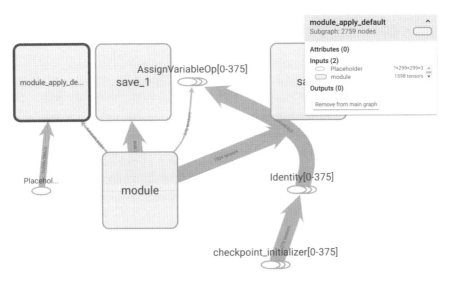

▲ 圖 20-6　module_apply_default 局部結構圖

我們先來看 module_apply_default 的資料登錄部分，輸入節點的名稱是 Placeholder，可以接收自訂批次的大小為 {229,229,3} 的影像，輸入資料型態為 float。Placeholder 的結構如圖 20-7 所示。

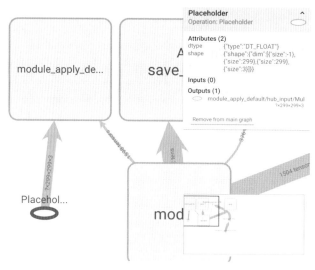

▲ 圖 20-7　Placeholder 的結構

展開後可以看到 Inception v3 的內部結構，如圖 20-8 所示。

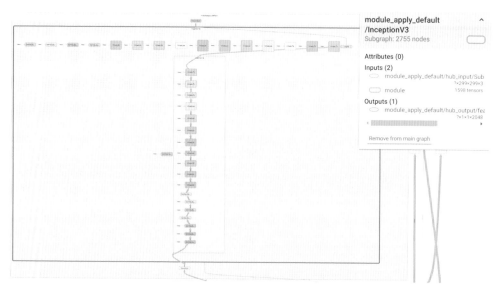

▲ 圖 20-8　Inception v3 的內部結構

　　其中，每一個 Mixed 就是一個 Inception 子模組，我們可以按兩下打開其中一個名為 Mixed_7b 的模組查看內部的細節。Mixed_7b 模組的內部細節如圖 20-9 所示（讀者可以自行查看各節點的內部更深的細節）。

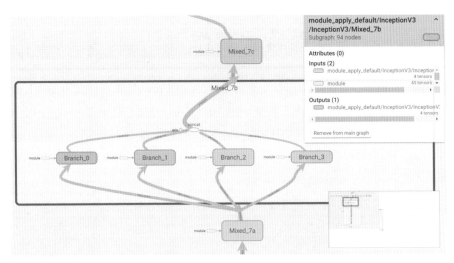

▲ 圖 20-9　Mixed_7b 模組的內部細節

　　最後來看模型的輸出部分，輸出部分的節點為 module_apply_default/hub_output/feature_ vector/SpatialSqueeze，作為預訓練模型的瓶頸特徵張量輸出的節點。輸出部分的節點結構如圖 20-10 所示。

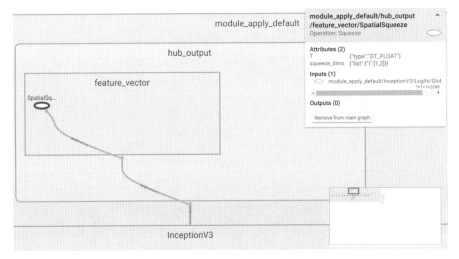

▲ 圖 20-10　輸出部分的節點結構

以上就是遷移學習中比較重要的預訓練模型的輸入和輸出部分,我們需要在預訓練模型的輸出端嫁接新的分類網路層,並在新的少量標注資料集上進行訓練,最終生成新的網路模型。

20.3 遷移學習程式實作

在程式實作開始前,我們先來了解 TensorFlow Hub,這是 GoogleTensor Flow 在 2018 年推出的一個很受歡迎的模組。TensorFlow Hub 是一個模型倉庫,從中我們可以獲取任何自己想要的模型,並且用它來進行遷移學習。簡單來說,TensorFlow Hub 是一個套件,包含了一些模型下載的操作,可以直接幫我們把模型從 Google 的雲端模型倉庫中下載下來,並包含了大量的方便快速應用遷移學習的功能。圖 20-11 所示為 TensorFlow Hub 的應用場景概念。

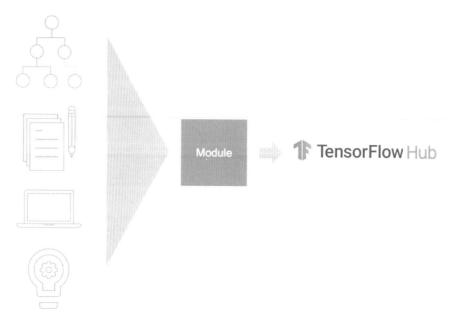

▲ 圖 20-11 TensorFlow Hub 的應用場景概念

在 TensorFlow Hub 中,有大量的預訓練模型(見圖 20-12),如適用於自然語言處理任務的 BERT 模型、使用 Faster R-CNN 檢測影像的物件檢測模型、風格遷移模型等。這些模型有些是用超大型態資料集在大規模 GPU 叢集上訓練得到的，有些是 NASNet 架構花費上千個小時搜尋訓練出來的。現在每一個開發者都可以輕鬆免費地使用這些模型進行自己的小資料集上的應用程式開發，僅僅需要幾行簡單的程式。

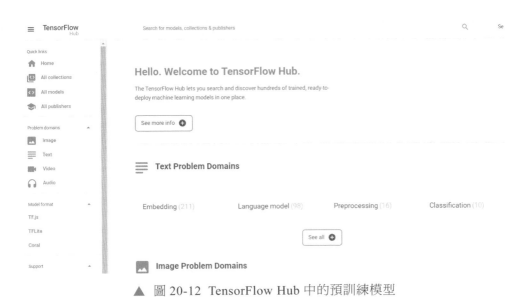

▲ 圖 20-12　TensorFlow Hub 中的預訓練模型

我們的範例程式使用 TensorFlow　Hub 中的在 ImageNet 上預訓練的影像分類模型 Inception v3，下載雲端模型後，在自己的小型態資料集上進行遷移學習，最後生成訂製的影像分類模型。

1‧任務說明

本次程式實踐的任務是利用 Inception v3 預訓練的模型，對 5 種小數量樣本的花卉影像進行再學習，訓練完成後進行測試評估和單幅影像預測。5 種花卉資料集為 daisy、dandelion、roses、sunflowers 和 tulips，如圖 20-13 所示。

daisy　　　　　　dandelion　　　　　　roses　　　　　　sunflowers　　　　　　tulips

▲ 圖 20-13　花卉資料集

2 · 演算法流程

主演算法邏輯流程如下。

（1）資料準備。

（2）模型訓練。

（3）模型評估。

（4）單圖預測。

其中，模型評估和單圖預測是透過載入本地保存的已訓練模型進行的，因此可以獨立進行運算。

模型的訓練流程如下。

（1）Inception v3 預訓練模型載入。

（2）模型替換最後一層的全連接層。

（3）模型參數初始化。

（4）前面的網路層正向運算，輸出特徵值保存至本地文字檔。

（5）圖中增加模型評估節點。

（6）模型訓練，資料集為本地輸出特徵值。

（7）模型評估。

（8）已訓練模型保存至本地。

模型的評估流程如下。

（1）載入本地已訓練模型。

（2）圖中增加模型評估節點。

（3）模型評估，資料集為本地輸出特徵值。

模型的單圖預測流程如下。

（1）載入本地已訓練模型。

（2）載入本地影像。

（3）網路正向推理，預測影像類別。

3·程式實作

我們使用 Visual Studio 2019 新建一個目標框架為 .NET 5.0 的主控台應用程式，應用名稱為 TransferLearningWithInceptionV3，並設定編譯平臺為 x64。透過 NuGet 安裝必要的相依函式庫 SciSharp.TensorFlow.Redist 和 TensorFlow.Keras，全部安裝完成後的初始環境如圖 20-14 所示。

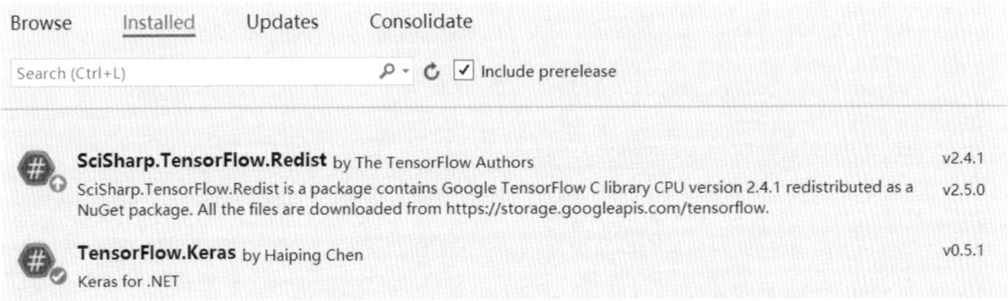

| Browse | Installed | Updates | Consolidate |

Search (Ctrl+L) 🔍 ▾ ↻ ☑ Include prerelease

SciSharp.TensorFlow.Redist by The TensorFlow Authors   v2.4.1
SciSharp.TensorFlow.Redist is a package contains Google TensorFlow C library CPU version 2.4.1 redistributed as a   v2.5.0
NuGet package. All the files are downloaded from https://storage.googleapis.com/tensorflow.

TensorFlow.Keras by Haiping Chen   v0.5.1
Keras for .NET

▲ 圖 20-14 全部安裝完成後的初始環境

（1）引用命名空間。

引用必要的一些命名空間。

```
using Google.Protobuf;
using NumSharp;
using System;
using System.Collections.Generic;
using System.Diagnostics;
using System.IO;
using System.Linq;
using System.Threading.Tasks;
```

```
using Tensorflow;
using Tensorflow.Keras.Utils;
using static Tensorflow.Binding;
```

（2）宣告變數。

宣告必要的變數，其中主要的幾個參數說明如下。

- validation_percentage：驗證集占總資料集的比例。

- testing_percentage：測試集占總資料集的比例。

- learning_rate：學習率。

- how_many_training_steps：總共訓練的輪次數。

- eval_step_interval：訓練中每間隔多少輪次進行評估和輸出顯示。

- train_batch_size：訓練輸入的資料集每個批次的影像數量。

- validation_batch_size：驗證輸入的資料集每個批次的影像數量。

- test_batch_size：測試輸入的資料集每個批次的影像數量。

```
const string data_dir = "retrain_images";
string image_dir = Path.Join(data_dir, "flower_photos");
string bottleneck_dir = Path.Join(data_dir, "bottleneck");
string output_graph = Path.Join(data_dir, "output_graph.pb");
string output_labels = Path.Join(data_dir, "output_labels.txt");
// 儲存可變檢查點的位置
string CHECKPOINT_NAME = Path.Join(data_dir, "_retrain_checkpoint");
string tfhub_module = " 此處連結位址為 TensorFlow.NET 官方 GitHub 倉庫位址中的 feature_
vector/3 檔案 ";
string input_tensor_name = "Placeholder";
string final_tensor_name = "Score";
float testing_percentage = 0.1f;
float validation_percentage = 0.1f;
float learning_rate = 0.01f;
Tensor resized_image_tensor;
Dictionary<string, Dictionary<string, string[]>> image_lists;
int how_many_training_steps = 100;
int eval_step_interval = 10;
```

```
int train_batch_size = 100;
int test_batch_size = -1;
int validation_batch_size = 100;
int class_count = 0;
const int MAX_NUM_IMAGES_PER_CLASS = 134217727;
Operation train_step;
Tensor final_tensor;
Tensor bottleneck_input;
Tensor cross_entropy;
Tensor ground_truth_input;
Tensor bottleneck_tensor;
bool wants_quantization;
float test_accuracy;
NDArray predictions;
```

（3）主程式邏輯程式。

主程式主要負責設定執行邏輯，包括資料準備、模型訓練、模型評估和單圖預測。其中，模型評估和單圖預測採用本地模型載入的方式，可以單獨執行。這次的程式是以靜態圖模式進行為基礎的，因此我們設定 Eager 模式為不啟用狀態。

主程式邏輯程式如下。

```
public void Run()
{
    tf.compat.v1.disable_eager_execution();

    PrepareData();

    Train();

    // 載入保存的 pb 檔案並測試新影像
     Test();

    // 預測影像
     Predict();
}
```

接下來，我們對主程式邏輯的程式區塊進行一個一個解說。

① 資料準備。

首先從網路上下載花卉的影像集、Inception v3 模型和預訓練的參數檔案，然後解壓並載入影像。程式如下。

```
public void PrepareData()
{
    // 獲取一組影像，在網路模型中訓練新的類別
    string fileName = "flower_photos.tgz";
    string url = $" 此處連結位址為 TensorFlow.NET 官方 GitHub 倉庫位址中的 fileName 檔案 ";
    Web.Download(url, data_dir, fileName);
    Compress.ExtractTGZ(Path.Join(data_dir, fileName), data_dir);

    // 下載靜態圖的 meta 格式的資料
    url = " 此處連結位址為 TensorFlow.NET 官方 GitHub 倉庫位址中的 InceptionV3.meta 檔案 ";
    Web.Download(url, "graph", "InceptionV3.meta");

    // 下載 data 格式變數的資料檢查點檔案
    url = " 此處連結位址為 TensorFlow.NET 官方 GitHub 倉庫位址中的 tfhub_modules. zip 檔案 ";
    Web.Download(url, data_dir, "tfhub_modules.zip");
    Compress.UnZip(Path.Join(data_dir, "tfhub_modules.zip"), "tfhub_modules");

    // 準備模型訓練期間可以使用的必要目錄
    Directory.CreateDirectory(bottleneck_dir);

    // 查看資料夾結構，建立所有影像的列表
    image_lists = create_image_lists();
    class_count = len(image_lists);
    if (class_count == 0)
        print($"No valid folders of images found at {image_dir}");
    if (class_count == 1)
        print("Only one valid folder of images found at " +
            image_dir +
            " - multiple classes are needed for classification.");
}
```

其中，create_image_lists() 方法從本地載入影像目錄索引，並劃分為訓練集、驗證集和測試集。程式如下。

```csharp
/// 從檔案系統中生成訓練影像列表
private Dictionary<string, Dictionary<string, string[]>> create_image_ lists()
{
    var sub_dirs = tf.gfile.Walk(image_dir)
        .Select(x => x.Item1)
        .OrderBy(x => x)
        .ToArray();

    var result = new Dictionary<string, Dictionary<string, string[]>>();

    foreach (var sub_dir in sub_dirs)
    {
        var dir_name = sub_dir.Split(Path.DirectorySeparatorChar).Last();
        print($"Looking for images in '{dir_name}'");
        var file_list = Directory.GetFiles(sub_dir);
        if (len(file_list) < 20)
            print($"WARNING: Folder has less than 20 images, which may cause
issues.");

        var label_name = dir_name.ToLower();
        result[label_name] = new Dictionary<string, string[]>();
        int testing_count = (int)Math.Floor(file_list.Length * testing_ percentage);
        int validation_count = (int)Math.Floor(file_list.Length * validation_
percentage);
        result[label_name]["testing"] = file_list.Take(testing_count). ToArray();
        result[label_name]["validation"] = file_list.Skip(testing_count).
Take(validation_count).ToArray();
        result[label_name]["training"] = file_list.Skip(testing_count + validation_
count).ToArray();
    }

    return result;
}
```

資料準備完成後，本地資料檔案夾如圖 20-15 所示，本地花卉資料集檔案和訓練相關模型參數檔案的屬性說明如表 20-1 所示。

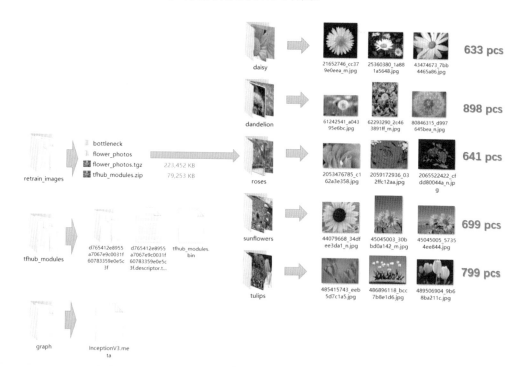

▲ 圖 20-15　本地資料檔案夾

➡ 表 20-1　本地花卉資料集檔案和訓練相關模型參數檔案的屬性說明

檔案或資料夾名稱	說明
bottleneck 資料夾	提前準備的輸出特徵值的資料夾
flower_photos 資料夾	資料集資料夾，包含 5 種花卉的資料集
flower_photos.tgz 檔案	下載的資料集壓縮檔
tfhub_modules.zip 檔案	下載的預訓練的模型參數檔案壓縮包
graph 資料夾	包含下載的 Inception v3 模型檔案
tfhub_modules 資料夾	包含解壓的預訓練的參數檔案

② 模型訓練。

下面進入模型的訓練階段。模型訓練流程主要包括特徵對應值檔案快取讀取、模型訓練和保存，包括以下幾個子模組：Inception v3 模型載入 ；影像解碼；快取輸出特徵值 bottlenecks 至本地；建立模型評估節點；讀取輸出特徵值 bottlenecks 進行訓練或評價；測試集評價。

模型訓練的程式如下。

```
public void Train()
{
    var sw = new Stopwatch();
    var graph = ImportGraph();

    using (var sess = tf.Session(graph))
    {
        // 初始化所有權重：將模組的權重初始化為預訓練值，將新增加的再訓練層的權重初始化為隨機值
        var init = tf.global_variables_initializer();
        sess.run(init);

        var (jpeg_data_tensor, decoded_image_tensor) = add_jpeg_decoding();

        // 我們將確保計算出 bottleneck 類型的影像摘要，並將其快取到磁碟上
        cache_bottlenecks(sess, image_lists, image_dir,
                        bottleneck_dir, jpeg_data_tensor,
                        decoded_image_tensor, resized_image_tensor,
                        bottleneck_tensor, tfhub_module);

        // 建立評估新圖層準確性所需的運算節點
        var (evaluation_step, _) = add_evaluation_step(final_tensor, ground_ truth_
input);

        // 建立一個 train.Saver，用於在匯出模型時將值恢復到評估的靜態圖中
        var train_saver = tf.train.Saver();
        train_saver.save(sess, CHECKPOINT_NAME);

        sw.Restart();

        for (int i = 0; i < how_many_training_steps; i++)
```

```
        {
            var (train_bottlenecks, train_ground_truth, _) = get_random_ cached_
bottlenecks(
                sess, image_lists, train_batch_size, "training",
                bottleneck_dir, image_dir, jpeg_data_tensor,
                decoded_image_tensor, resized_image_tensor, bottleneck_tensor,
                tfhub_module);

            // 將 bottlenecks 和 ground_truth 輸入靜態圖中，執行一步訓練步驟
            var results = sess.run(
                new ITensorOrOperation[] { train_step },
                new FeedItem(bottleneck_input, train_bottlenecks),
                new FeedItem(ground_truth_input, train_ground_truth));

            // 每隔一段時間，列印出靜態圖的訓練效果
            bool is_last_step = (i + 1 == how_many_training_steps);
            if ((i % eval_step_interval) == 0 || is_last_step)
            {
                (float train_accuracy, float cross_entropy_value) = sess.
run((evaluation_step, cross_entropy), (bottleneck_input, train_bottlenecks), (ground_
truth_input, train_ground_truth));
                print($"{DateTime.Now}: Step {i + 1}: Train accuracy = {train_
accuracy * 100}%,  Cross entropy = {cross_entropy_value.ToString("G4")}");

                var (validation_bottlenecks, validation_ground_truth, _) = get_random_
cached_bottlenecks(
                    sess, image_lists, validation_batch_size, "validation",
                    bottleneck_dir, image_dir, jpeg_data_tensor, decoded_ image_
tensor, resized_image_tensor, bottleneck_ tensor, tfhub_module);

                // 執行一次驗證步驟
                float validation_accuracy = sess.run(evaluation_step, (bottleneck_
input, validation_ bottlenecks), (ground_truth_input, validation_ ground_truth));

                // validation_writer.add_summary(validation_summary, i)
                print($"{DateTime.Now}: Step {i + 1}: Validation accuracy
= {validation_accuracy * 100}% (N={len(validation_bottlenecks)}) {sw.
ElapsedMilliseconds}ms");
                sw.Restart();
```

```
        }
    }

    // 訓練完成後，強制最後一次保存模型檢查點
    train_saver.save(sess, CHECKPOINT_NAME);

    // 我們已經完成了所有的訓練，此時對一些我們以前沒有使用過的新影像進行最終測試評估
    (test_accuracy, predictions) = run_final_eval(sess, null, class_ count, image_
lists, jpeg_data_tensor, decoded_ image_tensor, resized_ image_tensor, bottleneck_
tensor);

    // 輸出經過訓練的靜態圖和標籤，並將權重儲存為常數
    print($"Save final result to : {output_graph}");
    save_graph_to_file(output_graph, class_count);
    File.WriteAllText(output_labels, string.Join("\n", image_lists.Keys));
    }
}
```

　　模型載入模組 ImportGraph()：透過 create_module_graph() 方法載入本地的 Inception v3 模型，並宣告輸入節點 resized_input_tensor 和輸出特徵值節點 bottleneck_tensor。

　　模型載入後，透過 add_final_retrain_ops() 方法在模型的末端增加一層全連接層來解決新的 5 種花卉影像分類問題（包含交叉熵損失函式的定義和梯度下降最佳化器的指定）。模型載入完成後，透過 tf.global_variables_initializer() 方法進行權重參數的讀取和初始化，參數初始化過程會自動讀取預先下載的在 ImageNet 資料集上預訓練的參數資料夾 tfhub_modules 中的檔案。

　　ImportGraph() 模組的程式如下。

```
public Graph ImportGraph()
{
    Graph graph;

    // 設定預先訓練好的靜態圖
    (graph, bottleneck_tensor, resized_image_tensor, wants_quantization) =
        create_module_graph();
```

```
    // 增加我們將要訓練的新圖層
    (train_step, cross_entropy, bottleneck_input,
     ground_truth_input, final_tensor) = add_final_retrain_ops(
        class_count, final_tensor_name, bottleneck_tensor,
        wants_quantization, is_training: true);

    return graph;
}

private (Graph, Tensor, Tensor, bool) create_module_graph()
{
    var (height, width) = (299, 299);
    var graph = tf.Graph().as_default();
    tf.train.import_meta_graph("graph/InceptionV3.meta");
    var vars = tf.get_collection<ResourceVariable>(tf.GraphKeys.GLOBAL_ VARIABLES);
    Tensor resized_input_tensor = graph.OperationByName(input_tensor_ name); //
tf.placeholder(tf.float32, new TensorShape(-1, height, width, 3))
    // var m = hub.Module(module_spec)
    Tensor bottleneck_tensor = graph.OperationByName("module_apply_ default/ hub_
output/feature_vector/SpatialSqueeze");// m(resized_input_tensor);
    var wants_quantization = false;
    return (graph, bottleneck_tensor, resized_input_tensor, wants_ quantization);
}

// 為訓練和評估增加新的 Softmax 層和全連接層
private (Operation, Tensor, Tensor, Tensor, Tensor) add_final_retrain_ops (int class_
count, string final_tensor_name, Tensor bottleneck_tensor, bool quantize_layer, bool
is_training)
{
    var (batch_size, bottleneck_tensor_size) = (bottleneck_tensor. TensorShape.
dims[0], bottleneck_tensor.TensorShape.dims[1]);
    tf_with(tf.name_scope("input"), scope =>
            {
                bottleneck_input = tf.placeholder_with_default(
                    bottleneck_tensor,
                    shape: bottleneck_tensor.TensorShape.dims,
                    name: "BottleneckInputPlaceholder");

                ground_truth_input = tf.placeholder(tf.int64, new TensorShape (batch_
size), name: "GroundTruthInput");
```

```
        });

    string layer_name = "final_retrain_ops";
    Tensor logits = null;
    tf_with(tf.name_scope(layer_name), scope =>
            {
                IVariableV1 layer_weights = null;
                tf_with(tf.name_scope("weights"), delegate
                        {
                            var initial_value = tf.truncated_normal(new int[] {
bottleneck_tensor_size, class_count }, stddev: 0.001f);
                            layer_weights = tf.Variable(initial_value, name: "final_
weights");
                        });

                IVariableV1 layer_biases = null;
                tf_with(tf.name_scope("biases"), delegate
                        {
                            layer_biases = tf.Variable(tf.zeros(new TensorShape (class_
count)), name: "final_biases");
                        });

                tf_with(tf.name_scope("Wx_plus_b"), delegate
                        {
                            logits = tf.matmul(bottleneck_input, layer_weights.
AsTensor()) + layer_biases.AsTensor();
                        });
            });

    final_tensor = tf.nn.softmax(logits, name: final_tensor_name);


    // 如果這是一個評估靜態圖，則我們不需要增加損失函式運算或最佳化器
    if (!is_training)
        return (null, null, bottleneck_input, ground_truth_input, final_ tensor);

    Tensor cross_entropy_mean = null;
    tf_with(tf.name_scope("cross_entropy"), delegate
            {
```

```
            cross_entropy_mean = tf.losses.sparse_softmax_cross_entropy(
                labels: ground_truth_input, logits: logits);
        });

    tf_with(tf.name_scope("train"), delegate
            {
                var optimizer = tf.train.GradientDescentOptimizer(learning_rate);
                train_step = optimizer.minimize(cross_entropy_mean);
            });

    return (train_step, cross_entropy_mean, bottleneck_input, ground_ truth_input,
        final_tensor);
}
```

影像解碼模組 add_jpeg_decoding()：首先對本地的影像進行解碼並正則化為 [0,1] 的 RGB 像素影像，然後將影像尺寸統一為 (299, 299, 3)，資料型態轉化為 float32。

add_jpeg_decoding() 模組的程式如下。

```
private (Tensor, Tensor) add_jpeg_decoding()
{
    // 高度、寬度、通道數
    var input_dim = (299, 299, 3);
    var jpeg_data = tf.placeholder(tf.@string, name: "DecodeJPGInput");
    var decoded_image = tf.image.decode_jpeg(jpeg_data, channels: input_ dim.Item3);
    // 將全部通道的值由 uint8 類型轉換為 [0,1] 範圍的 float32 類型
    var decoded_image_as_float = tf.image.convert_image_dtype(decoded_ image,
tf.float32);
    var decoded_image_4d = tf.expand_dims(decoded_image_as_float, 0);
    var resize_shape = tf.stack(new int[] { input_dim.Item1, input_ dim.Item2 });
    var resize_shape_as_int = tf.cast(resize_shape, dtype: tf.int32);
    var resized_image = tf.image.resize_bilinear(decoded_image_4d, resize_ shape_as_
int);
    return (jpeg_data, resized_image);
}
```

cache_bottlenecks() 方法對本地影像集透過 Inception v3 預訓練模型進行運算，run_ bottleneck_on_image() 方法將計算得到的特徵向量保存在影像對應檔案

名稱的文字檔中，並按照訓練集、驗證集和測試集進行區分。遷移學習只訓練特徵值在最後一層新增的全連接層的參數，不訓練 Inception v3 的前面幾層用於生成特徵值 bottlenecks 的網路層參數。因此，如果檢測到本地特徵值 bottlenecks 檔案已存在，則直接讀取並按目錄區分，從而減少後續訓練的時間，提升訓練效率。

cache_bottlenecks() 方法的程式如下。

```
// 確保快取了所有訓練、驗證和測試的 bottlenecks 資料
private void cache_bottlenecks(Session sess, Dictionary<string, Dictionary <string,
string[]>> image_lists, string image_dir, string bottleneck_dir, Tensor jpeg_data_
tensor, Tensor decoded_image_tensor, Tensor resized_input_tensor, Tensor bottleneck_
tensor, string module_name)
{
    int how_many_bottlenecks = 0;
    var kvs = image_lists.ToArray();
    var categories = new string[] { "training", "testing", "validation" };
    Parallel.For(0, kvs.Length, i =>
            {
                var (label_name, label_lists) = kvs[i];

                Parallel.For(0, categories.Length, j =>
                    {
                        var category = categories[j];
                        var category_list = label_lists[category];
                        foreach (var (index, unused_base_name) in
enumerate(category_list))
                        {
                            get_or_create_bottleneck(sess, image_ lists,
 label_name, index, image_dir, category, bottleneck_dir, jpeg_ data_tensor, decoded_
image_tensor, resized_input_tensor, bottleneck_tensor, module_name);
                            how_many_bottlenecks++;
                            if (how_many_bottlenecks % 300 == 0)
                                print($"{how_many_bottlenecks}
bottleneck files created.");
                        }
                    });
            });
```

```
}

private float[] get_or_create_bottleneck(Session sess, Dictionary<string,
Dictionary<string, string[]>> image_lists, string label_name, int index, string image_
dir, string category, string bottleneck_dir, Tensor jpeg_data_tensor, Tensor decoded_
image_tensor, Tensor resized_input_tensor, Tensor bottleneck_ tensor, string module_
name)
{
    var label_lists = image_lists[label_name];
    var sub_dir_path = Path.Join(bottleneck_dir, label_name);
    Directory.CreateDirectory(sub_dir_path);
    string bottleneck_path = get_bottleneck_path(image_lists, label_name, index,
bottleneck_dir, category, module_ name);

    if (!File.Exists(bottleneck_path))
        create_bottleneck_file(bottleneck_path, image_lists, label_name, index, image_
dir, category, sess, jpeg_data_tensor, decoded_image_tensor, resized_input_tensor,
bottleneck_tensor);
    var bottleneck_string = File.ReadAllText(bottleneck_path);
    var bottleneck_values = Array.ConvertAll(bottleneck_string.Split(','), x =>
float.Parse(x));
    return bottleneck_values;
}

private string get_bottleneck_path(Dictionary<string, Dictionary<string, string[]>>
image_lists, string label_name, int index, string bottleneck_dir, string category,
string module_name)
{
    module_name = (module_name.Replace("://", "~")  // URL 路徑格式
                .Replace('/', '~')  // URL 和 UNIX 路徑格式
                .Replace(':', '~').Replace('\\', '~'));  // Windows 路徑格式
    return get_image_path(image_lists, label_name, index, bottleneck_dir,
                category) + "_" + module_name + ".txt";
}

private string get_image_path(Dictionary<string, Dictionary<string, string[]>> image_
lists, string label_name, int index, string image_dir, string category)
{
    if (!image_lists.ContainsKey(label_name))
```

```
        print($"Label does not exist {label_name}");

    var label_lists = image_lists[label_name];
    if (!label_lists.ContainsKey(category))
        print($"Category does not exist {category}");
    var category_list = label_lists[category];
    if (category_list.Length == 0)
        print($"Label {label_name} has no images in the category {category}.");

    var mod_index = index % len(category_list);
    var base_name = category_list[mod_index].Split (Path. DirectorySeparatorChar).
Last();
    var sub_dir = label_name;
    var full_path = Path.Join(image_dir, sub_dir, base_name);
    return full_path;
}


private void create_bottleneck_file(string bottleneck_path, Dictionary <string,
Dictionary<string, string[]>> image_lists, string label_name, int index, string image_
 dir, string category, Session sess, Tensor jpeg_data_tensor, Tensor decoded_ image_
tensor, Tensor resized_input_tensor, Tensor bottleneck_tensor)
{
    // 建立 1 個 bottleneck 檔案
    print("Creating bottleneck at " + bottleneck_path);
    var image_path = get_image_path(image_lists, label_name, index, image_dir,
category);
    if (!File.Exists(image_path))
        print($"File does not exist {image_path}");

    var image_data = File.ReadAllBytes(image_path);
    var bottleneck_values = run_bottleneck_on_image(
        sess, image_data, jpeg_data_tensor, decoded_image_tensor, resized_ input_
tensor, bottleneck_tensor);
    var values = bottleneck_values.Data<float>();
    var bottleneck_string = string.Join(",", values);
    File.WriteAllText(bottleneck_path, bottleneck_string);
}

// 對影像執行推理以提取 bottleneck 摘要層
```

```
private NDArray run_bottleneck_on_image(Session sess, byte[] image_data, Tensor
image_data_tensor, Tensor decoded_image_tensor, Tensor resized_input_ tensor, Tensor
bottleneck_tensor)
{
    // 首先解碼 JPEG 影像，調整其大小，然後重新縮放像素值
    var resized_input_values = sess.run(decoded_image_tensor, new FeedItem (image_
data_tensor, new Tensor(image_data, TF_DataType.TF_STRING)));
    // 透過推理網路執行影像
    var bottleneck_values = sess.run(bottleneck_tensor, new FeedItem (resized_input_
tensor, resized_input_values))[0];
    bottleneck_values = np.squeeze(bottleneck_values);
    return bottleneck_values;
}
```

cache_bottlenecks() 方法執行後，本地會生成快取的特徵檔案，每個特徵檔案都對應一幅花卉影像經過 Inception v3 網路後的輸出特徵圖，包含 2048 個 float32 類型的特徵值。快取的特徵檔案如圖 20-16 所示。

▲ 圖 20-16 快取的特徵檔案

建立模型評估節點的方法為 add_evaluation_step()，可以計算平均準確率，並透過 tf.cast 將 bool 值轉成 float32 值。

add_evaluation_step() 方法的程式如下。

```
// 插入我們評估結果準確性所需的運算操作
private (Tensor, Tensor) add_evaluation_step(Tensor result_tensor, Tensor ground_
truth_tensor)
{
    Tensor evaluation_step = null, correct_prediction = null, prediction = null;

    tf_with(tf.name_scope("accuracy"), scope =>
            {
                tf_with(tf.name_scope("correct_prediction"), delegate
                        {
                            prediction = tf.argmax(result_tensor, 1);
                            correct_prediction = tf.equal(prediction, ground_ truth_
tensor);
                        });

                tf_with(tf.name_scope("accuracy"), delegate
                        {
                            evaluation_step = tf.reduce_mean(tf.cast(correct_
prediction, tf.float32));
                        });
            });

    return (evaluation_step, prediction);
}
```

　　訓練和評估過程的準備工作全部完成後，接下來就是讀取本地快取的特徵值 bottlenecks，然後區分訓練特徵值資料和驗證特徵值資料，將訓練特徵值資料投入網路最後一層新的花卉全連接層進行訓練，並在每個 eval_step_interval 輪次時進行一次驗證特徵值資料的投入和評估，即時輸出訓練過程中的結果。

　　讀取本地快取的特徵值的 get_random_cached_bottlenecks() 方法的程式如下。

```
private (NDArray, long[], string[]) get_random_cached_bottlenecks(Session sess,
Dictionary<string, Dictionary<string, string[]>> image_lists, int how_many, string
category, string bottleneck_dir, string image_dir, Tensor jpeg_data_ tensor, Tensor
```

```
decoded_image_tensor, Tensor resized_input_tensor, Tensor bottleneck_tensor, string
module_name)
{
    var bottlenecks = new List<float[]>();
    var ground_truths = new List<long>();
    var filenames = new List<string>();
    class_count = image_lists.Keys.Count;
    if (how_many >= 0)
    {
        // 檢索 bottlenecks 的隨機樣本
        foreach (var unused_i in range(how_many))
        {
            int label_index = new Random().Next(class_count);
            string label_name = image_lists.Keys.ToArray()[label_index];
            int image_index = new Random().Next(MAX_NUM_IMAGES_PER_CLASS);
            string image_name = get_image_path(image_lists, label_name, image_index,
image_dir, category);
            var bottleneck = get_or_create_bottleneck(
                sess, image_lists, label_name, image_index, image_dir, category,
bottleneck_dir, jpeg_data_tensor, decoded_image_tensor,
                resized_input_tensor, bottleneck_tensor, module_name);
            bottlenecks.Add(bottleneck);
            ground_truths.Add(label_index);
            filenames.Add(image_name);
        }
    }
    else
    {
        // 檢索所有的 bottlenecks
        foreach (var (label_index, label_name) in enumerate(image_lists. Keys.
ToArray()))
        {
            foreach (var (image_index, image_name) in enumerate(image_lists [label_
name][category]))
            {
                var bottleneck = get_or_create_bottleneck(
                    sess, image_lists, label_name, image_index, image_dir, category,
bottleneck_dir, jpeg_data_tensor, decoded_image_tensor, resized_ input_tensor,
bottleneck_tensor, module_name);
```

```
            bottlenecks.Add(bottleneck);
            ground_truths.Add(label_index);
            filenames.Add(image_name);
        }
    }
}

    return (bottlenecks.ToArray(), ground_truths.ToArray(), filenames. ToArray());
}
```

完成模型的所有輪次的訓練後，我們執行 run_final_eval() 方法進行最後一次測試集上的評估。

run_final_eval() 方法的程式如下。

```
// 使用測試集在評估靜態圖上執行最終評估操作
private (float, NDArray) run_final_eval(Session train_session, object module_spec, int
class_count, Dictionary<string, Dictionary<string, string[]>> image_lists, Tensor
jpeg_data_tensor, Tensor decoded_ image_tensor, Tensor resized_image_tensor, Tensor
bottleneck_tensor)
{
    var (test_bottlenecks, test_ground_truth, test_filenames) = get_random_ cached_
bottlenecks(train_session, image_lists, test_batch_size, "testing", bottleneck_dir,
image_dir, jpeg_data_tensor, decoded_image_tensor, resized_ image_tensor, bottleneck_
tensor, tfhub_module);

    var (eval_session, _, bottleneck_input, ground_truth_input, evaluation_ step,
prediction) = build_eval_session(class_count);

    (float accuracy, NDArray prediction1) = eval_session.run ((evaluation_ step,
prediction), (bottleneck_input, test_bottlenecks), (ground_ truth_input, test_ground_
truth));

    print($"final test accuracy: {(accuracy * 100).ToString("G4")}% (N={len(test_
bottlenecks)})");

    return (accuracy, prediction1);
}
```

訓練過程中輸出的結果如下。

```
retrain_images\flower_photos.tgz already exists.
graph\InceptionV3.meta already exists.
retrain_images\tfhub_modules.zip already exists.
Looking for images in 'daisy'
Looking for images in 'dandelion'
Looking for images in 'roses'
Looking for images in 'sunflowers'
Looking for images in 'tulips'
300 bottleneck files created.
600 bottleneck files created.
900 bottleneck files created.
1200 bottleneck files created.
1500 bottleneck files created.
1800 bottleneck files created.
2100 bottleneck files created.
2400 bottleneck files created.
2700 bottleneck files created.
3000 bottleneck files created.
3300 bottleneck files created.
3600 bottleneck files created.
2021/6/15 13:27:15: Step 1: Train accuracy = 50%,  Cross entropy = 1.54
2021/6/15 13:27:16: Step 1: Validation accuracy = 45% (N=100) 1318ms
2021/6/15 13:27:17: Step 11: Train accuracy = 73%,  Cross entropy = 1.118
2021/6/15 13:27:17: Step 11: Validation accuracy = 70% (N=100) 1575ms
2021/6/15 13:27:19: Step 21: Train accuracy = 83%,  Cross entropy = 0.9337
2021/6/15 13:27:19: Step 21: Validation accuracy = 75% (N=100) 1515ms
2021/6/15 13:27:20: Step 31: Train accuracy = 81%,  Cross entropy = 0.9123
2021/6/15 13:27:20: Step 31: Validation accuracy = 83% (N=100) 1485ms
2021/6/15 13:27:22: Step 41: Train accuracy = 84%,  Cross entropy = 0.7467
2021/6/15 13:27:22: Step 41: Validation accuracy = 89% (N=100) 1563ms
2021/6/15 13:27:23: Step 51: Train accuracy = 84%,  Cross entropy = 0.6896
2021/6/15 13:27:23: Step 51: Validation accuracy = 80% (N=100) 1535ms
2021/6/15 13:27:25: Step 61: Train accuracy = 91%,  Cross entropy = 0.6051
2021/6/15 13:27:25: Step 61: Validation accuracy = 84% (N=100) 1524ms
2021/6/15 13:27:26: Step 71: Train accuracy = 84%,  Cross entropy = 0.689
2021/6/15 13:27:26: Step 71: Validation accuracy = 81% (N=100) 1510ms
2021/6/15 13:27:28: Step 81: Train accuracy = 89%,  Cross entropy = 0.6014
2021/6/15 13:27:28: Step 81: Validation accuracy = 85% (N=100) 1556ms
```

```
2021/6/15 13:27:29: Step 91: Train accuracy = 88%,  Cross entropy = 0.4958
2021/6/15 13:27:30: Step 91: Validation accuracy = 89% (N=100) 1540ms
2021/6/15 13:27:31: Step 100: Train accuracy = 85%,  Cross entropy = 0.5694
2021/6/15 13:27:31: Step 100: Validation accuracy = 94% (N=100) 1356ms
Restoring parameters from retrain_images\_retrain_checkpoint
final test accuracy: 81.32% (N=364)
Save final result to : retrain_images\output_graph.pb
Restoring parameters from retrain_images\_retrain_checkpoint
Froze 378 variables.
Converted 378 variables to const ops.
```

從上述的執行結果我們可以看到，程式首先載入了訓練影像和預訓練模型，然後建立或載入由影像生成的特徵值 bottlenecks，最後對特徵值進行全連接層的訓練，訓練完成的模型參數凍結後保存到本地 pb 檔案中。在 CPU 上經過大約 16.6s 的 100 輪次的訓練後，就達到了測試集上 81.32% 的準確率，如果增加訓練次數、最佳化訓練策略和超參數，則準確率可以進一步提升。由此可見，遷移學習在提高演算法執行效率和前期快速提升學習準確率這兩點上是非常強大的。

訓練結束後，本地的 retrain_images 目錄下會生成訓練後的模型檔案和訓練過程中的 checkpoint 檔案。本地保存的檔案如圖 20-17 所示。

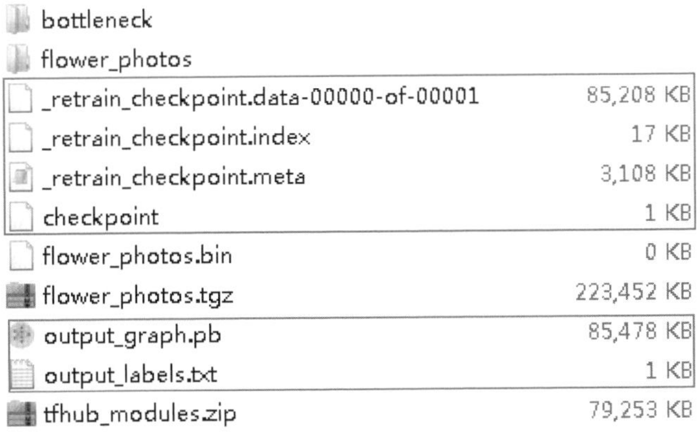

bottleneck	
flower_photos	
_retrain_checkpoint.data-00000-of-00001	85,208 KB
_retrain_checkpoint.index	17 KB
_retrain_checkpoint.meta	3,108 KB
checkpoint	1 KB
flower_photos.bin	0 KB
flower_photos.tgz	223,452 KB
output_graph.pb	85,478 KB
output_labels.txt	1 KB
tfhub_modules.zip	79,253 KB

▲ 圖 20-17 本地保存的檔案

③ 模型評估。

模型評估是指對基於新的樣本資料重新訓練後生成的新模型，投入未使用過的測試集資料，透過網路圖的準確率評估節點進行運算，得出已訓練模型在測試集上的測試準確率。新模型已經在訓練階段生成並保存到本地 pb 檔案中，測試集部分的特徵值資料（bottlenecks）已經建立並劃分出測試部分保存到本地快取檔案夾 bottleneck 中，因此可以單獨執行測試方法進行模型在測試集上的準確率評估。

模型評估的程式如下。

```
public void Test()
{
    if (!File.Exists(output_graph))
        return;

    var graph = new Graph();
    graph.Import(output_graph);
    var (jpeg_data_tensor, decoded_image_tensor) = add_jpeg_decoding();

    tf_with(tf.Session(graph), sess =>
            {
                (test_accuracy, predictions) = run_final_eval(sess, null, class_
count, image_lists, jpeg_data_tensor, decoded_image_tensor, resized_ image_tensor,
bottleneck_tensor);
            });
}
```

模型在測試集上的準確率為 81.59%，程式執行結果如下。

```
final test accuracy: 81.59% (N=364)
```

④ 單圖預測。

最後一個階段，我們在網路上任意下載一幅花卉的影像，並輸入模型中進行預測，測試模型的預測能力。

測試的花卉影像如圖 20-18 所示。

我們首先輸入影像至 Placeholder 節點，執行模型並獲取 Score 節點的值，然後使用 np.argmax 獲取機率最大的類別索引，最後在字典中查詢具體的花卉類別名稱。

▲ 圖 20-18 測試的花卉影像

單幅影像預測的程式如下。

```
// 預測
// 標籤映射來自 output_lables.txt 檔案
// 0 - daisy
// 1 - dandelion
// 2 - roses
// 3 - sunflowers
// 4 - tulips
public void Predict()
{
    if (!File.Exists(output_graph))
        return;
```

```
var labels = File.ReadAllLines(output_labels);

// 預測影像
var img_path = Path.Join(data_dir, "test_image.jpg");
var fileBytes = ReadTensorFromImageFile(img_path);

// 匯入靜態圖和變數
var graph = new Graph();
graph.Import(output_graph, "");

Tensor input = graph.OperationByName(input_tensor_name);
Tensor output = graph.OperationByName(final_tensor_name);

using (var sess = tf.Session(graph))
{
    var result = sess.run(output, (input, fileBytes));
    var prob = np.squeeze(result);
    var idx = np.argmax(prob);
    print($"Prediction result: [{labels[idx]} {prob[idx]}] for {img_path}.");
}
}
```

圖 20-18 的預測結果如下。

```
Prediction result: [dandelion 0.34857428] for retrain_images\ test_ image.jpg.
```

程式正確地預測出影像類別為蒲公英，預測的機率約為 0.35。

以上就是對花卉資料集的遷移學習範例應用，假如讀者在自己的實際專案中有類似的比較小的資料集，並且想利用深度學習方案完成目標，這時候利用遷移學習得到的結果肯定比重新訓練一個新的卷積神經網路要好很多。如果利用特徵值 bottlenecks 作為輸入，分類得到的效果不夠理想，則可以嘗試提取更高維度的特徵，這樣得到的結果可能會更好。

第 **21** 章
自然語言處理

21.1 自然語言處理簡述

自然語言處理（Natural Language Processing，NLP）是深度學習比較熱門的一個應用領域，主要研究如何讓電腦系統理解和使用自然語言，使得電腦軟體有效地使用自然語言進行溝通。自然語言處理主要的應用領域有機器翻譯、輿情監測、自動摘要、觀點提取、文字分類、問題回答、文字語義對比、語音辨識、中文 OCR 等。和我們生活密切相關的人工智慧語音幫手，如 Siri（見圖 21-1）、OK Google 等，都是自然語言處理的實際應用。

▲ 圖 21-1 人工智慧語音幫手 Siri

近年來，自然語言處理結合人工智慧技術的發展，正經歷著翻天覆地的變化，遠遠超過之前傳統自然語言處理技術取得的高度。最早的自然語言處理的研究領域是機器翻譯，1946 年（第一台電腦 ENIAC 剛誕生不久），洛克菲勒基金會的美國科學家瓦倫·威弗（Warren Weaver）等人開始思考電腦的未來應用，瓦倫·威弗在其論文《翻譯備忘錄》（1949 年發表）中第一次提出了機器翻譯的思想和具體的設計方案，成為機器翻譯的先驅。隨後，自然語言處理的發展主要分為 3 個階段。

（1）早期自然語言處理。

20 世紀 60 ～ 80 年代，早期的自然語言處理主要以固定規則為基礎來建立詞彙、句法語義分析、問答、聊天和機器翻譯系統。其原理主要是對人類的語言規則和知識邏輯進行總結，提煉出自然語言的通用規範，進而轉換為電腦的處理邏輯。雖然系統簡單高效，但是可應用和辨識的領域非常狹窄，辨識能力很低，有很大的局限性。

（2）統計自然語言處理。

20 世紀 90 年代開始，以巨量資料、統計方法和機器學習為基礎的自然語言處理開始流行。此時的自然語言處理主要利用人工資料標注，透過統計方法或傳統機器學習系統，如支援向量機（SVM）、馬可夫模型（Markov）、條件隨機場模型（CRF）等訓練，得出學習後的資料模型，最後利用這些模型對輸入的語言進行解析，輸出語言特徵。這一方式在機器翻譯和搜尋引擎領域取得了巨大的成功。

（3）神經網路自然語言處理。

2008 年至今，神經網路特別是深度學習在自然語言辨識領域開始爆發實力。卷積神經網路（CNN）、循環神經網路（RNN）、長短時記憶網路（LSTM）和門控循環網路（GRU）等，逐漸替代傳統的自然語言處理演算法，在長文機器翻譯、即時語音翻譯、問答系統和閱讀理解等領域取得不俗的成績。

近些年出現的 Transformer 模型（以注意力機制為基礎來加速深度學習演算法的模型）和圖神經網路（Graph Neural Network），已經成為自然語言處理領域的網際網路各大廠爭先進行技術研發的高地。以 Transformer 架構為基礎，Google 在 2018 年推出了預訓練的雙向深度語言模型 BERT，其在機器閱讀理解頂級水準測試 SQuAD1.1 中表現出了驚人的成績：在兩個衡量指標上全面超越人類水準，並且在 11 種不同自然語言處理測試中取得最佳成績，包括將 GLUE 基準推至 80.4%，MultiNLI 準確率提升至 86.7%，為自然語言處理帶來里程碑式的改變。2021 年 1 月 11 日，Google 在 arXiv 上發表論文 *Switch Transformers: Scaling to Trillion Parameter Models with Simple and Efficient Sparsity*，提出了擁有 1.6 萬億個參數的語言模型 Switch Transformer，超過了擁有 1750 億個參數的模型 GPT-3，成為目前規模最大的自然語言處理模型。在細分領域上，同樣以 Transformer 架構為基礎，Google 在 2021 年 5 月 19 日的全球 I/O 大會上推出其最新的自然語言處理模型 LaMDA 和 MUM：LaMDA 是專為對話應用而建構的，擅長在開放域面對任何話題進行自然對話；MUM 的特點是多模態，透過執行多工統一模型，同時使用影像、文字、音訊和視訊等各類資訊，結合使用者的偏好資訊，對使用者的搜尋盡可能進行高效的回饋，Google 官方稱其「在功能上比 BERT 強大了 1000 倍」。

　　隨著新技術的不斷發展，在自然語言處理領域，資料集、網路規模和訓練量變得越來越大，同時網路模型變得越來越智慧。不過模型的訓練成本一直在提高，受限於不斷增加的計算成本，前端的演算法突破大多集中於幾個大廠之間。以色列人工智慧研究公司 AI21 Labs 的研究者在其論文 *The Cost Of Training NLP Models* 中關於近些年的訓練大型自然語言處理模型的成本分析，如圖 21-2 所示。

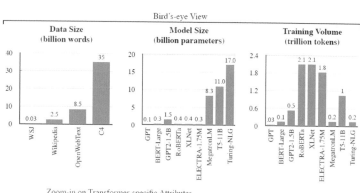

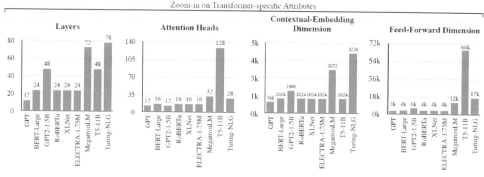

▲ 圖 21-2 訓練大型自然語言處理模型的成本分析

　　了解完自然語言處理的一些原理和發展後，我們來看下自然語言處理的操作流程。總結來說，一般的自然語言處理操作流程可簡化為以下 3 步。

（1）文字前置處理。

對文字進行分詞（Segmentation）、清洗（Cleaning）和標準化
（Normalization）等前置處理，方便進行句法分析和語義分析，這部
分可以使用傳統的自然語言處理演算法進行。

（2）文字表示。

文字表示主要採用機器學習和深度學習的模型對文字進行分析，將文
字轉換為數值格式進行向量化表示。文字表示主要採用的方法和模型
有詞袋模型（BoW）、N 元模型（BNG）、詞頻 - 逆向檔案頻率方法
（TF-IDF）和詞嵌入（Word Embedding）等，其中詞嵌入方法利用深
度學習來完成文字數值映射，是目前主流的文字表示方法，使用到的
關鍵演算法有 Word2vec，我們在下文會專門進行詳細說明。

（3）分析建模。

自然語言處理的最後一步一般是對上面兩步生成的數值向量進行分析
和建模，利用機器學習和深度學習方法（RNN、CNN、LSTM 等）執
行計算，從而輸出最終的專案需求結果，如情感分析、語言翻譯、對
話問答等。情感分析中的情緒分類一般採用計算句子相似度（Sentence
Similarity）的方法，其中使用到的主要演算法有歐式距離和餘弦相似
度（Cosine Similarity），我們會在後面的程式實作中進行詳細實踐說
明。

現在，自然語言處理已經成為我們日常生活中不可或缺的一部分，理解和
掌握了自然語言處理模型的開發，我們就可以利用天生具備的自然語言溝通的
能力，來更加高效率地和電腦進行通訊。

21.2 詞向量

在自然語言處理領域，最基本的單元是詞，詞組成句子，句子組成段落和文章。因此，在進行自然語言處理的時候，我們的樣本集一般由詞組成。為了讓電腦能夠對詞進行運算，我們需要把詞轉換為電腦能夠辨識的數值形式，用學術語言描述，就是將詞嵌入一個數學空間中，稱為詞嵌入（Word Embedding）。

詞向量（Word2vec）是詞嵌入（Word Embedding）的一種，是把詞映射為實數域向量的技術，屬於自然語言處理流程中的文字表示環節。近些年來，詞嵌入已逐漸成為自然語言處理的基礎操作。Word2vec 是 Google 在 2013 年推出的一個自然語言處理工具，在自然語言處理、資料探勘等領域有著廣泛的應用。Word2vec 的特點是將所有的詞向量化，這樣詞與詞之間就可以定量地度量關係，深入挖掘詞與詞之間的連結。

Word2vec 中使用的語言模型（Language Model）的訓練集是從真實世界自然語言文字中提取的上下文詞語，經過訓練後，模型就可以判斷某些詞進行上下文組合是否符合自然語言的規則，同時可以透過 Word2vec 尋找相似的詞，甚至一些詞間的自然邏輯關係。

Word2vec 主要包含兩種模型：跳字模型（Skip-Gram）和連續詞袋模型（Continuous Bag Of Words，CBOW）。同時，Word2vec 中提出了兩種高效訓練的方法：負採樣（Negative Sampling）和層級 Softmax（Hierarchical Softmax）。Word2vec 可以較好地表達不同詞之間的相似和類比關係，其網路模型結構和訓練方法啟發了很多後續的詞向量模型。

值得注意的一點是，Word2vec 的最終目的不是將模型訓練得非常完美，以得到正確的輸出，而是獲取模型訓練後的神經網路的權重向量，以作為輸出詞的向量化特徵表示，這個向量就是詞向量。詞向量相比原始輸入詞「稀疏」的 One-Hot 向量更加「密集」，資訊量更加豐富，更接近自然語言的表示規則。

接下來，為了更好地說明 Word2vec 獲取網路權重向量這一特點（和傳統神經網路任務略有差異），我們透過程式實踐進行詳細的介紹。

1 · 新建專案

我們使用 Visual Studio 2019 新建一個目標框架為 .NET 5.0 的主控台應用程式，應用程式名稱為 Word2vec，並設定編譯平臺為 x64。透過 NuGet 安裝必要的相依函式庫 SciSharp.TensorFlow. Redist 和 TensorFlow.Keras，設定初始的專案環境如圖 21-3 所示。

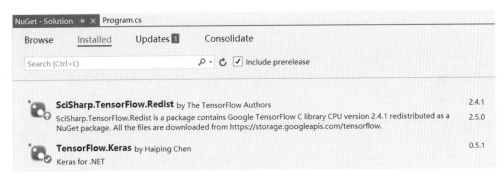

▲ 圖 21-3 設定初始的專案環境

2 · 增加引用

增加必要的 TensorFlow.NET 的引用，如下。

```
using NumSharp;
using System;
using System.Collections.Generic;
using System.IO;
using System.Linq;
using Tensorflow;
using Tensorflow.Keras.Utils;
using static Tensorflow.Binding;
```

3 · 宣告變數

宣告必要的訓練參數、評估參數和 Word2vec 參數，我們對部分重要的參數進行下述的說明。

訓練參數如下。

batch_size：每個批次的大小。

num_steps：訓練的次數。

display_step：輸出顯示的間隔次數。

eval_step：驗證集評估的間隔次數。

評估參數如下。

eval_words：用於測試相似詞效果的樣本詞陣列。

text_words：字串格式的詞資料集。

word2id：從 text_words 中分組提取出按照詞頻排序的字典集，字典集的元素分別為詞（Word）、序號（ID）和出現頻次（Occurrence）。

data：透過 word2id 轉換成數值格式的詞資料集。

Word2vec 參數如下。

min_occurrence：過濾出現頻次低於 min_occurrence 的詞，不計入 word2id 字典。

skip_window：生成訓練集和標籤的滑動視窗大小（滑動視窗大小 = skip_window×2 + 1，1 為中心詞），即透過中心詞的前 skip_window 個和後 skip_window 個詞預測中心詞。

num_skips：透過重複使用中心詞隨機獲取產生的每一次滑動視窗生成的訓練資料的數量。

```
// 訓練參數
 int batch_size = 128;
int num_steps = 30000;
int display_step = 1000;
int eval_step = 5000;
```

```
// 評估參數
 string[] eval_words = new string[] { "five", "of", "going", "king", "man", "great"
 };
string[] text_words;
List<WordId> word2id;
int[] data;


// Word2Vec 參數
 int min_occurrence = 10; // 刪除所有出現次數在 n 次以下的詞
 int skip_window = 3; // 目標詞的左右各需要考慮進去的詞的數量
int num_skips = 2; // 重複使用輸入生成標籤的次數


int data_index = 0;
int top_k = 8; // 最鄰近詞的數量
float average_loss = 0;
```

4．主邏輯流程和程式實踐

使用 TensorFlow.NET 實踐 Word2vec 主要有以下 5 步，我們使用跳字模型（Skip-Gram）來測試其中的模型部分，主邏輯流程如下。

（1）資料下載和資料前置處理。

（2）為跳字模型建立滑動視窗掃描器。

（3）載入跳字模型並定義各節點。

（4）模型訓練和準確率評估。

（5）結果視覺化。

忽略第（5）步，從第（1）步到第（4）步，我們將透過一些實際程式來貫通理解 Word2vec 處理的整個過程。

第（1）步是資料下載和資料前置處理，我們在主方法區塊 Run() 中增加 PrepareData() 方法，並關閉 Eager 模式採用 Session.run 靜態圖模式進行運算，主方法區塊的部分程式如下。

```
public bool Run()
{
    tf.compat.v1.disable_eager_execution();

    PrepareData();

    ……〔第（2）～（4）步的剩餘程式〕
}
```

其中 PrepareData() 方法主要完成以下功能。

- 下載模型圖檔案 word2vec.meta，下載並解壓 Google 的官方範例詞彙檔案 text8.zip。

- 透過 text8 詞彙資料轉換出字典映射 word2id，其中出現頻次低於 min_occurrence 的詞彙用 UNK 替換。

- 透過字典映射 word2id 獲得 text8 中詞彙一一對應的數值格式的訓練資料。

字典映射 word2id 中的單一元素物件的結構包括詞（Word）、序號（ID）和出現頻次（Occurrence），按照出現頻次從高到低排序編號，程式如下。

```
private class WordId
{
    public string Word { get; set; }
    public int Id { get; set; }
    public int Occurrence { get; set; }

    public override string ToString()
    {
        return Word + " " + Id + " " + Occurrence;
    }
}
```

PrepareData() 方法的程式如下。

```
private void PrepareData()
{
    // 下載 meta 格式的靜態圖
```

```
var url = " 此處連結位址為 TensorFlow.NET 官方 GitHub 倉庫位址中的 word2vec.meta 檔案 ";
Web.Download(url, "graph", "word2vec.meta");

// 下載一小段維基百科文章集
url = " 此處連結位址為 TensorFlow.NET 官方 GitHub 倉庫位址中關於維基百科文章集的 text8.
zip 檔案 ";
Web.Download(url, "word2vec", "text8.zip");
// 解壓資料集檔案，其中文字已經過前置處理
Compress.UnZip($"word2vec{Path.DirectorySeparatorChar}text8.zip", "word2vec");

int wordId = 0;
text_words = File.ReadAllText($"word2vec{Path.DirectorySeparatorChar} text8").
Trim().ToLower().Split();
// 建立字典並用 UNK 標記替換出現頻次少的詞
word2id = text_words.GroupBy(x => x)
    .Select(x => new WordId
    {
        Word = x.Key,
        Occurrence = x.Count()
    })
    .Where(x => x.Occurrence >= min_occurrence) // 移除出現頻次少於 min_ occurrence
的樣本
    .OrderByDescending(x => x.Occurrence) // 檢索最常用的詞
    .Select(x => new WordId
    {
    Word = x.Word,
    Id = ++wordId, // 給每個詞分配一個 ID
    Occurrence = x.Occurrence
    }).ToList();

// 檢索詞 ID，如果不在字典中，則將其指定為索引 0（UNK）
data = (from word in text_words
join id in word2id on word equals id.Word into wi
from wi2 in wi.DefaultIfEmpty()
select wi2 == null ? 0 : wi2.Id).ToArray();

word2id.Insert(0, new WordId { Word = "UNK", Id = 0, Occurrence = data.Count(x
=> x == 0) });

print($"Words count: {text_words.Length}");
```

```
print($"Unique words: {text_words.Distinct().Count()}");
print($"Vocabulary size: {word2id.Count}");
print($"Most common words: {string.Join(", ", word2id.Take(10))}");
}
```

透過執行 PrepareData() 方法，我們會得到下載並解壓的詞彙資料。由於採用的是無監督學習，因此資料中沒有預先標注的標籤，標籤是透過後續的滑動視窗掃描器自動生成的，該文字檔大小約為95.3MB。詞彙資料檔案如圖21-4所示。

解壓後的詞彙文字檔	text8	97,657 KB
	text8.bin	0 KB
下載的詞彙檔案壓縮檔案	text8.zip	30,610 KB

▲ 圖 21-4 詞彙資料檔案

摘要文字的部分內容如下所示。

anarchism originated as a term of abuse first used against early working class radicals including the diggers of the english revolution and the sans culottes of the french revolution whilst the term is still used in a pejorative way to describe any act that used violent means to destroy the organization of society it has also been taken up as a positive label by self defined anarchists the word anarchism is derived from the greek without archons ruler chief king anarchism as a political philosophy is the belief that rulers are unnecessary and should be abolished although there are differing interpretations of what this means anarchism also refers to related social movements that advocate the elimination of authoritarian institutions particularly the state the word anarchy as most anarchists use it does not imply chaos nihilism or anomie but rather a harmonious anti authoritarian society in place of what are regarded as authoritarian political structures and coercive economic institutions anarchists advocate social relations based upon voluntary association of autonomous individuals mutual aid and self governance while anarchism is most easily defined by what it is against anarchists also offer positive visions of what they believe to be a truly free society however ideas about how an anarchist society might work vary considerably especially with respect to economics there is also disagreement about how a free society might be brought about origins and predecessors kropotkin and others argue that before recorded history human society was organized on anarchist principles most anthropologists follow kropotkin and engels in believing that hunter gatherer bands were egalitarian and lacked division of labour accumulated wealth or decreed law and had equal access to resources william godwin anarchists including the the anarchy organisation and rothbard find anarchist attitudes in taoism from ancient china kropotkin found similar ideas in stoic zeno of citium according to kropotkin zeno……（省略後面的大量文字）

　　下載解壓完成後，我們將原字串格式的資料轉換為字典映射，並輸出數值格式的資料，我們用上文摘要文字中的第一句話「anarchism originated as a term of abuse first used against」進行詳細說明。生成字典映射的流程如圖 21-5 所示。

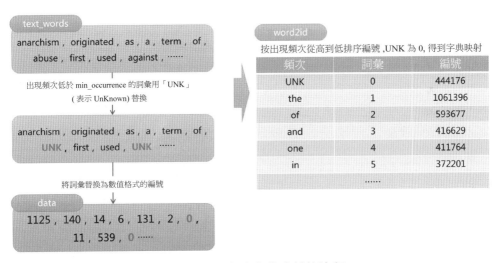

▲ 圖 21-5　生成字典映射的流程

　　現在，我們的字串格式的詞彙資料轉換為了數值格式的序號資料，可以方便參與運算，同時生成了字典映射。程式執行後，統計出詞彙的總數為 17005207 個，不重複的詞彙數量為 253854 個，字典映射大小為 47135 個詞彙，出現頻次最多的前 10 位的詞彙如下（預設 UNK 為序號 0）。

```
Words count: 17005207
```

```
Unique words: 253854
Vocabulary size: 47135
Most common words: UNK 0 444176, the 1 1061396, of 2 593677, and 3 416629, one 4
411764, in 5 372201, a 6 325873, to 7 316376, zero 8 264975, nine 9 250430
```

第（2）步是為跳字模型建立滑動視窗掃描器，我們透過 next_batch() 方法建立滑動視窗掃描器，實現從第（1）步得到的數值格式的資料中提取出訓練集和標籤的功能。

```
(NDArray, NDArray) next_batch(int batch_size, int num_skips, int skip_window)
```

batch_size 為一次掃描多少區塊，生成多少個訓練資料和標籤；skip_window 為左右上下文取詞的長短；num_skips 為輸入數字的重複使用次數。例如，我們設定 batch_size = 128、skip_window = 3、num_skips = 2，則滑動視窗掃描器先掃描這段文字的前 64 個詞彙，再在左右各選 3 個詞彙的範圍內進行隨機獲取，重複使用次數為 2 次，最後產生 size 為 128 的 batch 和 label。滑動視窗掃描流程如圖 21-6 所示（實際運算的時候採用的是序號，此圖中使用詞彙方便理解）。

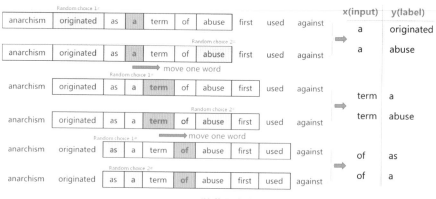

▲ 圖 21-6 滑動視窗掃描流程

透過第（2）步，我們就產生了 batch 大小的 input 和 label，用於接下來的監督學習。

next_batch 方法的程式如下。

```
// 為跳字模型生成訓練批次
private (NDArray, NDArray) next_batch(int batch_size, int num_skips, int skip_window)
{
    var batch = np.ndarray(new Shape(batch_size), dtype: np.int32);
    var labels = np.ndarray((batch_size, 1), dtype: np.int32);
    // 獲取滑動視窗大小
    int span = 2 * skip_window + 1;
    var buffer = new Queue<int>(span);
    if (data_index + span > data.Length)
        data_index = 0;
    data.Skip(data_index).Take(span).ToList().ForEach(x => buffer.Enqueue(x));
    data_index += span;

    foreach (var i in range(batch_size / num_skips))
    {
        List<int> span_list = Enumerable.Range(0, span).ToList();
        Random rand = new Random(Guid.NewGuid().GetHashCode());
        span_list.RemoveAt(skip_window);
        var words_to_use = span_list.OrderBy(i => rand.Next(0, span_list. Count)).
Take(num_skips).ToArray();

        var context_words = range(span).Where(x => x != skip_window). ToArray();
        foreach (var (j, context_word) in enumerate(words_to_use))
        {
            batch[i * num_skips + j] = buffer.ElementAt(skip_window);
            labels[i * num_skips + j, 0] = buffer.ElementAt(context_word);
        }

        if (data_index == len(data))
        {
            //buffer.extend(data[0:span])
            data_index = span;
        }
        else
```

```
        {
            buffer.Dequeue();
            buffer.Enqueue(data[data_index]);
            data_index += 1;
        }
    }

    // 回溯一點以避免在批次運算結束時跳過一些詞彙
    data_index = (data_index + len(data) - span) % len(data);

    return (batch, labels);

}
```

第（3）步是載入跳字模型並定義各節點。Run() 主方法區塊中相關的程式如下。

```
public bool Run()
{
    ......

    var graph = tf.Graph().as_default();

    tf.train.import_meta_graph($"graph{Path.DirectorySeparatorChar} word2vec.meta");

    // 輸入資料
    Tensor X = graph.OperationByName("Placeholder");
    // 輸入標籤
    Tensor Y = graph.OperationByName("Placeholder_1");

    // 計算該批次的平均 NCE 損失
    Tensor loss_op = graph.OperationByName("Mean");
    // 定義最佳化器
    var train_op = graph.OperationByName("GradientDescent");
    Tensor cosine_sim_op = graph.OperationByName("MatMul_1");

    ......

}
```

Word2vec 的模型結構如圖 21-7 所示。

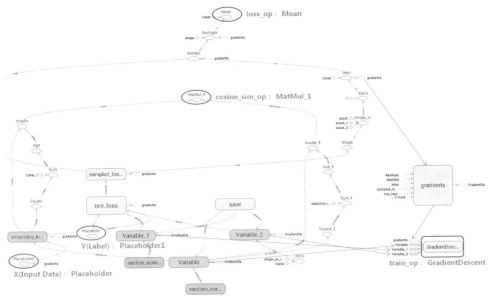

▲ 圖 21-7 Word2vec 的模型結構

我們對 Word2vec 網路模型進行簡化，並透過一個簡單的語句範例進行演示。Word2vec 的簡化模型如圖 21-8 所示。

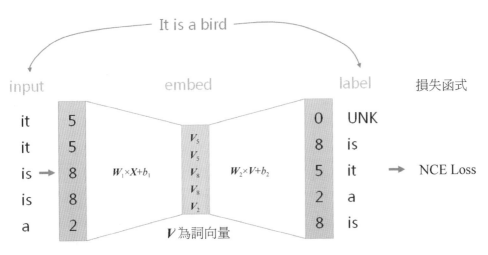

▲ 圖 21-8 Word2vec 的簡化模型

網路結構共 3 層：輸入層、隱藏層和輸出層。

輸入層為詞語的 One-Hot 向量表示，非常稀疏。

隱藏層的神經元個數就是輸入詞向量的長度，隱藏層的參數是一個 [input_size, embedded_size] 的矩陣。實際上，這個參數矩陣就是我們最終需要得到的詞向量。模型訓練完成後，我們可以捨棄輸出層，最終目標就是學習隱藏層的權重矩陣，這是 Word2vec 的重要特徵之一。其中 embedded_size 是一個超參數，Google 在發佈的官方案例模型中將其設為 300 維（詞向量一般為 25 ～ 1000 維，300 維是一個好的選擇）。經過隱藏層後，原始的詞向量映射成資訊量更稠密的詞嵌入向量（Word Embedding）。

輸出層的神經元個數為總詞數，參數矩陣尺寸為 [embedded_size, input_size]。詞嵌入向量經過矩陣計算後，加上 Softmax 進行歸一化，重新變為與輸入詞維數相同的向量，每一維對應詞庫中的詞與輸入的詞共同出現在上下文中的機率。

介紹完模型的結構，我們就進行第（4）步，模型訓練和準確率評估。Word2vec 核心的訓練策略為負採樣（Negative Sampling）和層級 Softmax（Hierarchical Softmax）。我們接下來對原理進行簡單描述，具體運算過程不在此處詳細展開推理。

從網路結果中可以看到，損失函式採用了 NCE Loss，而沒有採用更為常見的 Softmax + Cross-Entropy。如果使用 Softmax + Cross-Entropy 作為損失函式會有一個問題：實際訓練時的詞庫都很大，假設詞庫中有 10000 個詞，詞向量為 300 維，那麼每一層神經網路的參數是 300 萬個，輸出層相當於有 10000 個可能種類的多分類問題，這帶來的計算量非常巨大。而 NCE Loss 的主要思想是，對於每一個樣本，除本身對應的標籤（正詞，Positive Word）外，同時採樣出 N 個其他的標籤（負詞，Negative Word），從而我們只需要計算樣本在這 N+1 個標籤上的機率，而不用計算樣本在所有 10000 個標籤上的機率，最後樣本在每個標籤上的機率經過邏輯迴歸後輸出。負採樣採用 NCE Loss 作為損失函式，實際效果非常好，大大提升了運算效率。總結來說，負採樣（Negative Sampling）的本質是預測整體類別的一個子集。

負採樣的詞選擇採用了下述公式。

$$P\left(w_i\right)=\frac{f\left(w_i\right)^{3/4}}{\sum_{j=0}^{n}\left(f\left(w_j\right)^{3/4}\right)}$$

式中，$f(w)$ 表示詞頻。可以看到，負採樣的詞選擇只和詞頻有關，詞頻越大，選中的機率越大。

層級 Softmax 是 Word2vec 上的一個改進點，回顧剛才的詞向量語言模型總共有 3 層：輸入層（詞向量）、隱藏層（詞嵌入）和輸出層（Softmax 層）。其中最大的問題在於從隱藏層到輸出層的 Softmax 計算量太大，因為要先計算所有詞的 Softmax 機率，再找到機率最大的值。Word2vec 的簡化模型結構如圖 21-9 所示（V 為字典映射的大小）。

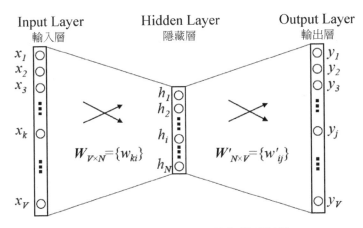

▲ 圖 21-9 Word2vec 的簡化模型結構

層級 Softmax 在 Word2vec 中進行了兩點改進。

- 對於從輸入層到隱藏層的映射，沒有採取傳統神經網路的「線性變換加啟動函式」的方法，而採用簡單的對所有的輸入詞向量求和並取平均值的方法。

- 從隱藏層到輸出層的 Softmax 的改進。為了避免計算所有詞的 Softmax 機率，Word2vec 採用了霍夫曼（Huffman）樹來代替從隱藏層到輸出層的 Softmax 的映射，從而大大提高了計算效率。

總結來說,層級 Softmax 的本質是把 N 分類問題變成 $\ln(N)$ 次二分類問題。

在使用上述兩個最佳化技巧完成模型的訓練後,我們需要對詞向量模型進行評估測試,透過模型判斷兩個詞向量之間的相似度。這裡我們使用餘弦相似度(Cosine Similarity),因為詞向量的長度與分類無關,餘弦相似度的計算方式如圖 21-10 所示。

$$\text{sim(apple, banana)} = \frac{\text{vec}_{\text{apple}} \cdot \text{vec}_{\text{banana}}}{\|\text{vec}_{\text{apple}}\| \cdot \|\text{vec}_{\text{banana}}\|}$$

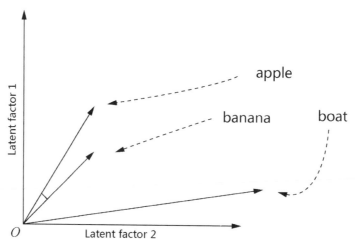

▲ 圖 21-10 餘弦相似度的計算方式

完整的訓練和評估程式如下。

```
public bool Run()
{
    tf.compat.v1.disable_eager_execution();

    PrepareData();

    var graph = tf.Graph().as_default();

    tf.train.import_meta_graph($"graph{Path.DirectorySeparatorChar} word2vec.meta");
```

```csharp
// 輸入資料
Tensor X = graph.OperationByName("Placeholder");
// 輸入標籤
Tensor Y = graph.OperationByName("Placeholder_1");

// 計算該批次的平均 NCE 損失
Tensor loss_op = graph.OperationByName("Mean");
// 定義最佳化器
var train_op = graph.OperationByName("GradientDescent");
Tensor cosine_sim_op = graph.OperationByName("MatMul_1");

// 初始化變數，即分配其預設值
var init = tf.global_variables_initializer();

using (var sess = tf.Session(graph))
{
    // 執行初始化器
    sess.run(init);

    var x_test = (from word in eval_words
                  join id in word2id on word equals id.Word into wi
                  from wi2 in wi.DefaultIfEmpty()
                  select wi2 == null ? 0 : wi2.Id).ToArray();

    foreach (var step in range(1, num_steps + 1))
    {
        // 獲得一個新批次的資料
        var (batch_x, batch_y) = next_batch(batch_size, num_skips, skip_window);

        (_, float loss) = sess.run((train_op, loss_op), (X, batch_x), (Y, batch_y));
        average_loss += loss;

        if (step % display_step == 0 || step == 1)
        {
            if (step > 1)
                average_loss /= display_step;

            print($"Step {step}, Average Loss= {average_loss.ToString ("F4")}");
```

is not used.

```
                average_loss = 0;
        }


        // 評估
        if (step % eval_step == 0 || step == 1)
        {
            print("Evaluation...");
            var sim = sess.run(cosine_sim_op, (X, x_test));
            foreach (var i in range(len(eval_words)))
            {
                var nearest = (0f - sim[i]).argsort<float>()
                    .Data<int>()
                    .Skip(1)
                    .Take(top_k)
                    .ToArray();
                string log_str = $"\"{eval_words[i]}\" nearest neighbors:";
                foreach (var k in range(top_k))
                    log_str = $"{log_str} {word2id.First(x => x.Id == nearest[k]).
Word},";
                print(log_str);
            }
        }
    }
}

    return average_loss < 100;
}
```

　　我們使用的評估餘弦相似度的 6 個詞彙是「five」「of」「going」「king」
「man」「great」，程式執行輸出的結果如下（省略部分的中間訓練過程）。

```
Step 1, Average Loss= 488.5795
Evaluation...
"five" nearest neighbors: swears, lancet, joyce, frontal, libertarian, dias,
positioning, vert,
"of" nearest neighbors: stiff, tfl, vers, lift, unheard, jurgen, antibodies, grossly,
"going" nearest neighbors: csicop, rig, elsa, belknap, axillary, footage, quechua,
iphigenia,
```

```
"king" nearest neighbors: juvenal, cloister, acids, humphrey, army, trustworthy,
undertones, monic,
"man" nearest neighbors: ascends, colonel, theodor, fasces, di, metalloid, despatch,
 regroup,
"great" nearest neighbors: dekker, narbonne, bubble, astor, rochelle, strikeout,
since, criterion,
Step 1000, Average Loss= 357.1486
Step 2000, Average Loss= 272.1152
Step 3000, Average Loss= 234.0885
Step 4000, Average Loss= 202.5506
Step 5000, Average Loss= 184.1779
```

…// 省略部分的中間訓練過程

```
Step 21000, Average Loss= 72.1695
Step 22000, Average Loss= 69.5583
Step 23000, Average Loss= 70.0692
Step 24000, Average Loss= 67.0729
Step 25000, Average Loss= 67.6755
Evaluation...
"five" nearest neighbors: three, six, four, eight, two, zero, seven, one,
"of" nearest neighbors: the, and, to, a, in, that, for, is,
"going" nearest neighbors: same, book, among, both, state, now, john, however,
"king" nearest neighbors: see, these, such, been, more, who, had, all,
"man" nearest neighbors: most, been, who, first, all, more, such, they,
"great" nearest neighbors: who, i, some, more, such, world, had, been,
Step 26000, Average Loss= 63.7212
Step 27000, Average Loss= 62.2419
Step 28000, Average Loss= 62.2519
Step 29000, Average Loss= 56.5298
Step 30000, Average Loss= 58.5169
Evaluation...
"five" nearest neighbors: four, three, two, six, seven, one, zero, eight,
"of" nearest neighbors: in, and, a, is, to, the, with, that,
"going" nearest neighbors: same, book, among, both, state, now, john, however,
"king" nearest neighbors: see, these, been, such, more, who, all, used,
"man" nearest neighbors: most, who, first, been, more, they, all, with,
"great" nearest neighbors: who, i, more, such, some, world, after, his,
```

　　我們可以從輸出結果中看到，平均損失不斷降低，模型評估舉出的測試詞彙上的餘弦相似度越來越高。例如，「five」的最近鄰相似詞彙最初為「swears, lancet, joyce, frontal, libertarian, dias」，基本上是比較隨意的，沒有太大的連結性，而訓練完成後，得出的最近鄰相似詞彙為「four, three, two, six, seven, one, zero, eight」，全部都是數字詞彙，已經和「five」有了較高的餘弦相似度。其他評估的詞彙也都獲得了比較合理的結果，因此可以看出模型獲得了正確的訓練。

　　如果想對詞嵌入進行視覺化，我們可以利用 t-SNE 降維技術，將模型訓練後得到的每個詞彙的 V 維詞嵌入向量降為 2 維，並在平面圖中顯示，詞嵌入的視覺化效果如圖 21-11 所示。

　　從圖 21-11 中我們可以直觀地看到，Word2vec 雖然不一定能學到反義、因果邏輯等高層次語義資訊，但它巧妙地運用了一種思想「具有相同上下文的詞彙包含相似的語義」，使得語義相近的詞彙在映射到歐式空間後具有較高的餘弦相似度。

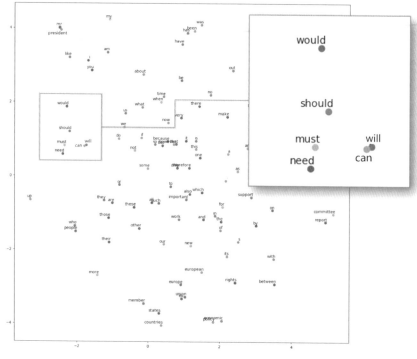

▲ 圖 21-11　詞嵌入的視覺化效果

21.3 文字分類程式實作

　　分類問題是我們在生活中遇到的一個非常普遍且重要的問題，很多複雜的問題歸根究底都是分類問題。文字分類是指根據文字內容將其區分為不同的類別，是自然語言處理中的一個非常基礎且重要的分支。文字分類主要應用於資訊檢索、機器翻譯、自動文摘、資訊過濾、郵件分類等任務。

　　目前對自然語言處理的研究分析應用最多的就是 RNN 系列的框架，如 RNN、GRU、LSTM 等，加上熱門的注意力機制，這些模型或機制基本可以稱為自然語言處理的入門標準配備了。但是在傳統的文字分類問題上，特別是在以詞彙為基礎單元組成的單一句子的分類任務上，相比複雜的時間序列模型 RNN、GRU、LSTM 等，直接使用卷積神經網路（CNN）模型建構和訓練更為簡單和快速，並且效果不差，所以卷積神經網路模型仍然有一定的實際意義。

　　從前幾個章節中，我們可以了解到，卷積神經網路模型主要用於電腦視覺（CV）領域，其捕捉局部特徵（Feature）的能力非常強，可以十分有效地分析和提取圖像資料中的特徵，推動電腦視覺領域的研究和應用取得了質的飛躍。利用卷積神經網路模型的上述特性，我們可以將卷積神經網路和詞嵌入（Word Embedding）進行結合，並應用在自然語言處理的文字分類任務中，將文字資料參照圖像資料的式樣前置處理後作為輸入，並對卷積層進行對應的訂製化修改，最終實現文字分類的功能。

　　本節是對紐約大學自然語言處理組 Yoon Kim 的經典論文 *Convolutional Neural Networks for Sentence Classification* 的詳細複現，使用經典的文字資料集 DBpedia Ontology Dataset，從資料集準備、模型架設和訓練、模型評估、模型推理方面進行詳細的程式實踐。

　　我們首先對卷積神經網路模型在自然語言處理文字分類任務中應用的原理進行說明，方便大家快速進入後續的程式實踐。

　　我們舉一個比較簡單的例子，假設輸入是一個包含 7 個詞的句子，使用了 5 維的嵌入層，卷積層由 3 種尺寸（尺寸分別為 2、3、4，每種各兩個卷積核）的篩檢程式組成，最後輸出二分類的結果。文字分類模型的結構如圖 21-12 所示。

　　我們可以看到，和影像分類任務中卷積神經網路的影像像素輸入不同，自然語言處理的輸入是句子或文件。句子或文件經過嵌入層（可使用上文中的 Word2vec 或 Glove）會被轉換成詞向量，詞向量的每一行表示轉換前的一個輸入詞，行的總數是句子的長度，列的總數是嵌入層的維度。圖 21-12 中的輸入為包含 7 個詞的句子，使用了 5 維的嵌入層，經過嵌入層後，我們就能得到一個 7×5 的詞向量矩陣。

　　在傳統影像分類的卷積神經網路中，卷積核以一個 Patch（任意長度 h 和任意寬度 w）的形狀在 X 軸、Y 軸兩個方向上滑動遍歷整個影像，但是在自然語言處理的應用中，卷積核會覆蓋完整的嵌入層維度，其形狀為 [filter_size, embedding_size]。圖 21-12 中卷積層的輸入為一個 7×5 的詞向量矩陣，卷積核的大小分別為 2、3、4（每種兩個），寬度為 5（和輸入矩陣的維度一樣）。首先每個卷積核對輸入矩陣進行卷積操作得到特徵值（這裡的 Padding 採用了 VALID，不進行邊界的補零填充，3 種卷積核運算後的輸出尺寸分別為 6、5、4），然後經過最大池化層提取最大值，接著對所有值進行拼接，得到一個包含 6 個值的特徵向量，最後對特徵向量應用 Softmax 得到最終的二分類結果。

　　上面舉例描述的是參數比較簡單的情況，實際在該專案中，我們的輸入是一個包含 100 個詞的句子，使用了 128 維的嵌入層，卷積層由 3 種尺寸分別為 3、4、5（每種各 100 個卷積核）的篩檢程式組成，經過最大池化層提取中間特徵的最大值後，對所有值進行拼接，得到一個包含 300 個值的特徵向量，模型最後輸出十四分類的結果。

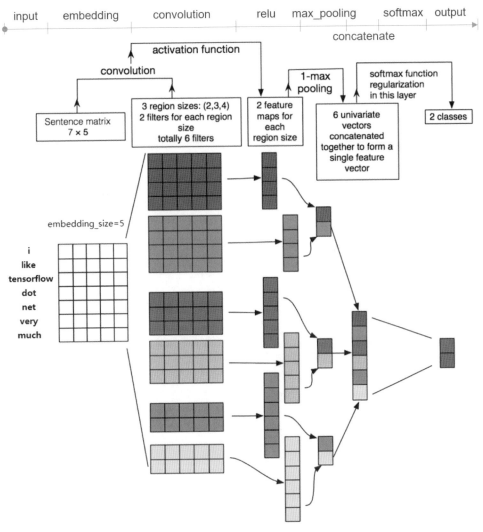

▲ 圖 21-12 文字分類模型的結構

弄清楚了自然語言處理文字分類應用中卷積神經網路的結構，下面就可以開始實踐文字分類任務了。

1 · 新建專案

　　我們使用 Visual Studio 2019 新建一個目標框架為 .NET 5.0 的主控台應用程式，應用程式名稱為 CnnTextClassification，並設定編譯平臺為 x64。透過 NuGet 安裝必要的相依函式庫 SciSharp. TensorFlow.Redist 和 TensorFlow. Keras，設定專案初始環境如圖 21-13 所示。

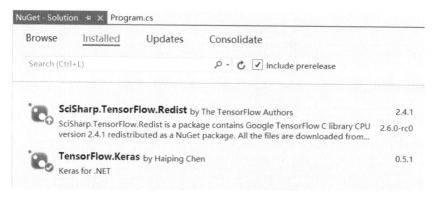

▲ 圖 21-13 設定專案初始環境

2 · 增加引用

　　增加必要的 TensorFlow.NET 的引用，如下。

```
using NumSharp;
using System;
using System.Collections.Generic;
using System.Diagnostics;
using System.IO;
using System.Linq;
using System.Text.RegularExpressions;
using Tensorflow;
using Tensorflow.Keras.Utils;
using Tensorflow.Sessions;
using static Tensorflow.Binding;
using static Tensorflow.KerasApi;
```

3 · 宣告變數

宣告必要的訓練參數和評估參數，我們對部分重要的參數進行說明。

參數說明如下。

NUM_CLASS：DBpedia Ontology Dataset 的標籤種類數。

BATCH_SIZE：訓練輸入的每個批次數。

NUM_EPOCHS：訓練的輪次數。

WORD_MAX_LEN：資料集每句話中的詞的數量。

```
public int? DataLimit = null;

const string dataDir = "cnn_text";
string TRAIN_PATH = $"{dataDir}/dbpedia_csv/train.csv";
string TEST_PATH = $"{dataDir}/dbpedia_csv/test.csv";

int NUM_CLASS = 14;
int BATCH_SIZE = 64;
int NUM_EPOCHS = 10;
int WORD_MAX_LEN = 100;

float loss_value = 0;
double max_accuracy = 0;

int vocabulary_size = -1;
NDArray train_x, test_x, train_y, test_y;
Dictionary<string, int> word_dict;
```

4 · 主程式邏輯

主程式的執行流程如下。

（1）資料集準備。

（2）模型架設和訓練。

（3）模型評估。

（4）模型推理。

主程式邏輯程式如下。

```
public bool Run()
{
    tf.compat.v1.disable_eager_execution();

    PrepareData();
    Train();
    Test();
    Predict();

    return max_accuracy > 0.9;
}
```

（1）資料集準備。

我們這裡採用的文字資料集是比較有名的 DBpedia Ontology Dataset。DBpedia 是一個眾包社區，旨在從維基百科中提取結構化的文字資訊，是關於日常生活中實體（如電影、藝術家、運動員、政治家、自然場景等）的最大、開放且可自由存取的知識圖譜之一。DBpedia Ontology Dataset 是透過從 DBpedia 2014 中選取 14 種不重複的類別來建構的，其選取了 560000 個訓練樣本和 70000 個測試樣本。我們用於本次程式實踐的資料集名為 dbpedia_subset，包含了維基百科文章的標題和摘要，是摘取自 DBpedia Ontology Dataset 的一個小的子集，dbpedia_ subset 中有 6400 個訓練樣本和 100 個測試樣本。

dbpedia_subset 的欄位如下。

- class（類別），數值型別，表示文章的類別。
- title（標題），字串類型，表示文章的標題。
- description（描述），字串類型，表示文章的描述。

其中，14 種類別按順序（對應 class 序號 1~14）如下所示。

- Company（公司）。

- EducationalInstitution（教育研究所）。

- Artist（藝術家）。

- Athlete（運動員）。

- OfficeHolder（政治家）。

- MeanOfTransportation（交通工具）。

- Building（建築物）。

- NaturalPlace（自然場景）。

- Village（鄉村）。

- Animal（動物）。

- Plant（植物）。

- Album（相簿專輯）。

- Film（電影）。

- WrittenWork（書面作品）。

dbpedia_subset 資料集摘錄如圖 21-14 所示。

資料集準備的主要步驟如下。

① 資料集下載、解壓。

② 構造數值和詞彙映射的字典。

③ 生成數值格式的文字資料集，並按訓練集 85%，驗證集 15% 的比例進行拆分。

	class 类别 A	title 标题 B	description 描述 C
1	4	Kiki Caron	Christine Kiki Caron (born 10 July 1948) is a French former backstroke swimmer. She won the silver medal in 100 m backstroke at the 1964 Summer Olympics and the gold medal in the same event at the 1966 European Aquatics Championships. She also participated in the 1968 Summer Olympics where she was the first woman to carry the French flag at the opening ceremony. During her swimming career she won 29 national swimming titles.
2	5	Michael J. Fisher	Michael J. Fisher is Chief of the United States Border Patrol and a member of the Senior Executive Service.Fisher is responsible for planning organizing coordinating and directing enforcement efforts to secure the United States' borders.Alan Bersin former Commissioner of U.S. Customs and Border Protection (CBP) described Fisher as an innovative leader among his peers and highly respected within the law enforcement community.
3	12	This Woman (K. T. Oslin album)	This Woman is the second studio album by American country music artist K. T. Oslin. It was released by RCA Nashville in 1988. Money Hold Me Hey Bobby the title track and Didn't Expect It to Go Down This Way were released as singles. The album reached #2 on the Top Country Albums chart and has been certified Platinum by the RIAA.
4	11	Melaleuca huttensis	Melaleuca huttensis is an Australian shrub.
5	13	Up 'n' Under (film)	Up 'n' Under is a 1998 film adaptation of the John Godber play of the same title.John Godber scripted and made his directorial debut with this adaptation of his play. The film was shot in Cardiff Wales.
6	6	HMS Leopard (1741)	HMS Leopard was a 50-gun fourth rate ship of the line of the Royal Navy built according to the 1733 proposals of the 1719 Establishment at Blackwall Yard and launched on 30 October 1741.Leopard was broken up in 1761.
7	9	Golinjevo	Golinjevo is a village in the municipality of Livno Bosnia and Herzegovina.
8	1	Academic Games	Academic Games is a competition in the U.S. in which players win by out-thinking each other in mathematics language arts and social studies. Formal tournaments are organized by local leagues and on a national level by the Academic Games Leagues of America (AGLOA). Member leagues in eight states hold a national tournament every year in which players in four divisions compete in eight different logic-based games but only six of these at the National level.
9	2	Del Mar Pines School	Del Mar Pines School is a private elementary school in the North County Coastal area of San Diego California.

▲ 圖 21-14 dbpedia_subset 資料集摘錄

資料集準備的程式如下。

```
private void PrepareData()
{
    var url = " 此處連結位址為 TensorFlow.NET 官方 GitHub 倉庫位址中的 dbpedia_ subset.zip 檔案 ";
    Web.Download(url, dataDir, "dbpedia_subset.zip");
    Compress.UnZip(Path.Combine(dataDir, "dbpedia_subset.zip"), Path.Combine(dataDir, "dbpedia_csv"));

    Console.WriteLine("Building dataset...");
    var (x, y) = (new int[0][], new int[0]);

    word_dict = build_word_dict(TRAIN_PATH);
    vocabulary_size = len(word_dict);
    (x, y) = build_word_dataset(TRAIN_PATH, word_dict, WORD_MAX_LEN);

    Console.WriteLine("\tDONE ");

    (train_x, test_x, train_y, test_y) = train_test_split(x, y, test_size: 0.15f);
    Console.WriteLine("Training set size: " + train_x.shape[0]);
    Console.WriteLine("Test set size: " + test_x.shape[0]);
}
```

其中，build_word_dict 方法按照資料集中所有詞的出現頻次從高到低，按順序生成數值和詞彙映射的字典，字典的前 3 個元素手動設定為特殊字元 "<pad>""<unk>""<eos>"，並且清理單一字母和單一數字等，程式如下。

```csharp
private Dictionary<string, int> build_word_dict(string path)
{
    var contents = File.ReadAllLines(path);

    var words = new List<string>();
    foreach (var content in contents)
        words.AddRange(clean_str(content).Split(' ').Where(x => x.Length > 1));
    var word_counter = words.GroupBy(x => x)
        .Select(x => new { Word = x.Key, Count = x.Count() })
        .OrderByDescending(x => x.Count)
        .ToArray();

    var word_dict = new Dictionary<string, int>();
    word_dict["<pad>"] = 0;
    word_dict["<unk>"] = 1;
    word_dict["<eos>"] = 2;
    foreach (var word in word_counter)
        word_dict[word.Word] = word_dict.Count;

    return word_dict;
}
private string clean_str(string str)
{
    str = Regex.Replace(str, "[^A-Za-z0-9(),!?]", " ");
    str = Regex.Replace(str, ",", " ");
    return str;
}
```

build_word_dataset 方法生成數值格式的文字資料集 (x, y)，從 dbpedia_subset 的文章類別欄位中提取 y，從文章描述欄位中提取 x。得到資料集 x 的大小為 [6400,100]，y 的大小為 [6400]，其中詞彙轉數值透過剛才生成的字典映射 word_dict 完成，並將標籤 y 的範圍從 1~14 變更為 0~13，方便索引運算，程式如下。

```
private (int[][], int[]) build_word_dataset(string path, Dictionary<string, int> word_
dict, int document_max_len)
{
    var contents = File.ReadAllLines(path);
    var x = contents.Select(c => (clean_str(c) + " <eos>")
                            .Split(' ').Take(document_max_len)
                            .Select(w => word_dict.ContainsKey(w) ? word_dict[w] :
word_dict["<unk>"]).ToArray())
        .ToArray();

    for (int i = 0; i < x.Length; i++)
        if (x[i].Length == document_max_len)
            x[i][document_max_len - 1] = word_dict["<eos>"];
    else
        Array.Resize(ref x[i], document_max_len);

    var y = contents.Select(c => int.Parse(c.Substring(0, c.IndexOf(','))) -
1).ToArray();

    return (x, y);
}
```

train_test_split 方法將 (x, y) 資料集拆分為 85:15（傳入參數 test_size: 0.15f）的訓練集和驗證集 (train_x, test_x, train_y, test_y)，程式如下。

```
private (NDArray, NDArray, NDArray, NDArray) train_test_split(NDArray x, NDArray y,
float test_size = 0.3f)
{
    Console.WriteLine("Splitting in Training and Testing data...");
    int len = x.shape[0];
    int train_size = (int)Math.Round(len * (1 - test_size));
    train_x = x[new Slice(stop: train_size), new Slice()];
    test_x = x[new Slice(start: train_size), new Slice()];
    train_y = y[new Slice(stop: train_size)];
    test_y = y[new Slice(start: train_size)];
    Console.WriteLine("\tDONE");
```

```
    return (train_x, test_x, train_y, test_y);
}
```

資料集準備完成後，主控台輸出如下（此處資料集已預先下載）。

```
cnn_text\dbpedia_subset.zip already exists.
Building dataset...
        DONE
Splitting in Training and Testing data...
        DONE
Training set size: 5440
Test set size: 960
```

（2）模型架設和訓練。

文字分類網路的模型結構如圖 21-15 所示。

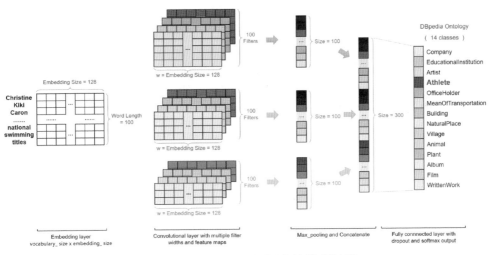

▲ 圖 21-15 文字分類網路的模型結構

　　首先是一層嵌入層，用於把詞彙映射為一組稠密的向量；然後是一層卷積層，使用了多個篩檢程式，由高度分別為 3、4、5 的卷積核對詞彙進行遍歷；接著是最大池化層和連接層的合併層，獲得了一列長特徵向量；最後是隨機捨棄層（防止模型過擬合），進行隨機捨棄後使用 Softmax 函式得出每一類的機率。整個模型結構是非常簡潔的，模型架設的程式如下。

```
private Graph BuildGraph()
{
    var graph = tf.Graph().as_default();

    WordCnn(vocabulary_size, WORD_MAX_LEN, NUM_CLASS);

    return graph;
}
private void WordCnn(int vocabulary_size, int document_max_len, int num_class)
{
    var embedding_size = 128;
    var learning_rate = 0.001f;
    var filter_sizes = new int[3, 4, 5];
    var num_filters = 100;

    var x = tf.placeholder(tf.int32, new TensorShape(-1, document_max_len), name:
"x");
    var y = tf.placeholder(tf.int32, new TensorShape(-1), name: "y");
    var is_training = tf.placeholder(tf.@bool, new TensorShape(), name: "is_
training");
    var global_step = tf.Variable(0, trainable: false);
    var keep_prob = tf.where(is_training, 0.5f, 1.0f);
    Tensor x_emb = null;

    tf_with(tf.name_scope("embedding"), scope =>
            {
                var init_embeddings = tf.random_uniform(new int[] { vocabulary_ size,
embedding_size });
                var embeddings = tf.compat.v1.get_variable("embeddings", initializer:
init_embeddings);
                x_emb = tf.nn.embedding_lookup(embeddings, x);
                x_emb = tf.expand_dims(x_emb, -1);
            });

    var pooled_outputs = new List<Tensor>();
    for (int len = 0; len < filter_sizes.Rank; len++)
    {
        int filter_size = filter_sizes.GetLength(len);
        var conv = keras.layers.Conv2D(
            filters: num_filters,
```

```
            kernel_size: new int[] { filter_size, embedding_size },
            strides: new int[] { 1, 1 },
            padding: "VALID",
            activation: tf.nn.relu).Apply(x_emb);

    var pool = keras.layers.max_pooling2d(
        conv,
        pool_size: new[] { document_max_len - filter_size + 1, 1 },
        strides: new[] { 1, 1 },
        padding: "VALID");

    pooled_outputs.Add(pool);
}

var h_pool = tf.concat(pooled_outputs, 3);
var h_pool_flat = tf.reshape(h_pool, new TensorShape(-1, num_filters * filter_sizes.
Rank));
Tensor h_drop = null;
tf_with(tf.name_scope("dropout"), delegate
        {
            h_drop = tf.nn.dropout(h_pool_flat, keep_prob);
        });

Tensor logits = null;
Tensor predictions = null;
tf_with(tf.name_scope("output"), delegate
        {
            logits = keras.layers.dense(h_drop, num_class);
            predictions = tf.argmax(logits, -1, output_type: tf.int32);
        });

tf_with(tf.name_scope("loss"), delegate
        {
            var sscel = tf.nn.sparse_softmax_cross_entropy_with_logits (logits:
logits, labels: y);
            var loss = tf.reduce_mean(sscel);
            var adam = tf.train.AdamOptimizer(learning_rate);
            var optimizer = adam.minimize(loss, global_step: global_ step);
        });
```

```
    tf_with(tf.name_scope("accuracy"), delegate
        {
            var correct_predictions = tf.equal(predictions, y);
            var accuracy = tf.reduce_mean(tf.cast(correct_predictions, TF_
DataType.TF_FLOAT), name: "accuracy");
        });
}
```

完成模型的架設後，我們可以看到，模型訓練過程主要使用到的運算節點為損失函式、準確率和最佳化器。我們可以先透過末端的全連接層得到的輸出特徵進行計算，從而得到每個類別的分數，再透過 Softmax 函式將分數轉化為機率分佈資料，進而計算得出模型的損失，最後透過最佳化器不斷訓練來最小化損失（對於分類問題，常用的損失函式是交叉熵損失函式）。同時，為了在訓練過程中即時觀測訓練的情況，我們定義準確率來即時計算和顯示模型訓練的平均效果。

網路的輸入訓練資料透過 batch_iter 方法獲取，「喂」給網路進行梯度下降，訓練程式如下。

```
private void Train()
{
    var graph = BuildGraph();

    using (var sess = tf.Session(graph))
    {
        sess.run(tf.global_variables_initializer());
        var saver = tf.train.Saver(tf.global_variables());

        var train_batches = batch_iter(train_x, train_y, BATCH_SIZE, NUM_EPOCHS);
        var num_batches_per_epoch = (len(train_x) - 1) / BATCH_SIZE + 1;

        Tensor is_training = graph.OperationByName("is_training");
        Tensor model_x = graph.OperationByName("x");
        Tensor model_y = graph.OperationByName("y");
        Tensor loss = graph.OperationByName("loss/Mean");
        Operation optimizer = graph.OperationByName("loss/Adam");
```

```
        Tensor global_step = graph.OperationByName("Variable");
        Tensor accuracy = graph.OperationByName("accuracy/accuracy");

        var sw = new Stopwatch();
        sw.Start();

        int step = 0;
        foreach (var (x_batch, y_batch, total) in train_batches)
        {
            (_, step, loss_value) = sess.run((optimizer, global_step, loss), (model_x,
    x_batch), (model_y, y_batch), (is_training, true));
            if (step % 10 == 0)
            {
                Console.WriteLine($"Training on batch {step}/{total} loss: {loss_
    value.ToString("0.0000")} {sw.ElapsedMilliseconds}ms.");
                sw.Restart();
            }

            if (step % 100 == 0)
            {
                // 使用每一輪中的驗證資料來測試模型的精度
                var valid_batches = batch_iter(test_x, test_y, BATCH_SIZE, 1);
                var (sum_accuracy, cnt) = (0.0f, 0);
                foreach (var (valid_x_batch, valid_y_batch, total_ validation_batches)
    in valid_batches)
                {
                    var valid_feed_dict = new FeedDict
                    {
                        [model_x] = valid_x_batch,
                        [model_y] = valid_y_batch,
                        [is_training] = false
                    };
                    float accuracy_value = sess.run(accuracy, (model_x, valid_x_batch),
    (model_y, valid_y_batch), (is_training, false));
                    sum_accuracy += accuracy_value;
                    cnt += 1;
                }

                var valid_accuracy = sum_accuracy / cnt;
```

```
                print($"\nValidation Accuracy = {valid_accuracy.ToString ("P")}\n");

                // 保存模型
                if (valid_accuracy > max_accuracy)
                {
                    max_accuracy = valid_accuracy;
                    saver.save(sess, $"{dataDir}/word_cnn.ckpt", global_step: step);
                    print("Model is saved.\n");
                }
            }
        }
    }
}
private IEnumerable<(NDArray, NDArray, int)> batch_iter(NDArray inputs, NDArray
outputs, int batch_size, int num_epochs)
{
    var num_batches_per_epoch = (len(inputs) - 1) / batch_size + 1;
    var total_batches = num_batches_per_epoch * num_epochs;
    foreach (var epoch in range(num_epochs))
    {
        foreach (var batch_num in range(num_batches_per_epoch))
        {
            var start_index = batch_num * batch_size;
            var end_index = Math.Min((batch_num + 1) * batch_size, len(inputs));
            if (end_index <= start_index)
                break;
            yield return (inputs[new Slice(start_index, end_index)], outputs[new
Slice(start_index, end_index)], total_batches);
        }
    }
}
```

執行程式後，主控台輸出了網路不斷迭代最佳化的過程，如下所示。

```
Training on batch 10/850 loss: 2.7253 1704ms.
Training on batch 20/850 loss: 2.6565 1386ms.
Training on batch 30/850 loss: 2.6008 1289ms.
Training on batch 40/850 loss: 2.5862 1291ms.
Training on batch 50/850 loss: 2.5152 1375ms.
```

```
Training on batch 60/850 loss: 2.4166 1446ms.
Training on batch 70/850 loss: 2.3630 1294ms.
Training on batch 80/850 loss: 2.3650 1327ms.
Training on batch 90/850 loss: 2.2079 1321ms.
Training on batch 100/850 loss: 2.1669 1365ms.

Validation Accuracy = 52.60%

Model is saved.

Training on batch 110/850 loss: 2.1265 2344ms.
Training on batch 120/850 loss: 1.9264 1238ms.
Training on batch 130/850 loss: 1.8975 1216ms.
Training on batch 140/850 loss: 1.8366 1223ms.
Training on batch 150/850 loss: 1.7144 1271ms.
Training on batch 160/850 loss: 1.6141 1204ms.
Training on batch 170/850 loss: 1.7724 1221ms.
Training on batch 180/850 loss: 1.5475 1231ms.
Training on batch 190/850 loss: 1.5691 1224ms.
Training on batch 200/850 loss: 1.6241 1324ms.

Validation Accuracy = 73.23%

Model is saved.


…// 中間過程省略


Training on batch 710/850 loss: 0.4012 2192ms.
Training on batch 720/850 loss: 0.1624 1190ms.
Training on batch 730/850 loss: 0.4199 1187ms.
Training on batch 740/850 loss: 0.3465 1171ms.
Training on batch 750/850 loss: 0.3734 1208ms.
Training on batch 760/850 loss: 0.3081 1178ms.
Training on batch 770/850 loss: 0.4369 1165ms.
Training on batch 780/850 loss: 0.4473 1165ms.
Training on batch 790/850 loss: 0.2549 1190ms.
Training on batch 800/850 loss: 0.2770 1184ms.
```

```
Validation Accuracy = 92.60%

Model is saved.

Training on batch 810/850 loss: 0.3841 2152ms.
Training on batch 820/850 loss: 0.3254 1193ms.
Training on batch 830/850 loss: 0.3586 1201ms.
Training on batch 840/850 loss: 0.2222 1168ms.
Training on batch 850/850 loss: 0.3423 1180ms.
```

我們看到，經過訓練的模型在驗證集上的準確率在逐步增加，經過 10 輪的訓練，準確率達到了 92.60%，取得了不錯的收斂效果。

訓練過程中每一輪的中間模型檔案和參數權值保存到了本地磁碟，如圖 21-16 所示。

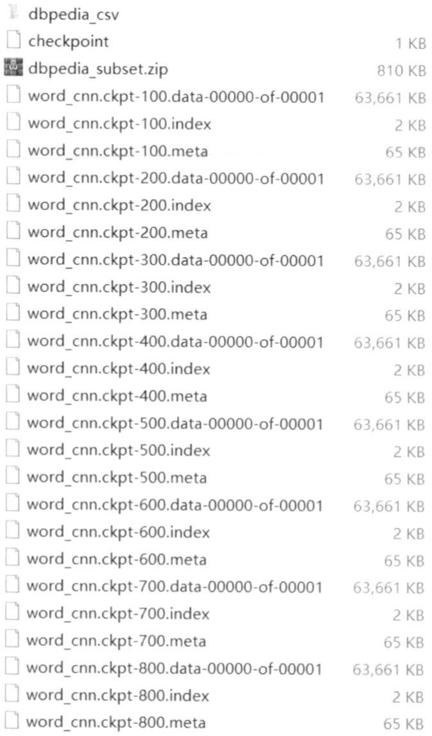

dbpedia_csv	
checkpoint	1 KB
dbpedia_subset.zip	810 KB
word_cnn.ckpt-100.data-00000-of-00001	63,661 KB
word_cnn.ckpt-100.index	2 KB
word_cnn.ckpt-100.meta	65 KB
word_cnn.ckpt-200.data-00000-of-00001	63,661 KB
word_cnn.ckpt-200.index	2 KB
word_cnn.ckpt-200.meta	65 KB
word_cnn.ckpt-300.data-00000-of-00001	63,661 KB
word_cnn.ckpt-300.index	2 KB
word_cnn.ckpt-300.meta	65 KB
word_cnn.ckpt-400.data-00000-of-00001	63,661 KB
word_cnn.ckpt-400.index	2 KB
word_cnn.ckpt-400.meta	65 KB
word_cnn.ckpt-500.data-00000-of-00001	63,661 KB
word_cnn.ckpt-500.index	2 KB
word_cnn.ckpt-500.meta	65 KB
word_cnn.ckpt-600.data-00000-of-00001	63,661 KB
word_cnn.ckpt-600.index	2 KB
word_cnn.ckpt-600.meta	65 KB
word_cnn.ckpt-700.data-00000-of-00001	63,661 KB
word_cnn.ckpt-700.index	2 KB
word_cnn.ckpt-700.meta	65 KB
word_cnn.ckpt-800.data-00000-of-00001	63,661 KB
word_cnn.ckpt-800.index	2 KB
word_cnn.ckpt-800.meta	65 KB

▲ 圖 21-16 本地磁碟保存的中間模型檔案和參數權值

如果需要對模型進行視覺化，那麼我們可以使用 TensorBoard 來查看網路結構，文字分類模型的網路結構如圖 21-17 所示。

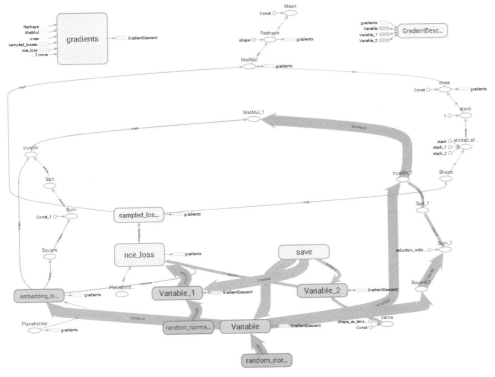

▲ 圖 21-17 文字分類模型的網路結構

（3）模型評估。

完成模型的訓練後，我們可以直接在現有模型上進行測試集的評估測試，或者從本地載入保存的權重檔案進行測試集的評估測試。這裡我們演示後一種方式，先載入本地 meta 檔案，再輸入測試集資料，計算模型在測試集上的平均準確率。需要注意的是，在模型測試的時候要把 is_training 置為 false，設定隨機捨棄層的參數 keep_prob = tf.where(is_training, 0.5f, 1.0f) 為 1.0，進而設定隨機捨棄層在測試的時候不起作用。

模型評估的程式如下。

```
private void Test()
{
    var checkpoint = Path.Combine(dataDir, "word_cnn.ckpt-800");
    if (!File.Exists($"{checkpoint}.meta")) return;

    var graph = tf.Graph();
    using (var sess = tf.Session(graph))
    {
        var saver = tf.train.import_meta_graph($"{checkpoint}.meta");
        saver.restore(sess, checkpoint);

        Tensor x = graph.get_operation_by_name("x");
        Tensor y = graph.get_operation_by_name("y");
        Tensor is_training = graph.get_operation_by_name("is_training");
        Tensor accuracy = graph.get_operation_by_name("accuracy/accuracy");

        var batches = batch_iter(test_x, test_y, BATCH_SIZE, 1);
        float sum_accuracy = 0;
        int cnt = 0;
        foreach (var (batch_x, batch_y, total) in batches)
        {
            float accuracy_out = sess.run(accuracy, (x, batch_x), (y, batch_y), (is_
training, false));
            sum_accuracy += accuracy_out;
            cnt += 1;
        }
        print($"Test Accuracy : {sum_accuracy / cnt}");
    }
}
```

程式執行後，主控台輸出了測試集上的平均準確率，約為 93%，這是一個
不錯的成績，如下所示。

```
Restoring parameters from cnn_text\word_cnn.ckpt-800
Test Accuracy : 0.92604166
```

（4）模型推理。

我們可以使用訓練好的本地模型權重檔案，對測試集上的某一句話進行推理，計算得出這句話屬於 14 種類別中的哪一種。模型推理主要透過 Softmax 函式將最後得到的分數轉化為機率分佈資料，選取其中機率最大的一種作為最後的推理結果，程式如下。

```
private void Predict()
{
    var checkpoint = Path.Combine(dataDir, "word_cnn.ckpt-800");
    if (!File.Exists($"{checkpoint}.meta")) return;

    var graph = tf.Graph();
    using (var sess = tf.Session(graph))
    {
        var saver = tf.train.import_meta_graph($"{checkpoint}.meta");
        saver.restore(sess, checkpoint);

        Tensor x = graph.get_operation_by_name("x");
        Tensor is_training = graph.get_operation_by_name("is_training");
        Tensor prediction = graph.get_operation_by_name("output/ArgMax");
        int test_num = 0;
        var test_contents = File.ReadAllLines(TEST_PATH);
        var (test_x, test_y) = build_word_dataset(TEST_PATH, word_dict, WORD_MAX_LEN);
        var input = ((NDArray)test_x[test_num]).reshape(1, 100);
        var result = sess.run(prediction, (x, input), (is_training, false));
        print($"Sentence: {test_contents[test_num]}");
        print($"Real: {test_y[test_num] + 1}");
        print($"Prediction Result: {result + 1}");
    }
}
```

程式執行後，主控台輸出如下。

```
Restoring parameters from cnn_text\word_cnn.ckpt-800
Sentence: 4,"Kiki Caron"," Christine Kiki Caron (born 10 July 1948) is a French
former backstroke swimmer. She won the silver medal in 100 m backstroke at the 1964
 Summer Olympics and the gold medal in the same event at the 1966 European Aquatics
```

```
Championships. She also participated in the 1968 Summer Olympics where she was the
first woman to carry the French flag at the opening ceremony. During her swimming career
she won 29 national swimming titles."
Real: 4
Prediction Result: [4]
```

我們選擇了測試集的第一句文章摘要，模型推理得出這句摘要的類別序號為 4，即類別為 Athlete（這裡已經對序號進行加 1 處理，確保和 DBpedia Ontology Dataset 的類別序號一致）。列印出實際的類別標籤和原始的 CSV 文件的內容，實際標籤也是 4，可以看到內容和 Athlete 有較強的連結性，模型得出了該句摘要比較正確的分類結果。

5 · 小結

當然，上述只是一個利用卷積神經網路進行自然語言處理文字分類任務的基礎範例，雖然已經取得了不錯的效果，但是還有很多可以最佳化的地方，包括使用 Google 官方預訓練的 Word2vec 嵌入向量、L2 正則化、超參數最佳化等，相信可以訓練得到更高的準確率。

第 **22** 章

生成對抗網路

22.1 生成對抗網路簡述

22.1.1 生成對抗網路簡述和技術進展

生成對抗網路（Generative Adversarial Network，GAN）是當前最熱門的深度學習技術之一，被 Yann LeCunn 譽為「20 年來機器學習領域最酷的想法」（來自評價片段 GANs are "the coolest idea in deep learning in the last 20 years."——Yann LeCunn, Facebook's AI chief）。

GAN 主要由生成器 G（Generator）網路和判別器 D（Discriminator）網路組成，其思想來自博弈論中的二人零和博弈。G 網路擷取真實資料樣本的內在特徵，並生成新的資料樣本；D 網路是一個二分類器，判別輸入資料是真實資料還是生成的樣本。其中，G 網路和 D 網路均可以採用深度神經網路。GAN 的最佳化過程是一個極小極大博弈（Minimax Game）問題，最佳化目標是達到納什均衡。GAN 主要有下述的應用場景。

- 影像生成：由網路生成真假難辨的影像。
- 影像轉換：將影像轉換為另一種形式的影像，如風景畫和油畫互相轉換、風格遷移、人臉影像和卡通影像互相轉換、給人像增加笑臉等場景。
- 影像合成：包括場景合成、不同角度人臉合成、文字到影像的合成、人臉不同年齡形態的合成等。
- 影像超解析度：將影像放大後的失真消除，透過插入新像素增加影像的解析度。
- 影像修復：包括殘缺或遮擋影像（2D 或 3D）的自動修復，自動補齊影像中缺失的部分。

2014 年，Ian J. Goodfellow 等人在論文 *Generative Adversarial Nets* 中第一次提出了 GAN，Ian J. Goodfellow 因此獲得「GAN 之父」的稱譽。此後，GAN 不斷取得重大的突破，2019 年 1 月 15 日，Ian J. Goodfellow 在 Twitter 上發表了 GAN 的技術進展，不同階段 GAN 技術的 G 網路生成影像效果的迭代如圖 22-1 所示，可以看到影像的逼真程度在不斷提升。

2014年　　2015年　　2016年　　2017年　　2018年

▲ 圖 22-1　不同階段 GAN 技術的 G 網路生成影像效果的迭代

近幾年 GAN 的一些技術發展產物如下。

1・GAN（生成對抗網路）

2014 年，GAN 之父 Ian J. Goodfellow 等人在論文 *Generative Adversarial Nets* 中提出了 GAN 這一革命性的想法，同時創造了兩個神經網路互相進行對抗，其中一個網路不斷最佳化以生成盡可能真實的資料（不侷限於影像），而另一個網路不斷學習以最大可能地區分真實的資料和網路生成的假資料。這一想法最關鍵的一點是，這兩個網路的系統可以最佳化到最終的「平衡狀態」，即生成器創造的假資料足夠真實，判別器能做的只是 50% 機率的隨機猜測。GAN 初代網路結構如圖 22-2 所示。

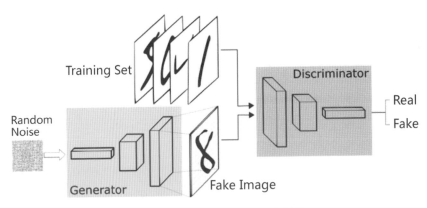

▲ 圖 22-2　GAN 初代網路結構

2 · DCGAN（深度卷積生成對抗網路）

DCGAN 的 全 稱 是 Deep Convolutional Generative Adversarial Networks，即深度卷積生成對抗網路，是 Alec Radford 等人在 2016 年的論文 *Unsupervised Representation Learning With Deep Convolutional Generative Adversarial Networks* 中提出的一個 GAN 網路模型。作者融合了監督學習中影像領域應用最多的深度卷積神經網路和無監督學習中的 GAN 網路，將原網路中的池化層用卷積和反卷積（也叫轉置卷積）層替換，並引入了 BN 層和啟動函式 LeakyReLU，移除了全連接層，最終大大地提升了影像生成的真實效果。DCGAN 在生成器網路（G 網路）中使用的反卷積層，可以將低解析度的影像轉換為高解析度的影像。DCGAN 網路結構如圖 22-3 所示。

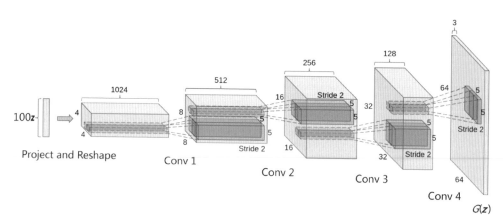

▲ 圖 22-3 DCGAN 網路結構

3 · CycleGAN（環狀生成對抗網路）

CycleGAN 本質上是 2 個鏡像對稱的 GAN，它們組成了一個環狀網路。2 個 GAN 共用 2 個生成器，並各附帶一個判別器，即共有 2 個判別器和 2 個生成器。一個傳統單向 GAN 有 2 個損失項，則 CycleGAN 共有 4 個損失項。CycleGAN 網路結構如圖 22-4 所示。

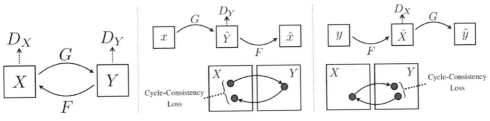

▲ 圖 22-4 CycleGAN 網路結構

Jun-Yan Zhu 等人在 2018 年的論文 *Unpaired Image-to-Image Translation using Cycle- Consistent Adversarial Networks* 中對 CycleGAN 在無配對（Unpaired）資料集上的應用進行了詳細的說明。CycleGAN 相比 Pix2Pix 方法的創新點是在來源域和目標域之間，無須建立訓練資料間一對一的映射，便可實現風格的遷移。圖 22-5 所示為有配對方式和無配對方式的風格遷移應用效果對比。

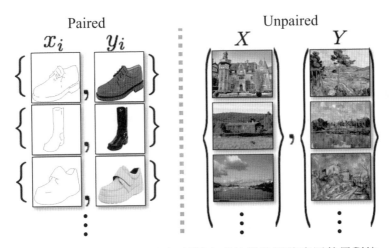

▲ 圖 22-5 有配對方式和無配對方式的風格遷移應用效果對比

CycleGAN 實現的環狀風格遷移效果如圖 22-6 所示。

▲ 圖 22-6 CycleGAN 實現的環狀風格遷移效果

4 · CoGAN（耦合生成對抗網路）

　　CoGAN 全稱是 Coupled Generative Adversarial Networks，即耦合生成對抗網路。作者 Ming-Yu Liu 等人在 2016 年的論文 *Coupled Generative Adversarial Networks* 中系統說明了 CoGAN。該網路是由兩個 GAN 網路組成的區域網路，並在網路中的某些層共用權重，減少了參數數量。CoGAN 不僅能提高影像生成品質，還可以在多個不同的影像域上進行訓練，其網路結構如圖 22-7 所示。

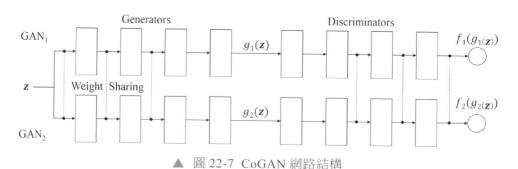

▲ 圖 22-7 CoGAN 網路結構

5 · ProGAN（漸進增長式生成對抗網路）

　　ProGAN 全稱是 Progressive Growing of GAN，即漸進增長式生成對抗網路。來自 NVIDIA 團隊的 Tero Karras 等人在 2018 年的論文 *Progressive Growing of*

GANs FOR improved quality, stability, and Variation 中提出了 ProGAN 網路，主要解決高畫質影像難以生成的問題。ProGAN 提出了一種新的 GAN 訓練方式，可以克服 GAN 在訓練時經常出現的損失不穩定導致的訓練失敗問題，透過增加生成影像的解析度來幫助穩定 GAN 的訓練技術。ProGAN 的核心思想是 Progressive，我們不要一開始就學那麼難的高畫質影像生成，這樣會讓生成器直接崩掉，而應從低清影像生成開始學起，學好了再提升解析度學更高解析度的影像生成。從 4 像素 ×4 像素到 8 像素 ×8 像素，一直提升到 1024 像素 ×1024 像素，循序漸進，就能有效且穩定地訓練出一個高品質的高解析度生成器模型。ProGAN 網路結構如圖 22-8 所示。

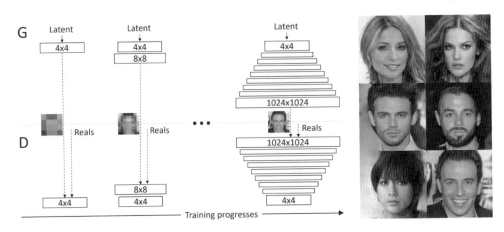

▲ 圖 22-8 ProGAN 網路結構

6 · WGAN（Wasserstein 生成對抗網路）

WGAN 全稱是 Wasserstein GAN，即 Wasserstein 生成對抗網路。作者 Martin Arjovsky 等人在 2017 年的論文 *Wasserstein GAN* 中提出了 WGAN。在介紹 WGAN 之前，我們先介紹一下傳統 GAN 面臨的 3 個問題。

- 訓練困難，需要精心設計模型結構並小心協調生成器和判別器的訓練程度。可以把生成器類比為小偷，判別器類比為員警，員警如果太厲害，就直接把小偷抓住了，但員警如果不厲害，就無法迫使小偷變得更厲害，因此 GAN 的訓練特別不穩定。

- 生成器和判別器的損失函式無法指示訓練過程，缺乏一個有意義的指標和生成影像的品質相連結。

- 模式崩壞（Mode Collapse），生成的影像雖然看起來像真的，但是缺乏多樣性。

針對傳統 GAN 的問題，WGAN 主要進行了以下 3 點最佳化改進（並非與上述問題一一對應）。

- 判別器最後一層去掉 Sigmoid。

- 生成器和判別器的損失函式中的 ln 取消，改用 Wasserstein 距離來度量真實影像分佈與生成影像分佈之間的距離。

- 每次更新判別器的參數之後，將其絕對值截斷至不超過一個固定常數 c，即 Gradient Clipping（前作）；或者使用梯度懲罰機制，即 Gradient Penalty（後作）。

WGAN 的論文中有大量的證明、推理和數學原理，我們可以透過圖 22-9 簡單看下 WGAN 和 GAN 的 Minimax 最佳化函式的對比和視覺化效果。

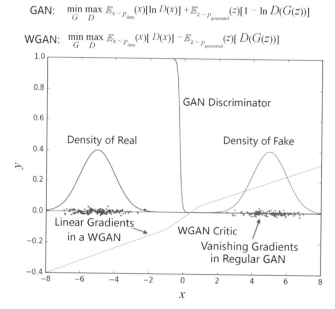

GAN: $\min_{G} \max_{D} \mathbb{E}_{x \sim p_{data}}(x)[\ln D(x)] + \mathbb{E}_{z \sim p_{generated}}(z)[1 - \ln D(G(z))]$

WGAN: $\min_{G} \max_{D} \mathbb{E}_{x \sim p_{data}}(x)[D(x)] - \mathbb{E}_{z \sim p_{generated}}(z)[D(G(z))]$

▲ 圖 22-9 WGAN 和 GAN 的 Minimax 最佳化函式的對比和視覺化效果

7 · SAGAN（自注意力生成對抗網路）

SAGAN 全稱是 Self-Attention Generative Adversarial Networks，即自注意力生成對抗網路。作者 Han Zhang 和 GAN 之父 Ian J. Goodfellow 等人在 2019 年的論文 *Self-Attention Generative Adversarial Networks* 中提出了這個將自注意力機制融合至 GAN 的網路。SAGAN 主要解決傳統 DCGAN 中受到卷積網路的局部感受野限制導致的細節遺失問題，即 DCGAN 在生成大範圍相關（Long-Range Dependency）的區域時，缺乏對整體影像結構的把握，造成遠距離的各局部細節之間的連結缺失，產生的影像會顯得不真實。例如，對於常用的人臉影像生成，由於卷積網路的局部感受野特性，如果生成的人臉的左右眼細節不一致，出現略微的不對稱，那麼生成的人臉效果就會大大失真。傳統解決全域資訊問題利用的方法是採用更深的卷積網路，或者直接採用全連接層獲取全域資訊，但這樣會導致參數量過大。直到 SAGAN 的提出，把自然語言處理中熱門的注意力機制（Attention）引入 GAN 的影像生成中，才找到一種比較簡潔且高效的方法解決了這一問題。SAGAN 網路結構如圖 22-10 所示。

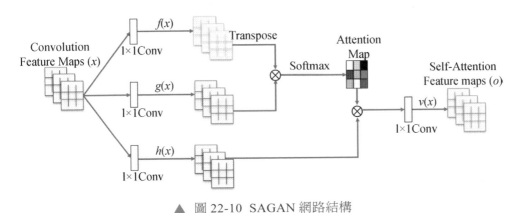

▲ 圖 22-10 SAGAN 網路結構

8 · BigGAN（大生成對抗網路）

BigGAN 即大生成對抗網路，也被稱為當時的最大規模的生成對抗網路，是來自 GoogleDeepMind 和 Heriot-Watt University 的作者 Andrew Brock 等人在論文 *LARGE SCALE GAN TRAINING FOR HIGH FIDELITY NATURAL IMAGE SYNTHESIS* 中提出的。BigGAN 作為 GAN 發展史上的重要里程碑，訓練出的

模型在生成資料的品質方面達到了前所未有的高度，遠超之前的所有方法。BigGAN 在 ImageNet（128 像素 ×128 像素解析度）資料集的訓練下，將 Inception Score 由之前最好的 52.52 提升到突破性的 166.3，Frechet Inception Distance 也由之前最好的 18.65 提升到 9.6。整體來說，BigGAN 雖然沒有提出很多創新的思想，但是針對如何訓練大型 GAN 進行了大量扎實有效的專案實踐上的改進、豐富的理論分析和實驗測試。BigGAN 透過 2 ～ 4 倍地增加參數量（增加通道板）、8 倍地擴大 Batchsize 使 GAN 獲得了最大的性能提升，並提出了一些資料截斷、正則化等技巧，保證了大型 GAN 訓練過程的穩定性，同時借助矩陣的奇異值分析方法對 GAN 訓練時的穩定性進行了分析，透過現存的和其他新穎的各種技術的集合確保在生成資料的多樣性與真實性之間取得了有效平衡。BigGAN 生成的影像高畫質逼真，且具有多樣性，如圖 22-11 所示。

▲ 圖 22-11 BigGAN 生成的影像

9．StyleGAN（以風格為基礎的生成對抗網路）

StyleGAN 全稱是 Style Generative Adversarial Network，即以風格為基礎的生成對抗網路。來自 NVIDIA 研究院的 Tero Karras 等人在 2019 年的論文 *A Style-Based Generator Architecture for Generative Adversarial Networks* 中提出了該網路。StyleGAN 不同於傳統 GAN 專注於損失函式、穩定性和系統結構的改進，也沒有致力於建立更真實的影像，而是改進了 GAN 對生成影像進行精細控制的能力。StyleGAN 提出了一個新的生成器結構（Generator Architecture），號稱能夠控制生成影像的高層級屬性（High-Level Attributes），如人臉中的髮型和雀斑等，並且生成的影像在某些評價標準上得分更高，同時隨論文開放原始碼了一個高品質資料集 FFHQ，裡面包含了 7 萬張 1024 像素 ×1024 像素高畫質人臉照。論文提出了新的生成器 Style-Based Generator，不同於常見的直接把

Latent 輸入生成器的輸入層的做法，新的生成器在輸入端增加了一個非線性映射網路 $f: Z \to W$。StyleGAN 網路結構如圖 22-12 所示。

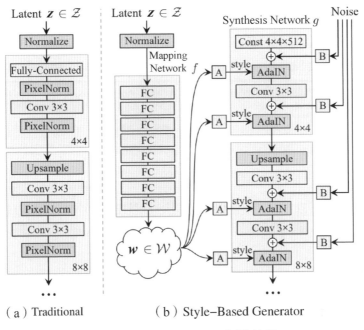

（a）Traditional　　　（b）Style–Based Generator

▲ 圖 22-12　StyleGAN 網路結構

StyleGAN 生成的非常精細的人臉影像如圖 22-13 所示。

▲ 圖 22-13　StyleGAN 生成的非常精細的人臉影像

22.1.2 DCGAN 網路簡述

我們來了解一下 GAN 的工作原理，理解 GAN 模型首先需要知道該模型拆開是兩個部分：辨別模型和生成模型。Ian J. Goodfellow 在其經典的原始 GAN 論文（見圖 22-14）中有一段形象的描述：生成模型類似於一組造假者，試圖生產假幣並在未被發現的情況下使用；而辨別模型類似於一組員警，試圖發現假幣。在這個遊戲中，兩者的競爭驅使這兩個團隊不斷改進自己的方法，直到贗品和真品完全無法區分。

Generative Adversarial Networks
Ian Goodfellow, Staff Research Scientist, Google Brain
ICCV Tutorial on GANs
Venice, 2017-10-22

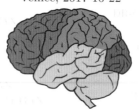

▲ 圖 22-14 原始 GAN 論文

這種博弈學習的思想使得 GAN 的網路結構和訓練原理與之前的其他網路模型有所不同，下面我們簡單介紹 GAN 的網路結構和訓練原理。

GAN 包含兩個子網路：生成器（Generator，簡稱 G）網路和判別器（Discriminator，簡稱 D）網路。其中，生成器網路負責學習樣本的真實分佈；判別器網路負責將生成器網路生成的樣本與真實樣本區分開。生成器網路和自編碼器功能類似，接收一個從給定隱空間採樣得到的隨機雜訊 z，透過這個雜訊生成圖片，記作 $G(z)$。判別器網路可以判別一張圖片是不是「真實的」，其輸入參數是 x，x 代表一張圖片，輸出 $D(x)$ 代表 x 為真實圖片的機率，如果輸出為 1，就代表 100% 是真實的圖片；如果輸出為 0，就代表不可能是真實的圖片。

判別器網路的目標是判別真假,也就是說,給定一張真實的圖片 x,判別器網路能夠舉出高分,也就是 $D(x)$ 大。針對生成器網路生成的圖片 $G(z)$,我們希望判別器網路儘量給低分,也就是希望 $D(G(z))$ 儘量小一點。因此判別器網路的目標函式為

$$\max_D V(D,G) = \mathbb{E}_{x \sim p_{\text{data}}(x)}\Big[\ln D(x)\Big] + \mathbb{E}_{z \sim p_z(z)}\Big[\ln\big(1 - D\big(G(z)\big)\big)\Big]$$

式中,x 代表的是真實資料(也就是真實的圖片);$G(z)$ 代表的是生成器網路生成的圖片。

生成器網路的目標是使得 $D(G(z))$ 儘量得高分,因此其目標函式可以寫成

$$\max_G V(D,G) = \mathbb{E}_{z \sim p_z(z)}\Big[\ln\big(D\big(G(z)\big)\big)\Big]$$

$D(G(z))$ 儘量得高分(分數在 0 ~ 1 分之間),等價於 $1 - D(G(z))$ 儘量得低分,因此上述目標函式等價於

$$\min_G V(D,G) = \mathbb{E}_{z \sim p_z(z)}\Big[\ln\big(1 - D\big(G(z)\big)\big)\Big]$$

把判別器網路的目標函式和生成器網路的目標函式結合起來,就變成了論文中的目標函式。GAN 的簡易網路結構和目標函式如圖 22-15 所示。

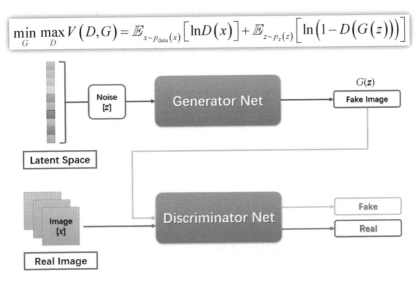

▲ 圖 22-15 GAN 的簡易網路結構和目標函式

　　模型訓練的目的是找到目標函式的最優解（理論上是存在全域最優解的，具體數學推理過程略），訓練過程描述如下。

　　我們透過隨機向量（雜訊資料）經由生成器網路產生一組假資料，並將這些假資料都標記為 1。將這些假資料登錄判別器網路中，起初的判別器網路會發現這些標記為真實資料（標記為 1）的輸入實際上都是假資料並舉出低分，這樣就產生了誤差。在訓練判別器網路的時候，一個重要的操作就是不讓判別器網路的權重參數發生變化，只要把誤差一直傳播到生成器網路，並更新生成器網路的權重參數，這樣就完成了一輪生成器網路的訓練。在完成生成器網路的訓練之後，我們就可以產生新的假資料和真實資料一起去訓練判別器網路的權重參數了，這個輪流訓練的過程被稱作單獨交替訓練。我們不斷重複迭代這個過程，就完成了 GAN 網路的整體訓練，訓練完成後得到生成器網路就可以用來生成所需的逼真的假影像。

　　在此，我們引用原作者在 GAN 原始論文中對訓練過程的理解，深入感受GAN 的數學思想。

　　GAN 思想：從訓練資料中獲取大量訓練樣本，逐步學習這些訓練樣本生成的機率分佈。

　　GAN 訓練過程的直觀理解如圖 22-16 所示。

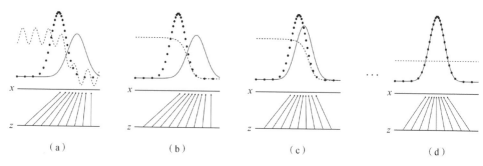

▲ 圖 22-16 GAN 訓練過程的直觀理解

圖 22-16 中的稀疏虛線表示真實樣本的機率分佈；實線表示生成樣本的機率分佈；密集虛線表示判別器推測的機率分佈；z 表示輸入雜訊；從 z 到 x 的實線表示生成器生成的機率分佈映射。

訓練過程的步驟分析如下。

（1）定義 GAN 結構生成資料。圖 22-16（a）所示狀態處於初始狀態，生成器生成的樣本分佈和真實樣本分佈區別較大，並且判別器判別出樣本的機率不穩定。

（2）在真實資料上訓練 n 輪判別器，產生假資料並訓練判別器辨識為假。透過多次訓練判別器來達到如圖 22-16（b）所示的狀態，此時判別器區分真實資料和假資料非常容易。

（3）訓練生成器達到欺騙判別器的效果。經過多次反覆訓練迭代，生成器達到如圖 22-16（c）所示的狀態，此時生成樣本分佈相比之前更逼近真實樣本分佈。

（4）生成樣本十分逼近真實樣本，判別器無法分辨出樣本差異。我們希望最終能夠達到如圖 22-16（d）所示的狀態，生成樣本分佈非常擬合於真實樣本分佈，並且判別器分辨不出樣本是生成的還是真實的。

了解 GAN 的工作原理後，我們來看 DCGAN 的網路結構和工作原理。

在 GAN 發展歷史中，我們已經對 DCGAN 進行了簡單的說明。DCGAN 全稱 Deep Convolutional Generative Adversarial Networks，中文名為深度卷積生成對抗網路。總結來說，DCGAN = CNN + GAN，就是將 GAN 的網路層用卷積層替換，來實現對圖像資料（原始 GAN 不侷限於圖像資料）更好的學習，生成更逼真的圖像資料。DCGAN 對 GAN 的改進主要表現在下述 3 個方面。

• 生成器網路取消了所有的池化層，使用轉置卷積（Fractional-Strided Convolutions，也稱反卷積）層進行上採樣，將輸入的隱空間隨機向量透過網路後逐漸變大，生成最終的偽裝影像。生成器網路接收一個表示為 z 的 100×1 的雜訊向量，透過一系列的層，最終將雜訊向量映射到 $64 \times 64 \times 3$ 的影像中。

- 判別器網路取消了池化層，使用正向卷積（Strided Convolutions）層對影像進行判別分類，判別影像的真偽。

- 除網路層方面外，DCGAN 還在技術上進行了很多改進：移除全連接層；使用批次歸一化（Batch Normalization）層幫助梯度流動來穩定學習，並幫助處理初始化不良導致的訓練問題；生成器網路中使用 ReLU 作為所有層的啟動函式（最後一層使用 Tanh）；判別器網路中使用 LeakyReLU 作為所有層的啟動函式。

DCGAN 的整體架構和訓練流程如圖 22-17 所示。

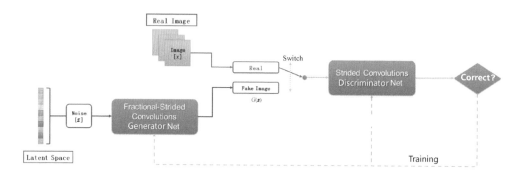

圖 22-17 DCGAN 的整體架構和訓練流程

22.2 生成對抗網路實戰案例

在生成對抗網路（GAN）實戰案例中，我們仍然採用經典的 MNIST 資料集（不得不說，這個資料集對於初學者來說非常好用）來作為我們的訓練資料集。我們將建構一個簡單的 DCGAN 來進行手寫數字影像的自動生成。MNIST 資料集由 0~9 這 10 種數字的手寫影像組成，可以直接用 Keras 附帶的 keras.datasets. mnist.load_data() 方法進行資料的載入匯入，關於該資料集的詳細介紹已經在前文中進行說明，此處不再贅述。GAN 模型的執行流程如圖 22-18 所示。

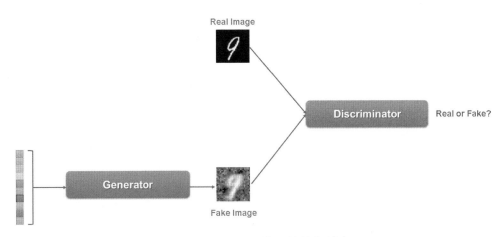

▲ 圖 22-18 GAN 模型的執行流程

　　DCGAN 透過不斷進行生成器網路和判別器網路之間的相互對抗學習，逐步提升生成器網路生成 MNIST 影像的能力，最終得到可以生成以假亂真的影像的生成器。

　　弄清楚了 DCGAN 的結構和原理，我們就可以開始 GAN 的實踐了。

1・新建專案

　　我們使用 Visual Studio 2019 新建一個目標框架為 .NET 5.0 的主控台應用程式，應用程式的名稱為 DCGAN，並設定編譯平臺為 x64。透過 NuGet 安裝必要的相依函式庫 NumSharp.Bitmap、OpenCvSharp 4.Funtime.win、SciSharp. TensorFlow. Redist 和 TensorFlow.Keras 等，設定必要的初始環境如圖 22-19 所示（NumSharp.Bitmap 用於影像儲存等操作）。

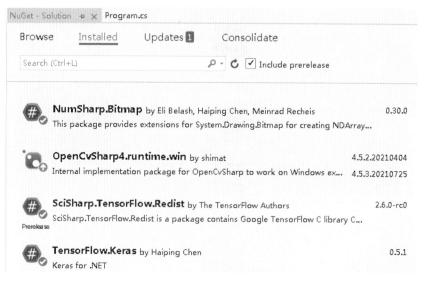

▲ 圖 22-19　設定必要的初始環境

2 · 增加引用

增加必要的 TensorFlow.NET 的引用，如下。

```
using NumSharp;
using System;
using System.Linq;
using Tensorflow;
using Tensorflow.Keras.Engine;
using Tensorflow.Keras.Datasets;
using static Tensorflow.Binding;
using static Tensorflow.KerasApi;
```

3 · 宣告變數

宣告必要的訓練參數和評估參數，我們對部分重要的參數進行說明。

參數說明如下。

LeakyReLU_alpha：啟動函式 LeakyReLU 小於 0 部分的梯度 α。

latent_dim：生成器輸入的原始雜訊資料的大小。

img_rows、img_cols、channels：輸入影像的形狀，此處為 MNIST 的影像
大小 28×28×1。

```
float LeakyReLU_alpha = 0.2f;

string imgpath = "dcgan\\imgs";
string modelpath = "dcgan\\models";
Shape img_shape;
int latent_dim = 100;
int img_rows = 28;
int img_cols = 28;
int channels = 1;

DatasetPass data;
```

關於 LeakyReLU 啟動函式的說明如下。

LeakyReLU 是 ReLU 的改進，與傳統 ReLU 的差異在於輸入小於 0 的部分。
ReLU 輸入小於 0 部分的值都為 0，而 LeakyReLU 輸入小於 0 部分的值為負數，
且有微小的梯度。在反向傳播過程中，對於 LeakyReLU 輸入小於 0 的部分，也
可以計算得到梯度（而非像 ReLU 一樣置為 0），這樣就避免了梯度方向上的鋸
齒問題，進而防止了 ReLU 容易出現的神經元壞死問題。ReLU 和 LeakyReLU
的函式影像如圖 22-20 所示。

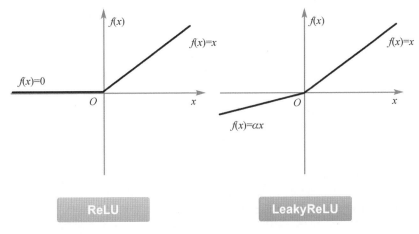

▲ 圖 22-20 ReLU 和 LeakyReLU 的函式影像

4 · 主程式邏輯

主程式的執行流程如下。

（1）資料集準備。

（2）網路架設和模型訓練。

（3）生成器生成樣本測試。

主程式邏輯程式如下。

```
public void Run()
{
    tf.enable_eager_execution();

    PrepareData();
    Train();
    Test();
}
```

（1）資料集準備。

使用 Keras 附帶的 keras.datasets.mnist.load_data 載入 MNIST 資料集，並建立資料夾用於存放訓練過程中產生的影像和模型。程式如下。

```
private void PrepareData()
{
    data = keras.datasets.mnist.load_data();

    img_shape = (img_rows, img_cols, channels);
    if (img_cols % 4 != 0 || img_rows % 4 != 0)
    {
        throw new Exception("The width and height of the image must be a multiple of
4");
    }
    System.IO.Directory.CreateDirectory(imgpath);
    System.IO.Directory.CreateDirectory(modelpath);
}
```

（2）網路架設和模型訓練。

　　生成器網路將輸入的長度為 100 的雜訊資料，透過多層的反卷積運算進行上採樣，輸出偽裝的生成樣本。建立生成器網路（Make_Generator_model）採用了 Keras 的 Sequential API 方式，其中最後一層輸出層採用 Tanh 作為啟動函式，程式如下。

```
private Model Make_Generator_model()
{
    Tensorflow.Keras.Activation activation = null;

    var model = keras.Sequential();
    model.add(keras.layers.Dense(img_rows / 4 * img_cols / 4 * 256, activation:
activation, input_shape: 100));
    model.add(keras.layers.BatchNormalization(momentum: 0.8f));
    model.add(keras.layers.LeakyReLU(LeakyReLU_alpha));
    model.add(keras.layers.Reshape((7, 7, 256)));

    model.add(keras.layers.UpSampling2D());
    model.add(keras.layers.Conv2D(128, 3, 1, padding: "same", activation:
activation));
    model.add(keras.layers.BatchNormalization(momentum: 0.8f));
    model.add(keras.layers.LeakyReLU(LeakyReLU_alpha));

    model.add(keras.layers.UpSampling2D());
    model.add(keras.layers.Conv2D(64, 3, 1, padding: "same", activation:
activation));
    model.add(keras.layers.BatchNormalization(momentum: 0.8f));
    model.add(keras.layers.LeakyReLU(LeakyReLU_alpha));

    model.add(keras.layers.Conv2D(32, 3, 1, padding: "same", activation:
activation));
    model.add(keras.layers.BatchNormalization(momentum: 0.8f));
    model.add(keras.layers.LeakyReLU(LeakyReLU_alpha));

    model.add(keras.layers.Conv2D(1, 3, 1, padding: "same", activation: "tanh"));
    model.summary();
    return model;
}
```

生成器網路透過 summary 方法在主控台輸出的網路層結構和參數資訊如下。

```
Model: sequential

Layer (type)                    Output Shape            Param #
=================================================================
dense_input (InputLayer)        (None, 100)              0

dense (Dense)                   (None, 12544)            1266944

batch_normalization (BatchNor   (None, 12544)            50176

leaky_re_lu (LeakyReLu)         (None, 12544)            0

reshape (Reshape)               (None, 7, 7, 256)        0

up_sampling2d (UpSampling2D)    (None, 14, 14, 256)      0

conv2d (Conv2D)                 (None, 14, 14, 128)      295040

batch_normalization_1 (BatchN   (None, 14, 14, 128)      512

leaky_re_lu_1 (LeakyReLu)       (None, 14, 14, 128)      0

up_sampling2d_1 (UpSampling2D   (None, 28, 28, 128)      0

conv2d_1 (Conv2D)               (None, 28, 28, 64)       73792

batch_normalization_2 (BatchN   (None, 28, 28, 64)       256

leaky_re_lu_2 (LeakyReLu)       (None, 28, 28, 64)       0

conv2d_2 (Conv2D)               (None, 28, 28, 32)       18464

batch_normalization_3 (BatchN   (None, 28, 28, 32)       128

leaky_re_lu_3 (LeakyReLu)       (None, 28, 28, 32)       0

conv2d_3 (Conv2D)               (None, 28, 28, 1)        289
```

```
================================================================
Total params: 1680065
Trainable params: 1680065
Non-trainable params: 0
```

　　判別器網路是一個多層的二分類卷積神經網路，輸入為圖像資料，透過多層的卷積運算，輸出二分類的結果。建立判別器網路（Make_Discriminator_model）採用了 Keras 的 Functional API 方式，其中最後一層輸出層採用 Sigmoid 作為啟動函式，程式如下。

```
private Model Make_Discriminator_model()
{
    Tensorflow.Keras.Activation activation = null;
    var image = keras.Input(img_shape);

    var x = keras.layers.Conv2D(128, kernel_size: 3, strides: (2, 2), padding: "same",
 activation: activation).Apply(image);
    x = keras.layers.LeakyReLU(LeakyReLU_alpha).Apply(x);
    x = keras.layers.BatchNormalization(momentum: 0.8f).Apply(x);

    x = keras.layers.Conv2D(256, 3, (2, 2), "same", activation: activation).
Apply(x);
    x = keras.layers.BatchNormalization(momentum: 0.8f).Apply(x);
    x = keras.layers.LeakyReLU(LeakyReLU_alpha).Apply(x);

    x = keras.layers.Conv2D(512, 3, (2, 2), "same", activation: activation).
Apply(x);
    x = keras.layers.BatchNormalization(momentum: 0.8f).Apply(x);
    x = keras.layers.LeakyReLU(LeakyReLU_alpha).Apply(x);

    x = keras.layers.Conv2D(1024, 3, (2, 2), "same", activation: activation).
Apply(x);
    x = keras.layers.BatchNormalization(momentum: 0.8f).Apply(x);
    x = keras.layers.LeakyReLU(LeakyReLU_alpha).Apply(x);

    x = keras.layers.Flatten().Apply(x);
    x = keras.layers.Dense(1, activation: "sigmoid").Apply(x);
```

```
    var model = keras.Model(image, x);
    model.summary();

    return model;
}
```

判別器網路透過 summary 方法在主控台輸出的網路層結構和參數資訊如下。

```
Model: functional

Layer (type)                    Output Shape              Param #
=================================================================
input_1 (InputLayer)            (None, 28, 28, 1)         0

conv2d_4 (Conv2D)               (None, 14, 14, 128)       1280

leaky_re_lu_4 (LeakyReLu)       (None, 14, 14, 128)       0

batch_normalization_4 (BatchN   (None, 14, 14, 128)       512

conv2d_5 (Conv2D)               (None, 7, 7, 256)         295168

batch_normalization_5 (BatchN   (None, 7, 7, 256)         1024

leaky_re_lu_5 (LeakyReLu)       (None, 7, 7, 256)         0

conv2d_6 (Conv2D)               (None, 4, 4, 512)         1180160

batch_normalization_6 (BatchN   (None, 4, 4, 512)         2048

leaky_re_lu_6 (LeakyReLu)       (None, 4, 4, 512)         0

conv2d_7 (Conv2D)               (None, 2, 2, 1024)        4719616

batch_normalization_7 (BatchN   (None, 2, 2, 1024)        4096

leaky_re_lu_7 (LeakyReLu)       (None, 2, 2, 1024)        0

flatten (Flatten)               (None, 4096)              0
```

```
dense_1 (Dense)                    (None, 1)                      4097
=================================================================
Total params: 6204161
Trainable params: 6204161
Non-trainable params: 0
```

完成了生成器和判別器的網路架設後，我們進入模型的訓練階段。

首先，進行 MNIST 資料集的載入、歸一化和格式轉換，程式如下。

```
NDArray X_train = data.Train.Item1;
X_train = X_train / 127.5 - 1;
X_train = np.expand_dims(X_train, 3);
X_train = X_train.astype(typeof(float));
```

然後，分別定義生成器網路和判別器網路的最佳化器，程式如下。

```
var G = Make_Generator_model();
var D = Make_Discriminator_model();

float d_lr = 2e-4f;
float g_lr = 2e-4f;
var d_optimizer = keras.optimizers.Adam(d_lr, 0.5f);
var g_optimizer = keras.optimizers.Adam(g_lr, 0.5f);
int showstep = 10;
```

完成準備工作後，開始模型的正式訓練。我們將詳細說明每一輪中的流程。

訓練判別器網路：我們隨機獲取 batch_size 大小的真實批次資料，讓生成器產生假樣本，分別計算假樣本和真樣本的損失並求平均損失，透過判別器的最佳化器對判別器網路進行一次最佳化。判別器網路訓練的程式如下。

```
Tensor g_loss, d_loss, d_loss_real, d_loss_fake;
using (var tape = tf.GradientTape(true))
{
    var noise = np.random.normal(0, 1, new int[] { batch_size, 100 });
    noise = noise.astype(typeof(float));
```

```
    var noise_z = G.Apply(noise);
    var d_logits = D.Apply(noise_z);
    var d2_logits = D.Apply(imgs);

    d_loss_real = BinaryCrossentropy(d2_logits, tf.ones_like(d2_logits));
    d_loss_fake = BinaryCrossentropy(d_logits, tf.zeros_like(d_logits));

    d_loss = d_loss_real + d_loss_fake;
    var grad = tape.gradient(d_loss, D.trainable_variables);
    d_optimizer.apply_gradients(zip(grad, D.trainable_variables.Select(x => x as
ResourceVariable)));
}
```

其中，損失函式 BinaryCrossentropy 建構如下。

```
private Tensor BinaryCrossentropy(Tensor x, Tensor y)
{
    var shape = tf.reduce_prod(tf.shape(x));
    var count = tf.cast(shape, TF_DataType.TF_FLOAT);
    x = tf.clip_by_value(x, 1e-6f, 1.0f - 1e-6f);
    var z = y * tf.log(x) + (1 - y) * tf.log(1 - x);
    var result = ((-1.0f / count) * tf.reduce_sum(z));
    return result;
}
```

　　判別器網路訓練一次後，進行生成器網路的訓練，同時停止判別器網路的訓練。生成器網路使用目標值為 1 的資料來訓練，目的是使得生成器生成的樣本越來越接近真實樣本。將梯度記錄器 GradientTape 的是否可持續使用的參數 persistent 置為 true，這樣可以在判別器網路和生成器網路中多次使用梯度下降法。生成器網路訓練的程式如下。

```
using (var tape = tf.GradientTape(true))
{
    var noise = np.random.normal(0, 1, new int[] { batch_size, 100 });
    noise = noise.astype(typeof(float));
    var noise_z = G.Apply(noise);
    var d_logits = D.Apply(noise_z);

    g_loss = BinaryCrossentropy(d_logits, tf.ones_like(d_logits));
```

```
    grad = tape.gradient(g_loss, G.trainable_variables);
    g_optimizer.apply_gradients(zip(grad, G.trainable_variables.Select(x => x as
ResourceVariable)));

    GC.Collect();
    GC.WaitForPendingFinalizers();
}
```

每經過 10 輪（可以根據使用者需求自由設定）的訓練，我們在主控台輸出訓練過程的各損失值，並使用生成器生成樣本影像保存至本地，用以即時觀察模型訓練的效果。程式如下。

```
if (i % 10 == 0 && i != 0)
{
    var s_d_loss_real = (float)tf.reduce_mean(d_loss_real).numpy();
    var s_d_loss_fake = (float)tf.reduce_mean(d_loss_fake).numpy();
    var s_d_loss = (float)tf.reduce_mean(d_loss).numpy();
    var s_g_loss = (float)tf.reduce_mean(g_loss).numpy();
    Console.WriteLine($"step{i} d_loss:{s_d_loss}(Real: {s_d_loss_real} + Fake: {s_d_
loss_fake}) g_loss:{s_g_loss}");
    if (i % showstep == 0)
        PredictImage(G, i);
}
```

生成器輸入隨機雜訊資料後，生成樣本影像並保存至本地，我們這裡讓其生成 5×5 的影像方便視覺化，程式如下。

```
private void PredictImage(Model g, int step)
{
    var r = 5;
    var c = 5;

    var noise = np.random.normal(0, 1, new int[] { r * c, latent_dim });
    noise = noise.astype(typeof(float));
    Tensor tensor_result = g.predict(noise);
    var gen_imgs = tensor_result.numpy();
    SaveImage(gen_imgs, step);
}
```

```
private void SaveImage(NDArray gen_imgs, int step)
{
    gen_imgs = gen_imgs * 0.5 + 0.5;
    var c = 5;
    var r = gen_imgs.shape[0] / c;
    NDArray nDArray = np.zeros(img_rows * r, img_cols * c);
    for (var i = 0; i < r; i++)
    {
        for (var j = 0; j < c; j++)
        {
            var x = new Slice(i * img_rows, (i + 1) * img_cols);
            var y = new Slice(j * img_rows, (j + 1) * img_cols);
            var v = gen_imgs[i * r + j].reshape(img_rows, img_cols);
            nDArray[x, y] = v;
        }
    }

    var t = nDArray.reshape(new int[] { img_rows * r, img_cols * c }) * 255;
    GrayToRGB(t.astype(typeof(byte))).ToBitmap().Save(imgpath + "/image" + step +
".jpg");
}
private NDArray GrayToRGB(NDArray img2D)
{
    var img4A = np.full_like(img2D, (byte)255);
    var img3D = np.expand_dims(img2D, 2);
    var r = np.dstack(img3D, img3D, img3D, img4A);
    var img4 = np.expand_dims(r, 0);
    return img4;
}
```

最後，每經過 1000 輪（可以根據使用者需求自由設定）的訓練，我們分別保存一份兩個網路模型訓練好的參數權重檔案。

```
if (i % 1000 == 0)
{
    G.save_weights("dcgan\\models\\Model_" + i + "_g.weights");
    D.save_weights("dcgan\\models\\Model_" + i + "_d.weights");
}
```

訓練過程的完整程式如下。

```csharp
private void Train(int epochs = 20000, int batch_size = 64)
{
    NDArray X_train = data.Train.Item1;
    X_train = X_train / 127.5 - 1;
    X_train = np.expand_dims(X_train, 3);
    X_train = X_train.astype(typeof(float));

    var G = Make_Generator_model();
    var D = Make_Discriminator_model();

    float d_lr = 2e-4f;
    float g_lr = 2e-4f;
    var d_optimizer = keras.optimizers.Adam(d_lr, 0.5f);
    var g_optimizer = keras.optimizers.Adam(g_lr, 0.5f);
    int showstep = 10;

    for (var i = 0; i <= epochs; i++)
    {
        var idx = np.random.randint(0, X_train.shape[0], new int[1] { batch_ size });
        var imgs = X_train[idx];

        Tensor g_loss, d_loss, d_loss_real, d_loss_fake;
        using (var tape = tf.GradientTape(true))
        {
            var noise = np.random.normal(0, 1, new int[] { batch_size, 100 });
            noise = noise.astype(typeof(float));
            var noise_z = G.Apply(noise);
            var d_logits = D.Apply(noise_z);
            var d2_logits = D.Apply(imgs);

            d_loss_real = BinaryCrossentropy(d2_logits, tf.ones_like (d2_ logits));
            d_loss_fake = BinaryCrossentropy(d_logits, tf.zeros_like (d_ logits));

            g_loss = BinaryCrossentropy(d_logits, tf.ones_like(d_logits));
            d_loss = d_loss_real + d_loss_fake;
            var grad = tape.gradient(d_loss, D.trainable_variables);
            d_optimizer.apply_gradients(zip(grad, D.trainable_variables. Select(x => x
 as ResourceVariable)));
```

```
                grad = tape.gradient(g_loss, G.trainable_variables);
                g_optimizer.apply_gradients(zip(grad, G.trainable_variables. Select(x => x
 as ResourceVariable)));

                GC.Collect();
                GC.WaitForPendingFinalizers();
            }
            if (i % 10 == 0 && i != 0)
            {
                var s_d_loss_real = (float)tf.reduce_mean(d_loss_real).numpy();
                var s_d_loss_fake = (float)tf.reduce_mean(d_loss_fake).numpy();
                var s_d_loss = (float)tf.reduce_mean(d_loss).numpy();
                var s_g_loss = (float)tf.reduce_mean(g_loss).numpy();
                Console.WriteLine($"step{i} d_loss:{s_d_loss}(Real: {s_d_loss_ real} +
Fake: {s_d_loss_fake}) g_loss:{s_g_loss}");
                if (i % showstep == 0)
                    PredictImage(G, i);
            }
            if (i % 1000 == 0)
            {
                G.save_weights("dcgan\\models\\Model_" + i + "_g.weights");
                D.save_weights("dcgan\\models\\Model_" + i + "_d.weights");
            }
        }
    }
}
```

經過一段比較漫長的 20000 輪的 GAN 訓練，我們看到主控台正常輸出了網路模型不斷最佳化的資料。

```
step10 d_loss:0.14342184(Real: 0.025226383 + Fake: 0.11819546) g_loss: 2.21585
step20 d_loss:0.21569014(Real: 0.016923241 + Fake: 0.19876689) g_loss: 1.7211533
step30 d_loss:0.3357258(Real: 0.017336931 + Fake: 0.31838888) g_loss: 1.3037748
step40 d_loss:10.704642(Real: 10.704641 + Fake: 1.0132795E-06) g_loss: 13.815511
step50 d_loss:0.72276866(Real: 0.20542932 + Fake: 0.51733935) g_loss: 1.0135466
step60 d_loss:2.2613297(Real: 2.1572676 + Fake: 0.104062185) g_loss: 2.8344822
step70 d_loss:1.2554206(Real: 0.6895453 + Fake: 0.5658753) g_loss: 0.92894244
step80 d_loss:1.1349515(Real: 0.47981364 + Fake: 0.65513784) g_loss: 0.816311
step90 d_loss:0.8924389(Real: 0.27227804 + Fake: 0.6201608) g_loss: 0.8878962
```

```
step100 d_loss:1.7858627(Real: 0.9767417 + Fake: 0.80912095) g_loss: 0.65517354
step110 d_loss:1.3068602(Real: 0.7323395 + Fake: 0.5745207) g_loss: 0.88084334
step120 d_loss:0.8572809(Real: 0.4972151 + Fake: 0.36006582) g_loss: 1.313802
step130 d_loss:1.0008106(Real: 0.44165856 + Fake: 0.55915207) g_loss: 1.0262213
step140 d_loss:1.5294282(Real: 0.7059893 + Fake: 0.8234389) g_loss: 0.6619406
step150 d_loss:1.5460566(Real: 1.1075417 + Fake: 0.43851495) g_loss: 1.1330912
step160 d_loss:1.5123763(Real: 0.85340977 + Fake: 0.65896654) g_loss: 0.7998519
step170 d_loss:1.015681(Real: 0.45625 + Fake: 0.55943096) g_loss: 0.9611598

...
...// 中間漫長的過程資料省略顯示
...

step19650 d_loss:0.9711857(Real: 0.60987234 + Fake: 0.36131334) g_loss: 1.7462065
step19660 d_loss:0.8604425(Real: 0.4628334 + Fake: 0.3976091) g_loss: 1.7382514
step19670 d_loss:0.86960113(Real: 0.34976387 + Fake: 0.51983726) g_loss: 1.6163776
step19680 d_loss:0.76848054(Real: 0.36080328 + Fake: 0.4076773) g_loss: 1.7234069
step19690 d_loss:0.76595396(Real: 0.34707275 + Fake: 0.4188812) g_loss: 1.6267488
step19700 d_loss:0.8082022(Real: 0.44232374 + Fake: 0.36587846) g_loss: 2.1065304
step19710 d_loss:0.89761764(Real: 0.3226956 + Fake: 0.574922) g_loss: 1.8035365
step19720 d_loss:0.73512506(Real: 0.2719859 + Fake: 0.46313918) g_loss: 1.8227055
step19730 d_loss:0.9184773(Real: 0.3769364 + Fake: 0.54154086) g_loss: 1.8115525
step19740 d_loss:0.8334565(Real: 0.27850485 + Fake: 0.55495167) g_loss: 1.4406571
step19750 d_loss:0.8194598(Real: 0.34679496 + Fake: 0.4726648) g_loss: 1.6869745
step19760 d_loss:0.8549297(Real: 0.49602866 + Fake: 0.35890102) g_loss: 2.0607
step19770 d_loss:0.7949564(Real: 0.45756924 + Fake: 0.33738714) g_loss: 1.9793812
step19780 d_loss:0.9967917(Real: 0.3778271 + Fake: 0.6189646) g_loss: 1.4674218
step19790 d_loss:0.8474324(Real: 0.3746788 + Fake: 0.47275355) g_loss: 1.5667795
step19800 d_loss:0.9256067(Real: 0.5982084 + Fake: 0.3273983) g_loss: 1.9328833
step19810 d_loss:0.8443334(Real: 0.37496054 + Fake: 0.46937284) g_loss: 1.6024877
step19820 d_loss:0.7732068(Real: 0.2974689 + Fake: 0.47573787) g_loss: 1.4944
step19830 d_loss:0.6361481(Real: 0.2945051 + Fake: 0.34164298) g_loss: 1.8681557
step19840 d_loss:0.87272656(Real: 0.524829 + Fake: 0.34789762) g_loss: 1.9686656
step19850 d_loss:0.88981974(Real: 0.34104842 + Fake: 0.5487713) g_loss: 1.5770483
step19860 d_loss:0.7254319(Real: 0.23065731 + Fake: 0.4947746) g_loss: 1.486969
step19870 d_loss:0.8257159(Real: 0.54789287 + Fake: 0.277823) g_loss: 2.2426329
step19880 d_loss:0.8372719(Real: 0.44383776 + Fake: 0.39343417) g_loss: 1.8332579
step19890 d_loss:0.94618577(Real: 0.50587016 + Fake: 0.4403156) g_loss: 1.7169013
step19900 d_loss:0.73658204(Real: 0.25509608 + Fake: 0.481486) g_loss: 1.5184599
```

```
step19910 d_loss:0.9104301(Real: 0.35359338 + Fake: 0.55683666) g_loss: 1.2711813
step19920 d_loss:0.88354766(Real: 0.3800665 + Fake: 0.50348115) g_loss: 1.404114
step19930 d_loss:0.7231463(Real: 0.40401918 + Fake: 0.31912714) g_loss: 2.1400714
step19940 d_loss:0.8463472(Real: 0.46322754 + Fake: 0.3831197) g_loss: 1.7451508
step19950 d_loss:0.84880286(Real: 0.48162365 + Fake: 0.36717921) g_loss: 2.1076884
step19960 d_loss:0.82819706(Real: 0.5459631 + Fake: 0.28223395) g_loss: 1.9893458
step19970 d_loss:0.76901877(Real: 0.37048882 + Fake: 0.39852998) g_loss: 1.9932384
step19980 d_loss:0.8616048(Real: 0.5246653 + Fake: 0.3369395) g_loss: 2.141441
step19990 d_loss:0.9072245(Real: 0.33786207 + Fake: 0.5693624) g_loss: 1.5576017
step20000 d_loss:1.0945709(Real: 0.4814219 + Fake: 0.61314905) g_loss: 1.499311
```

訓練過程的各損失曲線如圖 22-21 所示。

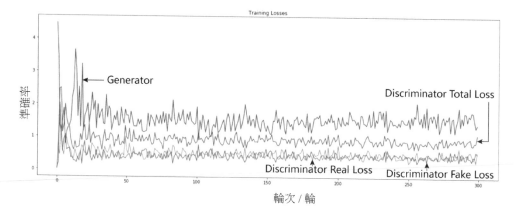

▲ 圖 22-21 訓練過程的各損失曲線

從圖 22-21 中可以清晰地看到，最終的 Discriminator Total Loss 在 1 左右波動，而 Discriminator Real Loss 和 Discriminator Fake Loss 在 0.5 左右波動，這充分說明判別器最終對於真假影像已經失去判別能力，只是在進行一些純粹的隨機判別。

在訓練過程中，每隔 1000 輪將訓練過程的模型權重檔案保存至本地。訓練過程中保存的模型權重檔案如圖 22-22 所示。

Model_1000_d.weights	24,284 KB	Model_11000_d.weights	24,284 KB
Model_1000_g.weights	6,696 KB	Model_11000_g.weights	6,696 KB
Model_2000_d.weights	24,284 KB	Model_12000_d.weights	24,284 KB
Model_2000_g.weights	6,696 KB	Model_12000_g.weights	6,696 KB
Model_3000_d.weights	24,284 KB	Model_13000_d.weights	24,284 KB
Model_3000_g.weights	6,696 KB	Model_13000_g.weights	6,696 KB
Model_4000_d.weights	24,284 KB	Model_14000_d.weights	24,284 KB
Model_4000_g.weights	6,696 KB	Model_14000_g.weights	6,696 KB
Model_5000_d.weights	24,284 KB	Model_15000_d.weights	24,284 KB
Model_5000_g.weights	6,696 KB	Model_15000_g.weights	6,696 KB
Model_6000_d.weights	24,284 KB	Model_16000_d.weights	24,284 KB
Model_6000_g.weights	6,696 KB	Model_16000_g.weights	6,696 KB
Model_7000_d.weights	24,284 KB	Model_17000_d.weights	24,284 KB
Model_7000_g.weights	6,696 KB	Model_17000_g.weights	6,696 KB
Model_8000_d.weights	24,284 KB	Model_18000_d.weights	24,284 KB
Model_8000_g.weights	6,696 KB	Model_18000_g.weights	6,696 KB
Model_9000_d.weights	24,284 KB	Model_19000_d.weights	24,284 KB
Model_9000_g.weights	6,696 KB	Model_19000_g.weights	6,696 KB
Model_10000_d.weights	24,284 KB	Model_20000_d.weights	24,284 KB
Model_10000_g.weights	6,696 KB	Model_20000_g.weights	6,696 KB

▲ 圖 22-22 訓練過程中保存的模型權重檔案

　　我們也可以透過在訓練過程中每隔 10 輪顯示生成器生成並保存本地的樣本影像，直觀地感受網路學習的過程。

　　這裡我們挑選了第 0 ～ 300 輪、第 2000 ～ 2300 輪、第 19700 ～ 20000 輪的生成器生成影像的迭代效果，如圖 22-23 所示。觀察圖 22-23，我們可以看到，最初的時候是一片灰濛濛的雜訊影像；然後慢慢地出現黑色背景下的清晰白色形狀，但多為一些曲線輪廓的組合，隨著迭代的深入，生成器的「造假能力」越來越強，逐漸知曉了真實影像的分佈，生成了一些扭曲變形的手寫數字的影像；最後生成器非常熟練地掌握了「造假技巧」，生成了可以以假亂真的手寫數字影像。

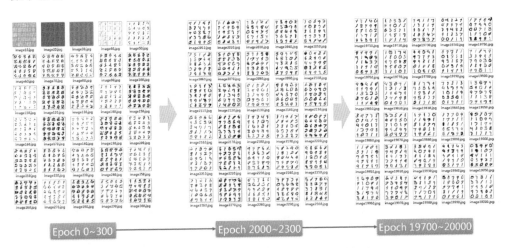

▲ 圖 22-23 生成器生成影像的迭代效果

（3）生成器生成樣本測試。

模型訓練完成後，如果我們想重新利用已訓練好的生成器生成新的影像，則只需要將之前保存好的生成器模型的權重檔案載入進來，就可以進行影像的生成了。

```
private void Test()
{
    var G = Make_Generator_model();
    G.load_weights(modelpath + "\\Model_20000_g.weights");
    PredictImage(G, 1);
}
```

最終訓練完成的生成器的影像生成效果如圖 22-24 所示。

我們看到，雖然生成手寫數字的局部還有些瑕疵，但是整體的逼真程度已經很高了，如果想要更好的效果，我們可以採用其他更先進的 GAN 網路模型進行訓練。

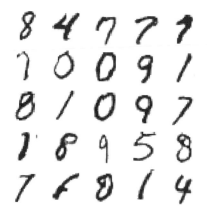

▲ 圖 22-24 最終訓練完成的生成器的影像生成效果

5 · 小結

透過以 MNIST 資料集為基礎的 DCGAN 模型案例實踐，相信大家對 DCGAN 的工作原理和過程有了一個初步的認識。GAN 技術在 2018 年被《麻省理工科技評論》評為「全球十大突破性技術」（10 Breakthrough Technologies）。圖 22-25 所示為 GAN 技術描述的場景。

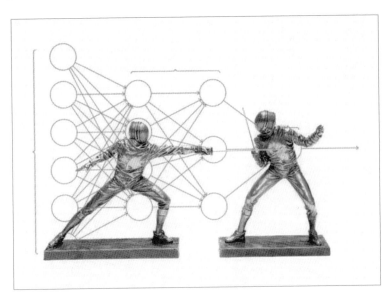

▲ 圖 22-25 GAN 技術描述的場景

GAN 技術已經成為過去 10 年最具潛力的人工智慧突破技術之一，其甚至可以幫助機器產生欺騙人類的效果。例如，來自 NVIDIA 的研究團隊用大量明星的照片訓練出了一個 GAN 系統，這個系統生成了數百張根本不存在、但看起來十分真實的人臉照片；另外一個研究團隊則生成了許多十分逼真的梵谷油畫。在進一步訓練後，GAN 可以對圖片進行各種修改，如在乾淨的馬路上蓋上一層雪，或者把馬變成斑馬，這在最新的 Photoshop 的修圖技術上展現了許多魔術般的效果。由於有些 GAN 生成的圖片或聲音實在太逼真了，因此一些專家相信，GAN 在某種程度上已經開始理解它們所見到、所聽到的世界底層結構，這意味著人工智慧開始獲得一定的想像力。但不可諱言的是，技術發展帶來的負面影響不容忽視，如 GAN 能創造出以假亂真的圖片及視訊來混淆視聽，這是伴隨技術突破發展而來的全新挑戰。因此,對於一手打造 GAN 技術的 Ian J. Goodfellow 而言,他後來的研究重心就在於 GAN 濫用問題,就如同父親對待自己的孩子一樣,希望 GAN 技術不會誤入歧途。展望未來,相信 GAN 技術的發展會推進人工智慧變得更加「智慧」,更加具備想像力和創造性。

第**23**章
F# 應用案例

23.1 F# 簡明教學

23.1.1 F# 語言概述

1 · .NET 與 F# 的前世今生

20 世紀 70 ～ 80 年代是一個電腦軟硬體蓬勃發展的時代，各種程式設計語言和程式設計範式層出不窮，出現了 BASIC、PASCAL、Prolog、Modula 2 和 C 等經典程式設計語言，掀開了「第 4 代程式設計語言」的序幕。微軟作為全球最大的作業系統和應用軟體公司，也應勢推出了自己的程式設計語言，其中的 Visual Basic 面向大部分基礎開發者，C 和 C++ 則面向高級開發者，這些程式設計語言可以方便地讓各個領域的開發者在微軟的 DOS 和 Windows 生態下開發應用程式。

20 世紀 80 年代末，物件導向程式設計（Object Oriented Programming，OOP）逐漸替代傳統的面向過程程式設計（Procedure Oriented Programming，POP）成為時代主流。1996 年，Java 語言發佈，成為了物件導向語言的引領者。相比當時的其他程式設計語言，Java 具有很多首創的優秀特性：物件導向的現代語言設計；跨平臺特性（Write Once Run Anywhere）；虛擬機器（JVM）技術；自動垃圾回收（GC）等。這些廣受歡迎的新技術和特性，讓 Java 語言快速佔據了當時的瀏覽器市場和工業領域。

為了應對來自 Java 的巨大挑戰，微軟在 1997 年推出自己的全新程式設計語言平臺 .NET，如圖 23-1 所示。微軟 .NET 在具備和 Java 相似的跨平臺和 GC 等特性基礎上，推出了很多創新設計：多語言支援（VB、C++、Java、C#）；位元組碼（ByteCode）最佳化；JIT 即時編譯；堆疊安全機制等。如果用一句話總結，.NET 的核心設計理念就是：執行於公共語言執行時期（Common Language Runtime，CLR）之上並整合大量基礎類別庫的平臺。這裡引用比爾·蓋茲對 .NET 設計的初衷：「Multi-language runtime rather than just a fixed set of languages decided by Microsoft」。

▲ 圖 23-1 微軟的 .NET

　　儘管物件導向程式設計在當時已經風靡全球，但函式式程式設計依然在部分領域不斷前進和推廣，甚至有專家預測，也許繼物件導向程式設計之後，函式式程式設計會成為下一個程式設計的主流範式（Programming Paradigm），函式式程式設計可能會成為未來程式設計師的必備技能。F# 就是一種典型的函式式語言，因此在學習 F# 之前，我們先來了解函式式程式設計的歷史。函式式程式設計（Functional Programming，FP）的先鋒是 LISP 語言（見圖 23-2）。LISP 名稱來自列表處理（List Processing）的英文縮寫，由麻省理工學院的人工智慧研究先驅約翰·麥卡錫（John McCarthy）在 1958 年以 λ 演算創造為基礎，採用抽象資料清單與遞迴進行符號演算來衍生人工智慧，其革命性的創新思維影響了後續很多程式設計語言的發展，同時完全壟斷了當時的人工智慧領域應用長達 30 多年。隨後出現的函式式語言還有 Haskell、Standard ML、OCaml、Clean、Erlang 和 Miranda 等。

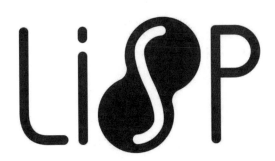

▲ 圖 23-2 LISP 語言

那麼，什麼是函式式程式設計呢？簡單來說，函式式程式設計主要關心資料間的映射。函式式程式設計的理論基礎是 λ 演算（見圖 23-3），將計算過程描述為一種運算式求值，得到的程式整體可以看作一個運算式。λ 演算雖然是圖靈完備（Turing Completeness）的，但在實際執行時期，函式式程式一般仍然會被編譯成馮·諾依曼系統結構的機器語言來執行。

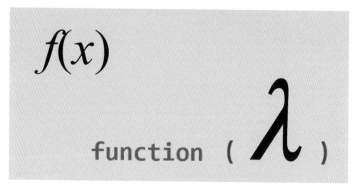

▲ 圖 23-3 函式式程式設計和 λ 演算

談到函式式程式設計，一般都會提到下面的 5 個特點。

- 函式第一位（Higher-order Function）。
- 偏應用函式（Partially Applied Functions）。
- 柯里化（Currying）。
- 閉包（Closure）。
- 惰性求值（Lazy Evaluation）。

上面的描述詞彙可能有些晦澀難懂，我們透過更簡單的描述來了解函式式程式設計的主要特點。

（1）函式第一位（Higher-order Function）。

函式第一位指的是函式與其他資料型態一樣，可以作為參數傳入另一個函式，或者作為其他函式的傳回值，也可以賦值給其他變數。

（2）運算式優先（Expression Priority）。

運算式（Expression）是一個單純的運算過程，總有傳回值；語句（Statement）是執行某種操作，沒有傳回值。函式式程式設計的初衷是單純運算過程的組合，儘量減少不必要的語句。

（3）無副作用（No Side Effect）。

函式式程式設計的無副作用主要表現為函式運算式間的獨立性，每個函式運算後均傳回一個新的值，不會修改外部變數的值，也不存在修改全域變數的情況。因此，只要保證介面不變，內部實現是外部無關的。

（4）不修改狀態（State Invariant）。

既然函式式程式設計不修改變數，那麼程式的中間狀態就無法保存在變數中，不會被修改，只能透過函式參數方式傳播狀態。

（5）引用透明（Referential Transparency）。

函式的運算不依賴外部變數，只依賴輸入的參數。任何時候只要函式的參數一致，函式運算得到的傳回值總是相同的，這有利於進行單元測試（Unit Test）和偵錯（Debug），以及模組化組合。

綜合上述的特點，我們可以看到，函式式程式設計主要有兩個優點：一個是函式的獨立性，這樣程式運算結果不依賴呼叫的時間和位置，更容易進行單元測試和偵錯，不容易出錯，運算過程穩定清晰，不會有外部變化的擾動；另一個是函式的不變性，由於多個執行緒之間不共用狀態，不會造成資源競爭佔用，因此不需要用鎖機制來保護變數狀態，絕對不會出現鎖死問題，可以提升多個處理器平行處理處理能力的穩定性。此外，還有一個好處是函式式程式設計的語言風格更傾向於數學抽象，更接近人類的思維方式，因此程式更加簡潔，也更容易被理解，具有很高的程式可讀性。

2‧F# 語言特點和簡單範例

　　F# 之父 Don Syme 最初於 2002 年在微軟研究院立項研發出了 F#，他也是我們 SciSharp Stack 社區的核心組成員，主導 TensorFlow.NET 的 F# 相關版塊。2005 年，F# 推出了第一個版本；2007 年，隨著函式式程式設計的概念透過 .NET 泛型和 LINQ 等技術越來越多地融入 .NET 主流語言（C# 和 Visual Basic），F# 在 .NET 社區裡的影響不斷擴大。2007 年 11 月，微軟正式將 F# 從研發專案部門移轉至產品部門，並決定將 F# 置入 Visual Studio 2010 中，這宣告 F# 進入產品化階段；截至目前（2021 年 8 月），最新的 F# 版本為 F# 5.0，於 2020 年 11 月隨 .NET 5.0 一起發佈，搭載於 Visual Studio 2019 中。圖 23-4 所示為 F# 語言的主要特點。

▲ 圖 23-4　F# 語言的主要特點

　　作為微軟 .NET 平臺的三大程式設計語言之一（另外兩種是 C# 和 Visual Basic），F# 最大的特點是對函式式程式設計（Functional Programming，FP）的引入，它是以 OCaml 語法為基礎的，而 OCaml 是以 ML 函式程式設計語言為基礎的。F# 對物件導向程式設計（Object Oriented Programming，OOP）和命令式程式設計（Imperative Programming，IP）的支持同樣出色。使用 F# 語言，開發者可以自由選擇函式式程式設計、命令式程式設計或物件導向程式設計來實現自己的專案。此外，身為 .NET 生態的一部分，F# 還可以與 .NET 平臺上的 C# 和 Visual Basic 語言緊密結合，並提供類型安全、性能及類似指令碼語言的工作能力。對於以上 F# 語言的特點，我們可以引用 F# 之父 Don Syme 在 .NET Fringe 2016 大會上對 F# 的描述：「F# 是以以物件導向語言執行時期為基礎建構為基礎的函式式語言。」

我們總結一下 F# 語言的特點，如下。

- 以 .NET 實現為基礎的 OCaml 語法，因此具有函式式語言的簡潔、高效、穩固、穩定的特點。

- 擬態獨立性（Mimetic Independence），免費、開放原始碼、跨平臺、獨立，由非盈利性組織 F# 軟體基金會管理。

- 編譯自 CLI（通用語言介面）位元組程式或對 CLR（公共語言執行時期）執行 MSIL（微軟中間語言）。

- 由來自微軟的 Visual F# 工具提供 Windows 和 Azure 支援，由 F# 編譯服務提供編譯基礎。

- 允許寫入高階函式，提供了類型推斷能力、豐富的模式匹配結構和完整的物件模型。

- 具有互動式腳本和偵錯功能。

綜合上述特點，我們可以看到，F# 特別適合下述領域的專案開發（見圖 23-5）。

- 科學模型建模和數學解題。

- 資料科學和人工智慧的研究和開發工作。

- 金融資料建模。

- 平面 CAD 腳本設計、CPU 設計。

- 編譯器程式設計。

- 網路程式設計和雲端程式開發。

▲ 圖 23-5 F# 的專案應用領域

　　接下來，我們透過簡單的幾個程式範例，了解 F# 的程式設計。

　　範例 1：我們可以直接使用 Visual Studio 2019 建立 .NET 5.0 的 F# 主控台程式，在預設的情況下，Program.fs 中已經包含了「Hello World」的必要程式，我們來了解下這個附帶範例，如下所示。

```
// 一起來學習 F#

open System

// 定義一個函式來構造要列印的訊息
let from whom =
    sprintf "from %s" whom

[<EntryPoint>]
let main argv =
    let message = from "F#" // 呼叫函式
    printfn "Hello world %s" message
    0 // 傳回一個整數值的退出程式
```

上述的「Hello World」專案封裝了一個函式 from 用於結構化字串，在預設的「Hello world」字串結尾處組裝一串「from ***」的字串，組成一個新的字串，其中的關鍵字 let 後接的 from 為函式名稱，其後的 whom 為參數，「=」後接的為函式本體內容。

程式執行後，主控台輸出如下。

```
Hello world from F#
```

範例 2：我們簡單演示一個 for 迴圈，在範例 1 基礎上，遍歷輸出一個字串陣列中的各個元素的結構化結果，程式如下。

```
// name 根據用法被自動推斷為字串
let printMessage name =
    printfn $"Hello there, {name}!"

// names 被自動推斷為字串序列
let printNames names =
    for name in names do
        printMessage name

let names = [ "Ana"; "Felipe"; "Emillia" ]
printNames names
```

程式執行後，主控台輸出如下。

```
Hello there, Ana!
Hello there, Felipe!
Hello there, Emillia!
```

範例 3：我們來撰寫一個完整的求平方運算並輸出結果的程式，程式如下。

```
module HelloSquare

let square x = x * x

[<EntryPoint>]
let main argv =
```

```
printfn "%d squared is: %d!" 12 (square 12)
0 // 傳回一個整數值的退出程式
```

程式中的第 1 個 let 定義了一個名為 square 的函式，該函式採用了名為 x 的輸入參數，並將參數 x 自乘以獲得輸出結果。由於 F# 使用了類型推斷（Type Inference，類似於 .NET 中的泛型特性 Generics），因此 x 不需要指定類型，同時 F# 會自動辨識乘法運算有效的類型，並以呼叫類型為基礎將 square 的類型分配給 x。在 Visual Studio 2019 上，我們可以透過將滑鼠懸停在 square 上，來看到下述的函式類型簽名。

```
val square: x:int -> int
```

這個關於類型描述的內容可以通俗地解釋為：square 是一個函式，它採用名為 x 的整數，並生成整數。

程式的第兩個 let 定義了一個名為 main 的函式，該函式使用屬性 EntryPoint 進行修飾，以告知 F# 編譯器該程式碼的執行入口。同時為了遵循和其他 C 樣式程式設計語言相同的約定，可以將命令列參數 argv 傳播給此函式，並按照常規方式傳回整數 0。

在入口函式 main 處，我們首先使用參數 12 來呼叫函式 square；然後 F# 編譯器將類型關係 int → int 分配為 square，即使用 int 類型的參數並生成 int 類型的結果；接著呼叫一個格式化的列印函式 printfn，該函式對字串進行格式化並將結果輸出；最後輸出分行符號。格式化字串的方式與 C 樣式程式設計語言類似，即用參數列表依次替換字串中的 %d，本例中的參數分別為 12 和 square 12 運算結果。

程式執行後，主控台輸出如下。

```
12 squared is: 144!
```

透過上述 3 個簡單的範例程式，相信大家對 F# 的程式設計規則有了一些初步的了解。很多年來，人們一般認為函式式語言（ML、Haskell 等）更適用於學術研究，而不適用於專業生產應用的開發。F# 的出現改變了這一局面，人們可以使用兼具函式式程式設計和物件導向程式設計特性的 F# 開發出簡潔、精巧、功能強大的商務軟體專案，同時完全不用擔心執行緒安全或原子存取的問題，可以輕鬆撰寫高並行特性的類別庫。隨著函式式程式設計在程式設計中的重要性日漸增強，F# 身為微軟唯一的函式式程式設計語言，其憑藉特殊的地位更易引起大家的重視。對越來越多的人來說，F# 語言的一些新特性及其對函式式程式設計的全面支援，可能會帶來一次大的變革，特別是在機器學習和巨量資料計算領域。

23.1.2 F# TensorFlow.NET 入門

在開始 F# 的 TensorFlow.NET 專案實踐之前，我們透過幾個簡單的入門範例，來學習下 TensorFlow.NET 框架下的 F# 程式撰寫。

1 · Hello World

我們透過撰寫一個「Hello World」字串輸出程式，來演示如何使用 F# 開發 TensorFlow.NET 的程式。

打開 Visual Studio 2019 新建 F# 主控台程式，選擇 .NET 5.0 框架，並設定目標平臺為 x64。F# 在 Visual Studio 2019 中的設定環境如圖 23-6 所示。

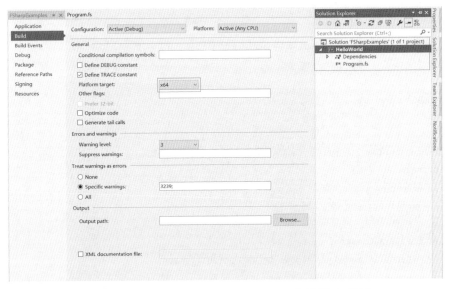

▲ 圖 23-6 F# 在 Visual Studio 2019 中的設定環境

透過 NuGet 安裝必要的相依函式庫 SciSharp.TensorFlow.Redist、Tensor Flow.Keras 和 FSharp. Core，如圖 23-7 所示。

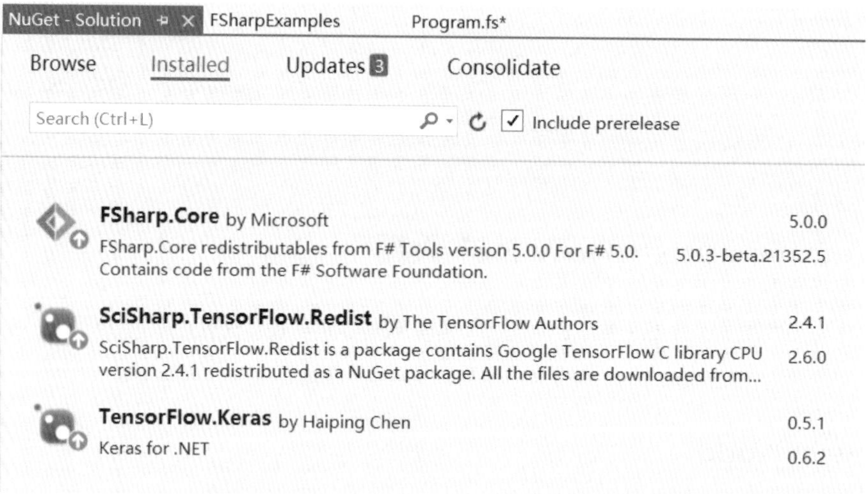

NuGet - Solution ⊹ ✕ FSharpExamples　　Program.fs*

Browse　　Installed　　Updates **3**　　Consolidate

Search (Ctrl+L)　　🔍 ▾ ↻ ✓ Include prerelease

FSharp.Core by Microsoft　　　　　　　　　　　　　　　　5.0.0
FSharp.Core redistributables from F# Tools version 5.0.0 For F# 5.0.　　5.0.3-beta.21352.5
Contains code from the F# Software Foundation.

SciSharp.TensorFlow.Redist by The TensorFlow Authors　　　　2.4.1
SciSharp.TensorFlow.Redist is a package contains Google TensorFlow C library CPU　　2.6.0
version 2.4.1 redistributed as a NuGet package. All the files are downloaded from...

TensorFlow.Keras by Haiping Chen　　　　　　　　　　　　0.5.1
Keras for .NET　　　　　　　　　　　　　　　　　　　　　0.6.2

▲ 圖 23-7 透過 NuGet 安裝必要的相依函式庫

增加必要的引用，如下。

```
open NumSharp
open type Tensorflow.Binding
```

在主程式部分，我們主要完成 Eager 模式下的 TensorFlow.NET 字串常數的輸出，完整的主邏輯程式如下。

```
open NumSharp
open type Tensorflow.Binding

// 使用 TensorFlow 2.0 張量的一個非常簡單的「Hello World」程式
let private run () =
    // 預設啟用了 Eager 模式
    //tf.enable_eager_execution()

    (* Create a Constant op
       The op is added as a node to the default graph.
```

```
    The value returned by the constructor represents the output
    of the Constant op. *)
let str = "Hello, TensorFlow.NET!"
let hello = tf.constant(str)

// tf.Tensor: shape=(), dtype=string, numpy=b'Hello, TensorFlow.NET!'
print(hello);

run()
```

程式執行後，主控台輸出如下。

```
tf.Tensor: shape=(), dtype=string, numpy='Hello, TensorFlow.NET!'
```

我們看到，主控台正確地輸出了字串常數節點的內容。如果需要獲取並輸出字串的內容，可以將 hello 節點修改成 hello.numpy，來提取 hello 節點中的內容，如下所示。

```
open NumSharp
open type Tensorflow.Binding

let private run () =

    let str = "Hello, TensorFlow.NET!"
    let hello = tf.constant(str)

    let hello_str = NDArray.AsStringArray(hello.numpy()).[0]

    print(hello_str)

run()
```

程式執行後，主控台輸出了 hello 節點中的內容，如下所示。

```
Hello, TensorFlow.NET!
```

2 · 基礎運算

　　我們嘗試一些基本的數值運算，如加、減、乘、除、求平均值、求和，以及基礎的矩陣運算，如矩陣乘法。

　　同樣地，我們打開 Visual Studio 2019 新建 F# 主控台程式，選擇 .NET 5.0 框架，並設定目標平臺為 x64。透過 NuGet 安裝必要的相依函式庫 SciSharp. TensorFlow.Redist 和 TensorFlow.Keras。

　　增加必要的引用，如下。

```
open type Tensorflow.Binding
```

　　首先，我們宣告一些張量常數用於後面的運算，程式如下。

```
// 定義常數類型的張量
let a = tf.constant(2)
let b = tf.constant(3)
let c = tf.constant(5)
```

　　然後，我們定義加 add、減 subtract、乘 multiply、除 divide 這 4 個簡單的運算操作，並輸入運算參數，程式如下。

```
// 多種張量的運算操作
// 注意：張量支持直接使用運算子進行運算操作（如 +, *, …）
let add = tf.add(a, b)
let sub = tf.subtract(a, b)
let mul = tf.multiply(a, b)
let div = tf.divide(a, b)
```

　　最後，我們在 Eager 模式下執行操作並獲取結果中的值進行列印輸出，程式如下。

```
// 獲取張量的值
print("add =", add.numpy())
print("sub =", sub.numpy())
print("mul =", mul.numpy())
print("div =", div.numpy())
```

程式執行後，主控台正確地輸出了各常數的運算操作的結果，如下。

```
add = 5
sub = -1
mul = 6
div = 0.6666666666666666
```

完成了基礎的加、減、乘、除這 4 個運算後，我們嘗試求平均值和求和。

求平均值的方法為 tf.reduce_mean，求和的方法為 tf.reduce_sum，對上述的 3 個常數執行運算並輸出結果內容，程式如下。

```
// 更多的運算操作
let mean = tf.reduce_mean([| a; b; c |])
let sum = tf.reduce_sum([| a; b; c |])

// 獲取張量的值
print("mean =", mean.numpy())
print("sum =", sum.numpy())
```

程式執行後，主控台正確地輸出了求平均值和求和的運算操作的結果，如下。

```
mean = 3
sum = 10
```

上面的兩個範例都是關於簡單的數值運算的，接下來我們嘗試進行矩陣的簡單運算，我們使用 tf.matmul 計算兩個 2 維矩陣的矩陣乘法，運算完顯示結果的矩陣內容，程式如下。

```
// 矩陣乘法
let matrix1 = tf.constant(array2D [ [ 1; 2 ]; [ 3; 4 ] ])
let matrix2 = tf.constant(array2D [ [ 5; 6 ]; [ 7; 8 ] ])
let product = tf.matmul(matrix1, matrix2)
// 將 Tensor 轉換為 Numpy
print("product =", product.numpy())
```

程式執行後，主控台正確地輸出了 2 維矩陣 [[1; 2]; [3; 4]] 和 [[5; 6]; [7; 8]] 的矩陣乘法運算操作的結果，也是一個 2 維矩陣，如下。

```
product = [[19, 22],
[43, 50]]
```

基礎運算測試程式 Program.fs 的完整程式如下。

```fsharp
open type Tensorflow.Binding

let private run() =

    // 定義常數類型的張量
    let a = tf.constant(2)
    let b = tf.constant(3)
    let c = tf.constant(5)

    // 多種張量的運算操作
    // 注意：張量支持直接使用運算子進行運算操作（如 +, *, …）
    let add = tf.add(a, b)
    let sub = tf.subtract(a, b)
    let mul = tf.multiply(a, b)
    let div = tf.divide(a, b)

    // 獲取張量的值
    print("add =", add.numpy())
    print("sub =", sub.numpy())
    print("mul =", mul.numpy())
    print("div =", div.numpy())

    // 更多的運算操作
    let mean = tf.reduce_mean([| a; b; c |])
    let sum = tf.reduce_sum([| a; b; c |])

    // 獲取張量的值
    print("mean =", mean.numpy())
    print("sum =", sum.numpy())

    // 矩陣乘法
```

```
    let matrix1 = tf.constant(array2D [ [ 1; 2 ]; [ 3; 4 ] ])
    let matrix2 = tf.constant(array2D [ [ 5; 6 ]; [ 7; 8 ] ])
    let product = tf.matmul(matrix1, matrix2)
    // 將 Tensor 轉換為 Numpy
    print("product =", product.numpy())

run()
```

上述程式的完整的主控台執行輸出如下。

```
add = 5
sub = -1
mul = 6
div = 0.6666666666666666
mean = 3
sum = 10
product = [[19, 22],
[43, 50]]
```

23.2 F# 案例實踐

23.2.1 F# 機器學習入門實踐

我們嘗試用 F# 以 TensorFlow.NET 為基礎的 Eager 模式開發簡單的線性迴歸和邏輯迴歸這兩個入門專案。詳細的關於機器學習中的線性迴歸和邏輯迴歸的原理，可以參考前面的內容，有專門的介紹和 C# 詳細完整範例，這裡不再重複贅述。

1 · 線性迴歸

我們來撰寫一個簡單的線性迴歸的專案。

打開 Visual Studio 2019 新建 F# 主控台程式，選擇 .NET 5.0 框架，並設定目標平臺為 x64。設定初始的 F# 環境如圖 23-8 所示。

▲ 圖 23-8 設定初始的 F# 環境

透過 NuGet 安裝必要的相依函式庫 SciSharp.TensorFlow.Redist、Tensor Flow.Keras 和 FSharp. Core，如圖 23-9 所示。

增加必要的引用，如下。

```fsharp
open NumSharp
open type Tensorflow.Binding
open type Tensorflow.KerasApi
```

設定超參數：訓練輪數 training_steps 為 1000 輪；學習率 learning_rate 為 0.01；訓練過程的狀態資料顯示間隔 display_step 為 100 輪。本次線性迴歸專案的訓練集 train_x 和 train_y 均為 1 維向量，權重 Weights（W）和偏置項 Bias（b）是需要模型訓練的變數，這兩個變數的初值可以任意賦值為一個固定值，梯度下降的最佳化器可以採用隨機梯度下降（Stochastic Gradient Descent，SGD）最佳化器。完成了上述的超參數設定和權重初始化等操作，我們進入模型的訓練。在 Eager 模式下，我們首先採用梯度記錄器 GradientTape 對線性迴歸進行自動的差分運算，其中線性函式為 y_pred = W*X + b，其均方差損失為

$$\frac{\sum \left(Y_{\mathrm{pred}} - Y_{\mathrm{real}}\right)^2}{2 \times n_{\mathrm{samples}}}$$

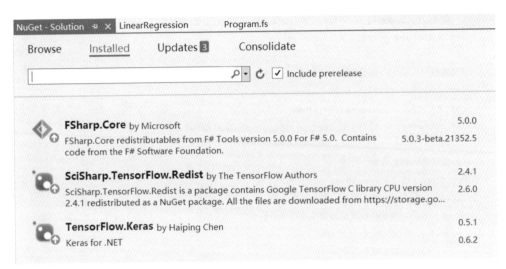

NuGet - Solution ⊕ × LinearRegression Program.fs

Browse Installed Updates 3 Consolidate

🔍 ▾ ⟳ ✓ Include prerelease

◆ **FSharp.Core** by Microsoft 5.0.0
FSharp.Core redistributables from F# Tools version 5.0.0 For F# 5.0. Contains 5.0.3-beta.21352.5
code from the F# Software Foundation.

SciSharp.TensorFlow.Redist by The TensorFlow Authors 2.4.1
SciSharp.TensorFlow.Redist is a package contains Google TensorFlow C library CPU version 2.6.0
2.4.1 redistributed as a NuGet package. All the files are downloaded from https://storage.go...

TensorFlow.Keras by Haiping Chen 0.5.1
Keras for .NET 0.6.2

▲ 圖 23-9 透過 NuGet 安裝必要的相依函式庫

　　然後計算損失函式對 W 和 b 的偏導，最後在梯度記錄器 GradientTape 上應用隨機梯度下降最佳化器進行 W 和 b 的更新。為了可以即時觀察梯度模型訓練的效果，我們每隔 display_step 間隔進行一次損失值、W、b 的主控台結果輸出。

　　完整的線性迴歸專案程式如下。

```fsharp
open NumSharp
open type Tensorflow.Binding
open type Tensorflow.KerasApi


let private run() =

    let training_steps = 1000
    let learning_rate = 0.01f
    let display_step = 100

    let train_X =
        np.array(3.3f, 4.4f, 5.5f, 6.71f, 6.93f, 4.168f, 9.779f, 6.182f, 7.59f,
2.167f,7.042f, 10.791f, 5.313f, 7.997f, 5.654f, 9.27f, 3.1f)
    let train_Y =
        np.array(1.7f, 2.76f, 2.09f, 3.19f, 1.694f, 1.573f, 3.366f, 2.596f, 2.53f,
```

```
1.221f,2.827f, 3.465f, 1.65f, 2.904f, 2.42f, 2.94f, 1.3f)
    let n_samples = train_X.shape.[0]

    // 我們可以設定一個固定的初值來演示
    let W = tf.Variable(-0.06f,name = "weight")
    let b = tf.Variable(-0.73f, name = "bias")
    let optimizer = keras.optimizers.SGD(learning_rate)

    // 按照給定的步驟進行訓練
    for step = 1 to (training_steps + 1) do
        // 執行最佳化器以更新 W 和 b
        // 將運算包裝在梯度記錄器中進行自動微分
        use g = tf.GradientTape()
        // 線性迴歸公式為 WX + b
        let pred = W * train_X + b
        // 均方誤差
        let loss = tf.reduce_sum(tf.pow(pred - train_Y,2)) / (2 * n_samples)
        // 停止記錄的條件
        // 梯度運算
        let gradients = g.gradient(loss,struct (W,b))

        // 按照梯度更新 W 和 b
        optimizer.apply_gradients(zip(gradients, struct (W,b)))

        if (step % display_step) = 0 then
            let pred = W * train_X + b
            let loss = tf.reduce_sum(tf.pow(pred-train_Y,2)) / (2 * n_samples)
            printfn $"step: {step}, loss: {loss.numpy()}, W: {W.numpy()}, b:
{b.numpy()}"

run()
```

　　程式執行後，主控台正確地輸出了模型訓練的過程。我們看到，隨著訓練
輪次的增加，損失值不斷下降，逐漸得到擬合的 W 和 b，如下所示。

```
step: 100, loss: 0.17983408, W: 0.43350387, b: -0.49056756
step: 200, loss: 0.15764152, W: 0.41270342, b: -0.34310183
step: 300, loss: 0.14023502, W: 0.39428195, b: -0.21250194
step: 400, loss: 0.12658237, W: 0.37796733, b: -0.09683866
```

```
step: 500, loss: 0.11587408, W: 0.36351863, b: 0.00559611
step: 600, loss: 0.107475124, W: 0.35072243, b: 0.0963154
step: 700, loss: 0.1008875, W: 0.33938974, b: 0.1766591
step: 800, loss: 0.09572056, W: 0.32935318, b: 0.2478138
step: 900, loss: 0.091667935, W: 0.32046452, b: 0.31083038
step: 1000, loss: 0.0884893, W: 0.31259245, b: 0.3666397
```

2 · 邏輯迴歸

我們來撰寫一個簡單的邏輯迴歸的專案，對經典手寫數字資料集 MNIST 進行邏輯分類模型的訓練。

打開 Visual Studio 2019 新建 F# 主控台程式，選擇 .NET 5.0 框架，並設定目標平臺為 x64。設定初始的 F# 環境如圖 23-10 所示。

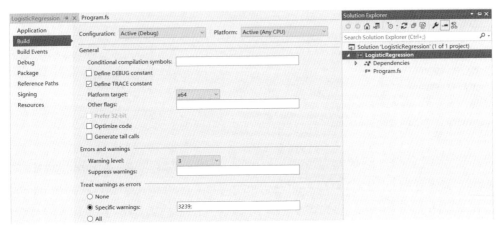

▲ 圖 23-10 設定初始的 F# 環境

透過 NuGet 安裝必要的相依函式庫 SciSharp.TensorFlow.Redist、Tensor Flow.Keras 和 FSharp. Core，如圖 23-11 所示。

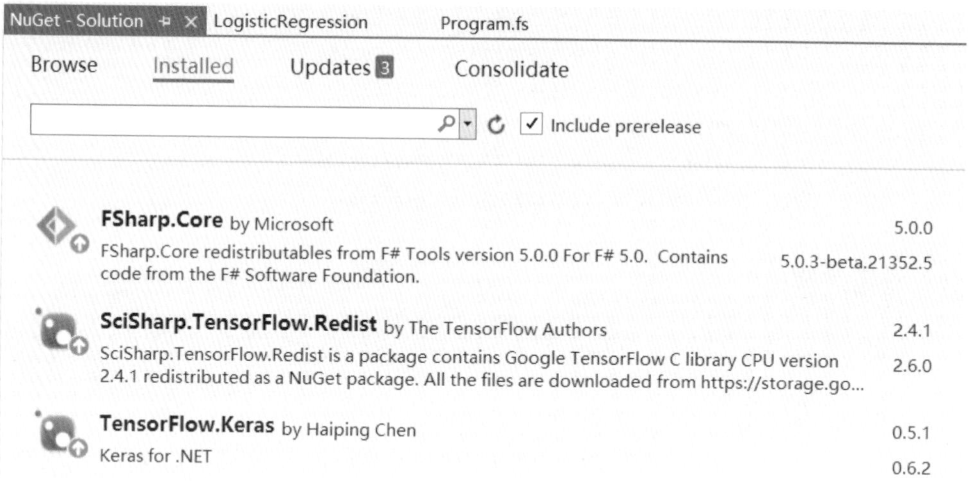

▲ 圖 23-11 透過 NuGet 安裝必要的相依函式庫

增加必要的引用，如下。

```
open NumSharp
open Tensorflow
open type Tensorflow.Binding
open type Tensorflow.KerasApi
```

設定超參數：訓練輪數 training_steps 為 1000 輪；學習率 learning_rate 為 0.01；訓練過程的狀態資料顯示間隔 display_step 為 50 輪；訓練批次大小 batch_size 為 256 幅影像。設定分類數量為 10 類別，即手寫數字 0~9 這 10 個數字；特徵圖尺寸為 784，即手寫數字訓練集影像的大小 28×28 展平轉換為 1 維向量的尺寸。模型準確率初值可設定為浮點數 0f。本次邏輯迴歸專案的訓練集 x_train 和測試集 x_test 的每幅影像尺寸為 28×28，我們需要首先將其展平為 1 維向量，然後除以 255 進行歸一化，最後進行隨機打亂，並生成批次資料。邏輯迴歸的權重 Weights 的尺寸為 [784,10]，其中的 784 代表資料集展平後的 1 維向量的長度，10 代表總的分類標籤數量。偏置項 Bias 的長度為 10，即總的分類標籤數量，確保邏輯迴歸計算過程中輸入矩陣和輸出向量的形狀匹配。對於模型的架設，我們首先採用 Softmax 迴歸方式將資料處理為機率分佈資料，然後採用交叉熵作為損失函式，最後使用隨機梯度下降的方式進行模型參數的最佳化，最佳化結果透過 Argmax 函式進行輸出精度評價，具體過程和原理可以參考前面的內容，此處不再贅述。在 Eager 模式下，我們進行模型的訓練，計算損失函式對 W 和 b 的偏導，在梯度記錄器 GradientTape 上應用隨機梯度下降最佳化器進行 W 和 b 的更新。為了可以即時觀察梯度模型訓練的效果，我們每隔 display_step 間隔進行一次損失值和準確率的主控台結果輸出。

訓練輪次全部完成後，我們在測試集 x_test 上進行邏輯迴歸計算，計算出訓練後的模型在測試集上的準確率，對模型最終的訓練效果進行評估。

完整的邏輯迴歸專案程式如下。

```fsharp
open NumSharp
open Tensorflow
open type Tensorflow.Binding
open type Tensorflow.KerasApi


let training_epochs = 1000
let batch_size = 256
let num_classes = 10 // 0 to 9 digits
let num_features = 784 // 28*28
let learning_rate = 0.01f
let display_step = 50
let mutable accuracy = 0f


type ResourceVariable with
    member x.asTensor : Tensor = ResourceVariable.op_Implicit x
type NDArray with
    member x.asTensor : Tensor = Tensor.op_Implicit x


let private run () =
    // 準備 MNIST 資料集
    let struct (x_train, y_train), struct (x_test, y_test) = keras. datasets.mnist.
load_data().Deconstruct()
    // 將影像展平成長度為 784 的 1 維向量 (784 = 28×28)
    let x_train, x_test = (x_train.reshape(Shape (-1, num_features)), x_test.
reshape(Shape (-1, num_features)))
    // 將影像的灰階值範圍從 [0, 255] 歸一化至 [0, 1]
    let x_train, x_test = (x_train / 255f, x_test / 255f)
```

```
    // 使用 tf.data API 打亂資料和生成批次資料
    let train_data = tf.data.Dataset.from_tensor_slices(x_train.asTensor, y_train.
asTensor)
    let train_data = train_data.repeat().shuffle(5000).batch(batch_size). prefetch(1)


    // 權重 Weight 的形狀大小為 [784, 10]，其中 784 表示 28×28 的展平後資料長度，10 表示所有
的標籤種類數量
    let W = tf.Variable(tf.ones(TensorShape (num_features, num_classes)), name =
"weight")
    // 偏置項 Bias 的形狀大小為 [10], 10 表示所有的標籤種類數量
    let b = tf.Variable(tf.zeros(TensorShape num_classes), name = "bias")

    let logistic_regression = fun x -> tf.nn.softmax(tf.matmul(x, W.asTensor) + b)

    let cross_entropy = fun (y_pred, y_true) ->
        let y_true = tf.cast(y_true, TF_DataType.TF_UINT8)
        // 將標籤編碼為 One-Hot 向量格式
        let y_true = tf.one_hot(y_true, depth = num_classes)
        // 限制預測值的範圍以防止 ln0 錯誤
        let y_pred = tf.clip_by_value(y_pred, 1e-9f, 1.0f)
        // 計算交叉熵 Cross-Entropy
        tf.reduce_mean(-tf.reduce_sum(y_true * tf.math.log(y_pred), 1))

    let get_accuracy = fun (y_pred, y_true) ->
        // Argmax 函式輸出的預測類別取預測向量中最高機率分值的序號
        let correct_prediction = tf.equal(tf.argmax(y_pred, 1), tf.cast (y_true,
tf.int64))
        tf.reduce_mean(tf.cast(correct_prediction, tf.float32))

    // SGD 最佳化器為隨機梯度下降最佳化器
    let optimizer = keras.optimizers.SGD(learning_rate)

    let run_optimization = fun (x, y) ->
        // 將計算包裝在 GradientTape 中，實現自動微分
        use g = tf.GradientTape()
        let pred = logistic_regression(x)
        let loss = cross_entropy(pred, y)
```

```
    // 計算梯度
    let gradients = g.gradient(loss, struct (W, b))


    // 按照梯度更新 W 和 b
    optimizer.apply_gradients(zip(gradients, struct (W, b)))

  let train_data = train_data.take(training_epochs)
  // 按照給定的步驟進行訓練
  for (step, (batch_x, batch_y)) in enumerate(train_data, 1) do

      // 執行最佳化器以更新 W 和 b
      run_optimization(batch_x, batch_y)

      if step % display_step = 0 then

          let pred = logistic_regression(batch_x)
          let loss = cross_entropy(pred, batch_y)
          let acc = get_accuracy(pred, batch_y)
          print($"step: {step}, loss: {(float32)loss}, accuracy: {(float32) acc}")
          accuracy <- float32 <| acc.numpy()

  // 在驗證集上測試模型
  let pred = logistic_regression(x_test.asTensor)
  print($"Test Accuracy: {float32 <| get_accuracy(pred, y_test. asTensor)}")

run()
```

　　程式執行後,主控台正確地輸出了模型訓練的過程。我們看到,隨著訓練輪次的增加,損失值不斷下降,準確率逐漸增加,最終在測試集上評估的測試準確率達到了 0.8693,取得了不錯的成績。主控台完整輸出如下所示。

```
step: 50, loss: 1.8449849, accuracy: 0.75390625
step: 100, loss: 1.5632375, accuracy: 0.7890625
step: 150, loss: 1.3324187, accuracy: 0.80859375
step: 200, loss: 1.1299202, accuracy: 0.84375
step: 250, loss: 1.0633814, accuracy: 0.81640625
step: 300, loss: 0.95347965, accuracy: 0.859375
step: 350, loss: 0.96231246, accuracy: 0.8046875
step: 400, loss: 0.8782718, accuracy: 0.84375
```

```
step: 450, loss: 0.7815099, accuracy: 0.85546875
step: 500, loss: 0.8514494, accuracy: 0.80859375
step: 550, loss: 0.7388755, accuracy: 0.85546875
step: 600, loss: 0.74967784, accuracy: 0.84765625
step: 650, loss: 0.73430324, accuracy: 0.84765625
step: 700, loss: 0.66848105, accuracy: 0.85546875
step: 750, loss: 0.71211004, accuracy: 0.84375
step: 800, loss: 0.7005396, accuracy: 0.82421875
step: 850, loss: 0.6458678, accuracy: 0.875
step: 900, loss: 0.6141064, accuracy: 0.890625
step: 950, loss: 0.61959404, accuracy: 0.8671875
Test Accuracy: 0.8693
```

23.2.2 F# 深度神經網路實踐

深度神經網路（DNN）由輸入層、隱藏層和輸出層組成，其中隱藏層全部是全連接層。本實踐案例主要透過架設簡單的 3 層神經網路，實現對 MNIST 手寫數字資料集的影像分類。我們透過 F# 下 Keras 的 Functional API 方式架設模型，首先建立一個輸入節點 input「餵」給模型，然後在此 input 物件上呼叫一個圖層 output 節點，並依次增加剩餘兩個圖層，最後把 input 和 output 傳播給 Keras.Model 的參數。模型結構簡述如下。

```
(input: 784-dimensional vectors)
        ↓
[Dense (64 units, relu activation)]
        ↓
[Dense (64 units, relu activation)]
        ↓
[Dense (10 units, softmax activation)]
        ↓
(output: logits of a probability distribution over 10 classes)
```

接下來我們實際撰寫這部分的程式。

打開 Visual Studio 2019 新建 F# 主控台程式，選擇 .NET 5.0 框架，並設定目標平臺為 x64。設定初始的 F# 環境如圖 23-12 所示。

▲ 圖 23-12 設定初始的 F# 環境

透過 NuGet 安裝必要的相依函式庫 SciSharp.TensorFlow.Redist、Tensor Flow.Keras 和 FSharp. Core，如圖 23-13 所示。

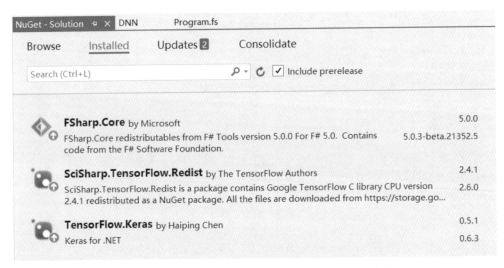

▲ 圖 23-13 透過 NuGet 安裝必要的相依函式庫

由於採用了 Functional API 方式進行模型的架設和訓練，因此程式十分簡潔。主程式主要分為 3 個部分：第 1 部分是資料集的準備，主要對資料集進行尺寸的變換和歸一化處理；第 2 部分是模型的架設，透過 Functional API 方式建立網路層之間的輸入輸出關係，架設一個簡單的全連接神經網路；第 3 部分是模型的編譯和訓練，訓練完成後根據需求可以對模型進行測試集上的評估，或者將模型保存至本地 .h5 檔案，用於後續的模型部署。

主程式程式如下。

```
open NumSharp
open Tensorflow
open Tensorflow.Keras.Engine
open Tensorflow.Keras.Layers
open type Tensorflow.KerasApi

type Tensor with
    member x.asTensors : Tensors = new Tensors([| x |])

let prepareData () =
    let (x_train, y_train, x_test, y_test) = keras.datasets.mnist. load_data().
Deconstruct()
    let x_train = x_train.reshape(60000, 784) / 255f
    let x_test = x_test.reshape(10000, 784) / 255f
    (x_train, y_train, x_test, y_test)

let buildModel () =
    // 輸入層
    let inputs = keras.Input(shape = TensorShape 784)

    let layers = LayersApi()

    // 第 1 個全連接層
    let outputs = layers.Dense(64, activation = keras.activations.Relu). Apply(inputs.
asTensors)

    // 第兩個全連接層
    let outputs = layers.Dense(64, activation = keras.activations.Relu).
Apply(outputs)

    // 輸出層
    let outputs = layers.Dense(10).Apply(outputs)

    // 架設 Keras 模型
    let model = keras.Model(inputs.asTensors, outputs, name = "mnist_model")
    // 顯示模型概況
    model.summary()
```

```fsharp
    // 將 Keras 模型編譯成 TensorFlow 的靜態圖
    model.compile(
        loss = keras.losses.SparseCategoricalCrossentropy(from_logits = true),
        optimizer = keras.optimizers.RMSprop(),
        metrics = [| "accuracy" |])

    model

let private train (x_train : NDArray, y_train) (x_test : NDArray, y_test) (model :
Functional) =
    // 使用輸入資料和標籤來訓練模型
    model.fit(x_train, y_train, batch_size = 64, epochs = 2, validation_split = 0.2f)

    // 評估模型
    model.evaluate(x_test, y_test, verbose = 2)

    // 序列化保存模型
    model.save("mnist_model")

    // 下述的註釋程式作用為從檔案中重新載入完全相同的模型，如果需要使用，則可以取消註釋來進行
啟用
    // model = keras.models.load_model("mnist_model")

let private run () =
    let (x_train, y_train, x_test, y_test) = prepareData()
    let model = buildModel()
    train (x_train, y_train) (x_test, y_test) model

run()
```

　　我們執行上述程式，首先主控台會輸出 summary 方法產生的模型結構，從中可以分析出模型各網路層的結構和參數量；然後模型開始不斷迭代訓練，我們看到隨著訓練的輪數增加，損失值不斷下降，準確率不斷增加；最終我們在 2 輪訓練結束後，在測試集上對訓練好的模型進行評估，測試集上的準確率約達到 95.4%，是一個不錯的訓練成果。完整的主控台輸出如下所示。

```
Model: mnist_model
_____
Layer (type)                Output Shape              Param #
================================================================
input_1 (InputLayer)        (None, 784)               0

_____
dense (Dense)               (None, 64)                50240

_____
dense_1 (Dense)             (None, 64)                4160

_____
dense_2 (Dense)             (None, 10)                650
================================================================
Total params: 55050
Trainable params: 55050
Non-trainable params: 0
```

```
Epoch: 001/002, Step: 0001/0750, loss: 2.295713, accuracy: 0.093750
Epoch: 001/002, Step: 0002/0750, loss: 2.240461, accuracy: 0.234375
Epoch: 001/002, Step: 0003/0750, loss: 2.173534, accuracy: 0.281250
Epoch: 001/002, Step: 0004/0750, loss: 2.140823, accuracy: 0.292969
Epoch: 001/002, Step: 0005/0750, loss: 2.089093, accuracy: 0.328125
Epoch: 001/002, Step: 0006/0750, loss: 2.028695, accuracy: 0.375000
Epoch: 001/002, Step: 0007/0750, loss: 2.000180, accuracy: 0.395089
Epoch: 001/002, Step: 0008/0750, loss: 1.966887, accuracy: 0.414062
Epoch: 001/002, Step: 0009/0750, loss: 1.910057, accuracy: 0.451389
Epoch: 001/002, Step: 0010/0750, loss: 1.869799, accuracy: 0.462500
Epoch: 001/002, Step: 0011/0750, loss: 1.845770, accuracy: 0.475852
Epoch: 001/002, Step: 0012/0750, loss: 1.809297, accuracy: 0.488281
Epoch: 001/002, Step: 0013/0750, loss: 1.767117, accuracy: 0.513221
Epoch: 001/002, Step: 0014/0750, loss: 1.739599, accuracy: 0.523438
Epoch: 001/002, Step: 0015/0750, loss: 1.715552, accuracy: 0.532292
Epoch: 001/002, Step: 0016/0750, loss: 1.690236, accuracy: 0.537109
Epoch: 001/002, Step: 0017/0750, loss: 1.667860, accuracy: 0.544118
Epoch: 001/002, Step: 0018/0750, loss: 1.636793, accuracy: 0.551215
Epoch: 001/002, Step: 0019/0750, loss: 1.608580, accuracy: 0.560033
Epoch: 001/002, Step: 0020/0750, loss: 1.585772, accuracy: 0.567969
```

…// 中間過程省略顯示

```
Epoch: 001/002, Step: 0740/0750, loss: 0.345952, accuracy: 0.900612
Epoch: 001/002, Step: 0741/0750, loss: 0.345637, accuracy: 0.900704
Epoch: 001/002, Step: 0742/0750, loss: 0.345461, accuracy: 0.900754
Epoch: 001/002, Step: 0743/0750, loss: 0.345296, accuracy: 0.900740
Epoch: 001/002, Step: 0744/0750, loss: 0.344957, accuracy: 0.900832
Epoch: 001/002, Step: 0745/0750, loss: 0.344946, accuracy: 0.900818
Epoch: 001/002, Step: 0746/0750, loss: 0.344928, accuracy: 0.900846
Epoch: 001/002, Step: 0747/0750, loss: 0.344666, accuracy: 0.900937
Epoch: 001/002, Step: 0748/0750, loss: 0.344569, accuracy: 0.900986
Epoch: 001/002, Step: 0749/0750, loss: 0.344701, accuracy: 0.900951
Epoch: 001/002, Step: 0750/0750, loss: 0.344407, accuracy: 0.901021
Epoch: 002/002, Step: 0001/0750, loss: 0.164232, accuracy: 0.937500
Epoch: 002/002, Step: 0002/0750, loss: 0.196964, accuracy: 0.906250
Epoch: 002/002, Step: 0003/0750, loss: 0.202420, accuracy: 0.921875
Epoch: 002/002, Step: 0004/0750, loss: 0.178145, accuracy: 0.933594
Epoch: 002/002, Step: 0005/0750, loss: 0.175300, accuracy: 0.937500
Epoch: 002/002, Step: 0006/0750, loss: 0.165560, accuracy: 0.942708
Epoch: 002/002, Step: 0007/0750, loss: 0.159967, accuracy: 0.944196
Epoch: 002/002, Step: 0008/0750, loss: 0.157118, accuracy: 0.943359
Epoch: 002/002, Step: 0009/0750, loss: 0.153992, accuracy: 0.942708
Epoch: 002/002, Step: 0010/0750, loss: 0.156019, accuracy: 0.945312

…// 中間過程省略顯示

Epoch: 002/002, Step: 0740/0750, loss: 0.159614, accuracy: 0.952111
Epoch: 002/002, Step: 0741/0750, loss: 0.159511, accuracy: 0.952155
Epoch: 002/002, Step: 0742/0750, loss: 0.159573, accuracy: 0.952156
Epoch: 002/002, Step: 0743/0750, loss: 0.159484, accuracy: 0.952179
Epoch: 002/002, Step: 0744/0750, loss: 0.159562, accuracy: 0.952201
Epoch: 002/002, Step: 0745/0750, loss: 0.159539, accuracy: 0.952202
Epoch: 002/002, Step: 0746/0750, loss: 0.159543, accuracy: 0.952182
Epoch: 002/002, Step: 0747/0750, loss: 0.159474, accuracy: 0.952184
Epoch: 002/002, Step: 0748/0750, loss: 0.159339, accuracy: 0.952227
Epoch: 002/002, Step: 0749/0750, loss: 0.159201, accuracy: 0.952249
Epoch: 002/002, Step: 0750/0750, loss: 0.159317, accuracy: 0.952208
Testing...
iterator: 1, loss: 0.15434997, accuracy: 0.9537586
```

23.2.3 F# 卷積神經網路實踐

本節我們來實踐影像分類領域經典的卷積神經網路（CNN）模型。在該模型中，我們簡單地採用一層卷積層進行網路的架設，對 5 種不同花卉影像進行分類，影像集直接使用本地影像檔夾載入，可以適用於大家自己的資料集，根據各自資料集的特點可以適當地調整卷積層的數量和卷積結構，以更好地提取影像特徵。

接下來，我們進入程式實踐。

打開 Visual Studio 2019 新建 F# 主控台程式，選擇 .NET 5.0 框架，並設定目標平臺為 x64。設定初始的 F# 環境如圖 23-14 所示。

▲ 圖 23-14 設定初始的 F# 環境

透過 NuGet 安裝必要的相依函式庫 SciSharp.TensorFlow.Redist、TensorFlow.Keras 和 FSharp. Core，如圖 23-15 所示。

▲ 圖 23-15 透過 NuGet 安裝必要的相依函式庫

本例我們使用 Keras 的 Sequential API 方式進行模型的快速架設，程式同樣十分簡潔。主程式邏輯主要分為 3 個部分：第 1 部分是資料集的準備，我們從 Google 官方資料集倉庫下載花卉的影像集，下載後解壓資料集至各自的資料夾。資料集準備完成後，透過 keras.preprocessing. image_dataset_from_directory 方法進行影像載入，並將載入的影像劃分為訓練集和測試集，生成圖像資料批次並進行隨機亂數；第 2 部分是模型的架設，這裡我們架設一個簡單的 5 層卷積神經網路，在第 1 層我們增加一個影像前置處理的節點，對輸入影像進行歸一化前置處理；第 3 部分是模型的編譯和訓練，我們直接使用 Keras 附帶的 compile 方法進行模型的編譯，並使用 Keras 附帶的 fit 方法進行模型的訓練。

完整的主程式程式如下。

```fsharp
open System.IO
open Tensorflow
open Tensorflow.Keras
open Tensorflow.Keras.Engine
open Tensorflow.Keras.Utils
open type Tensorflow.Binding
open type Tensorflow.KerasApi


let batch_size = 32
let epochs = 3
let img_dim = Shape (180, 180)


let private prepareData () =
    let fileName = "flower_photos.tgz"
    let url = $" 此處連結位址為 TensorFlow.NET 官方 GitHub 倉庫位址中的 flower_ photos.tgz 檔案 "
    let data_dir = Path.Combine(Path.GetTempPath(), "flower_photos")
    Web.Download(url, data_dir, fileName) |> ignore
    Compress.ExtractTGZ(Path.Join(data_dir, fileName), data_dir)
    let data_dir = Path.Combine(data_dir, "flower_photos")

    // 資料轉換為張量類型
    let train_ds =
        keras.preprocessing.image_dataset_from_directory(
            data_dir,
```

```
            validation_split = 0.2f,
            subset = "training",
            seed = 123,
            image_size = img_dim,
            batch_size = batch_size)

    let val_ds =
        keras.preprocessing.image_dataset_from_directory(
            data_dir,
            validation_split = 0.2f,
            subset = "validation",
            seed = 123,
            image_size = img_dim,
            batch_size = batch_size)

    let train_ds = train_ds.shuffle(1000).prefetch(buffer_size = -1)
    let val_ds = val_ds.prefetch(buffer_size = -1)

    for img, label in train_ds do
        print($"images: {img.TensorShape}")
        print($"labels: {label.numpy()}")

    train_ds, val_ds

let private buildModel () =
    let num_classes = 5
    let layers = keras.layers
    let model = keras.Sequential(ResizeArray<ILayer>(seq {
        layers.Rescaling(1.0f / 255f, input_shape = Shape ((int)img_dim. dims.[0],
(int)img_dim.dims.[1], 3)) :> ILayer;
        layers.Conv2D(16, Shape 3, padding = "same", activation = keras. activations.
Relu);
        layers.MaxPooling2D();
        //layers.Conv2D(32, Shape 3, padding = "same", activation = keras.
activations.Relu)
        //layers.MaxPooling2D()
        //layers.Conv2D(64, Shape 3, padding = "same", activation = keras.
activations.Relu)
        //layers.MaxPooling2D()
```

```
        layers.Flatten();
        layers.Dense(128, activation = keras.activations.Relu);
        layers.Dense(num_classes) }))

    model.compile(
        optimizer = keras.optimizers.Adam(),
        loss = keras.losses.SparseCategoricalCrossentropy(from_logits = true),
        metrics = [| "accuracy" |])

    model.summary()
    model

let private train train_ds val_ds (model : Sequential) =
    model.fit(train_ds, validation_data = val_ds, epochs = epochs)

let private run () =
    let train_ds, val_ds = prepareData()
    let model = buildModel()
    train train_ds val_ds model

run()
```

　　程式執行後，會先從網路上下載資料集，總共 3670 幅影像，分為 5 種類別，其中訓練集影像的數量為 2936 幅，如下所示。

```
Found 3670 files belonging to 5 classes.
Using 2936 files for training.
```

　　花卉資料集的本地檔案結構和影像範例如圖 23-16 所示。

　　主控台輸出的網路模型結構如下。

```
Model: sequential
```

Layer (type)	Output Shape	Param #
rescaling_input (InputLayer)	(None, 180, 180, 3)	0
rescaling (Rescaling)	(None, 180, 180, 3)	0

```
conv2d (Conv2D)              (None, 180, 180, 16)      448

max_pooling2d (MaxPooling2D) (None, 90, 90, 16)          0

flatten (Flatten)           (None, 129600)              0

dense (Dense)               (None, 128)           16588928

dense_1 (Dense)             (None, 5)                  645
=================================================================
Total params: 16590021
Trainable params: 16590021
Non-trainable params: 0
```

daisy	2021-09-05 21:37	
dandelion	2021-09-05 21:37	
roses	2021-09-05 21:37	
sunflowers	2021-09-05 21:37	
tulips	2021-09-05 21:37	
LICENSE.txt	2021-09-05 21:01	409 KB

CNN › CNN › bin › Debug › net5.0 › flower_photos › flower_photos › daisy

5547758_eea9e   5673551_01d1e   5673728_71b8c   5794835_d1590   5794839_200ac   11642632_1e76   15207766_fc2f1
dfd54_n.jpg   a993e_n.jpg   b57eb.jpg   5c7c8_n.jpg   d910c_n.jpg   27a2cc.jpg   d692c_n.jpg

25360380_1a88   43474673_7bb   54377391_1564   99306615_739e   100080576_f52   102841525_bd   105806915_a9c
1a5648.jpg   4465a86.jpg   8e8d18.jpg   b94b9e_m.jpg   e8ee070_n.jpg   6628ae3c.jpg   13e2106_n.jpg

▲ 圖 23-16　花卉資料集的本地檔案結構和影像範例

　　模型開始不斷迭代訓練。我們看到，隨著訓練的輪數增加，損失值不斷下降，準確率不斷增加。最終，在 3 輪訓練結束後，模型在測試集上的準確率約達到 74.9%，如果需要繼續提升準確率，我們可以採用一些更深的卷積神經網路或更複雜的卷積模型，調整超參數、增加資料集數量和最佳化訓練策略也是不錯的選擇。訓練過程的完整主控台輸出如下所示。

```
Epoch: 001/003, Step: 0001/0092, loss: 1.711621, accuracy: 0.062500
Epoch: 001/003, Step: 0002/0092, loss: 13.417732, accuracy: 0.218750
Epoch: 001/003, Step: 0003/0092, loss: 19.987448, accuracy: 0.218750
Epoch: 001/003, Step: 0004/0092, loss: 26.207104, accuracy: 0.210938
Epoch: 001/003, Step: 0005/0092, loss: 24.894817, accuracy: 0.231250
Epoch: 001/003, Step: 0006/0092, loss: 21.497543, accuracy: 0.239583
Epoch: 001/003, Step: 0007/0092, loss: 19.728273, accuracy: 0.263393
Epoch: 001/003, Step: 0008/0092, loss: 18.328362, accuracy: 0.261719
Epoch: 001/003, Step: 0009/0092, loss: 16.786024, accuracy: 0.256944
Epoch: 001/003, Step: 0010/0092, loss: 15.412926, accuracy: 0.256250
Epoch: 001/003, Step: 0011/0092, loss: 14.551376, accuracy: 0.252841

…// 中間過程省略顯示

Epoch: 001/003, Step: 0075/0092, loss: 3.596334, accuracy: 0.406773
Epoch: 001/003, Step: 0076/0092, loss: 3.566846, accuracy: 0.406766
Epoch: 001/003, Step: 0077/0092, loss: 3.533897, accuracy: 0.408388
Epoch: 001/003, Step: 0078/0092, loss: 3.502969, accuracy: 0.410370
Epoch: 001/003, Step: 0079/0092, loss: 3.471384, accuracy: 0.412302
Epoch: 001/003, Step: 0080/0092, loss: 3.443774, accuracy: 0.412618
Epoch: 001/003, Step: 0081/0092, loss: 3.417452, accuracy: 0.411765
Epoch: 001/003, Step: 0082/0092, loss: 3.389674, accuracy: 0.412462
Epoch: 001/003, Step: 0083/0092, loss: 3.360787, accuracy: 0.415030
Epoch: 001/003, Step: 0084/0092, loss: 3.331907, accuracy: 0.417537
Epoch: 001/003, Step: 0085/0092, loss: 3.307482, accuracy: 0.416667
Epoch: 001/003, Step: 0086/0092, loss: 3.280062, accuracy: 0.420189
Epoch: 001/003, Step: 0087/0092, loss: 3.253186, accuracy: 0.422190
Epoch: 001/003, Step: 0088/0092, loss: 3.226771, accuracy: 0.425926
Epoch: 001/003, Step: 0089/0092, loss: 3.204453, accuracy: 0.426056
Epoch: 001/003, Step: 0090/0092, loss: 3.182868, accuracy: 0.426532
Epoch: 001/003, Step: 0091/0092, loss: 3.161186, accuracy: 0.427686
Epoch: 001/003, Step: 0092/0092, loss: 3.139404, accuracy: 0.428134
```

```
Epoch: 002/003, Step: 0001/0092, loss: 0.949095, accuracy: 0.812500
Epoch: 002/003, Step: 0002/0092, loss: 0.901656, accuracy: 0.718750

…// 中間過程省略顯示

Epoch: 002/003, Step: 0086/0092, loss: 0.949894, accuracy: 0.641399
Epoch: 002/003, Step: 0087/0092, loss: 0.953483, accuracy: 0.639769
Epoch: 002/003, Step: 0088/0092, loss: 0.955304, accuracy: 0.639601
Epoch: 002/003, Step: 0089/0092, loss: 0.958624, accuracy: 0.638028
Epoch: 002/003, Step: 0090/0092, loss: 0.960233, accuracy: 0.636838
Epoch: 002/003, Step: 0091/0092, loss: 0.958726, accuracy: 0.636019
Epoch: 002/003, Step: 0092/0092, loss: 0.960466, accuracy: 0.633856
Epoch: 003/003, Step: 0001/0092, loss: 0.679510, accuracy: 0.781250
Epoch: 003/003, Step: 0002/0092, loss: 0.754437, accuracy: 0.765625
Epoch: 003/003, Step: 0003/0092, loss: 0.824673, accuracy: 0.750000
Epoch: 003/003, Step: 0004/0092, loss: 0.783047, accuracy: 0.734375

…// 中間過程省略顯示

Epoch: 003/003, Step: 0089/0092, loss: 0.717669, accuracy: 0.747535
Epoch: 003/003, Step: 0090/0092, loss: 0.719792, accuracy: 0.747214
Epoch: 003/003, Step: 0091/0092, loss: 0.719315, accuracy: 0.747590
Epoch: 003/003, Step: 0092/0092, loss: 0.718031, accuracy: 0.748638
```

　　透過本章的講解，相信大家對 F# 應用 TensorFlow.NET 進行深度學習開發的專案已經有所了解。在實際專案應用中，F# 語言在資料處理和模型分析上的優勢可以一定程度地提升程式簡潔性和執行穩定性。對於一位函式式程式設計開發者或 F# 語言同好來說，TensorFlow.NET 無疑是入門深度學習的最佳選擇。透過 TensorFlow.NET，我們可以自由「零門檻」地使用 F# 開發任意複雜度的深度學習模型，同時在 .NET 平臺上十分便利地進行模型的部署和生產現場的推理應用。

參考文獻

[1] LECUN Y, BOTTOU L, BENGIO Y, et al. Gradient-based learning applied to document recognition[J]. Proceedings of the IEEE, 1998, 86(11): 2278-2324.

[2] KRIZHEVSKY A, SUTSKEVER I, HINTON G E. Imagenet classification with deep convolutional neural networks[C]//Advances in neural information processing systems. 2012: 1097-1105.

[3] SIMONYAN K, ZISSERMAN A. Very deep convolutional networks for large-scale image recognition[J]. arXiv preprint, arXiv:1409.1556, 2014.

[4] SZEGEDY C, LIU W, JIA Y, et al. Going deeper with convolutions[C]// Proceedings of the IEEE conference on computer vision and pattern recognition. 2015: 1-9.

[5] HE K, ZHANG X, REN S, et al. Deep residual learning for image recognition[C]//Proceedings of the IEEE conference on computer vision and pattern recognition. 2016: 770-778.

[6] HUANG G, LIU Z, VAN DER MAATEN L, et al. Densely connected convolutional networks[C]//Proceedings of the IEEE conference on computer vision and pattern recognition. 2017: 4700-4708.

[7] TAN M, LE Q V. EfficientNet: Rethinking Model Scaling for Convolutional Neural Networks[J]. arXiv preprint, arXiv:1905.11946, 2019.

[8] ZEILER M.D, FERGUS R. Visualizing and Understanding Convolutional Networks[C]// Computer Vision – ECCV 2014. ECCV 2014. Lecture Notes in Computer Science, Springer, 2014, vol 8689.

[9] 李錫涵，李卓桓，朱金鵬. 簡明的 TensorFlow 2[M]. 北京：人民郵電出版社，2020.

[10] 龍良曲. TensorFlow 深度學習——深入理解人工智慧演算法設計 [M]. 北京：清華大學出版社，2020.